PRINCIPLES
AND
PRACTICE
OF
VISION
LANGUAGE
MODEL (VLM)

视觉语言模型 VLM 原理与实战

吴建明　吴一昊 ◎ 编著

化学工业出版社

·北京·

内容简介

本书系统阐述了视觉语言模型的理论体系与技术实践。全书共15章，分为三大部分：基础综述（第1章）、关键技术（第2～14章）与未来展望（第15章）。

第一部分详解视觉语言模型的网络架构、预训练目标、评估方法及数据集体系，对比分析对抗训练、生成式预训练等范式，并建立性能评估基准。第二部分：第2章通过多个案例展示技术多样性；第3～5章深入探讨少样本学习、鲁棒微调等关键问题，提出约束线性探测等原创方法；第6～10章聚焦模型扩展性，涵盖InternVL亿级参数训练、VinVL视觉表征重构等前沿实践；第11～14章探索提示工程、异常检测等应用场景，包含MATCHER一次性分割等突破性方案。第三部分展望多模态生成、组合推理等未来方向。

本书系统性与前沿性并重，理论与实践结合，非常适合AI算法工程师、大模型及多模态人工智能研究者学习，也可用作高等院校相关专业的教材及参考书。

图书在版编目（CIP）数据

视觉语言模型VLM原理与实战 / 吴建明，吴一昊编著. 北京：化学工业出版社，2025.7. -- ISBN 978-7-122-47873-3

Ⅰ．TP391

中国国家版本馆CIP数据核字第2025AA2570号

责任编辑：耍利娜　　　　　　　　文字编辑：袁玉玉　袁　宁
责任校对：王　静　　　　　　　　装帧设计：王晓宇

出版发行：化学工业出版社
　　　　　（北京市东城区青年湖南街13号　邮政编码100011）
印　　装：大厂回族自治县聚鑫印刷有限责任公司
710mm×1000mm　1/16　印张17$\frac{1}{2}$　字数345千字
2025年9月北京第1版第1次印刷

购书咨询：010-64518888　　　　　售后服务：010-64518899
网　　址：http://www.cip.com.cn
凡购买本书，如有缺损质量问题，本社销售中心负责调换。

定　　价：99.00元　　　　　　　　　　　　　　版权所有　违者必究

前言

在人工智能技术飞速发展的今天,视觉与语言的深度融合已成为推动多模态智能发展的核心驱动力。视觉语言模型(Vision-Language Model, VLM)通过结合视觉感知与语义理解能力,在图像生成、跨模态检索、智能问答、机器人交互等领域展现出前所未有的潜力。然而,这一领域的快速演进也带来了诸多挑战:从基础架构的设计、预训练范式的优化,到下游任务的高效迁移、鲁棒性与泛化能力的提升,研究者们亟需一本系统性的著作来梳理技术脉络、总结实践经验并展望未来方向。本书的创作初衷正是为了填补这一空白。

本书从理论到实践,全面剖析视觉语言模型的核心技术与创新应用,既注重对基础知识的系统性梳理,也着力呈现最新的研究成果。书中不仅涵盖了视觉语言模型的基础架构(如对比学习、生成式预训练、对齐策略等),还深入探讨了少样本学习、鲁棒微调、知识蒸馏等关键问题,并通过大量实例展示了技术落地的可能性。特别地,书中还专门分析了模型的可扩展性、组合性以及分布泛化能力,这些特性正是构建下一代通用人工智能系统的关键要素。

全书共分为15章。第1章以全景视角综述视觉语言模型的技术体系,建立完整的知识框架;第2章通过多个典型案例展示技术多样性,帮助读者建立直观认知;第3~14章则深入技术细节,每章聚焦一个核心问题,既包含理论推导,也提供翔实的实验验证;第15章从宏观层面探讨技术前沿与未来趋势。本书主要特色:其一,理论创新性,如第7章提出的迭代学习框架,突破传统组合性瓶颈;其二,工程实用性,第10章对视觉表征的重设计已被证明能显著提升下游任务性能;其三,社会价值性,第6章专门研究模型公平性问题,体现了技术伦理的考量。

本书适合人工智能领域的研究人员、工程师以及相关专业的高年级学生阅读。在人工智能技术日益渗透到人类生活各个领域的今天,视觉语言模型作为连接物理世界与数字世界的桥梁,其发展不仅关乎技术进步,更影响着人机协同的未来图景。希望本书能成为读者探索这一领域的可靠指南。

由于编者水平有限,书中不足之处在所难免,恳请广大专家、读者批评指正。

编著者

目录

第1章
视觉任务的视觉语言模型综述
001~035

1.1	视觉语言模型摘要	001
1.2	视觉语言模型问题提出	001
1.3	视觉语言模型背景	003
	1.3.1 视觉识别的训练范式	003
	1.3.2 用于视觉识别的 VLM 的开发	004
	1.3.3 相关调查	006
1.4	VLM 基础	006
	1.4.1 网络架构	006
	1.4.2 VLM 预训练目标	007
	1.4.3 VLM 预训练框架	009
	1.4.4 评估设置和下游任务	010
1.5	数据集	011
	1.5.1 预训练 VLM 的数据集	012
	1.5.2 VLM 评估数据集	013
1.6	视觉语言模型预训练	013
	1.6.1 具有对抗目标的 VLM 预训练	015
	1.6.2 具有生成目标的 VLM 预训练	017
	1.6.3 带有对齐目标的 VLM 预训练	019
1.7	VLM 迁移学习	020
	1.7.1 迁移学习的动机	020
	1.7.2 迁移学习的常见设置	020
	1.7.3 常见的迁移学习方法	020
1.8	视觉大模型语言知识提炼	024
	1.8.1 从 VLM 中提取知识的动机	025
	1.8.2 常识提炼方法	025
1.9	性能比较	027

　　　　1.9.1　VLM 预训练的表现　　　　027
　　　　1.9.2　VLM 迁移学习的性能　　　030
　　　　1.9.3　VLM 知识提取的性能　　　032
　1.10　未来发展方向　　　　　　　　　033
　1.11　小结　　　　　　　　　　　　　035

第2章
视觉语言模型各种示例
036~065

　2.1　通过模仿和自我监督学习创建多模态交互代理　　　　　　　　　　　　036
　2.2　DEPT：用于参数高效微调的分解式快速调谐　　　　　　　　　　　　037
　2.3　基于聚类掩蔽的高效视觉语言预训练　039
　2.4　来自并行文本世界的 LLM 训练的体现多模态智能体　　　　　　　　　　041
　2.5　在丰富的监督下加强视觉语言预训练　043
　2.6　FairCLIP：在视觉和语言学习中强调公平　　　　　　　　　　　　　　043
　2.7　用于开放式目标检测的生成区域语言预训练　　　　　　　　　　　　　044
　2.8　FROSTER：冻结的 CLIP 是开放词汇动作识别的有力教师　　　　　　　048
　2.9　Ins-DetCLIP：对齐检测模型以遵循人类语言指令　　　　　　　　　　049
　2.10　MMICL：通过多模态语境学习增强视觉语言模型的能力　　　　　　　052
　2.11　学习提示分割任何模型　　　　　　055
　2.12　NEMESIS：视觉语言模型软性向量的归一化　　　　　　　　　　　　057
　2.13　非自回归序列到序列视觉语言模型　057
　2.14　一个提示词足以提高预训练视觉语言模型的对抗鲁棒性　　　　　　　059
　2.15　连续学习的快速梯度投影　　　　　060
　2.16　检索增强对比视觉文本模型　　　　062
　2.17　TCP：基于文本的类感知可视化语言模型的提示调优　　　　　　　　064

	2.18 联合学习中视觉语言模型的文本驱动提示生成	065

第3章
大视觉语言模型的少数样本任务适配
066~079

3.1	少数样本任务适配概述	066
3.2	少数样本任务适配相关知识	066
	3.2.1 少数样本任务适配历史渊源	066
	3.2.2 相关工作概述	069
3.3	少数样本任务适配准备工作	069
	3.3.1 对比视觉语言预训练大规模 VLM	069
	3.3.2 可迁移性	070
	3.3.3 使用适配器进行高效迁移学习	070
	3.3.4 现有少样本任务 ETL 方法的陷阱	071
3.4	少样本任务拟议办法	071
	3.4.1 重新审视线性探测	071
	3.4.2 约束线性探测	072
	3.4.3 线性探测的类自适应约束	073
3.5	少样本任务实验	075
	3.5.1 安装程序	075
	3.5.2 少样本任务测试结果	076
	3.5.3 少样本任务消融实验	078
3.6	少样本任务限制	079

第4章
基于锚点的视觉语言模型鲁棒微调
080~091

4.1	锚点视觉语言模型鲁棒微调概要	080
4.2	锚点视觉语言模型鲁棒微调相关技术	080
	4.2.1 锚点视觉语言模型鲁棒微调问题提出	080
	4.2.2 锚点视觉语言模型鲁棒微调相关工作	082
4.3	锚点视觉语言模型鲁棒微调准备工作	083
	4.3.1 符号摘要	083
	4.3.2 对比视觉语言模型	083

4.4	锚点视觉语言模型鲁棒微调方法	084
	4.4.1　问题设置	084
	4.4.2　基于锚点的稳健微调概述	085
4.5	锚点视觉语言模型鲁棒微调实验	087
	4.5.1　域转换下的评估	087
	4.5.2　零样本学习下的评价	089
	4.5.3　消融研究	090
	4.5.4　锚的定性示例	091
4.6	小结	091

第5章
视觉语言模型的一致性引导快速学习

092~104

5.1	一致性引导快速学习摘要	092
5.2	一致性引导快速学习问题提出及相关工作	092
	5.2.1　一致性引导快速学习问题提出	092
	5.2.2　一致性引导快速学习相关工作	094
5.3	一致性引导快速学习方法	095
	5.3.1　准备工作	095
	5.3.2　协同学习：以一致性为导向的快速学习	096
5.4	一致性引导快速学习4个实验	098
	5.4.1　实验设置	098
	5.4.2　新概括的基础	098
	5.4.3　跨数据集评估	099
	5.4.4　域泛化	100
	5.4.5　消融研究	100
	5.4.6　参数和计算复杂度	103
5.5	小结	104

第6章
InternVL：扩展视觉基础模型并对齐通用视觉语言任务

105~133

6.1	InternVL扩展视觉基础模型并对齐摘要	105
6.2	扩展视觉基础模型并对齐问题提出及相关工作	105
	6.2.1　扩展视觉基础模型并对齐问题提出	105
	6.2.2　扩展视觉基础模型并对齐相关工作	107

6.3	扩展视觉基础模型并对齐拟议方法	108
	6.3.1　总体架构	108
	6.3.2　模型设计	109
	6.3.3　对齐策略	111
6.4	扩展视觉基础模型并对齐实验	113
	6.4.1　实施细节	113
	6.4.2　视觉感知基准	113
	6.4.3　视觉语言基准	114
	6.4.4　多模式对话基准	118
	6.4.5　消融研究	118
6.5	扩展视觉基础模型并对齐结论	119
6.6	扩展视觉基础模型并对齐补充材料	120
	6.6.1　更多实验	120
	6.6.2　更多消融研究	123
	6.6.3　详细训练设置	124
	6.6.4　预训练数据准备	127
	6.6.5　SFT 的数据准备	131

第7章
提高大型视觉语言模型组合性的迭代学习
134~146

7.1	迭代学习摘要	134
7.2	迭代学习问题提出及相关工作	134
	7.2.1　迭代学习问题提出	134
	7.2.2　迭代学习相关工作	136
7.3	迭代学习方法	137
	7.3.1　将视觉语言对抗学习重构为刘易斯信号博弈	137
	7.3.2　用于规范表示的共享码本	137
	7.3.3　训练中的迭代学习	138
7.4	迭代学习实验	140
	7.4.1　实验设置	140
	7.4.2　迭代学习提高了组合性	140
	7.4.3　迭代学习不会损害识别	141
	7.4.4　迭代学习分析	142
	7.4.5　消融研究	145
7.5	小结	146

第8章
MATCHER：使用通用特征匹配一次性分割任何内容
147~158

8.1	特征匹配一次性分割摘要	147
8.2	特征匹配一次性分割问题提出及相关工作	147
	8.2.1 特征匹配一次性分割问题提出	147
	8.2.2 特征匹配一次性分割相关工作	149
8.3	特征匹配一次性分割方法	150
	8.3.1 对应矩阵提取	150
	8.3.2 提示生成	151
	8.3.3 可控掩模生成	152
8.4	特征匹配一次性分割实验	153
	8.4.1 实验设置	153
	8.4.2 少样本点语义分割	153
	8.4.3 单样本任务物体部分分割	154
	8.4.4 视频对象分割	155
	8.4.5 消融研究	156
	8.4.6 定性结果	157
8.5	小结	158

第9章
视觉启发语言模型
159~172

9.1	视觉启发摘要	159
9.2	视觉启发问题提出及相关工作	159
	9.2.1 视觉启发问题提出	159
	9.2.2 视觉启发相关工作	161
9.3	视觉启发方法	162
	9.3.1 准备工作	162
	9.3.2 特征金字塔视觉提取器	163
	9.3.3 深度视觉条件提示	165
9.4	视觉启发实验结果	166
	9.4.1 实验细节	166
	9.4.2 方法的数据效率	167
	9.4.3 科学 QA	168
	9.4.4 图像字幕	169
	9.4.5 视觉问答实验与问答任务	170
	9.4.6 消融研究	170
9.5	小结	172

第10章
VinVL：重新审视视觉语言模型中的视觉表示
173~185

10.1	审视视觉表示摘要	173
10.2	审视视觉表示问题提出与相关工作	173
10.2.1	审视视觉表示问题提出	173
10.2.2	提高视觉语言的视觉能力	175
10.2.3	VL 任务的高效区域特征提取器	177
10.3	OSCAR+ 预训练	177
10.3.1	预训练语料库	178
10.3.2	预训练目标	178
10.3.3	预训练模型	179
10.3.4	适应 VL 任务	179
10.4	审视视觉表示实验与分析	179
10.4.1	主要成果	179
10.4.2	消融分析	182
10.5	小结	185

第11章
视觉语境提示
186~200

11.1	视觉语境提示摘要	186
11.2	视觉语境提示问题提出与相关工作	187
11.3	视觉语境提示方法	190
11.3.1	分段任务的统一公式	190
11.3.2	视觉提示公式	191
11.3.3	快速采样	192
11.3.4	解码器查询公式	193
11.4	视觉语境提示实验	194
11.4.1	安装程序	194
11.4.2	通用分割和检测	194
11.4.3	视频对象分割	196
11.4.4	消融方法	197
11.5	视觉语境提示相关工程	199
11.5.1	通过文本提示进行视觉感知	199
11.5.2	通过图像示例进行视觉感知	199
11.5.3	通过视觉提示进行视觉感知	200
11.6	小结	200

第12章
ViTamin：在视觉语言时代设计可扩展的视觉模型
201~214

12.1	设计可扩展摘要	201
12.2	设计可扩展导言	201
12.3	设计可扩展相关工作	204
12.4	设计可扩展方法	204
	12.4.1　CLIP 和训练协议	204
	12.4.2　CLIP 环境中视觉模型的基准测试	205
	12.4.3　ViTamin 的设计	207
12.5	设计可扩展实验	209
	12.5.1　实施细节	209
	12.5.2　主要成果	210
	12.5.3　新的下游任务套件	213
12.6	小结	214

第13章
AnomalyCLIP：用于零样本异常检测的对象诊断快速学习
215~228

13.1	零样本异常检测诊断摘要	215
13.2	零样本异常检测诊断简介	215
13.3	零样本异常检测诊断的计算	217
13.4	AnomalyCLIP：对象 – 语义提示学习	218
	13.4.1　方法概述	218
	13.4.2　对象 – 语义文本提示设计	219
	13.4.3　学习一般异常和正常提示	220
13.5	零样本异常检测诊断实验	222
	13.5.1　实验设置	222
	13.5.2　主要结果	222
	13.5.3　消融研究	226
13.6	零样本异常检测诊断相关工作	228
13.7	小结	228

第14章
任何促使分布泛化的转变
229~241

14.1	分布泛化摘要	229
14.2	分布泛化导言	229
14.3	分布泛化基础知识	230
14.4	分布泛化任何移位提示	232

	14.4.1	快速建模	232
	14.4.2	训练和推理	233
14.5	分布泛化相关工作		235
14.6	分布泛化实验		236
	14.6.1	各种分配变动的结果	237
	14.6.2	消融研究	240
14.7	小结		241

第15章
探索视觉语言模型的前沿：
当前方法和未来方向综述
242~264

15.1	视觉语言模型前沿摘要		242
15.2	视觉语言模型前沿导言		242
15.3	视觉语言模型类型		243
	15.3.1	视觉语言理解	245
	15.3.2	使用多模式输入生成文本	246
	15.3.3	多模态输出与多模态输入	262
15.4	视觉语言模型未来发展方向		263
15.5	小结		264

参考文献
265~267

第1章
视觉任务的视觉语言模型综述

1.1 视觉语言模型摘要

大多数视觉识别研究在深度神经网络（DNN）训练中严重依赖于人群标记的数据，并且通常每个单独的视觉识别任务训练一个 DNN，这导致了一个费力且耗时的视觉识别范式。为了解决这两个挑战，研究人员对视觉语言模型（VLM）进行了深入的研究，该模型从互联网上几乎不存在的网络级图像 - 文本对中学习丰富的视觉语言相关性，并使用单个 VLM 对各种视觉识别任务进行零样本预测。本章系统地介绍了各种视觉识别任务的视觉语言模型，包括：

① 介绍了视觉识别范式发展的背景。

② VLM 的基础：总结了广泛采用的网络架构、预训练目标、预训练框架，以及评估设置和下游任务。

③ VLM 预训练和评估中广泛采用的数据集。

④ 对现有的 VLM 预训练方法、VLM 迁移学习方法和 VLM 知识提炼方法回顾和分类。

⑤ 对所审查的方法进行基准测试、分析和讨论。

⑥ 在未来的视觉识别 VLM 研究中，可以追求的几个研究挑战和潜在的研究方向。

1.2 视觉语言模型问题提出

视觉识别（如图像分类、目标检测和语义分割）是计算机视觉研究中的一个长期挑战，也是自动驾驶、遥感、机器人等领域无数计算机视觉应用的基石。随着深度学习的出现，视觉识别研究通过利用端到端可训练的深度神经网络（DNN），取得了巨大成功。

自 2021 年 CLIP 的开创性研究以来，相关的出版物数量呈指数级增长（图 1-1）。

然而，从传统机器学习向深度学习的转变，带来了两个新的重大挑战，即 DNN 训练在经典的从头开始的深度学习设置下的缓慢收敛，以及 DNN 训练中大规模、任务特定和人群标记数据的费力收集。

一种新的学习范式，即预训练、微调和预测在广泛的视觉识别任务中表现出了极大的有效性。

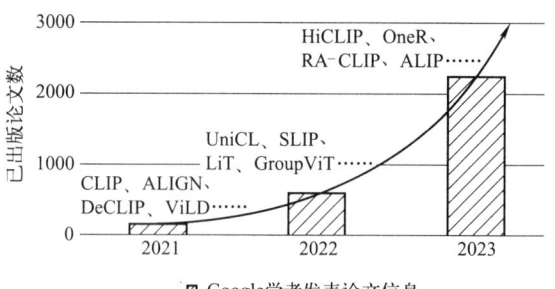

图 1-1 视觉识别 VLM 的出版物数量（来自谷歌学术）

在这种新范式下，首先用某些现成的大规模训练数据对 DNN 模型进行预训练，这些数据有注释或无注释，然后用任务特定的注释训练数据，对预训练模型进行调优，如图 1-2（a）（b）所示。通过在预训练模型中学习全面的知识，这种学习范式可以加速网络收敛，并为各种下游任务训练性能良好的模型。

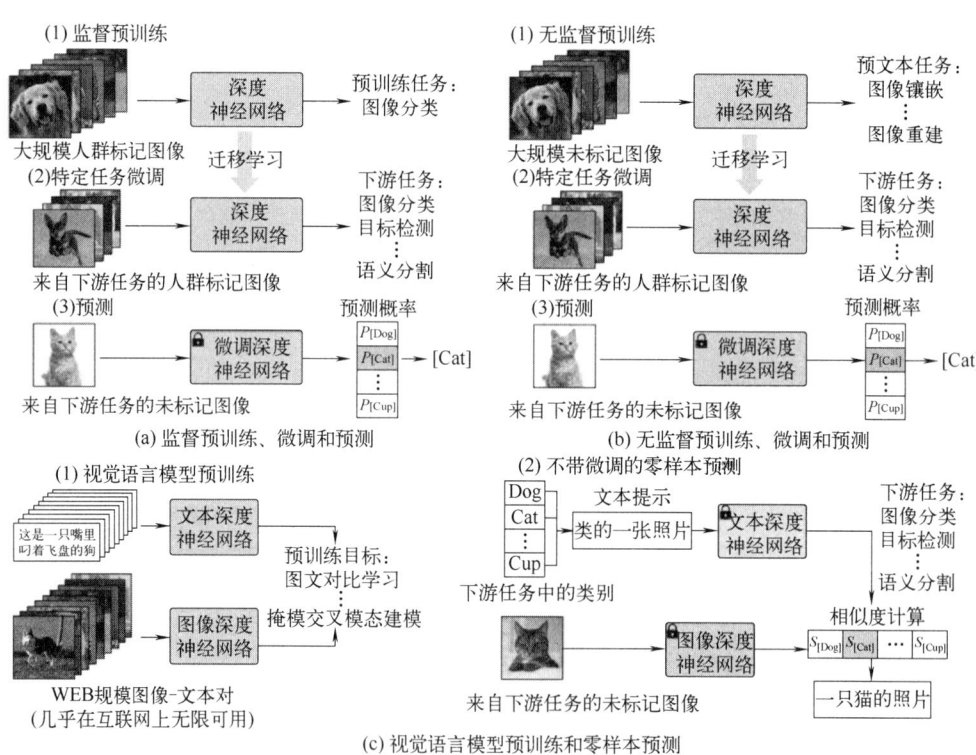

图 1-2 视觉识别中的三种 DNN 训练范式

在图 1-2 中，与（a）和（b）中的范式相比，（c）中带有 VLM 的新学习范式在没有任务特定调谐的情况下，能够有效地使用网络数据和零样本预测。

然而，预训练、微调和预测范式仍然需要一个辅助的阶段，即用来自每个下游任务的标记训练数据，进行任务特定的微调（fine-tuning，FT）。受自然语言处理进步的启发，一种名为视觉 - 语言模型预训练和零样本预测的新的深度学习范式引起了越来越多的关注。在这种范式中，视觉语言模型是用互联网上几乎无限可用的大规模图像 - 文本对进行预训练的，预训练的 VLM 可以直接应用于下游的视觉识别任务，而无需进行微调，如图 1-2（c）所示。VLM 预训练通常由某些视觉语言目标指导，这些目标能够从大规模的图像 - 文本对中学习图像 - 文本对应关系。例如，CLIP 采用图像 - 文本对抗目标，通过在嵌入空间中将成对的图像和文本拉近，并将其他图像和文本推开来学习。通过这种方式，预先训练的 VLM 获取了丰富的视觉 - 语言对应知识，并可以通过匹配任何给定图像和文本的嵌入，来执行零样本预测。这种新的学习模式，能够有效地使用网络数据，并允许零样本和评估。

1.3 视觉语言模型背景

本节首先介绍视觉识别训练范式的发展，以及其是如何向视觉语言模型预训练和零样本预测范式发展的；然后介绍用于视觉识别的视觉语言模型的发展。此外，还讨论了几项相关调查，以突出这项研究的范围和贡献。

1.3.1 视觉识别的训练范式

视觉识别范式的发展大致可分为几个阶段，包括：
① 传统的机器学习和预测。
② 从头开始的深度学习和预测。
③ 监督预测练、微调和预测训练范式。
④ 无监督预训练、微调和预测。
⑤ VLM 预训练和零样本预测。

（1）传统机器学习和预测

在深度学习时代之前，视觉识别研究在很大程度上依赖于具有手工制作特征的特征工程，以及轻量级学习模型，这些模型将手工制作的特征分类为预先定义的语义类别。然而，这种范式需要领域专家为特定的视觉识别任务制定有效的特征，这些任务不能很好地应对复杂的任务，而且可扩展性也很差。

（2）深度学习的出现

视觉识别研究通过利用端到端的可训练 DNN 取得了巨大的成功，这些 DNN 绕过了复杂的特征工程，并允许专注于神经网络的架构工程来学习有效的特征。

例如，ResNet 通过跳跃设计实现了非常深的网络，并允许从海量标记数据中学习，在具有挑战性的 ImageNet 基准测试中具有前所未有的性能。

（3）监督预训练、微调和预测

从标记的大规模数据集中学习的特征，可以转移到下游任务，从头开始的深度学习和预测范式，逐渐被监督预训练、微调和预测的新范式所取代。如图 1-2（a）所示，这种新的学习范式，在具有监督损失的大规模标记数据（如 ImageNet）上预训练 DNN，然后用任务特定的训练数据微调预训练的 DNN。由于预训练的 DNN 已经学习了一定的视觉知识，可以加速网络收敛，并用有限的任务特定训练数据训练性能良好的模型。

（4）无监督预训练、微调和预测

尽管监督预训练、微调和预测在许多视觉识别任务上取得了先进的性能，但在预训练中需要大规模的标记数据。

为了减少这一限制，采用了一种新的学习范式——无监督预训练、微调和预测。该范式探索了自监督学习，从无标记数据中学习有用和可转移的表示，如图 1-2（b）所示。为此，提出了各种自监督训练目标，包括对交叉补丁关系进行掩码图像建模、通过对比训练样本学习判别特征的对抗学习等。然后，用标记的任务特定训练数据，对自监督预训练模型进行下游任务的调整。这种范式在预训练中不需要标记数据，因此它可以利用更多的训练数据来学习有用和可转移的特征，与监督预训练相比，可以获得更好的性能。

（5）VLM 预训练和零样本预测

尽管监督预训练、微调和无监督预训练、微调提高了网络收敛性，但仍然需要一个带有标记任务数据的快速调优阶段，如图 1-2（a）（b）所示。受自然语言处理的巨大成功激励，为视觉识别提出了一种新的深度学习范式，称其为视觉语言模型预训练和零样本预测，如图 1-2（c）所示。利用互联网上几乎无限可用的大规模图像 - 文本对，VLM 通过某些视觉语言目标进行预训练，这些目标捕获了丰富的视觉语言知识，并通过匹配任何给定图像和文本的嵌入，对下游视觉识别任务执行零样本预测（无需调整）。

与预训练和微调相比，这种新的范式能够有效使用大规模的网络数据和零样本预测，而无需任务特定的微调。

大多数现有研究试图从以下 3 个角度改进 VLM：

① 收集大规模信息图像文本数据。
② 设计大容量模型以从大数据中有效学习。
③ 设计新的预训练目标以学习有效的 VLM。

对这一新的视觉语言学习范式进行了系统的调查，旨在为现有的视觉语言管理研究（具有挑战性但前景广阔）面临的挑战和未来的方向提供一个清晰的图景。

1.3.2　用于视觉识别的 VLM 的开发

自 CLIP 开发以来，与视觉识别相关的 VLM 研究取得了巨大进展。从三个方面提出了用于视觉识别的 VLM，如图 1-3 所示。

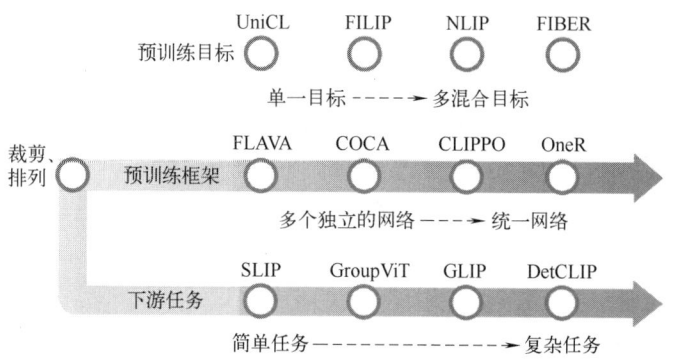

图 1-3 用于视觉识别的 VLM 发展示意

① 预训练目标：从单个目标到多个混合目标。早期的 VLM 通常采用单一的预训练目标，而目前的 VLM 引入了多个目标（例如对比目标、对齐目标和生成目标），以探索它们的协同作用，从而获得更稳健的 VLM 和更好的下游任务性能。

② 预训练框架：从多个独立的网络到一个统一的网络。早期的 VLM 采用双塔预训练框架，目前的 VLM 尝试了一种双塔预训练架构，该架构使用统一的网络，对图像和文本进行编码，GPU 内存使用得更少，但跨数据模式的通信更有效。

③ 下游任务：从简单任务到复杂任务。早期的 VLM 专注于图像级视觉识别任务，而目前的 VLM 更通用，也可以用于复杂且需要定位相关知识的密集预测任务。

图 1-4 为用于视觉识别的视觉语言模型的类型学。

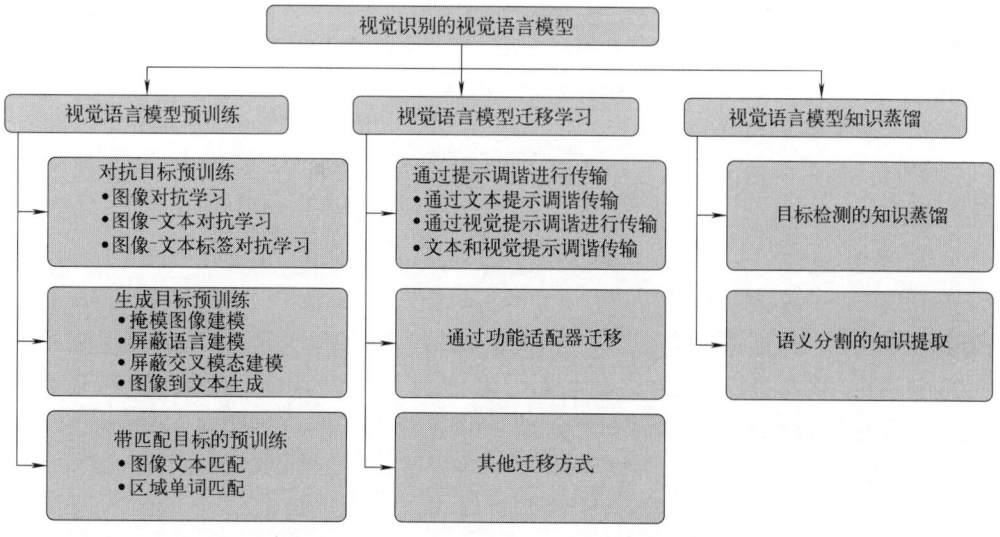

图 1-4 用于视觉识别的视觉语言模型的类型学

1.3.3 相关调查

本书对各种视觉识别任务的 VLM 进行了几项相关调查，审查了视觉语言任务的 VLM，如视觉问答、视觉推理的自然语言和短语基础。例如，视觉语言任务的进展，包括各种任务特定方法的 VLM 预训练、视觉语言任务的 VLM 预训练、多模态任务多模态学习的最新进展。从三个主要方面介绍了视觉识别任务的 VLM：

① 视觉识别任务 VLM 预训练的最新进展。
② 从 VLM 到视觉识别任务的两种典型转换方法。
③ VLM 预训练方法在视觉识别任务上的基准测试。

1.4 VLM 基础

VLM 预训练旨在预训练 VLM 以学习图像 - 文本相关性，针对视觉识别任务的有效零样本预测。给定图像 - 文本对，先使用文本编码器和图像编码器提取图像和文本特征，然后学习视觉语言与某些预训练目标的相关性。因此，可以通过匹配任何给定图像的嵌入，以零样本方式对未观测数据评估 VLM 以及文本。本节介绍 VLM 基础，包括用于提取图像和文本特征的常见网络架构、用于建模视觉语言相关性的预训练目标、VLM 预训练框架，以及 VLM 评估设置和下游任务。

1.4.1 网络架构

VLM 预训练使用深度神经网络，该网络从预训练数据集 $D=\{x_n^I, x_n^T\}_{n=1}^N$ 内的 N 个图像 - 文本对中提取图像和文本特征，其中 x_n^I 和 x_n^T[1] 表示图像样本及其配对文本样本。深度神经网络有一个图像编码器 f_θ 和一个文本编码器 f_ϕ，它们分别将图像和文本（来自图像 - 文本对 $\{x_n^I, x_n^T\}$）编码为图像嵌入 $z_n^I=f_\theta(x_n^I)$ 和文本嵌入 $z_n^T=f_\phi(x_n^T)$。

（1）学习图像特征的架构

两种类型的网络架构已被广泛用于学习图像特征，即基于 CNN 的架构和基于 Transformer 的架构。

① 基于 CNN 的架构。不同的卷积神经网络（例如 VGG、ResNet 和 EfficientNet）被设计用于学习图像特征。作为 VLM 预训练中最受欢迎的卷积网络之一，ResNet 采用卷积块之间的跳跃连接，减轻了梯度消失和爆炸，并实现了非常深入的神经网络。为了更好地执行特征提取和视觉语言建模，几项研究修改了原始的网络架构。以 ResNet 为例，引入了 ResNet-D，采用了抗锯齿的 rect-2 模糊池，并在变换器多头注意力中，用注意力池取代了全局平均池。

---

[1] "T" 表示文本。

② 基于 Transformer 的架构。变换器（Transformer）在视觉识别任务中得到了广泛的探索，如图像分类、目标检测和语义分割。作为图像特征学习的标准 Transformer 架构，ViT 采用了一堆 Transformer 块，每个块由多头自关注层和前馈网络组成。

输入图像首先被分割成固定大小的块，然后在线性投影和位置嵌入后，被馈送到 Transformer 编码器。通过在 Transformer 编码器之前添加归一化层来修改 ViT。

（2）学习语言功能的架构

Transformer 及其变体已被广泛用于学习文本特征。标准 Transformer 具有编码器-解码器结构。其中编码器有 6 个块，每个块都有一个多头自关注层和一个多层感知器（MLP）。解码器也具有 6 个块，每个块具有多头关注层、掩蔽多头层和 MLP。大多数 VLM 研究，如 CLIP，都采用了标准 Transformer，并进行了 GPT2 中的小幅修改，从头开始训练，而无需使用 GPT2 权重进行初始化。

1.4.2 VLM 预训练目标

作为 VLM 的核心，各种视觉语言预训练目标，被设计用于学习丰富的视觉语言相关性。它们大致分为三类：对抗目标、生成目标和对齐目标。

（1）对抗目标

对抗目标训练 VLM 通过在特征空间中，将成对样本拉近并将其他样本推开来学习判别表示。

图像对抗学习旨在通过在嵌入空间中强制查询图像，以及依照正键（即其数据增强）接近并远离其负键（即其他图像）原则，来学习区分性的图像特征。给定一批 B 图像，对抗学习目标（例如 InfoNCE 及其变体）公式通常如下：

$$L_I^{\text{InfoNCE}} = -\frac{1}{B}\sum_{i=1}^{B}\log\frac{\exp(z_i^I \cdot z_+^I / \tau)}{\sum_{j=1, j\neq i}^{B+1}\exp(z_i^I \cdot z_j^I / \tau)} \quad (1\text{-}1)❶$$

式中，z_i^I 是查询嵌入；$\{z_j^I\}_{j=1, j\neq i}^{B+1}$ 是密钥嵌入，z_+^I 代表 z_i^I 的正密钥，其余为 z_i^I 的负密钥；τ 是一个温度超参数，控制学习表示的密度。

图像-文本对抗学习旨在通过拉近成对图像和文本的嵌入，同时推开其他嵌入，来学习区分性的图像-文本表示。通常通过最小化对称图像文本信息丢失来实现，即 $L_I^{\text{InfoNCE}} = L_{I \rightarrow T} + L_{T \rightarrow I}$。式中，$L_{I \rightarrow T}$ 将查询图像与文本键进行对比，而 $L_{T \rightarrow I}$ 将查询文本与图像键进行对比。给定一批 B 图像-文本对，$L_{I \rightarrow T}$ 和 $L_{T \rightarrow I}$ 的定义如下：

---

❶ 如果式中的 log 省略底数，则默认其底数为 10。

$$L_{\mathrm{I}\to\mathrm{T}} = -\frac{1}{B}\sum_{i=1}^{B}\log\frac{\exp(z_i^{\mathrm{I}} \cdot z_i^{\mathrm{T}} / \tau)}{\sum_{j=1}^{B}\exp(z_i^{\mathrm{I}} \cdot z_j^{\mathrm{T}} / \tau)} \tag{1-2}$$

$$L_{\mathrm{T}\to\mathrm{I}} = -\frac{1}{B}\sum_{i=1}^{B}\log\frac{\exp(z_i^{\mathrm{T}} \cdot z_i^{\mathrm{I}} / \tau)}{\sum_{j=1}^{B}\exp(z_i^{\mathrm{T}} \cdot z_j^{\mathrm{I}} / \tau)} \tag{1-3}$$

式中，z^{I} 和 z^{T} 分别代表图像嵌入和文本嵌入。

图像-文本-标签对抗学习将监督对抗学习引入图像-文本对抗学习，通过重新表述式（1-2）和式（1-3）来定义，即

$$L_{\mathrm{I}\to\mathrm{T}}^{\mathrm{ITL}} = -\sum_{i=1}^{B}\frac{1}{|P(i)|}\sum_{k\in P(i)}\log\frac{\exp(z_i^{\mathrm{I}} \cdot z_k^{\mathrm{T}} / \tau)}{\sum_{j=1}^{B}\exp(z_i^{\mathrm{I}} \cdot z_j^{\mathrm{T}} / \tau)} \tag{1-4}$$

$$L_{\mathrm{T}\to\mathrm{I}}^{\mathrm{ITL}} = -\sum_{i=1}^{B}\frac{1}{|P(i)|}\sum_{k\in P(i)}\log\frac{\exp(z_i^{\mathrm{T}} \cdot z_k^{\mathrm{I}} / \tau)}{\sum_{j=1}^{B}\exp(z_i^{\mathrm{T}} \cdot z_j^{\mathrm{I}} / \tau)} \tag{1-5}$$

式中，$k \in P(i) = \{k \mid k \in B, y_k = y_i\}$，$y$ 是 $(z^{\mathrm{I}}, z^{\mathrm{T}})$ 的类别标签。根据式（1-4）和式（1-5），图像-文本-标签信息 NCE 损失定义为 $L_{\mathrm{InfoNCE}}^{\mathrm{ITL}} = L_{\mathrm{I}\to\mathrm{T}}^{\mathrm{ITL}} + L_{\mathrm{T}\to\mathrm{I}}^{\mathrm{ITL}}$。

（2）生成目标

生成目标通过训练网络来学习语义特征，包括图像生成、语言生成或跨模态生成图像/文本数据几种方式。

掩码图像建模通过掩蔽和重建图像来学习交叉补丁相关性。它随机掩蔽输入图像的一组补丁，并训练编码器在未掩蔽补丁的条件下，重建掩蔽补丁。给定一批 B 图像，损失函数可以公式化为

$$L_{\mathrm{MIM}} = -\frac{1}{B}\sum_{i=1}^{B}\log f_{\theta}\left(\overline{\boldsymbol{x}}_i^{\mathrm{I}} \mid \hat{\boldsymbol{x}}_i^{\mathrm{I}}\right) \tag{1-6}$$

式中，$\overline{\boldsymbol{x}}_i^{\mathrm{I}}$ 和 $\hat{\boldsymbol{x}}_i^{\mathrm{I}}$ 分别表示 $\boldsymbol{x}_i^{\mathrm{I}}$ 中的掩码补丁和未掩码补丁。

掩码语言建模是 NLP 中广泛采用的预训练目标。它随机掩蔽了一定比例的输入文本标记（例如 BERT 中的 15%），并用未掩蔽的标记重建它们，即

$$L_{\mathrm{MIM}} = -\frac{1}{B}\sum_{i=1}^{B}\log f_{\phi}\left(\overline{\boldsymbol{x}}_i^{\mathrm{T}} \mid \hat{\boldsymbol{x}}_i^{\mathrm{T}}\right) \tag{1-7}$$

式中，$\overline{\boldsymbol{x}}_i^{\mathrm{T}}$ 和 $\hat{\boldsymbol{x}}_i^{\mathrm{T}}$ 分别表示 $\boldsymbol{x}_i^{\mathrm{T}}$ 中的掩码令牌和未掩码令牌；B 表示批量大小。

掩码跨模态建模集成了掩码图像建模和掩码语言建模。给定一个图像-文本对，它随机掩蔽一部分图像补丁和一部分文本标记，然后学习在未掩蔽的图像补丁和未掩蔽的文本标记的条件下重建它们，公式如下：

$$L_{\mathrm{MCM}} = -\frac{1}{B}\sum_{i=1}^{B}\left[\log f_\theta\left(\overline{\boldsymbol{x}}_i^{\mathrm{I}} \mid \hat{\boldsymbol{x}}_i^{\mathrm{I}}, \hat{\boldsymbol{x}}_i^{\mathrm{T}}\right) + \log f_\phi\left(\overline{\boldsymbol{x}}_i^{\mathrm{T}} \mid \hat{\boldsymbol{x}}_i^{\mathrm{I}}, \hat{\boldsymbol{x}}_i^{\mathrm{T}}\right)\right] \tag{1-8}$$

式中，$\overline{\boldsymbol{x}}_i^{\mathrm{I}} \mid \hat{\boldsymbol{x}}_i^{\mathrm{I}}$ 表示 $\boldsymbol{x}_i^{\mathrm{I}}$ 中的掩码/未掩码补丁；$\overline{\boldsymbol{x}}_i^{\mathrm{T}} \mid \hat{\boldsymbol{x}}_i^{\mathrm{T}}$ 表示 $\boldsymbol{x}_i^{\mathrm{T}}$ 中的掩码/未掩码文本标记。图像到文本生成旨在基于与 $\boldsymbol{x}^{\mathrm{T}}$ 配对的图像自回归预测文本 $\boldsymbol{x}^{\mathrm{T}}$，即

$$L_{\mathrm{ITG}} = -\sum_{l=1}^{L}\log f_\theta\left(\boldsymbol{x}^{\mathrm{T}} \mid \boldsymbol{x}_{<l}^{\mathrm{T}}, \boldsymbol{z}^{\mathrm{I}}\right) \tag{1-9}$$

式中，L 表示 $\boldsymbol{x}^{\mathrm{T}}$ 要预测的令牌数量；$\boldsymbol{z}^{\mathrm{I}}$ 表示与 $\boldsymbol{x}^{\mathrm{T}}$ 配对图像的嵌入。

（3）对齐目标

对齐目标通过嵌入空间上的（全局）图像-文本匹配，或（局部）区域-词汇匹配对齐图像文本。

图像-文本匹配模型图像和文本之间的全局相关性，可以用评分函数 $S(\cdot)$ 来表示，该函数衡量图像和文本的对齐概率，以及二值分类损失。

$$L_{\mathrm{IT}} = p\log S(z^{\mathrm{I}}, z^{\mathrm{T}}) + (1-p)\log\left[1 - S(z^{\mathrm{I}}, z^{\mathrm{T}})\right] \tag{1-10}$$

式中，如果图像和文本配对，则 p 为 1，否则 p 为 0。

区域词匹配旨在模拟图像-文本对中的局部跨模态相关性（即图像区域和词汇之间），用于密集的视觉识别任务，如目标检测。它可以表述为

$$L_{\mathrm{RW}} = p\log S^r(\boldsymbol{r}^{\mathrm{I}}, \boldsymbol{w}^{\mathrm{T}}) + (1-p)\log\left[1 - S^r(\boldsymbol{r}^{\mathrm{I}}, \boldsymbol{w}^{\mathrm{T}})\right] \tag{1-11}$$

式中，$(\boldsymbol{r}^{\mathrm{I}}, \boldsymbol{w}^{\mathrm{T}})$ 表示区域-词汇对，如果区域和词汇配对，则 $p=1$，否则 $p=0$；$S^r(\cdot)$ 表示衡量图像区域和词汇之间相似性的局部评分函数。

1.4.3 VLM 预训练框架

本小节介绍了 VLM 预训练中广泛采用的框架，包括双塔预训练框架、双腿预训练框架和单塔预训练框架。

双塔预训练框架已被广泛应用于 VLM 预训练，其中输入图像和输入文本分别用两个单独的编码器进行编码，如图 1-5（a）所示。稍微不同的是，双腿预训练框架引入了辅助的多模态融合层，使图像和文本模态之间能够进行特征交互，如图 1-5（b）所示。作为比较，单塔预训练框架试图在单个编码器中统一视觉和语言学习，如图 1-5（c）所示，旨在促进跨数据模式的有效通信。

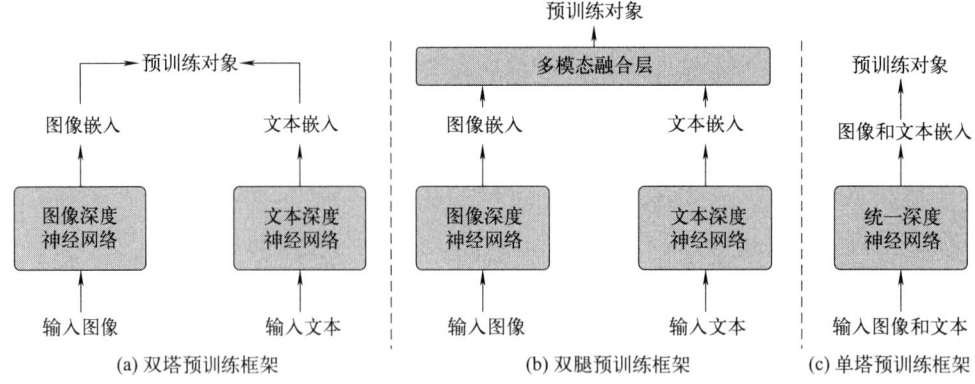

图 1-5 典型 VLM 预训练框架示意图

1.4.4 评估设置和下游任务

本小节介绍 VLM 中广泛采用的评估设置和下游任务。这些评估设置包括零样本预测和线性探测，下游任务包括图像分类、目标检测、语义分割、图像文本检索和行为识别。

（1）零样本预测

作为评估 VLM 泛化能力的最常见方法之一，零样本预测直接将预先训练的 VLM 应用于下游任务，而无需任何特定任务的调整。

图像分类旨在将图像分类为预先定义的类别。VLM 通过比较图像和文本的嵌入来实现零样本图像分类，提示工程通常用于生成与任务相关的提示，如"[标签] 的照片"。

语义分割旨在为图像中的每个像素分配一个类别标签。预训练的 VLM 通过比较给定图像像素和文本的嵌入，来实现分割任务的零样本任务预测。

目标检测旨在对图像中的目标进行定位和分类，这对各种视觉应用都很重要。通过从辅助数据集中学习目标定位能力，预训练的 VLM 通过比较给定目标建议和文本的嵌入，实现目标检测任务的零样本预测。

图像文本检索旨在根据另一种模态的提示，从一种模态中检索所需的样本。该模态由两个任务组成，即基于文本检索图像的文本到图像检索，以及基于图像检索文本的图像到文本检索。

（2）线性探测

线性探测已被广泛应用于 VLM 评估。它冻结预训练的 VLM，并训练线性分类器，对 VLM 编码的嵌入进行分类，以评估 VLM 表示。图像分类和行为识别已被广泛应用于此类评估中，其中视频片段通常被亚采样，以便在行为识别任务中进行有效识别。

VLM 预训练中广泛使用的图像文本数据集摘要如表 1-1 所示。

表1-1　VLM预训练中广泛使用的图像文本数据集摘要

数据集	年份	文本图像配对数目	语言	是否发表
子标题	2011	1M	英语	√
COCO 描述	2016	1.5M	英语	√
雅虎 Flickr 知识共享 1 亿（YFCC100M）	2016	100M	英语	√
视觉基因组（VG）	2017	5.4M	英语	√
概念性说明（CC3M）	2018	3.3M	英语	√
本土化叙事（LN）	2020	0.87M	英语	√
概念 12M（CC12M）	2021	12M	英语	√
基于维基百科的图像文本（WIT）	2021	37.6M	108 种语言	√
红帽（RC）	2021	12M	英语	√
LAION400M	2021	400M	英语	√
LAION5B	2022	5B	超过 100 种语言	√
WuKong	2022	100M	中文	√
CLIP	2021	400M	英语	×
ALIGN	2021	1.8B	英语	×
FILIP	2021	300M	英语	×
WebLI	2022	12B	109 种语言	×

注："××B"中的"B"代表 billion，即十亿；"××M"中的"M"代表 million，即百万。

1.5　数据集

VLM 预训练和评估的常用数据集详见表 1-2。

表1-2　VLM评估中广泛使用的视觉识别数据集摘要

任务	数据集	年份	类	训练	测试	评估指标
图像分类	MNIST	1998	10	60000	10000	精度
	Caltech-101	2004	102	3060	6085	每类平均
	PASCAL VOC 2007 Classification	2007	20	5011	4952	11 点 mAP
	Oxford 102 Folwers	2008	102	2040	6149	每类平均
	CIFAR-10	2009	10	50000	10000	精度
	CIFAR-100	2009	100	50000	10000	精度
	ImageNet-1k	2009	1000	1281167	50000	精度
	SUN397	2010	397	19850	19850	精度
	SVHN	2011	10	73257	26032	精度
	STL-10	2011	10	1000	8000	精度
	GTSRB	2011	43	26640	12630	精度
	KITTI Distance	2012	4	6770	711	精度

续表

任务	数据集	年份	类	训练	测试	评估指标
图像分类	IIIT5k	2012	36	2000	3000	精度
	Oxford-IIIT PETS	2012	37	3680	3669	每类平均
	Stanford Cars	2013	196	8144	8041	精度
	FGVC Aircraft	2013	100	6667	3333	每类平均
	Facial Emotion Recognition 2013	2013	8	32140	3574	精度
	Rendered SST2	2013	2	7792	1821	精度
	Describable Textures（DTD）	2014	47	3760	1880	精度
	Food-101	2014	102	75750	25250	精度
	Birdsnap	2014	500	42283	2149	精度
	RESISC45	2017	45	3150	25200	精度
	CLEVR Counts	2017	8	2000	500	精度
	PatchCamelyon	2018	2	294912	32768	精度
	EuroSAT	2019	10	10000	5000	精度
	Hateful Memes	2020	2	8500	500	ROC AUC
	Country211	2021	211	43200	21100	精度
图像文本检索	Flickr30K	2014	—	31783	—	召回率
	COCO Caption	2015	—	82783	5000	召回率
行为识别	UCF101	2012	101	9537	1794	精度
	Kinetics700	2019	700	494801	31669	平均（top1, top5）
	RareAct	2020	122	7607	—	mWAP, mSAP
目标检测	COCO 2014 Detection	2014	80	83000	41000	盒子 mAP
	COCO 2017 Detection	2017	80	118000	5000	盒子 mAP
	LVIS	2019	1203	118000	5000	盒子 mAP
	ODinW	2022	314	132413	20070	盒子 mAP
语义分割	PASCAL VOC 2012 Segmentation	2012	20	1464	1449	mIoU
	PASCAL Content	2014	459	4998	5105	mIoU
	Cityscapes	2016	19	2975	500	mIoU
	ADE20k	2017	150	25574	2000	mIoU

1.5.1 预训练 VLM 的数据集

对于 VLM 预训练，从互联网上收集了多个大规模的图像文本数据集。与传统的人群标记数据集相比，图像文本数据集的收集范围要大得多，也更便宜。例如，最近的图像文本数据集通常在十亿级。除了图像文本数据集之外，一些研究还利用辅助数据集为更好的视觉语言建模提供辅助信息，例如，GLIP 利用 Object365 提取区域级特征。

1.5.2 VLM 评估数据集

如表 1-2 所示，VLM 评估中采用了许多数据集，其中 27 个用于图像分类，4 个用于目标检测，4 个进行语义分割，2 个用于图像文本检索，3 个用于行为识别。例如，27 个图像分类数据集涵盖了广泛的视觉识别任务，从用于宠物识别的 Oxford-IIIT PETS 和用于汽车识别的 Stanford Cars 等细粒度任务，到 ImageNet-1k 等一般任务。

1.6 视觉语言模型预训练

本节通过表 1-3 中列出的多个 VLM 预训练研究进行介绍。

Con 表示对抗目标；Gen 表示生成目标；Align 表示对齐目标。†、‡、§ 分别表示双塔预训练框架、双腿预训练框架和单塔预训练框架。* 表示非公开数据集。

表1-3 视觉语言模型预训练方法总结

方法	数据集	目标	贡献
CLIP†	CLIP*	Con	建议了用于 VLM 预训练的图像文本对比学习
ALIGN†	ALIGN*	Con	利用大规模噪声数据来扩展 VLM 预训练数据
OTTER†	CC3M、YFCC15M、WIT	Con	采用最优传输方式进行数据高效 VLM 预训练
DeCLIP†	CC3M、CC12M、YFCC100M、WIT*	Con、Gen	采用图像/文本自我监督进行数据效率 VLM 预训练
ZeroVL†	SBU、VG、CC3M、CC12M	Con	为数据效率 VLM 预训练引入数据增强
FILIP†	FILIP*、CC3M、CC12M、YFCC100M	Con、Align	利用区域词相似性进行细粒度 VLM 预训练
UniCL†	CC3M、CC12M、YFCC100M	Con	建议了用于 VLM 预训练的图像-文本标签对比学习
Florence†	FLD-900M*	Con	扩大预训练数据，包括深度和时间信息
SLIP†	YFCC100M	Con	将图像自我监督学习引入 VLM 预训练
PyramidCLIP†	SBU、CC3M、CC12M、YFCC100M、LAION400M	Con	在多个语义级别内/跨语义级别执行同级/跨级别对比学习
ChineseCLIP†	LAION5B、WuKong、VG、COCO	Con	收集大规模中文图文数据，引入中文 VLM
LiT†	CC12M、YFCC100M、WIT*	Con	建议了使用锁定图像编码器进行对比调谐

续表

方法	数据集	目标	贡献
AltCLIP†	WuDao、LAION2B、LAION5B	Con	利用多语言文本编码器实现多语言VLM
FLAVA‡	COCO、SBU、LN、CC3M、VG、WIT、CC12M、RC、YFCC100M	Gen、Con、Align	建立了一种通用的基础VLM，同时处理单模态（即图像或文本）和多模态案例
KELIP†	CUB200、WIT、YFCC15M、CC3M、CC12M、LAION400M、K-WIT*	Con、Gen	收集大规模的韩语图像文本对数据，开发韩语和英语双语VLM
COCA‡	ALIGN*	Con、Gen	将对比学习和图像字幕相结合进行预训练
nCLIP†	COCO、VG、SBU、CC3M、CC12M、YFCC14M	Con、Align	为VLM预训练建议了一个非对比的预训练目标（即全局图像文本匹配的交叉熵损失）
K-lite†	CC3M、CC12M、YFCC100M	Con	利用辅助数据集来训练可转移的VLM
NLIP‡	YFCC100M、COCO	Con、Gen	通过噪声折中协调和完成列车噪声鲁棒VLM
UniCLIP†	CC3M、CC12M、YFCC100M	Con	建议统一的图像文本和图像图像对比学习
PaLI‡	WebLI*	Gen	在VLM预训练中扩展数据、模型和语言
HiCLIP†	YFCC100M、CC3M、CC12M	Con	建议将层次意识注意力纳入VLM预训练
CLIPPO§	WebLI*	Con	使用单个网络学习图像和文本数据，用于VLM预训练
OneR§	CC3M、SBU、VG、COCO	Con、Gen	在金字塔Transformer中统一图像和文本学习
RA-CLIP†	YFCC100M	Con	建议检索增强图像文本对比学习
LA-CLIP†	CC3M、CC12M、RC、LAION400M	Con	建议LLM增强图像文本对比学习
ALIP†	YFCC100M	Con	将合成字幕监督引入VLM预训练
GrowCLIP‡	CC12M	Con	建议在线学习图文对比
GroupVit†	CC12M、YFCC100M	Con	建立了VLM预训练的分层视觉概念分组
SegClip†	CC3M、COCO	Con、Gen	建立了一种用于VLM预训练的插件语义组模块
CLIPpy†	CC12M	Con	建议VLM预训练的空间表示聚合

续表

方法	数据集	目标	贡献
RegionClip†	CC3M、COCO	Con、Align	学习 VLM 预训练的区域级视觉表示
GLIP‡	CC3M、CC12M、SBU	Align	统一 VLM 真值预训练的检测和相位真值
FIBER‡	COCO、CC3M、SBU、VG	Con、Gen、Align	建议了一种深度多模态融合方法,用于从粗到细的 VLM 预训练
DetCLIP‡	YFCC100M	Align	建议了一种并行视觉概念 VLM 预训练方法

1.6.1 具有对抗目标的 VLM 预训练

对抗学习在 VLM 预训练中得到了广泛的探索,它设计了对抗目标来学习区分性的图像文本特征。

(1)图像对抗学习

这个预训练目标旨在学习图像模态中的判别特征,通常是充分利用图像数据潜力的辅助目标。例如,SLIP 采用式(1-1)中定义的标准信息 NCE 损失,来学习判别图像特征。

(2)图像-文本对抗学习

图像文本对比旨在通过对比图像-文本对来学习视觉语言相关性,是将成对图像和文本的嵌入拉近,同时将其他嵌入推得更远。例如,CLIP 在式(1-2)中采用了对称的图像文本信息损失,该损失通过图 1-6 中图像和文本嵌入之间的点积,来衡量图像文本的相似性。因此,预先训练的 VLM 学习图像-文本相关性,允许在下游视觉识别任务中进行零样本预测。

受 CLIP 巨大成功的启发,许多研究从不同角度改善了对称图像文本信息丢失。例如,ALIGN 通过大规模(18 亿)但有噪声的图像-文本对,以及噪声鲁棒的对抗学习,来扩展 VLM 预训练。

一些研究转而探索了使用更少的图像-文本对,进行数据高效 VLM 预训练。

例如,DeCLIP 引入了最近邻监督,以利用来自相似对的信息,从而在有限的数据上进行有效的预训练。OT TER 采用最优传输来实现对图像和文本数据的处理,大大减少了所需的训练数据。ZeroVL 通过去偏数据采样和带有标签填充混淆的数据增强,来利用有限的数据资源。

一系列后续研究旨在通过在不同语义水平上进行图像-文本对抗学习,进行全面的视觉-语言相关性建模。例如,FILIP 将区域词对齐引入对抗学习,使学习更细粒度的视觉语言对应知识成为可能。

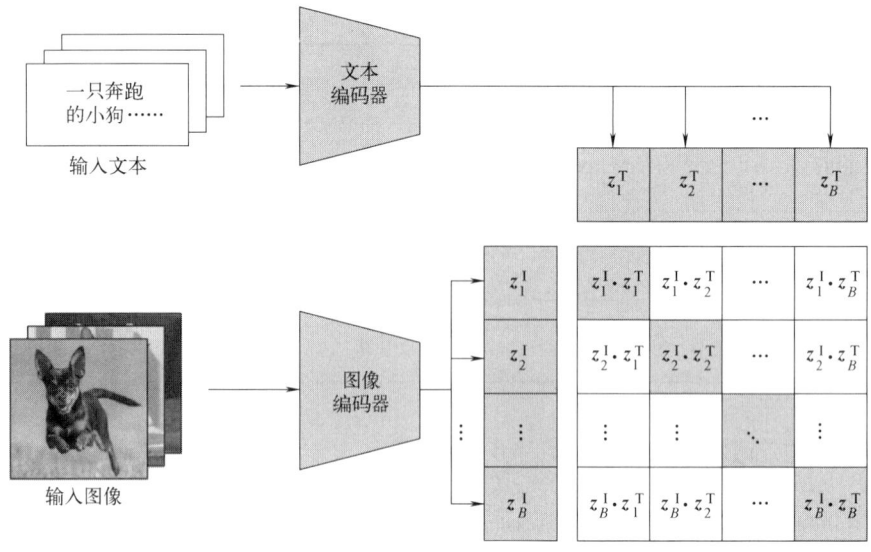

图 1-6 CLIP 中的图像 - 文本对抗学习示例

PyramidCLIP 构建了多个语义层次，并进行了跨层次和同伴层次的对抗学习，以实现有效的 VLM 预训练。

此外，近期的几项研究通过增加图像 - 文本对进一步改进。例如，LA-CLIP 和 ALIP 采用大型语言模型（LLM），来增强给定图像的合成字幕，而 RA-CLIP 则检索相关的图像 - 文本对，以增强图像 - 文本对，促进跨数据模式的有效通信，以及试图在单个编码器中统一视觉和语言学习。

（3）图像 - 文本标签对抗学习

这种预训练将图像分类标签引入图像文本对比度中，如式（1-4）所示，该方程将图像、文本和分类标签编码到共享空间中，如图 1-7 所示。它利用了图像标签的监督预训练和图像 - 文本对的无监督 VLM 预训练。如 UniCL 所述，这种预训练允许同时学习区分性和任务特定性（即图像分类）特征。

关于 UniCL 的后续工作是将 UniCL 扩展到约 900M 个图像 - 文本对，从而在各种下游识别任务中取得出色的性能。

（4）讨论

对抗目标强制正对与负对具有相似的嵌入。鼓励 VLM 学习辨别视觉和语言特征，其中更多的辨别特征通常会导致更一致和准确的零样本预测。

然而，对抗目标有两个局限性：

① 联合优化正负对是复杂且具有挑战性的。

② 涉及一个启发式温度超参数，用于控制特征可辨性。

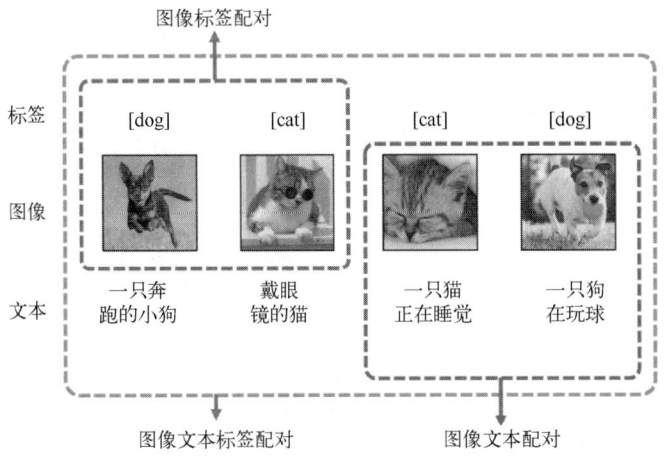

图 1-7　UniCL 中提出的图像 - 文本 - 标签空间的说明

1.6.2　具有生成目标的 VLM 预训练

生成性 VLM 预训练通过学习生成图像或文本，通过掩码图像建模、掩码语言建模、掩码跨模态建模，以及图像到文本生成来学习语义知识。

（1）掩码图像建模

该预训练目标通过掩蔽和重建图像，来支持学习图像上下文信息，如式（1-6）所示。在掩模图像建模（例如，MAE 和 BeiT）中，图像中的某些补丁被掩模，编码器被训练，以便在未掩模补丁的条件下重建它们，如图 1-8 所示。

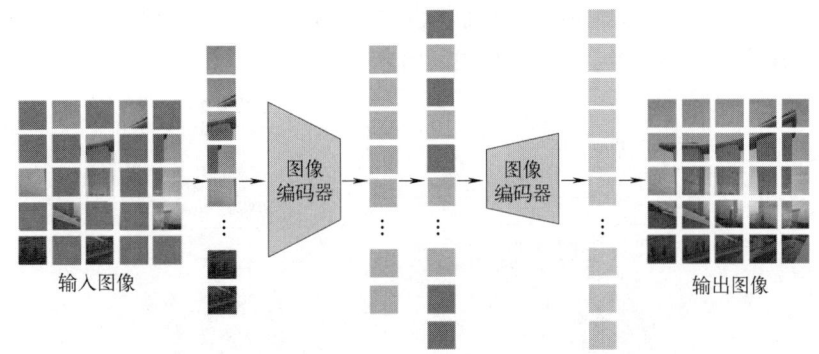

图 1-8　掩码图像建模示意图

（2）掩码语言建模

FLAVA5.2.2 掩码语言建模是 NLP 中广泛采用的预训练目标，如式（1-7）所示，这也证明了它在 VLM 预训练文本特征学习中的有效性。

掩码语言建模工作原理是掩蔽每个输入文本中的一小部分标记，并训练网络来预测被掩蔽的标记,如图1-9所示。FLAVA掩蔽了15%的文本标记,并从其余的标记中重建它们,用于建模跨词相关性。FIBER采用掩码语言建模作为VLM预训练目标之一,以便提取更好的语言特征。

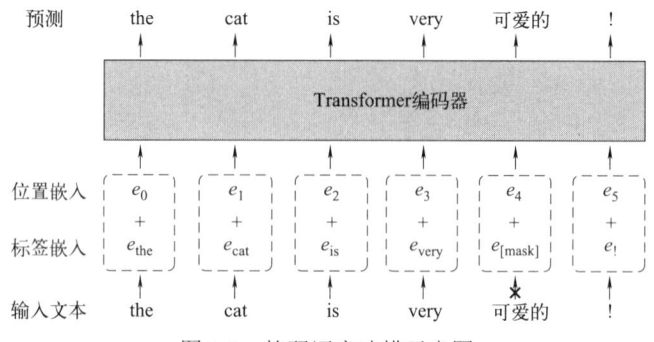

图1-9 掩码语言建模示意图

(3)掩码跨模态建模

如式(1-8)所示,掩模跨模态建模联合掩模和重建图像块,以及文本标记,继承了掩码图像建模和掩码语言建模的优点。其工作原理是掩蔽一定比例的图像补丁和文本标记,并训练VLM根据未掩蔽的图像补丁与文本标记的嵌入来重建它们。

例如,FLAVA掩蔽了40%的图像补丁和15%的文本标记,然后使用MLP来预测掩蔽的补丁和标记,捕获丰富的视觉语言对应信息。

(4)图像到文本生成

图像到文本生成旨在通过训练VLM预测标记化文本,为给定的图像生成描述性文本,以捕捉模糊的视觉语言相关性。首先将输入图像编码为中间嵌入,然后将其解码为描述性文本,如式(1-9)所示。例如,COCA、NLIP和PaLI使用标准编码器-解码器架构和图像字幕目标训练VLM,如图1-10所示。

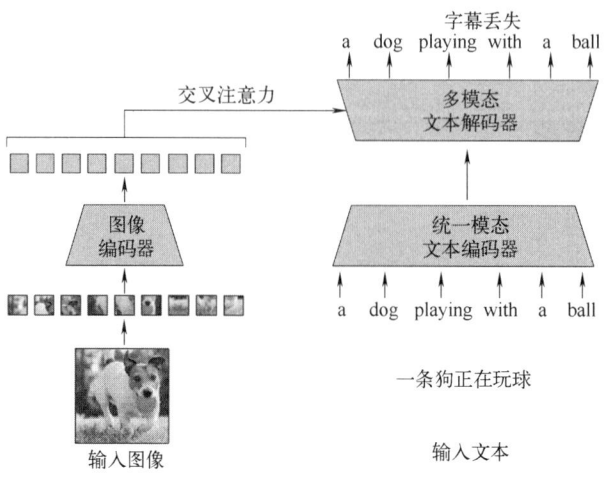

图1-10 COCA中图像到字幕生成的简化说明

1.6.3 带有对齐目标的 VLM 预训练

对齐目标通过学习预测给定文本是否正确描述给定图像，强制 VLM 对齐成对的图像和文本。VLM 预训练可大致分为（全局）图像 - 文本匹配和（局部）区域 - 词汇匹配。

（1）图像 - 文本匹配

图像 - 文本匹配通过直接对齐成对的图像和文本，来模拟全局图像 - 文本相关性，如式（1-10）所示。例如，给定一批图像 - 文本对，FLAVA 通过分类器和二进制分类丢失，将给定图像与其配对文本进行匹配。FIBER 遵循挖掘具有成对相似性的硬件模块，以更好地对齐图像和文本。

（2）区域 - 词汇匹配

区域 - 词汇匹配通过对齐成对的图像区域和词汇标记，来建立局部模糊粒度视觉 - 语言相关性模型，有利于目标检测和语义分割中的零样本密集预测。

例如，GLIP、FIBER 和 DetCLIP 用区域词汇对齐分数（即区域视觉特征和标记特征之间的点积相似性）替换对象分类逻辑，如图 1-11 所示。

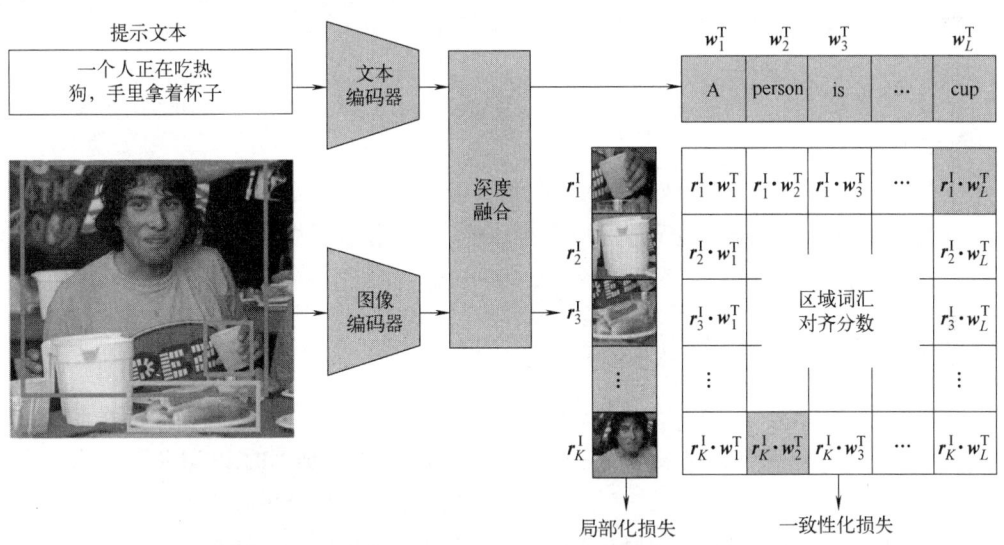

图 1-11 GLIP 使用区域词汇对齐分数进行检测的图示

（3）讨论

对齐目标学习预测给定的图像和文本数据是否匹配，这很简单，易于优化，并且可以通过在本地匹配图像和文本，轻松扩展到对细粒度的视觉语言相关性进行建模。另外，通常在视觉或语言形态中学习很少的相关信息。因此，对齐目标通常被用作其他 VLM 预训练目标的辅助损失，以增强视觉和语言模式之间相关性的建模。

VLM 预训练将视觉语言相关性建模为不同的跨模态目标，如图像 - 文本对抗学习、掩码跨模态建模、图像到文本生成和图像 - 文本/区域 - 词汇匹配。本节探索了各种单模态目标，以充分利用其自身模态的数据潜力，例如图像模态的掩码图像建模和文本模态的掩码语言建模。另外，近期的 VLM 预训练侧重于学习全局视觉语言相关性，并在图像分类等图像级识别任务中发挥作用。

同时，一些研究通过区域 - 词汇匹配对局部细粒度的视觉语言相关性进行了建模，目的是在目标检测和语义分割中，实现更好的密集预测。

1.7　VLM 迁移学习

除了研究零样本预测直接将预先训练的 VLM 应用于下游任务而不进行微调之外，还研究了迁移学习。迁移学习通过提示调优、特征适配器等方法，将 VLM 调整为适应下游任务。本节介绍了预训练 VLM 迁移学习的动机、迁移学习的常见设置，以及常见的迁移学习方法，包括提示调优方法、特征适配器方法和其他方法。

1.7.1　迁移学习的动机

尽管预训练的 VLM 已经表现出很强的泛化能力，但在应用于各种下游任务时，经常面临两种类型的差距：

① 图像和文本分布中的差距。例如，下游数据集可能具有特定于任务的图像样式和文本格式。

② 训练目标中的差距。例如，VLM 通常用与任务无关的目标进行训练，并学习一般概念，而下游任务通常涉及任务特定的目标，如粗粒度或细粒度分类、区域或像素级识别等。

1.7.2　迁移学习的常见设置

目前已经探索了三种传输设置来缓解域差距，包括监督传输、少样本任务监督传输和无监督传输。监督传输采用所有标记的下游数据，对预训练的 VLM 进行微调；而少样本任务监督传输，则更具注释效率，只使用少量标记的下游样本。不同的是，无监督传输使用未标记的下游数据对 VLM 进行微调。因此，VLM 转移更具挑战性，但更有前景和效率。

1.7.3　常见的迁移学习方法

如表 1-4 所示，现有的 VLM 传输方法大致分为三类，包括：提示调优方法、特征适配器方法和其他方法。

TPT 为文本提示调优；VPT 为视觉提示调整；FA 为功能适配器；CA 为交叉关注；FT 为微调；AM 为架构修改；LLM 为大型语言模型。

表1-4 VLM迁移学习方法总结

方法	类别	设置	贡献
CoOp	TPT	少样本任务监督	为VLM迁移学习引入可学习文本提示的上下文优化
CoCoOp	TPT	少样本任务监督	建议条件文本提示，以减轻VLM迁移学习中的过度混淆
SubPT	TPT	少样本任务监督	建议子空间文本提示调整，以减轻VLM迁移学习中的过度偏移
LASP	TPT	少样本任务监督	建议用手工设计的提示来规范可学习的文本提示
ProDA	TPT	少样本任务监督	建议捕获不同文本提示分布的提示分布学习
VPT	TPT	少样本任务监督	建议用实例特定分布对文本提示学习进行建模
ProGrad	TPT	少样本任务监督	建议一种快速对齐的梯度技术来防止知识遗忘
CPL	TPT	少样本任务监督	采用反事实生成和对比学习进行文本提示调优
PLOT	TPT	少样本任务监督	介绍最优传输方式，学习多种综合文本提示
DualCoOp	TPT	少样本任务监督	引入正负文本提示学习进行多标签分类
TaI-DPT	TPT	少样本任务监督	介绍了一种用于多标签分类的双粒度提示调优技术
SoftCPT	TPT	少样本任务监督	建议同时对多个下游任务上的VLM进行精细调优
DenseCLIP	TPT	少样本任务监督	建议了一种用于密集视觉识别任务的语言引导精细调优技术
UPL	TPT	监督	建议了一种用于VLM迁移学习的无监督快速学习和自训练方法
TPT	TPT	非监督	提出测试时间提示调优，动态学习自适应提示
KgCoOp	TPT	非监督	引入知识引导的快速调谐，以提高泛化能力
ProTeCt	TPT	少样本任务监督	建议了一种快速调整技术，以提高模型预测的一致性
VP	VPT	少样本任务监督	研究视觉提示调整对VLM迁移学习的有效性
RePrompt	VPT	监督	引入检索机制，以利用下游任务中的知识
UPT	TPT、VPT	少样本任务监督	建议了一种统一的提示调优，联合优化文本和图像提示
MVLPT	TPT、VPT	少样本任务监督	将多任务知识融入文本和图像提示调优中
MaPLE	TPT、VPT	少样本任务监督	建议具有相互促进策略的多模式快速调整
CVAPT	TPT、VPT	少样本任务监督	引入类感知的视觉提示，以便更专注于视觉概念
Clip-Adapter	FA	少样本任务监督	引入一个具有残差特征混合的适配器，以实现高效的VLM迁移学习
Tip-Adapter	FA	少样本任务监督	建议构建一个嵌入少量标记图像的无训练适配器
SVL-Adpter	FA	少样本任务监督	通过对图像执行自监督学习来引入自监督适配器
SuS-X	FA	非监督	建议了一种无需训练、仅限名字的迁移学习范式，并提供精心策划的支持集
CLIPPR	FA	非监督	利用标签分发先验来调整预训练的VLM
SgVA-CLIP	TPT、FA	少样本任务监督	建议了一种语义引导的视觉适配器，用于生成具有区分性的适应特征
VT-CLIP	CA	少样本任务监督	引入视觉引导注意力，使文本和图像特征在语义上对齐

续表

方法	类别	设置	贡献
CALIP	CA	非监督	为视觉特征和文本特征之间的交流提出无参数注意力
TaskRes	CA	少样本任务监督	建议了一种更好地学习旧 VLM 知识和新任务知识的技术
CuPL	LLM	非监督	使用大型语言模型为 VLM 生成自定义提示
VCD	LLM	非监督	使用大型语言模型为 VLM 生成字幕
Wise-FT	FT	监督	通过结合微调和原始 VLM，提出基于集成的微调
MaskCLIP	AM	非监督	建议通过修改图像编码器架构来提取密集特征
MUST	自主训练	非监督	提出了一种用于无监督 VLM 迁移学习的掩码无监督自训练方法

（1）通过提示调优进行传输

受 NLP 中提示学习的启发，已经提出了许多 VLM 提示学习方法，通过在不调整整个 VLM 的情况下，对最优提示进行微调，使 VLM 适应下游任务。现有的研究大多遵循文本提示调优、视觉提示调优和文本视觉提示调优 3 种方法。

① 使用文本提示调优进行传输。与为每个任务手动设计文本提示的工程不同，文本提示调优探索了更有效、更容易学习的文本提示，每个类都有几个标记的下游样本。例如，CoOp 探索了上下文优化，通过可学习的词汇向量，来学习单个类名的上下文词汇。将类别词 [Label] 扩展为句子 "$[V]_1[V]_2\cdots[V]_m$[Label]."，其中 [V] 表示通过最小化下游样本的分类损失而优化的可学习词汇向量，如图 1-12（a）所示。为了减轻由提示学习中下游样本有限导致的过度偏移，CoCoOp 探索了为每个图像生成特定提示的条件上下文优化。

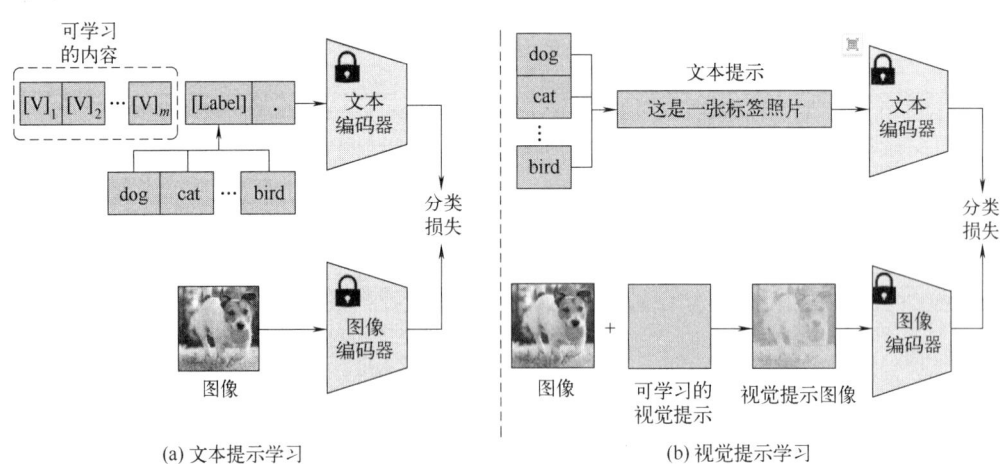

图 1-12 文本提示学习和视觉提示学习的说明

SubPT 设计了子行为提示调谐，以提高学习提示的泛化能力。LASP 用手工设计的提示，规范了可学习的提示。

VPT 使用实例特定的分布对文本提示进行建模，在下游任务上具有更好的泛化能力。

KgCoOp 通过减轻文本知识的遗忘，来增强看不见类的泛化。

此外，SoftCPT 同时在多个少样本任务上微调 VLM，以从多任务学习中获益。PLOT 采用最优传输，来学习多个提示以描述类别的不同特征。DualCoOp 和 TaI-DPT 将 VLM 转移到多标签分类任务中，其中 DualCoOp 采用正负文本提示学习进行多标签分类，而 TaI-DPT 引入双粒度提示调优，来捕获粗粒度和非粗粒度嵌入。DenseCLIP 探索了语言引导的微调，该调优利用视觉特征来调整文本提示，以便进行密集预测。Pro-TeCt 提高了分层分类任务模型预测的一致性。

除了监督式提示学习和少样本任务监督式提示学习外，还探索了无监督式提示调优，以提高注释效率和可扩展性。例如，UPL 通过在选定的伪标记样本上进行自训练来优化可学习的提示。TPT 探索了测试时间提示调优，以从单个下游样本中学习自适应提示。

② 使用视觉提示调优进行传输。与文本提示调优不同，视觉提示调优通过调制图像编码器的输入来传输 VLM，如图 1-12（b）所示。例如，VP 采用可学习图像扰动 v，以便通过 $x^{t}+v$ 修改输入图像 x^{t}，旨在调整 v 以最小化识别损失。RePrompt 将检索机制集成到视觉提示调优中，允许利用下游任务的知识。视觉提示调优使像素级图像适应下游任务，特别是对于密集的预测任务大有裨益。

③ 传输与文本视觉提示调优，旨在同时调节文本和图像输入，受益于多种模态的联合提示优化。例如，UPT 统一了提示调优，以联合优化文本提示和图像提示，展示了这两个提示调优任务的互补性。MVLPT 探索了多任务视觉语言提示调优，将跨任务知识纳入文本和图像提示调优中。MaPLE 通过将视觉提示与其相应的语言提示对齐，来进行多模式提示调整，从而实现文本提示和图像提示之间的相互促进。CAVPT 引入了类感知视觉提示和文本提示之间的交叉关注，支持视觉提示更多地关注视觉概念。

（2）通过特征适配器进行传输

功能自适应通过辅助的轻量级功能适配器微调 VLM，以适应图像或文本功能。例如，CLIP 适配器在 CLIP 的文本编码器和图像编码器后，插入几个可训练的线性层，并对其进行优化，同时保持 CLIP 架构和参数不变，如图 1-13 所示。TIP 适配器提出了一种无需训练的适配器，该适配器直接使用少数样本任务标记图像的嵌入作为适配器权重。SVL 适配器设计了一种自监督适配器，该适配器采用辅助的编码器，对输入图像进行自监督学习。总之，特征适配器使图像和文本特征适应下游数据，这为 VLM 传输的快速调优提供了一种有前景的替代方案。

特征自适应通过使用辅助的轻量级特征适配器，修改图像特征和文本特征来调整 VLM。它灵活有效，因为其架构和插入方式允许为不同的下游任务灵活定制。因此，特征自适应在使 VLM 适应非常不同和复杂的下游任务方面具有明显的优势。另外，因为其需要修改网络架构，所以无法处理涉及知识产权的 VLM。

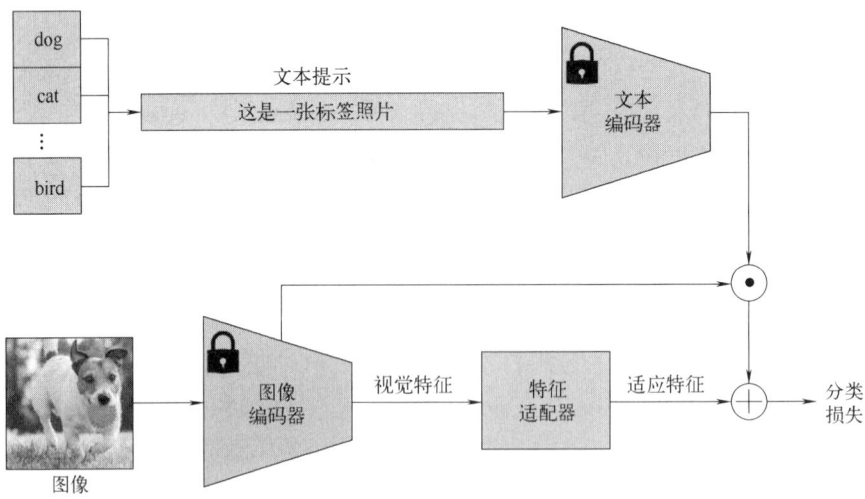

图 1-13 特征适配器示意

（3）其他方式

一些研究通过直接微调、架构修改和交叉关注来转移 VLM。具体来说，Wise-FT 结合了微调 VLM 和原始 VLM 的权重，用于从下游任务中学习新信息。MaskCLIP 通过修改 CLIP 图像编码器的架构来提取密集图像特征。VT-CLIP 引入了视觉引导注意力，将文本特征与下游图像在语义上相关联，从而提高了传输性能。

CALIP 引入了无参数注意力，用于视觉特征和文本特征之间的有效交互和交流，从而产生文本感知图像特征和视觉引导文本特征。TaskRes 直接调整基于文本的分类器，以便利用预训练 VLM 中的传统知识。CuPL 和 VCD 采用大型语言模型（例如 GPT3）来增强文本提示，以学习丰富的判别性文本信息。

提示调优和特征适配器是 VLM 传输的两种主要方法，它们分别通过修改输入文本/图像和调整图像/文本特征来工作。此外，这两种方法在冻结原始 VLM 的同时，引入了非常有限的参数，导致了有效的传输。虽然大多数研究都遵循少数样本任务监督转移，但近期的研究表明，无监督的 VLM 转移可以在各种任务上实现有竞争力的性能，这激发了更多关于无监督 VLM 转移的研究。

1.8 视觉大模型语言知识提炼

由于 VLM 捕获了涵盖广泛视觉和文本概念的可泛化知识，一些研究探索了如何在处理复杂的密集预测任务（如目标检测和语义分割）的同时，提炼出通用和鲁棒的 VLM 知识。本节介绍了从 VLM 中提取知识的动机，以及关于语义分割和目标检测任务的两组知识提取研究。

1.8.1 从 VLM 中提取知识的动机

与通常在传输中保持原始 VLM 架构完整的 VLM 传输不同，VLM 知识蒸馏将通用和鲁棒的 VLM 知识，提取到任务特定的模型中，不受 VLM 架构的限制，在处理各种密集预测任务的同时，有利于任务特定的设计。

例如，知识蒸馏允许转移一般的 VLM 知识来处理检测任务，同时利用先进的检测架构，如 Faster R-CNN 和 DETR。

1.8.2 常识提炼方法

由于 VLM 通常使用为图像级表示设计的架构和目标进行预训练，因此大多数 VLM 知识提取方法都侧重于将图像级知识转移到区域级任务或像素级任务，如目标检测和语义分割。表 1-5 显示了 VLM 知识蒸馏方法列表。

表1-5 VLM知识蒸馏方法总结

任务	方法	贡献
语义分割	CLIPSeg	通过引入基于轻量级转换器的解码器来扩展 CLIP
	ZegFormer	将像素分组为片段，并在片段上预成型零样本分类任务
	LSeg	通过匹配像素和文本嵌入，提出语言驱动的语义分割
	SSIW	引入测试时间增强技术来恢复 CLIP 生成的伪标签
	MaskCLIP+	使用 MaskCLIP（从 CLIP 修改而来）生成的伪标签进行自我训练
	ZegCLIP	提出深度提示调优、非互斥损失和关系描述符
	Fusioner	引入跨模态融合，使视觉表示与语言概念保持一致
	OVSeg	使用修改后的 MaskFormer 生成的区域词对调整 CLIP
	ZSSeg	建议首先生成掩码建议，然后对生成的掩码建议进行分类
	OpenSeg	建议将标题中的每个单词与生成的分段掩码对齐
	ReCo	提出了一种基于 CLIP 检索图像的语言引导联合分割方法
	CLIMS	使用 CLIP 生成高质量的类激活图，不涉及无关的背景
	CLIP-ES	使用 CLIP 来重构弱监督分割的类激活图
	FreeSeg	提出了一种统一、通用、开放的词汇图像分割网络
目标检测	ViLD	提出将预训练的 VLM 中的知识提取到一个两级目标检测器中
	DetPro	建议学习用于开放词汇目标检测的连续提示表示
	HierKD	提出了全局级和实例级的分层知识提取方法
	RKD	提出了一种基于区域的知识提取方法，用于对齐区域级和图像级嵌入
	PromptDet	引入区域提示，将文本嵌入与区域图像嵌入对齐
	PB-OVD	提出用 VLM 生成的伪边界框标签训练目标检测器
	CondHead	提出语义视觉对齐，以更好地进行框回归和掩码分割
	VLDet	通过区域和单词之间的二分匹配实现开放词汇对象检测
	F-VLM	建议在预训练的 VLM 上简单地构建一个检测头进行目标定位

续表

任务	方法	贡献
目标检测	OV-DETR	采用二进制匹配策略实现开放式词汇检测转换器
	Detic	使用图像级监督和预训练的 CLIP 文本编码器扩大检测词汇量
	XPM	设计跨模态伪标签,让 VLM 生成字幕驱动的伪掩模
	OWL-ViT	通过添加对象分类 / 定位头,提出了基于 ViT 的开放词汇检测器
	VL-PLM	利用 VLM 为生成的伪边界框分配类别标签
	P³OVD	提出了一种提示驱动的自训练方法,用于重构 VLM 生成的伪标签
	ZSD-YOLO	利用 CLIP 通过基于自标记的数据增强技术进行目标检测
	RO-ViT	弥合 VLM 预训练和下游开放词汇检测之间的差距
	BARON	提出邻域采样策略,以对齐区域包的嵌入
	OADP	提出对象感知蒸馏网络来保存和传递上下文知识

(1) 目标检测的知识提炼

开放词汇目标检测旨在检测由任意文本描述的对象,即基类之外的任何类别的对象。由于像 CLIP 这样的 VLM 是用词汇覆盖非常广泛的十亿级图像 - 文本对训练的,因此,许多研究都在探索提取 VLM 知识以扩大检测器词汇。例如,ViLD 将 VLM 知识提取到两级检测器中,该检测器的嵌入空间被强制与 CLIP 图像编码器的嵌入空间一致。继 ViLD 之后,HierKD 探索了分层全局局部知识提取方法;RKD 探索了基于区域的知识提取方法,以便更好地对齐区域级和图像级嵌入。ZSD-YOLO 引入了自标记数据增强,以利用 CLIP 进行更好的目标检测。

OADP 在传递上下文知识的同时保留了提案特征。BARON 使用邻域采样来提取一组区域,而不是单个区域。RO-ViT 从 VLM 中提取区域信息,用于开放词汇检测。

另一项研究通过即时学习探索 VLM 蒸馏。例如,DetPro 引入了一种检测提示技术,用于学习开放词汇表目标检测的连续提示表示。

PromptDet 引入了区域提示学习,用于将词汇嵌入与区域图像嵌入对齐。

此外,几项研究探索了 VLM 预测的伪标签,以改进目标检测器。例如,PB-OVD 使用 VLM 预测的伪边界框训练目标检测器;而 XPM 引入了一种鲁棒的跨模态伪标记策略,该策略采用 VLM 生成的伪掩码进行开放词汇实例分割。P³OVD 利用了提示驱动的自训练,通过细粒度的提示调优来重构 VLM 生成的伪标签。

(2) 语义分割的知识提炼

开放词汇语义分割的知识蒸馏,利用 VLM 来扩大分割模型的词汇量,旨在分割由任意文本描述的像素(即超出基类的任何像素类别)。例如,通过将像素分组为多个片段,然后使用 CLIP 进行片段识别,通过第一类不可知分割,实现了开放词汇语义分割。CLIPSeg 引入了一种轻量级的转换器解码器,以扩展 CLIP 用于语义分割。LSeg 最大限度地提高了 CLIP 文本嵌入,以及由分割模型编码的逐像素图像嵌入之间的相关性。ZegCLIP 采用 CLIP 生成语义掩码,并引入关系描述符来减轻基类上的过度偏移。

MaskCLIP+ 和 SSIW 利用 VLM 预测的像素级伪标签提取知识。FreeSeg 快速生成掩码建议，然后对其执行零样本分类。

弱监督语义分割的知识蒸馏旨在利用 VLM 和弱监督（如图像级标签）进行语义分割。例如，CLIP-ES 采用 CLIP 通过设计 softmax 函数，以及基于类感知注意力的 affinity 模块来重构类激活图，以缓解类别混淆问题。CLIMS 利用 CLIP 知识生成高质量的类激活图，以实现更好的弱监督语义分割。

大多数 VLM 研究都在两个密集的视觉识别任务上探索知识蒸馏，即目标检测和语义分割，其中前者的目标是更好地对齐图像级和对象级表示，而后者的目标是解决图像级和像素级表示之间的不匹配问题。另外，还可以根据其方法进行分类，包括特征空间蒸馏［强制 VLM 编码器和检测（或分割）编码器之间的嵌入一致性］，以及伪标记蒸馏（使用 VLM 生成的伪标签来规范检测或分割模型）。此外，与 VLM 传输相比，VLM 知识蒸馏在允许不同的下游网络方面，具有明显更好的灵活性，而与原始 VLM 无关。

1.9 性能比较

本节比较、分析和讨论 VLM 预训练、VLM 迁移学习和 VLM 知识提取方法。

1.9.1 VLM 预训练的表现

零样本预测作为一种广泛应用的评估设置，在没有任务特定偏移调整的情况下，评估未观察任务的 VLM 泛化。下面介绍零样本预测在不同视觉识别任务中的性能，包括图像分类、目标检测和语义分割。

表 1-6 显示了对 11 个广泛采用的图像分类任务的评估。应注意，它显示了最佳的 VLM 性能，因为 VLM 预训练通常有不同的实现。

表1-6 在图像分类任务中，VLM预训练方法在零样本预测设置上的性能

方法	图像编码器	文本编码器	数据集大小	ImageNet-1k	CIFAR-10	CIFAR-100	Food101	SUN397	Cars	Aircraft	DTD	Pets	Caltech101	Flowers102
CLIP	ViT-L/14	Transformer	400M	76.2	95.7	77.5	93.8	68.4	78.8	37.2	55.7	93.5	92.8	78.3
ALIGN	EfficientNet	BERT	1.8B	76.4	—	—	—	—	—	—	—	—	—	—
OTTER	FBNetV3-C	DeCLUTR-Sci	3M	—	—	—	—	—	—	—	—	—	—	—
DeCLIP	REGNET-Y	BERT	88M	73.7	—	—	—	—	—	—	—	—	—	—
ZeroVL	ViT-B/16	BERT	100M	—	—	—	—	—	—	—	—	—	—	—
FILIP	ViT-L/14	Transformer	340M	77.1	95.7	75.3	92.2	73.1	70.8	60.2	60.7	92.0	93.0	90.1
UniCL	Swin-tiny	Transformer	16.3M	71.3	—	—	—	—	—	—	—	—	—	—

续表

方法	图像编码器	文本编码器	数据大小	Image-Net-1k	CIF-AR-10	CIF-AR-100	Food 101	SUN 397	Cars	Aircraft	DTD	Pets	Caltech 101	Flowers 102
Florence	CoSwin	RoBERT	900M	83.7	94.6	77.6	95.1	77.0	93.2	55.5	66.4	95.9	94.7	86.2
SLIP	ViT-L	Transformer	15M	47.9	87.5	54.2	69.2	56.0	9.0	9.5	29.9	41.6	80.9	60.2
Pyramid-CLIP	ResNet50	T5	143M	47.8	81.5	53.7	67.8	65.8	65.0	12.6	47.2	83.7	81.7	65.8
Chinese-CLIP	ViT-L/14	CNRoberta	200M	—	96.0	79.7	—	—	—	26.2	51.2	—	—	—
LiT	ViT-g/14	—	4B	85.2										
AltCLIP	ViT-L/14	Transformer	2M	74.5										
FLAVA	ViT-B/16	ViT-B/16	70M											
KELIP	ViT-B/32	Transformer	1.1B	62.6	91.5	68.6	79.5	—	75.4		51.2			
COCA	ViT-G/14	—	4.8B	86.3										
nCLIP	ViTB/16	Transformer	35M	48.8	83.4	54.5	65.8	59.9	18.0	5.8	57.1	33.2	73.9	50.0
K-lite	CoSwin	RoBERT5	813M	85.8										
NLIP	ViT-B/16	BART	26M	47.4	81.9	47.5	59.2	58.7	7.8	7.5	32.9	39.2	79.5	54.0
UniCLIP	ViT-B/32	Transformer	30M	54.2	87.8	56.5	64.6	61.1	19.5	4.7	36.6	69.2	84.0	8.0
PaLI	ViT-e	mT5	12B	85.4										
CLIPPO	ViT-L/16	ViT-L/16	12B	70.5										
OneR	ViT-L/16	ViT-L/16	4M	27.3		31.4								
RA-CLIP	ViT-B/32	BERT	15M	53.5	89.4	62.3	43.8	46.5			25.6		76.9	
LA-CLIP	ViT-B/32	Transformer	400M	64.4	92.4	73.0	79.7	64.9	81.9	20.8	55.4	87.2	91.8	70.3
ALIP	ViT-B/32	Transformer	15M	40.3	83.8	51.9	45.4	47.8	3.4	2.7	23.2	30.7	74.1	54.8
GrowCLIP	ViT-B/16	Transformer	12M	36.1	60.7	28.3	42.5	45.5	—	—	17.3	—	71.9	23.3

如图 1-14 所示为性能与数据大小和模型大小的关系。这表明，扩大预训练数据或预训练模型都有利于 VLM 的持续发展。

(a) 性能与数据大小的关系

(b) 性能与模型大小的关系

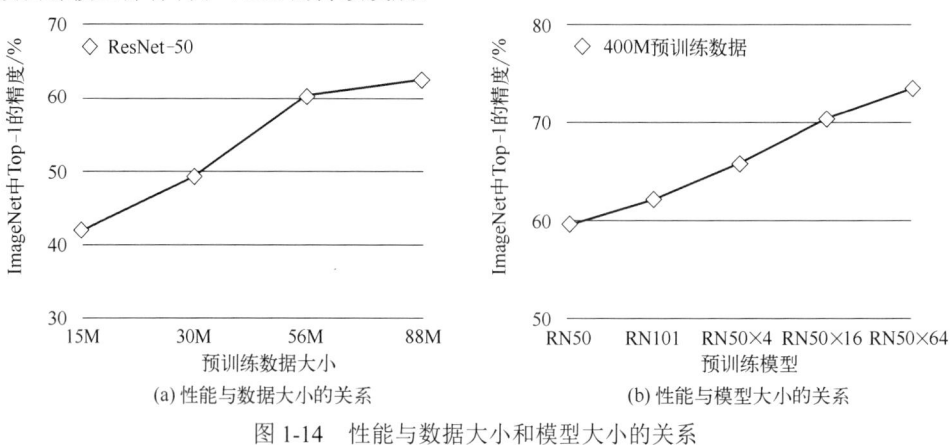

图 1-14 性能与数据大小和模型大小的关系

图 1-14（b）中 RN50 为 ResNet-50 的简写，RN101 为 ResNet-101 的简写

从表 1-6 和图 1-14 中，可以得出三个结论。

① VLM 性能通常受训练数据大小的影响。如图 1-14（a）所示，扩大预训练数据会带来持续的改进。

② VLM 性能通常受模型尺寸的影响。如图 1-14（b）所示，在相同的预训练数据下，扩大模型大小可以持续提高 VLM 性能。

③ 利用大规模的图像-文本训练数据，VLM 可以在各种下游任务上实现卓越的零样本预测性能。如表 1-6 所示，COCA 在 ImageNet-1k 上实现了最先进的性能，FILIP 在 11 个任务中表现良好。

VLM 的卓越泛化能力在很大程度上归因于三个因素。

① 大数据——由于图像-文本对在互联网上几乎不可用，VLM 通常用数百万或数十亿个图像和文本样本进行训练，这些样本涵盖了非常广泛的视觉概念和语言概念，从而具有很强的泛化能力。

② 大模型——与传统的视觉识别模型相比，VLM 通常采用更大的模型（例如，COCA 中的 ViT-g，具有 2B 参数），为从大数据中有效学习提供了巨大的能力。

③ 任务无关学习——VLM 预训练中的监督通常是通用的和与任务无关的。

与传统视觉识别中的任务特定标签相比，图像-文本对中的文本提供了与任务无关、多样化和信息丰富的语言监督，有助于训练在各种下游任务中都能很好地工作的通用模型。

本书研究了用于目标检测和语义分割的 VLM 预训练，以及局部 VLM 预训练目标，如区域词匹配。表 1-7 和表 1-8 总结了目标检测和语义分割任务的零样本预测性能。从中可以观察到，VLM 能够在两个密集预测任务上实现有效的零样本预测。表 1-7 和表 1-8 中的结果可能与前文的结论不一致，这主要是因为在密集的视觉任务中，使用非常有限的 VLM 对这一研究效果进行了探索。

表1-7　VLM预训练方法在分割任务上的零样本预测设置的性能

方法	图像编码器	文本编码器	数据大小	图像分类准确率 /%		
				VOC	PASCAL C	COCO
GroupVit	ViT	Transformer	26M	52.3	22.4	—
SegCLIP	ViT	Transformer	3.4M	52.6	24.7	26.5

表1-8　VLM预训练方法在检测任务上的零样本预测设置的性能

方法	图像编码器	文本编码器	数据大小	图像分类准确率 /%		
				COCO	LVIS	LVIS Mini.
RegionCLIP	ResNet-50×4	Transformer	118K	29.6	11.3	—
GLIP	Swin-L	BERT	27.43M	49.8	26.9	34.3
FIBER	Swin-B	RoBERTa	4M	49.3	—	32.2
DetCLIP	Swin-L	BERT	2.43M	—	35.9	—

尽管 VLM 在数据/模型大小扩大时明显受益，但它们仍然存在几个局限性。

① 当数据/模型尺寸不断增加时，性能饱和，进一步扩大不会提高性能。

② 在VLM预训练中采用大规模数据需要大量的计算资源，例如，256个V100 GPU，288个CLIP ViT-L训练小时。

③ 采用大型模型，会在训练和推理中引入过多的计算和内存开销。

1.9.2 VLM迁移学习的性能

本小节总结了VLM传输在监督传输、少样本任务监督传输和无监督传输设置下的性能。表1-9显示了11个广泛采用的图像分类数据集（例如EuroSAT、UCF101）的结果，这些数据集具有不同的主干，如CNN主干ResNet-50和Transformer主干ViT-B和ViT-L。表1-9总结了所有少数样本任务监督方法的16样本任务设置的性能。

表1-9 VLM迁移学习方法在图像分类任务上的性能

方法	图像编码器	设置	平均	Image-Net-1k	Caltech 101	Pets	Cars	Flowers 102	Food 101	Aircraft	SUN 397	DTD	Euro-SAT	UCF 101
基线	ResNet-50	w/o 迁移	59.2	60.3	86.1	85.8	55.6	66.1	77.3	16.9	60.2	41.6	38.2	62.7
基线	ViT-B/16	w/o 迁移	71.7	70.2	95.4	94.1	68.6	74.8	90.6	31.1	72.2	56.4	60.6	73.5
基线	ViT-L/14	w/o 迁移	73.7	76.2	92.8	93.5	78.8	78.3	93.8	37.2	68.4	55.7	59.6	76.9
CoOp	ViT-B/16	少样本任务监督	71.6	71.9	93.7	94.5	68.1	74.1	85.2	28.7	72.5	54.2	68.7	67.5
CoCoOp	ViT-B/16	少样本任务监督	75.8	73.1	95.8	96.4	72.0	81.7	91.0	27.7	78.3	64.8	71.2	77.6
SubPT	ResNet50	少样本任务监督	66.4	63.4	91.7	91.8	60.7	73.8	81.0	20.3	70.2	54.7	54.5	68.1
LASP	ViT-B/16	少样本任务监督	76.1	73.0	95.8	95.7	72.2	81.6	90.5	31.6	77.8	62.8	74.6	76.8
ProDA	ResNet50	少样本任务监督	—	65.3	91.3	90.0	75.5	95.5	82.4	36.6	—	70.1	84.3	—
VPT	ViT-B/16	少样本任务监督	77.4	73.4	96.4	96.8	73.1	81.1	91.6	34.7	78.5	67.3	77.7	79.0
ProGrad	ResNet-50	少样本任务监督	67.9	62.1	91.5	93.4	62.7	78.7	81.0	21.9	70.3	57.8	59.0	68.5
CPL	ViT-B/16	少样本任务监督	—	76.0	96.3	97.7	77.2	81.7	93.2	—	80.6	—	—	—
PLOT	ResNet-50	少样本任务监督	73.9	63.0	92.2	87.2	72.8	94.8	77.1	34.5	70.0	65.6	82.2	77.3
CuPL	ViT-L/14	少样本任务监督	—	76.6	93.4	93.8	77.6	—	93.3	36.1	61.7	—	—	—
UPL	ResNet-50	无监督	68.4	61.1	91.4	89.5	71.0	76.6	77.9	21.7	66.4	55.1	71.0	70.2

续表

方法	图像编码器	设置	图像分类准确率/%											
			平均	Image-Net-1k	Caltech 101	Pets	Cars	Flowers 102	Food 101	Aircraft	SUN 397	DTD	EuroSAT	UCF 101
TPT	ViT-B/16	无监督	64.8	69.0	94.2	87.8	66.9	69.0	84.7	24.8	65.5	47.8	42.4	60.8
VP	ViT-B/32	少样本任务监督	—	—	—	85.0	—	70.3	78.9	—	60.6	57.1	96.4	66.1
UPT	ViT-B/16	少样本任务监督	76.2	73.2	96.1	96.3	71.8	81.0	91.3	34.5	78.7	65.6	72.0	77.2
MaPLE	ViT-B/16	少样本任务监督	78.6	73.5	96.0	96.6	73.5	82.6	91.4	36.5	79.7	68.2	82.4	80.8
CAVPT	ViT-B/16	少样本任务监督	83.2	72.5	96.1	93.5	88.2	97.6	85.0	57.9	74.3	72.6	92.1	85.3
Tip-Adapte	ViT-B/16	少样本任务监督	—	70.8	—	—	—	—	—	—	—	—	—	—
SuS-X	ResNet-50	无监督	—	61.8	—	—	—	—	—	—	—	—	45.6	50.6
SgVA-CLIP	ViT-B/16	少样本任务监督	—	73.3	—	—	—	—	—	—	76.4	—	—	—
VT-CLIP	ResNet-50	少样本任务监督	—	—	—	—	93.1	—	—	—	—	65.7	—	—
CALIP	ResNet-50	无监督	59.4	60.6	87.7	58.6	77.4	66.4	56.3	17.7	86.2	42.4	38.9	61.7
Wise-FT	ViT-L/14	监督	—	87.1	—	—	—	—	—	—	—	—	—	—
KgCoOp	ViT-B/16	少样本任务监督	74.4	70.1	94.6	93.2	71.9	90.6	86.5	32.4	71.7	58.3	71.0	78.4
ProTeCt	ViT-B/16	少样本任务监督	69.6	—	—	—	—	—	—	—	74.5	—	—	—
RePrompt	ViT-B/16	少样本任务监督	83.2	74.6	96.5	93.7	85.0	97.1	87.4	50.3	77.5	73.7	92.9	86.4
TaskRes	ResNet-50	少样本任务监督	75.7	65.7	93.4	87.8	76.8	96.0	77.6	36.3	70.6	67.1	84.0	77.9
VCD	ViT-B/16	无监督	—	68.0	—	86.9	—	—	88.5	—	—	45.5	48.6	—

从表 1-9 中可以得出三个结论。

① VLM 传输设置有助于下游任务的一致性。例如，在 ImageNet 上，有监督的 Wise-FT、少样本任务监督的 CoOp，分别将准确率提高了 10.9%、1.7%。由于预训练的 VLM 通常会受到任务特定数据领域差距的影响，因此 VLM 传输可以通过从任务特定数据中学习、标记或取消标记来缓解领域差距。

② 少样本任务监督传输的性能远远落后于监督传输（例如，Wise-FT 中的 87.1% 和 CuPL 中的 76.6%），这主要是因为 VLM 可能会对少样本任务标记的样本进行过拟合，从而降低泛化能力。

③ 无监督传输可以与少样本任务监督传输进行比较，例如，无监督的 UPL 优于双样本任务监督传输，无监督的 TPT 与 16 样本 CoOp 相当。这主要是因为无监督传输可以访问大量未标记的下游数据，而溢出风险要低得多。然而，无监督传输也面临着一些挑战，如噪声伪标签。

1.9.3 VLM 知识提取的性能

本小节介绍 VLM 知识提取如何帮助完成目标检测和语义分割任务。

表 1-10 和表 1-11 分别显示了广泛使用的检测数据集（如 COCO 和 LVIS），以及分割数据集（例如 PASCAL VOC 和 ADE20k）的知识蒸馏性能。从中可以观察到，VLM

表1-10　VLM知识提取在目标检测方面的性能　　　　　单位：%

方法	视觉语言模型	AP_{base}	AP_{novel}	AP	AP_r	AP_c	AP_f	AP
基线	—	28.3	26.3	27.8	19.5	19.7	17.0	18.6
ViLD	CLIP ViT-B/32	59.5	27.6	51.3	16.7	26.5	34.2	27.8
DetPro	CLIP ViT-B/32	—	—	34.9	20.8	27.8	32.4	28.4
HierKD	CLIP ViT-B/32	53.5	27.3	—	—	—	—	—
RKD	CLIP ViT-B/32	56.6	36.9	51.0	21.1	25.0	29.1	25.9
PromptDet	CLIP Transformer	—	26.6	50.6	21.4	23.3	29.3	25.3
PB-OVD	CLIP Transformer	46.1	30.8	42.1	—	—	—	—
CondHead	CLIP ViT-B/32	60.8	29.8	49.0	18.8	28.3	33.7	28.8
VLDet	CLIP Transformer	50.6	32.0	45.8	26.3	39.4	41.9	38.1
F-VLM	CLIP ResNet-50	—	28.0	39.6	32.8	—	—	34.9
OV-DETR	CLIP ViT-B/32	52.8	29.4	61.0	17.4	25.0	32.5	26.6
Detic	CLIP Transformer	45.0	27.8	47.1	17.8	26.3	31.6	26.8
OWL-ViT	CLIP ViT-B/32	—	—	28.1	18.9	—	—	22.1
VL-PLM	CLIP ViT-B/32	60.2	34.4	53.5	—	—	—	22.2
P³OVD	CLIP ResNet-50	51.9	31.5	46.6	—	—	—	10.6
RO-ViT	CLIP ViT-L/16	—	33.0	47.7	32.1	—	—	34.0
BARON	CLIP ResNet-50	54.9	42.7	51.7	23.2	29.3	32.5	29.5
OADP	CLIP ViT-B/32	53.3	30.0	47.2	21.9	28.4	32.0	28.7

注：CLIP Transformer 是 CLIP 文本编码器。

表1-11　VLM知识提取在语义分割任务上的表现　　　　　单位：%

方法	视觉语言模型	A-847	PC-459	A-150	PC-59	PAS-20	C-19
基线	—	—	—	—	24.3	18.3	—
LSeg	CLIP ResNet-101	—	—	—	—	47.4	—
ZegFormer	CLIP ResNet-50	—	—	16.4	—	80.7	—

续表

方法	视觉语言模型	A-847	PC-459	A-150	PC-59	PAS-20	C-19
OVSeg	CLIP Swin-B	9.0	12.4	29.6	55.7	94.5	—
ZSSeg	CLIP ResNet-101	7.0	—	20.5	47.7	—	34.5
OpenSeg	CLIP Eff-B7	6.3	9.0	21.1	42.1	—	—
ReCo	CLIP ResNet-101	—	—	—	—	—	24.2
FreeSeg	CLIP ViT-B/16	—	—	39.8	—	86.9	—

知识蒸馏在检测和分割任务上，始终如一地带来了明显的性能提升，这主要是因为它引入了通用和鲁棒的VLM知识，同时受益于检测和分割模型中的任务特定设计。

从表 1-11 中可以总结一些经验。在性能方面，由于其精心设计的预训练目标，VLM 预训练在各种图像分类任务上，实现了显著的零样本预测。然而，用于密集视觉识别任务（区域或像素级检测和分割）VLM 预训练的发展远远落后。此外，VLM 传输在多个图像分类数据集和视觉骨干上取得了显著进展。然而，监督传输或少样本任务监督传输仍然需要标记图像，而更有前景但更具挑战性的无监督 VLM 传输，在很大程度上被忽视了。

关于基准测试，大多数 VLM 转移研究采用与基线模型相同的预训练 VLM，并对相同的下游任务进行评估，这极大地促进了基准测试。它们还发布了代码，不需要密集的计算资源，大大简化了复制和基准测试。不同的是，VLM 预训练已经用不同的数据（如 CLIP、LAION400M 和 CC12M）和网络（如 ResNet、ViT、Transformer 和 BERT）进行了研究，这使得公平的基准测试成为一项非常具有挑战性的任务。一些 VLM 预训练研究也使用非公开训练数据或需要密集的计算资源（例如 256 个 V100 GPU）。对于 VLM 知识提取，许多研究采用了不同的任务特定主干（例如，ViLD 采用 Faster R-CNN，OVDETR 使用 DETR），这大大增加了基准测试的复杂性。

因此，VLM 预训练和 VLM 知识提炼在训练数据、网络和下游任务方面缺乏一定的规范。

1.10 未来发展方向

VLM 能够有效使用 web 数据，无需任何任务指定的偏移调整的零样本预测，以及对任意类别的图像进行开放词汇视觉识别。

视觉识别性能取得了巨大的成功。未来在各种视觉识别任务的 VLM 研究中，可以追求的几个研究挑战和潜在的研究方向如下。

（1）对于 VLM 预训练

① 细粒度视觉语言相关性建模。借助局部视觉语言对应知识，VLM 可以更好地识别图像之外的补丁和像素，极大地有利于密集的预测任务，如目标检测和语义分割，

这些任务在各种视觉识别任务中起着重要作用。鉴于这一方向的 VLM 研究非常有限，预计未来将对零样本密集预测任务的模糊粒度 VLM 预训练进行更多研究。

② 视觉学习和语言学习的统一。Transformer 的出现，使得通过以相同的方式标记图像和文本，在单个 Transformer 中统一图像学习和文本学习成为可能。与现有 VLM 中使用两个单独的网络不同，统一视觉学习和语言学习可以实现跨数据模式的有效通信，从而提高训练效果和训练效率。这个问题引起了一些关注，但需要更多的努力来实现更可持续的 VLM。

③ 使用多种语言对 VLM 进行预训练。大多数现有的 VLM 都是用单一语言（即英语）训练的，这可能会在文化和地区方面引入偏见，并阻碍 VLM 在其他语言领域的应用。使用多种语言的文本对 VLM 进行预训练，可以学习不同语言的词汇相同但含义不同的文化视觉特征，使 VLM 能够在不同的语言场景中高效、有效地工作。

④ 数据效率。大多数现有的工作都是用大规模的训练数据和密集的计算来训练 VLM，这使得它的可持续性成为一个很大的问题。使用有限的图像文本数据训练有效的 VLM，可以大大缓解这个问题。例如，不是仅仅从每个图像 - 文本对中学习，而是可以在图像 - 文本对之间的监督下，学习更多有用的信息。

⑤ 使用 LLM 对 VLM 进行预训练。从 LLM 中检索丰富的语言知识，以增强 VLM 预训练。使用 LLM 来增强原始图像 - 文本对中的文本，这能提供更丰富的语言知识，并有助于更好地学习视觉语言相关性。

（2）对于 VLM 迁移学习

① 无监督 VLM 传输。大多数现有的 VLM 转移研究都使用需要标记数据的监督或少样本任务监督设置，而后者往往会对少样本任务的样本进行过拟合。无监督的 VLM 传输允许探索大量未标记的数据，而重叠的风险要低得多。预计在接下来的 VLM 研究中，将有更多关于无监督 VLM 转移的研究。

② 带有视觉提示/适配器的 VLM 传输。大多数关于 VLM 迁移的现有研究都集中在文本提示学习上。

视觉提示学习或视觉适配器是文本提示的补充，可以在各种密集的预测任务中实现像素级的自适应，但目前其在很大程度上被忽视了。预计未来在视觉领域将有更多的 VLM 转移研究。

③ 测试时间 VLM 传输。大多数现有研究通过在每个下游任务上快速调整 VLM（即即时学习）来进行迁移，导致在面对许多下游任务时重复工作。测试 VLM 传输允许在推理过程中动态调整提示，能避免现有 VLM 传输中的重复训练。因此，可以预见会有更多关于测试时间 VLM 传输的研究。

④ VLM 与 LLM 的传输。与即时工程和即时学习不同，有几次尝试，利用 LLM 生成更好地描述下游任务的文本提示。这种方法是自动的，需要很少的标记数据。

VLM 知识提炼可以从两个方面进一步探索。

① 从多个 VLM 中提取知识，协调多个 VLM 的知识提取，可以获得它们的协同效应。

② 用于其他视觉识别任务的知识提取，如实例分割、全景分割、人物再识别等。

1.11 小结

视觉识别的视觉语言模型能够有效使用 web 数据，并允许在没有任务指定的模糊调整情况下进行零样本预测，该模型实施简单，在广泛的识别任务中取得了巨大成功。本章从多个角度介绍了视觉识别的视觉语言模型，包括背景、基础、数据集、技术方法、基准测试和未来的研究方向。表格形式的 VLM 数据集、方法和性能的比较总结清晰地展示了 VLM 预训练的最新发展，有利于促进这一新兴但非常有前景的方向的未来研究。

第 2 章
视觉语言模型各种示例

2.1 通过模仿和自我监督学习创建多模态交互代理

科学界的一个共同愿景是，有一天机器人将栖息在物理空间中，像人一样感知世界，协助人类进行体力劳动，并通过自然语言与之交流。这里研究如何使用简化的虚拟环境来设计可以与人类自然交互的人工智能体。在模拟世界中，对人类互动的仿真学习，结合自监督学习，足以产生一个多模态交互代理，称之为 MIA，它在 75% 的时间里成功地与非对抗性人类互动。

随着研究的深入，进一步确定了提高性能的架构和算法技术，如分层行为选择。仿真多模式、实时的人类行为可以提供一种简单而令人惊讶的有效方法，为智能体赋予丰富的行为先验；然后，可以根据特定目的对智能体进行微调，从而为交互式机器人或数字助理训练智能能力。

人类和智能体通过 3D 剧场环境中的模拟化身进行交互。环境包含一组随机的房间，里面有家用物品和儿童玩具，以及容器、架子、家具、窗户和门。环境的多样性使得涉及空间和对象关系推理、引用模糊、包含、构造、支持、遮挡和部分可观测性的交互成为可能。智能体通过移动、操纵对象和相互交谈，与世界互动。下面介绍两个人在剧场互动的例子，如图 2-1 所示。A 表示电视、椅子、电视画面状态。B 描绘了一个简单的交互，其中左侧的解算器智能体将直升机放入容器中，而右侧的设置器智能体在监视。C 表示了房间中可用对象类型的采样。在 D 剧场的两个随机实例中，每个实例都有独特的房间、家具和物品配置。

如图 2-2 所示，一系列 ResNet 块对传入图像进行降采样，而语言标记则对可学习的嵌入表进行索引。这些嵌入一起构成了多模态变换器的输入，其输出被聚合并作为 LSTM 存储器的输入提供。LSTM 的输出对分层运动策略和语言策略都有条件，分别实现 LSTM（每个输入展开 8 倍，产生 8 组连续的移动动作）和 Transformer 两种模型。除了辅助对抗损失外，MIA 还使用行为克隆，对每个动作（不操作、移动、观察、旋转、推/拉、抓取和文本）进行训练。

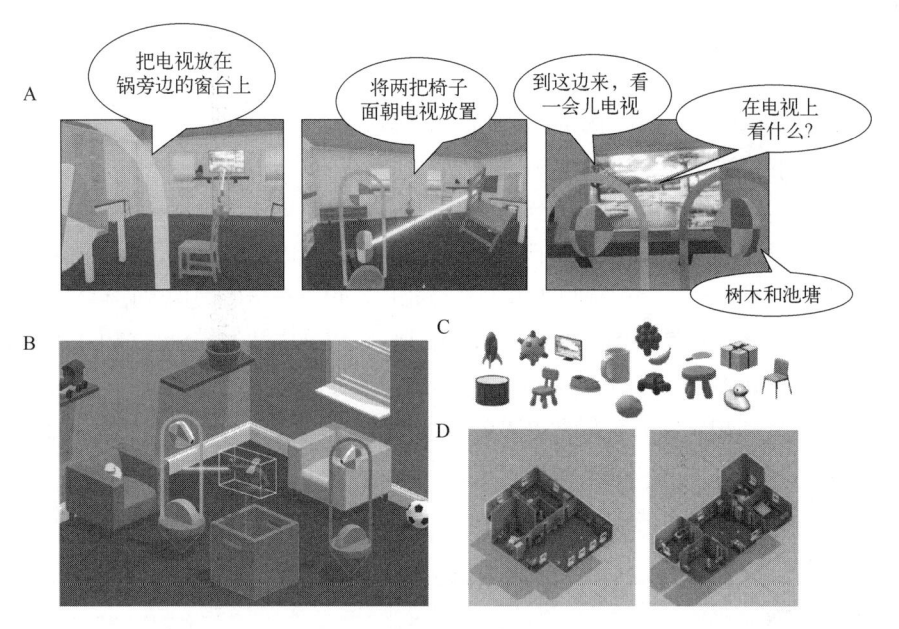

图 2-1 模拟剧场环境中的交互

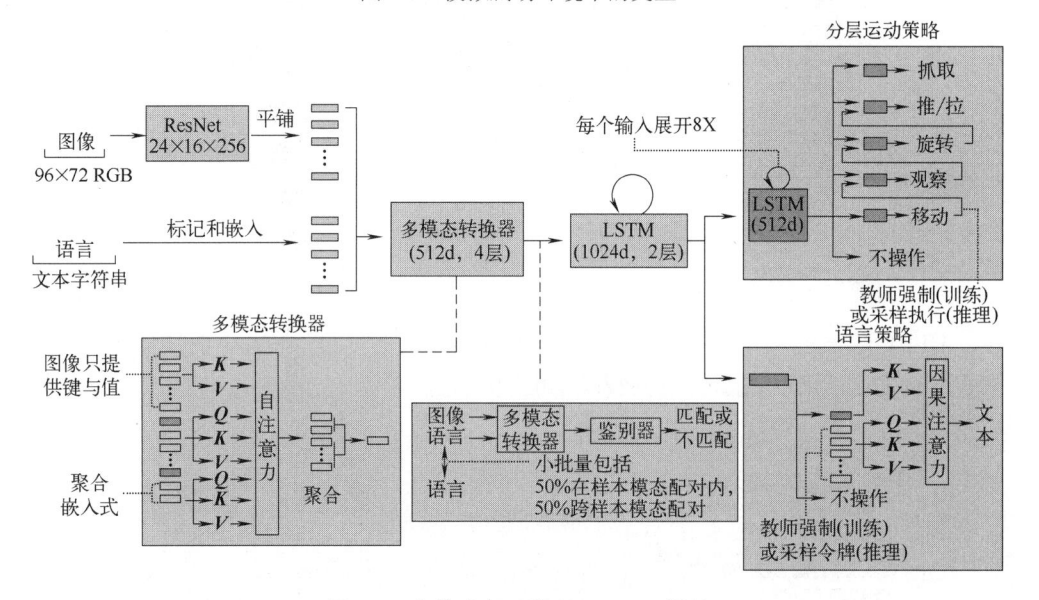

图 2-2 多模式交互代理（MIA）设计

2.2 DEPT：用于参数高效微调的分解式快速调谐

提示调优（PT）是将少量可训练的软（连续）提示向量添加到模型输入中，在参数有效性调优（PEFT）的各种任务和模型架构中，显示出有前景的结果。PT 从其他

PEFT 方法中脱颖而出，因为它以较少的可训练参数，保持了具有竞争力的性能，并且不会随着模型尺寸的扩大而大幅扩大其参数。然而，PT 引入了辅助的软提示令牌，导致输入序列更长，由于 Transformer 的二次复杂性，这会显著影响训练/推理时间和内存使用，特别是对于通用查询大型语言模型（LLM）。

为了解决这个问题，提出了分解提示调优（DEPT）方法，将软提示分解为较短的软提示和一对低秩矩阵，然后用两种不同的学习率进行优化。这使得 DEPT 在不改变可训练参数大小的情况下，与普通 PT 及其变体相比，可以在节省大量内存和时间成本的同时实现更好的性能。通过对 23 个自然语言处理（NLP）和视觉语言（VL）任务的广泛实验，证明 DEPT 在某些情况下优于最先进的 PEFT 方法，包括完整的调优基线。此外，实证表明，DEPT 随着模型大小的增加而变得更加有效。DEPT 在少样本任务学习环境中与参数效应迁移学习无缝集成，并突出了其对各种模型架构和大小的适应性。

PT 增加了输入序列的长度，导致训练和推理阶段的计算需求大大增加，如图 2-3 所示。

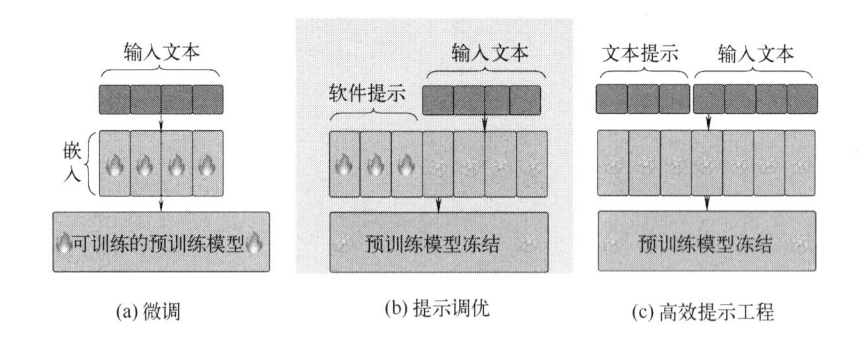

图 2-3　微调（FT）、提示调优（PT）和高效提示工程

DEPT 将 vanilla PT 的可训练软提示，分解为较短的软提示和几个低秩矩阵，其中低秩矩阵的乘法用于更新冻结词嵌入，如图 2-4 所示。

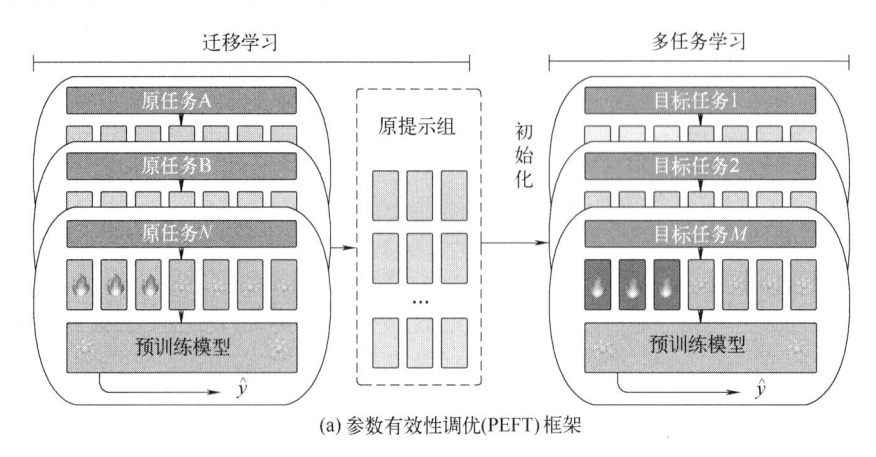

(a) 参数有效性调优(PEFT)框架

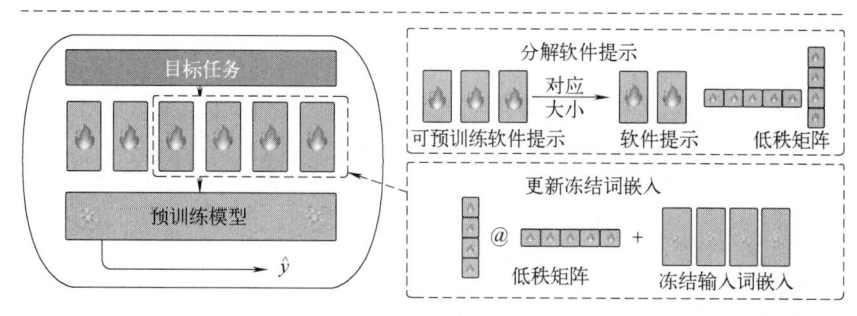

(b) 分解提示调优(DEPT)

图 2-4　PETL 框架和 DEPT 方法

2.3　基于聚类掩蔽的高效视觉语言预训练

　　基于聚类掩蔽的高效视觉语言预训练在训练对比视觉语言模型时，掩蔽了视觉相似图像块的随机簇（集群掩码），增加掩蔽图像补丁，不同于提高效率的方法（随机掩码），同时在训练速度方面也进行改进。它提供了一个辅助的学习信号，使模型仅能从上下文中预测缺失场景结构的词汇，如图 2-5 所示。

图 2-5　聚类掩蔽

首先，从图像中随机选择锚块。然后，计算所有补丁之间的成对距离。在距离阈值内形成的簇被掩蔽，从单个锚点补丁中获得集群，如图 2-6 所示。

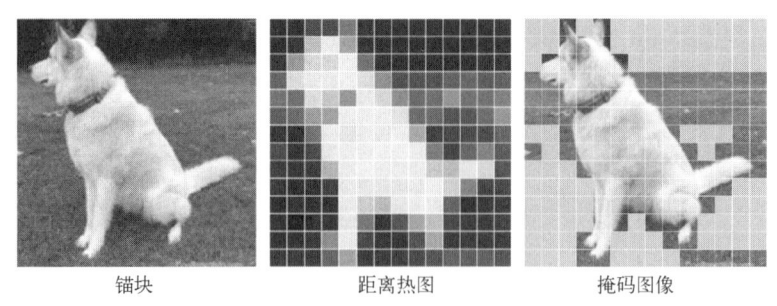

锚块　　　　　　　距离热图　　　　　　　掩码图像

图 2-6　选择集群

不同的颜色表示，由从所选锚块计算的相似性矩阵形成不同簇，如图 2-7 所示。

图像						
锚块						
集群						
标题	一大碗白色的青苹果	一个男人在滑雪时蹦蹦跳跳	一个小女孩在雨天撑着伞	电话的听筒应该放在哪里	一个小盘子里放着一根香蕉	一个人站在海岸边，手里拿着一只飞盘

图 2-7　集群掩码的可视化

通过 GPT-4 处理原始图像，为原始图像的片段创建字幕，如图 2-8 所示。

参考　　　　　　　随机掩码　　　　　　　集群掩码

两架飞机在空中　　拱桥上方　　　　　喷气式飞机
飞过一座桥梁　　　的晴朗天空　　　　掠过拱桥

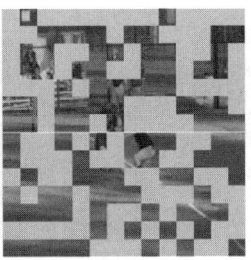

当一名球员滑到　　　　棒球场上的　　　　棒球运动员在比
垒上时,一个男　　　　球员在比赛中　　　　赛中滑入本垒打
孩接住了一个球

图 2-8　从可见补丁生成的标题

2.4　来自并行文本世界的 LLM 训练的体现多模态智能体

虽然 LLM 在文本的模拟世界中表现出色,但在没有感知其他模态(如视觉信号或音频信号)的情况下,很难与更现实的世界进行交互,尽管 VLM 集成了 LLM 模块。LLM 特点如下:

① 与静态图像特征对齐。

② 可能具有世界动力学的先验知识(如文本世界),但它们还没有在具体的视觉世界中进行训练,因此无法与它的行为匹配一致。

另外,在没有专家监督的视觉世界中,训练往往具有挑战性且效率低下。这里训练了一个 VLM 智能体,使用在并行文本世界中表现出色的 LLM 智能体。在文本世界任务中,提取 LLM 的再完善结果(通过分析错误改进行为),重新对 VLM 进行调整,生成一个快速适应视觉世界动态的体现多模态智能体(EMMA)。

该体现多模态智能体通过一种新的 DAgger-DPO 算法实现,完成两个平行世界之间的这种跨模态仿真学习,使 EMMA 能够在没有 LLM 专家监督的情况下,推广到通用的新任务。对 ALFWorld 基准测试的各种任务的广泛评估,突显了 EMMA 优于基于最先进的(SoTA)VLM 的智能体性能,例如,成功率提高了 20%～70%。

给定任务指令和当前步骤观察作为输入,VLM 智能体预计会预测完成任务的行为,例如,在大厅中找到机柜 1。

ALFWorld 视觉环境中三种基于 VLM 代理的比较如图 2-9 所示。

a. GPT-4V(外观)。

b. 基于规则的专家监督:在 InstructBLIP 中,由视觉模拟器在静态演示数据集上,通过行为克隆进行调整。

c. 基于 LLM 专家监督:体现多模态智能体(EMMA),进行跨模态交互式仿真学习训练。

视觉世界中的 VLM 智能体和文本世界中的 LLM 智能体,作为家用机器人,被指派完成清洁苹果并将其放入冰箱的工作,如图 2-10 所示。

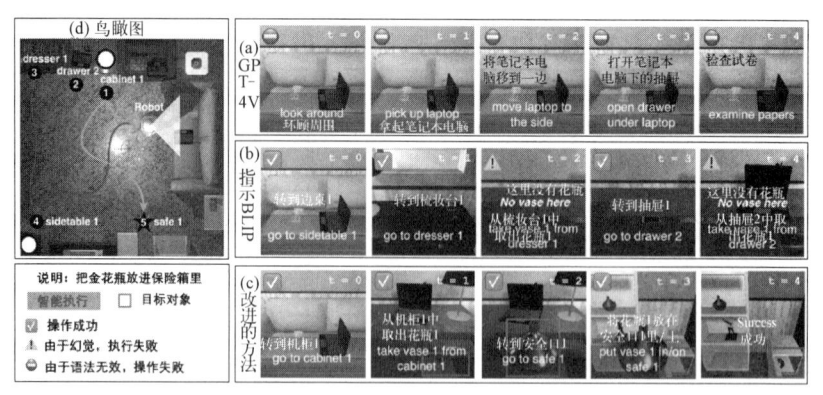

图 2-9 ALFWorld 视觉环境中三种基于 VLM 代理的比较

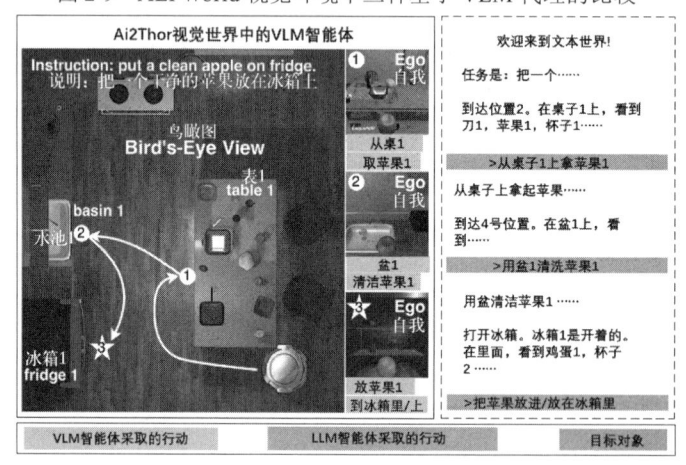

图 2-10 为两个平行世界生成的任务示例

EMMA 将文本任务指令和像素观测值作为其每一步的输入状态，使用 VLM 生成一系列动作。然后，将每个像素观测值转换为文本等效值，作为 LLM 专家的上下文，以产生 EMMA 要仿真的改进行为，如图 2-11 所示。

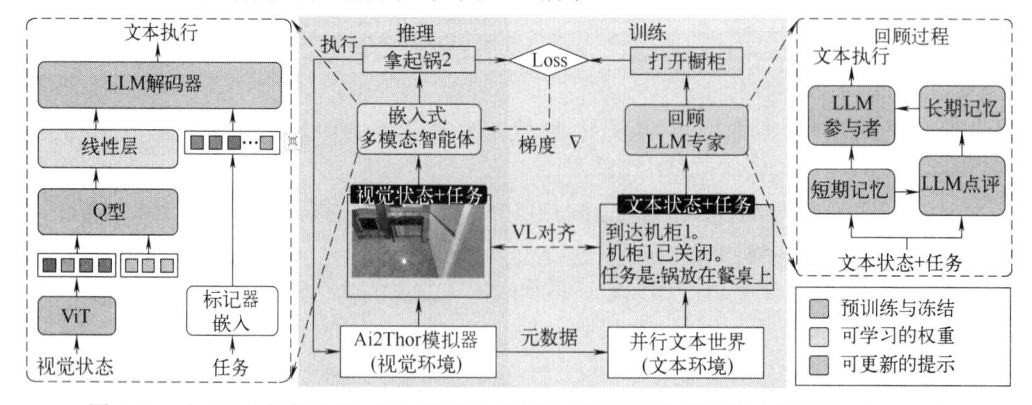

图 2-11 由 LLM 专家监督，通过跨模态仿真学习训练的体现多模态智能体（EMMA）

2.5 在丰富的监督下加强视觉语言预训练

可以利用丰富的语义和结构注释，构建与下游任务匹配的新预训练任务。绿色词汇表示屏幕截图中可见的词汇，红色词汇表示屏幕截图中不可见的词汇。例如，屏幕截图上没有显示价格，但它是元素的 id。使用 <x><y><x><y> 格式的棕色词汇来表示边界框，如图 2-12 所示。

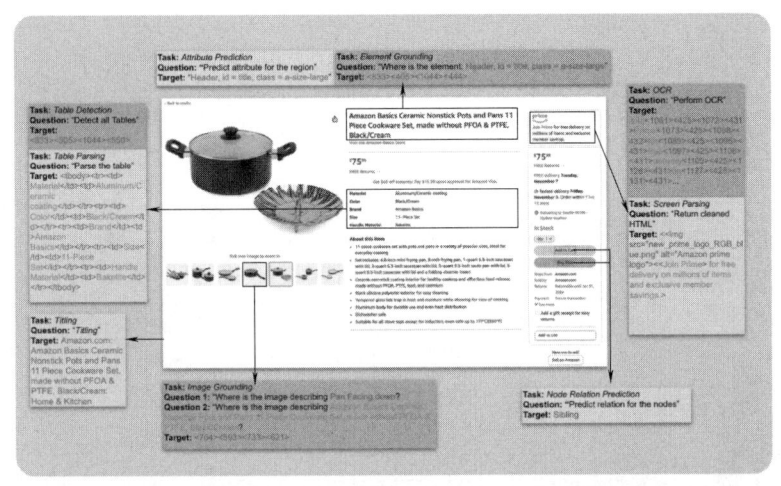

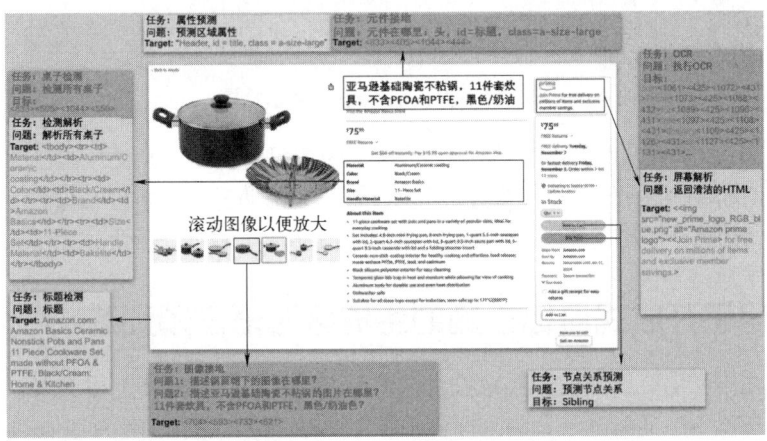

图 2-12　丰富的监督预训练

与传统的预训练范式相比，丰富的监督预训练利用了更多的信息，这些信息的获取成本也很低（即通过浏览器）。

2.6　FairCLIP：在视觉和语言学习中强调公平

如图 2-13 所示，所提出的 FairCLIP 框架旨在提高预训练阶段的公平性。这是通过

最小化 $M_{i,i}$ 概率分布之间的差异来实现的。$M_{i,i}$ 表示不同种族群体（或其他基于属性的群体）之间，视觉特征和语言特征之间的相关性。在给定模型 f 的情况下，将 $D_{\{(x_I, x_T, a)\}|f}$ 表示为 $M_{i,i}$ 的分布。如果样本来自特定的组（例如白色），则对应的分布是 $D_{\{(x_I, x_T, a)|a=\text{white}\}|f}$。

高公平性的目标可以定义为

$$\min_f \sum_\alpha^A d\left(D_{\{(x_I, x_T, a)\}|f} - D_{\{(x_I, x_T, a)|a=\text{white}\}|f}\right) \tag{2-1}$$

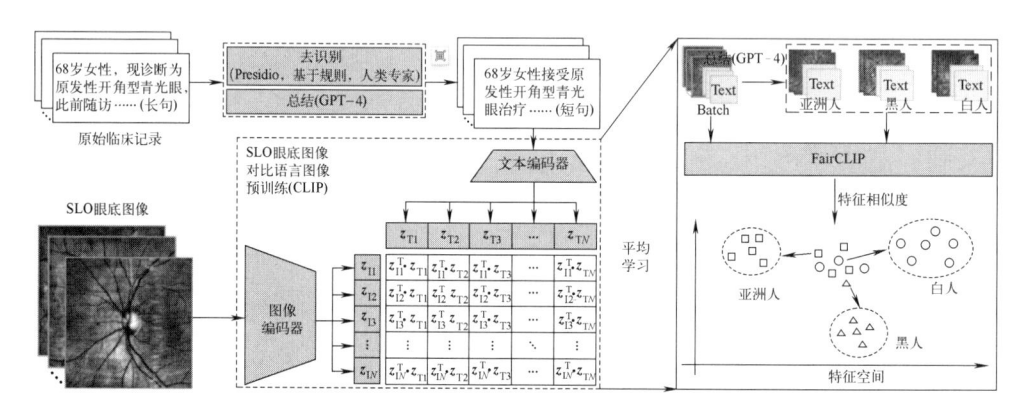

图 2-13 拟议的 FairCLIP 示意图

包含 PHI（如姓名和性别）的临床记录经过去标识和摘要，以适应文本编码器的识别限制，例如，CLIP 的 77 个令牌最大长度。FairCLIP 将整体样本分布与每个样本统计组进行分布均衡，从而在性能和公平性之间实现了有利的权衡。

2.7 用于开放式目标检测的生成区域语言预训练

开放式词汇学习已经被引入来解决这个问题，并且已经做出了相当大的努力。开放词汇目标检测，通常通过语言（即图像-文本对）或大型预训练视觉语言模型（如 CLIP）的弱监督，来解决封闭集的限制。CLIP 文本编码器的文本嵌入，可以很好地与图像标题中的新类别或名词短语的视觉区域对齐，如图 2-14 所示。然而，尽管具有开放集的性质，在推理阶段，开放词汇目标检测仍然需要预先定义的目标类别，而在许多实际场景中，可能对测试图像没有确切的了解。即使对测试图像有先验知识，手动定义目标类别也可能会引入语言歧义（例如，图 2-14 中类似的对象名称，如人、男人、小男孩），或不够全面（例如，图 2-14 中缺少铁丝网围栏），最终限制灵活性。如果没有测试图像的先验知识，要覆盖图像中可能出现的所有可能对象，设

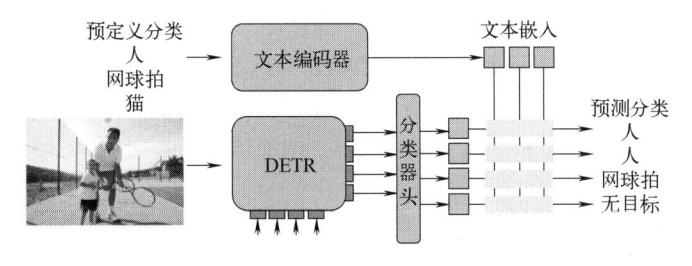

(a) 开放词汇目标检测

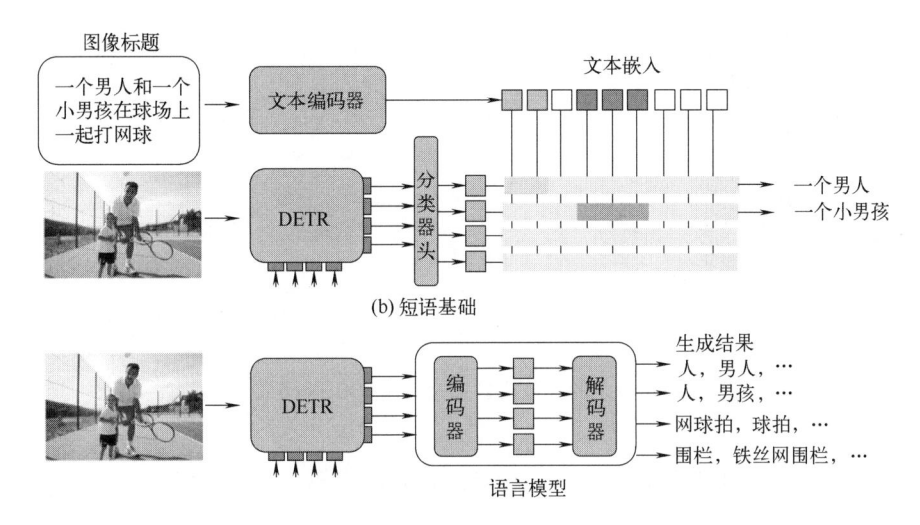

(b) 短语基础

(c) 生成式开放式目标检测

图 2-14 将生成式开放式目标检测与其他开放集目标检测任务进行比较

一个庞大而全面的标签集是一种常见的解决方案,这将是复杂而耗时的。上述讨论提出了一个研究问题:能否在推理过程中,不需要预先定义对象类别,进行开放世界密集目标检测?这个问题被称为开放式目标检测。

开放词汇目标检测和短语基础,通常需要在文本提示中预先定义类别或短语,以便与图像区域一致。相比之下,引入的生成式开放式目标检测是一种更通用、更实用的设置,其中分类信息没有明确定义。这样的设置,对于用户在推理过程中缺乏对对象类别的精确了解的场景,尤其有意义。

一旦对象候选者被本地化,一个自然的想法是:利用预训练的多模态大型语言模型(MLLM)来降低训练成本,并为生成对象名称提供强大的零样本语言能力。近期开发的 MLLM 通常由三个部分组成。

① 图像编码器:用于提取视觉特征。

② 适配器网络:用于弥合模态差距并减少图像嵌入的数量,将视觉特征转换为令牌表示。

③一种语言模型：用于生成以视觉为中心的任务的预测。

如图2-15（a）所示，将一个类无关的可变形DETR与一个用于提取对象查询的冻结图像编码器，集成到MLLM中。保持MLLM不变，唯一可训练的模块是用于学习对象表示的检测头。此外，在KOSMOS-2的训练过程中，图像被预处理到224×224像素的分辨率。在目标检测中，通常采用较大的输入，进行多尺度特征提取。为了处理图像大小的变化，利用线性插值来扩大原始位置嵌入。

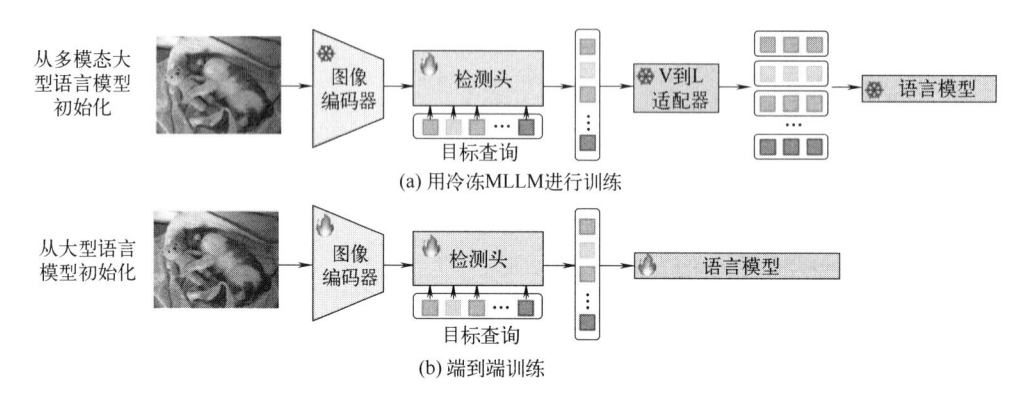

图2-15　提出的开放式目标检测模型GenerateU概述

该模型由两个主要组件组成：目标检测器和语言模型。图2-15比较了两种训练策略。

①图2-15（a）将类无关的DETR（带有冻结图像编码器）整合到预训练和冻结的多模态大型语言模型（包括Adaptor和语言模型）中，以促进知识从语言领域到目标检测的平滑转移。

②图2-15（b）将图像编码器和语言模型激活为可训练的组件，采用端到端的方法，将区域级理解无缝集成到语言模型中。

在收集语义丰富且数量庞大的检测数据方面，需要投入大量精力。

然而，事实证明，人工注释既昂贵又资源有限。之前的模型，如KOSMOS-2和GLIP，利用图像-文本对来扩展词汇量。使用预训练的基础模型来生成与标题中的名词短语对齐的边界框。反过来，这些框充当训练模型的伪检测标签。然而，鉴于标题可能无法全面描述图像中的每个对象，标题中的名词数量通常远低于相应图像中存在的实际对象数量。因此，生成的伪标签数量受到限制。为了解决这个问题，使用GenerateU对可用标签进行预训练，生成伪标签，作为图像中缺失对象的补充。

此外，观察到语言模型中的波束搜索，自然会生成同义词，从而提供不同的对象标签。图2-16提供了伪标签示例，说明了覆盖图像中几乎所有对象的边界框的生成，以及一组丰富的词汇标签。

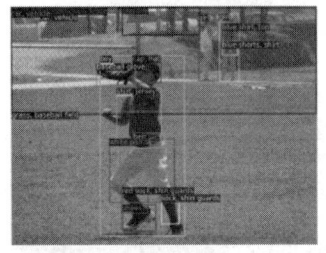

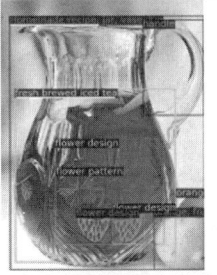

图 2-16 选定的伪标签示例

一套多样化的描述性标签，展示了该模型产生多样化和语言丰富的词汇的能力。

GenerateU 生成完整而精确的预测，展示了其超越模糊词汇限制的能力，如图 2-17 所示。

预测

真实值

预测

真实值

图 2-17　GenerateU 和 LVIS 地面实况的定性预测结果

2.8　FROSTER：冻结的 CLIP 是开放词汇动作识别的有力教师

在图 2-18 中，模型在 Kinetics-400 上进行了调优，在 UCF-101、HMDB-51 和

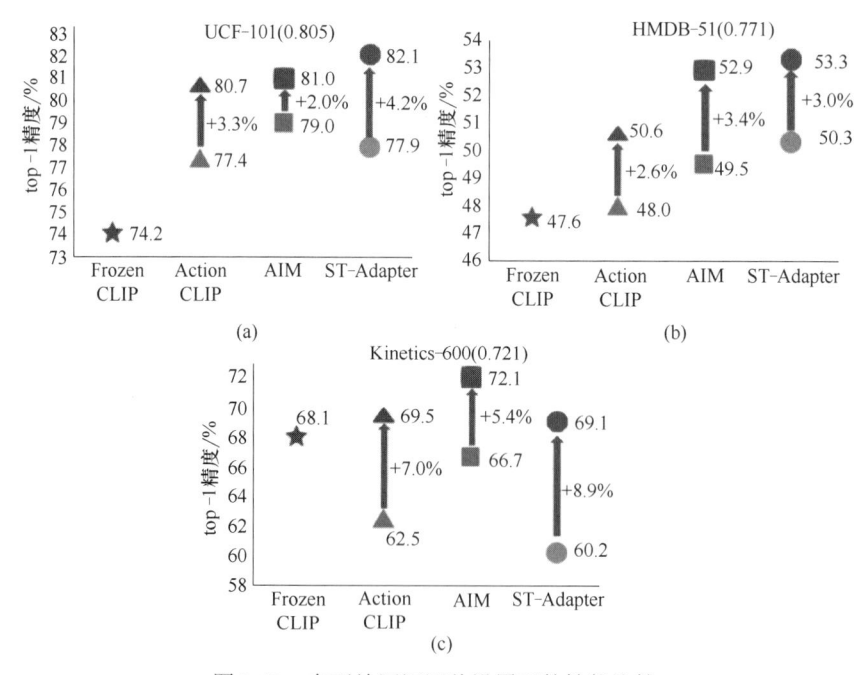

图 2-18　在开放词汇评估设置下的性能比较

★ Frozen CLIP　▲ Action CLIP　■ AIM　● ST-Adapter Ensemble w/Frozen CLIP

048　视觉语言模型VLM原理与实战

Kinetics-600上进行了评估。在Kinetics-600上进行测试时，Kinetics-400和Kinetics-600之间的共享类别被排除在外。括号中的数字表示训练数据集和评估数据集之间的语义距离，这是通过类别名称文本特征上的豪斯多夫距离来衡量的。数字越大，相似性越高。

在图 2-19 中，有效地学习了视频特定的特征表示（通过简单的基于动作的微调）和可推广的特征表示方式（通过提出的残差特征提取）。

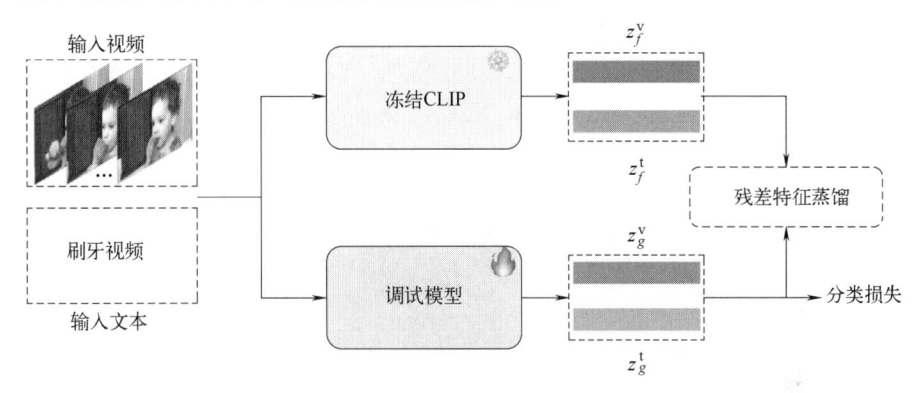

图 2-19　FROSTER 框架的总体思路

在图 2-20 中，L_{CE} 和 L_{FD} 分别表示交叉熵损失和特征蒸馏损失。

a. 直接最小化学生和教师模型之间的特征距离。

b. 使用两层 MLP 将特征从学生空间映射到教师空间。

c. 所提出的残差特征提取，在学生模型上采用修改后的残差网络来实现特征学习的平衡。该方法旨在同时优化视频特定知识和泛化能力，提高模型的整体性能。

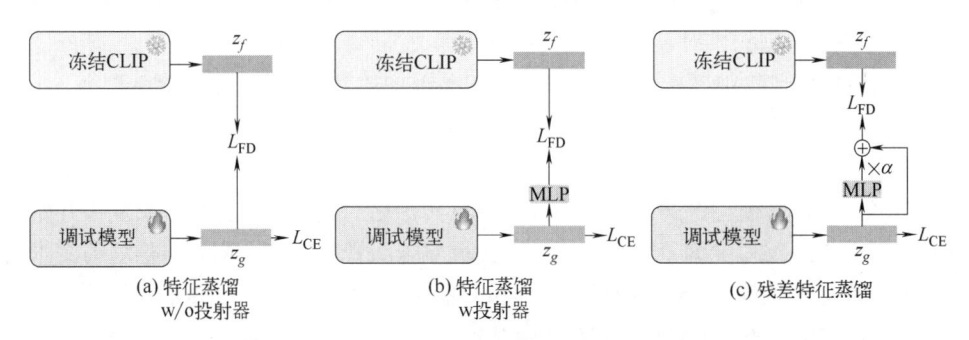

图 2-20　特征提取方法的说明

2.9　Ins-DetCLIP：对齐检测模型以遵循人类语言指令

在图 2-21 中，训练分两个阶段进行。

第一阶段类似于开放词汇目标检测器的预训练，采用来自检测、基础和图像 - 文本对的训练数据。

第二阶段通过在模型中引入大型语言模型，使目标检测器能够遵循人类指令。该模型在 IOD Bench 上训练，仅预测与指令匹配的对象类别名称。

两阶段训练方案如下。

第一阶段：开放式词汇预训练。按照 DetCLIP 进行 OVD 预训练。如图 2-21 的阶段 1 所示，通过优化文本嵌入和对象级视觉嵌入之间的细粒度对抗损失，以及中心损失和边界框回归损失来预训练检测器；利用来自检测、基础和图像 - 文本对的数据集，进行视觉文本特征对齐；推导出了一个强大的开放词汇目标检测器，该检测器能够从预训练的 CLIP 文本编码器中，提取与文本嵌入对齐的视觉嵌入。

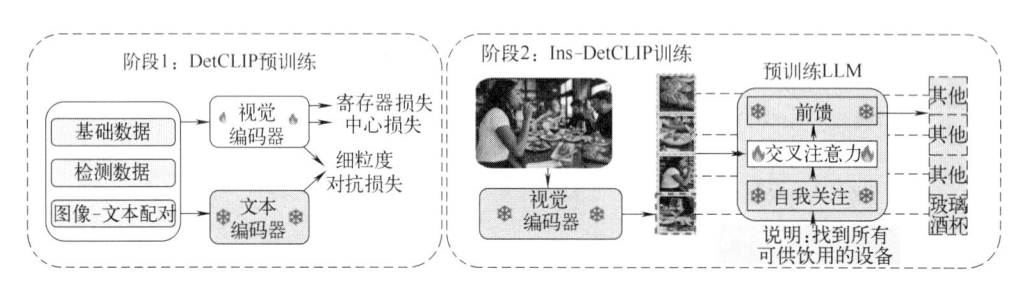

图 2-21　Ins-DetCLIP 的总体框架

目标特征提取：在第一阶段之后，DetCLIP 模型能够根据类别名称列表提出边界框。然而，在提出的 IOD 任务中，只提供了开放式用户指令。为了解决这个问题，引入了一个辅助的分类头，它以类无关的方式，将前景对象与背景区分开来，类似于区域建议网络（RPN）。然后将选定的区域特征视为对象特征，并提供给 LLM。接着，LLM 以生成方式预测类别。

第二阶段：对象级指令调优。利用 IOD Bench 中的训练数据，进行指令调优。

首先，冻结从第一阶段获得的视觉编码器和预训练的语言模型，实现跨模态融合。

然后，在语言模型的解码器层中插入随机初始化的交叉注意力层，并从头开始训练它们。图像通过视觉编码器进行处理，提取对象级视觉特征。同时，伴随的文本指令通过语言模型传递。在对象级视觉特征和文本特征之间进行交叉关注。

最后，在语言模型的输出上优化语言建模损失，可以公式化如下：

$$L_{\text{instruct}} = -\log p\left[y_t^i \mid \phi\left(y_{(<t)}^i, V^i\right)\right] \tag{2-2}$$

式中，ϕ 表示 LLM；V^i 表示目标视觉特征；y_t^i 表示第 t 时间步长与第 i 个对象关联的文本标记。

Ins-DetCLIP 与 IOD Bench 验证集上两级同行的性能进行比较，其方法大大优于基线，见表 2-1。

表2-1 Ins-DetCLIP与IOD Bench验证集上两级同行的性能比较

MLLM	检测器	域中 AP（TASK1/TASK2/TASK3/TASK4）	域外 AP（TASK1/TASK2/TASK3/TASK4）
BLIP2-FLANT5-BASE（LI ET AL. 2023A）	DetCLIP	3.14（4.27/4.15/2.13/2.02）	3.06（4.16/4.01/2.11/1.95）
BLIP2-FLANT5-XL（LI ET AL.2023A）	DetCLIP	3.95（5.37/4.51/3.04/2.89）	3.71（5.21/4.40/2.79/2.43）
MINIGPT4-VICUNNA-7B（ZHU ET AL.2023）	DetCLIP	8.29（12.3/10.3/7.51/3.05）	6.35（10.4/7.13/5.29/2.57）
MINIGPT4-VICUNNA-7B（ZHU ET AL.2023）	GROUNDINGDINO	8.22（11.7/10.8/7.29/3.10）	6.34（10.6/7.32/5.04/2.39）
LLAVA-VICUNNA-7B（LIU ET AL.2023A）	GROUNDINGDINO	8.86（14.5/11.2/6.46/3.30）	8.91（14.2/11.5/6.02/3.94）
Ins-DetCLIP-OPT1.3B	DetCLIP	**14.9**（22.9/14.7/11.5/10.4）	**11.4**（20.4/13.6/7.42/4.10）
Ins-DetCLIP-FLANT5-BASE	DetCLIP	**15.3**（24.5/15.3/11.3/10.0）	**13.7**（24.2/16.0/8.62/5.90）
Ins-DetCLIP-FLANT5-LARGE	DetCLIP	**16.2**（25.6/16.4/11.7/11.0）	**14.4**（25.4/16.2/9.65/6.50）

在图 2-22 中，从上到下的每一行都是一个任务的结果，图下面的文本显示了与给定图像相关的说明。Ins-DetCLIP 能够根据不同的用户指令做出不同的响应，并检测感兴趣的对象。

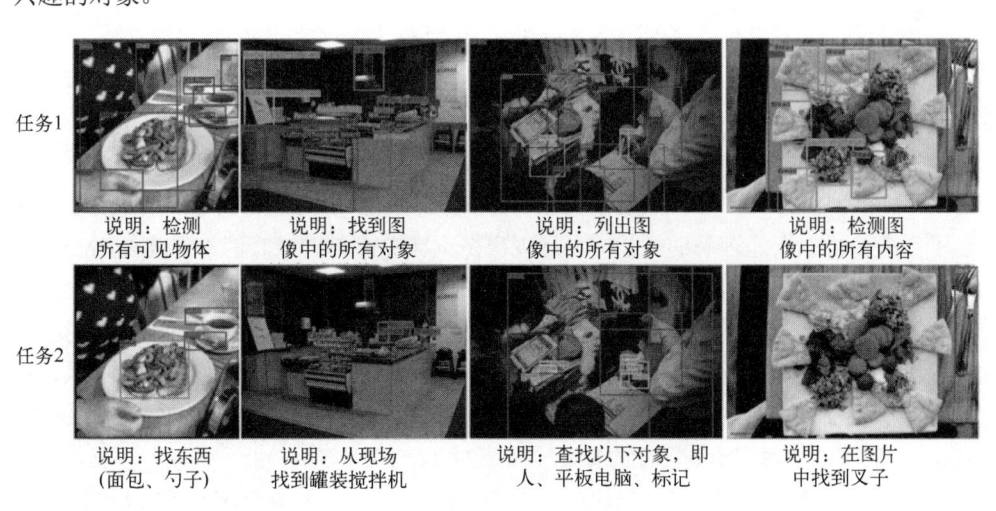

任务1

说明：检测所有可见物体　　说明：找到图像中的所有对象　　说明：列出图像中的所有对象　　说明：检测图像中的所有内容

任务2

说明：找东西（面包、勺子）　　说明：从现场找到罐装搅拌机　　说明：查找以下对象，即人、平板电脑、标记　　说明：在图片中找到叉子

图 2-22

任务3

说明：找到厨房里的所有物品　　说明：找到所有家具　　说明：在图像中找到人类　　说明：找到厨房里的所有物品

任务4

说明：用勺子喝汤　　说明：清理地板　　说明：通过互联网观看视频　　说明：把西瓜切成块

图 2-22　给定不同指令的 Ins-DetCLIP 生成的边界框结果的可视化

2.10　MMICL：通过多模态语境学习增强视觉语言模型的能力

自从深度学习复兴以来，由大型语言模型（LLM）增强的视觉语言模型（VLM）的受欢迎程度呈指数级增长。然而，尽管 LLM 可以利用广泛的背景知识和任务信息进行上下文学习（ICL），但大多数 VLM 仍然难以理解具有多幅图像的复杂多模态提示，这使得 VLM 在下游视觉语言任务中的效率较低。通过以下方式解决了上述局限性：

① 引入具有多模态上下文学习的视觉语言模型（MMICL），这是一种允许 VLM 有效处理多模态输入的新方法。

② 提出了一种新的上下文方案，以增强 VLM 的上下文学习能力。

③ 构建多模态上下文学习（MIC）数据集，旨在增强 VLM 理解复杂多模态提示的能力。

实验证明，MMICL 在广泛的通用视觉语言任务中，特别是在复杂的基准测试（包括 MME 和 MMBench）中，实现了先进的零样本新性能。分析表明，MMICL 有效地应对了复杂多模态快速理解的挑战，并展现出令人印象深刻的 ICL 能力。此外，MMICL 成功地缓解了 VLM 中的语言偏见，这是 VLM 的一个常见问题，在面对广泛的文本背景时，往往会导致幻觉。代码、数据集、数据集工具和模型可以在 GitHub 网站上找到。

在图 2-23 中，包含具有交错图像和文本的提示。MMICL 理解图像之间的关系，包括空间 [图 2-23（a）] 关系、逻辑 [图 2-23（b）] 关系和时间 [图 2-23（e）] 关系。MMICL 还可以理解文本到图像的参考 [图 2-23（c）（d）和（f）]。

图 2-24 为不同 VLM 架构的比较，图 2-24（a）（b）（c）分别表示 VLM 专注于单个图像，VLM 具有很少的拍摄能力，MMICL 对图像和文本表示同等处理。

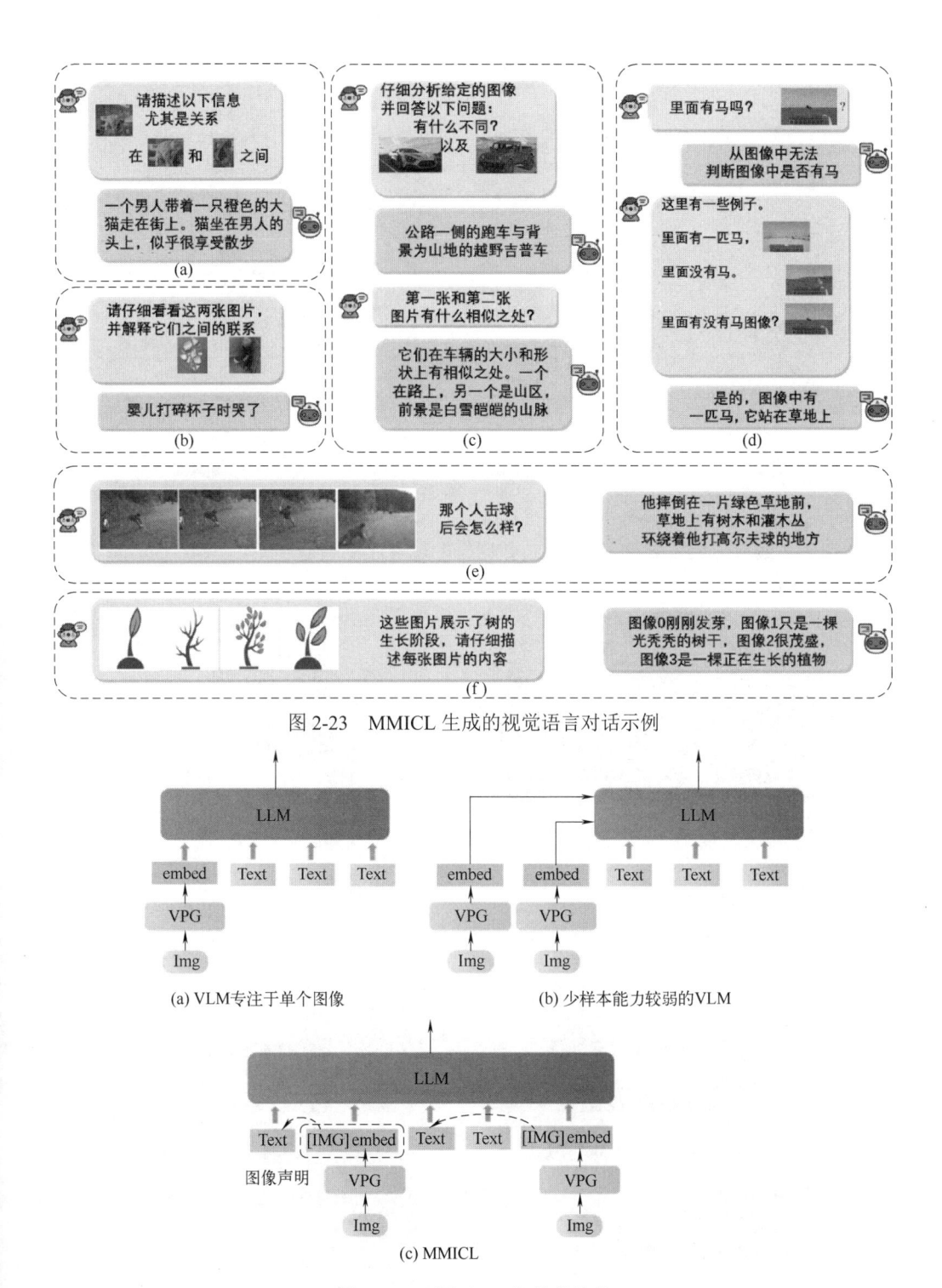

图 2-23　MMICL 生成的视觉语言对话示例

图 2-24　不同 VLM 架构的比较

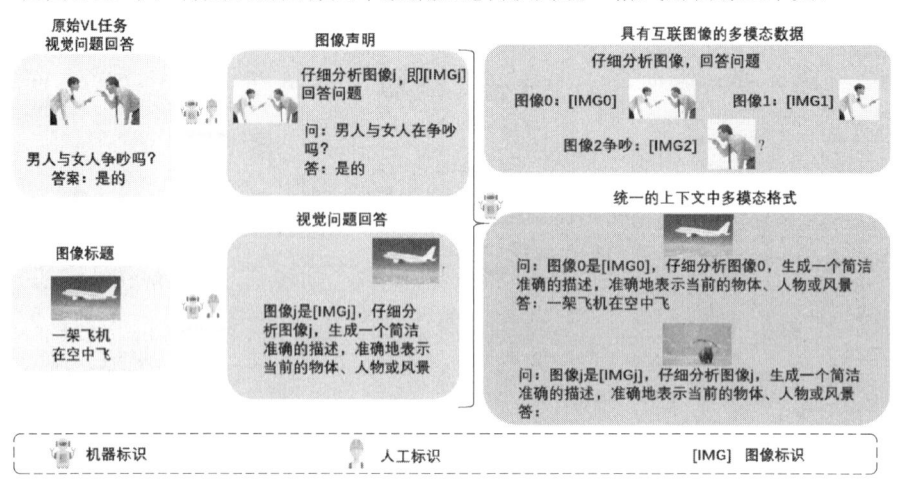

在图 2-25 中,将交织的图像文本数据无缝转换为统一格式的训练上下文。

图 2-25　MMICL 的上下文方案

在图 2-26 中,自动构建基于 VCR 数据集的现有注释,无需人工干预。ChatGPT 用于指令重构。

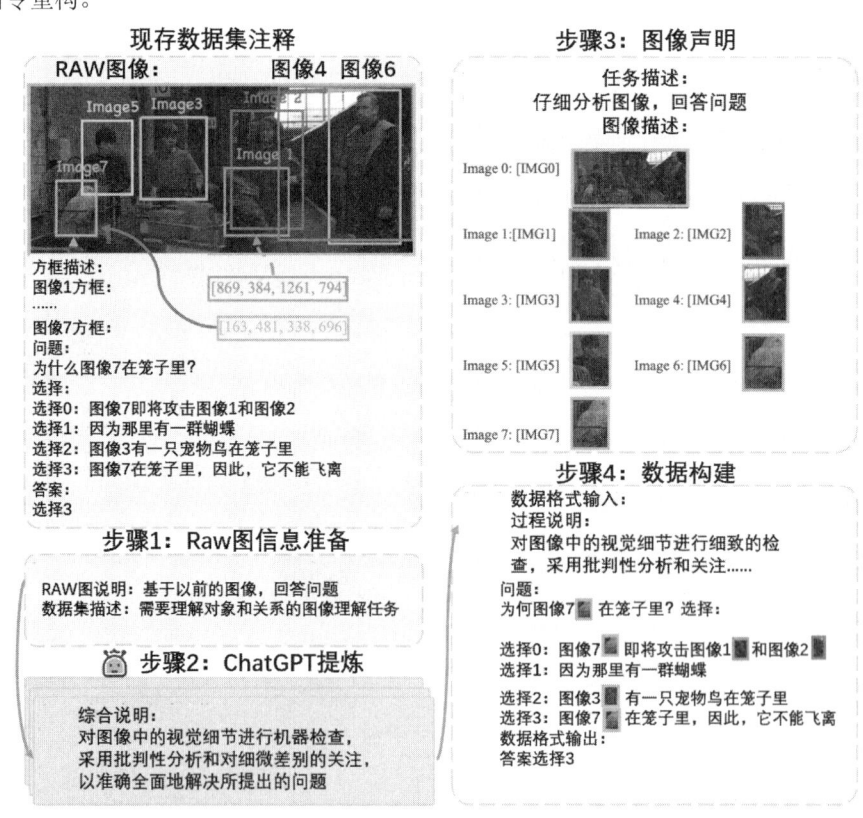

图 2-26　具有互连图像的多模型数据的自动数据构建管道示意图

在图 2-27 中，上半部分表示模型架构的概述，下半部分表示两阶段训练范式的管道。

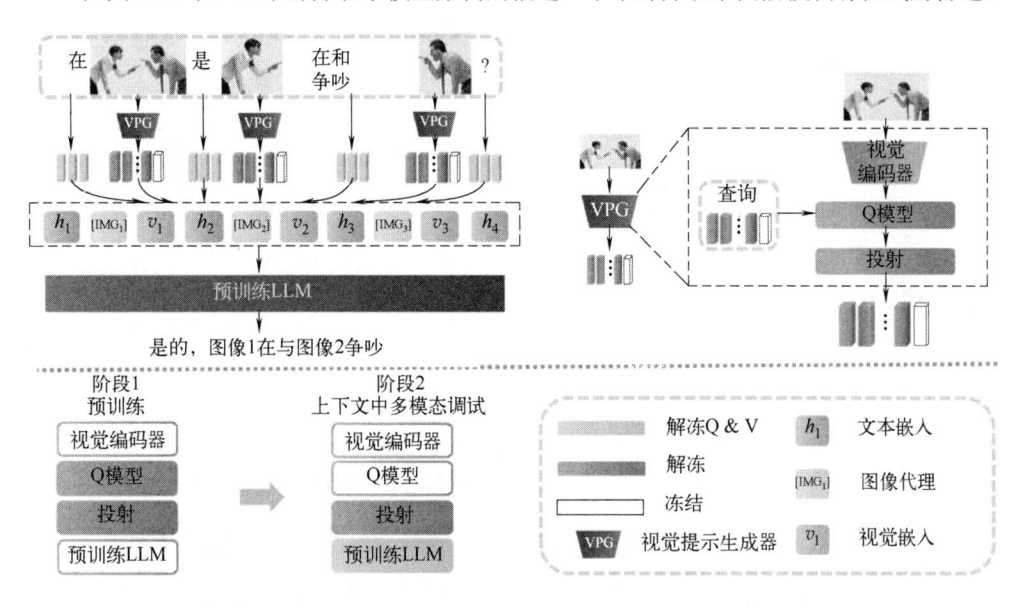

图 2-27　MMICL 架构和训练范式的说明

2.11　学习提示分割任何模型

Segment Anything Model（SAM）在学习分割任何东西方面都显示出巨大的潜力。SAM 的核心设计在于提示细分，它以手工制作的提示作为输入，并返回预期的分割掩码。SAM 使用两种类型的提示，包括空间提示（如点）和语义提示（如文本），它们协同工作，提示 SAM 对下游数据集上的任何内容进行分割。尽管提示起着重要作用，但如何为 SAM 获取合适的提示，在很大程度上还没有得到充分的探索。

本节的这项工作研究了 SAM 的架构，并确定了学习 SAM 有效提示的两个挑战。为此，提出了空间语义提示学习（SSPrompt），它学习有效的语义和空间提示，以获得更好的 SAM。具体来说，SSPrompt 引入了空间提示学习和语义提示学习，直接在嵌入空间上优化空间提示和语义提示，并有选择地利用预训练提示编码器中编码的知识。大量实验表明，SSPrompt 在多个广泛采用的数据集上，始终如一地实现了卓越的图像分割性能。

如图 2-28 所示，SAM 由三个核心部分组成。

① 一个大型图像编码器，将输入图像编码为图像嵌入。

② 将文本标记编码为文本提示嵌入的大型文本提示编码器。

③ 将 2D 空间坐标编码为空间提示嵌入的轻量级空间提示编码器，其基于图像和提示嵌入来推测预期的分割掩模。

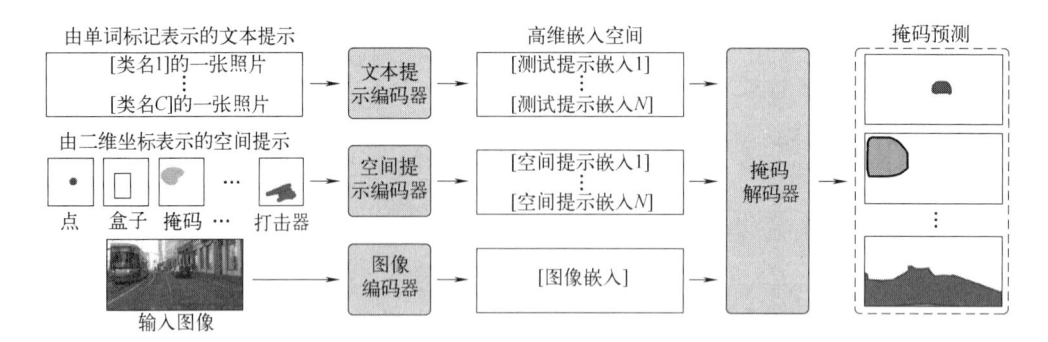

图 2-28 分割任何模型（SAM）的架构

在图 2-29 中，SSPrompt 直接在嵌入空间上优化空间提示和文本提示，并有选择地利用提示编码器中编码的知识，即使用可学习权重，对默认提示嵌入 $\left(\{z_n^S\}_{n=1}^N 和 \{z_c^T\}_{c=1}^C\right)$ 进行加权，并将加权嵌入与可学习提示嵌入 $\left(即 \{\hat{z}_n^S\}_{n=1}^N 和 \{\hat{z}_c^T\}_{c=1}^C\right)$ 融合，以便获取新的提示。在训练过程中，只有可学习提示嵌入被更新（由 Flame 标记），而所有其他嵌入都被冻结（由 Snowflake 标记）。

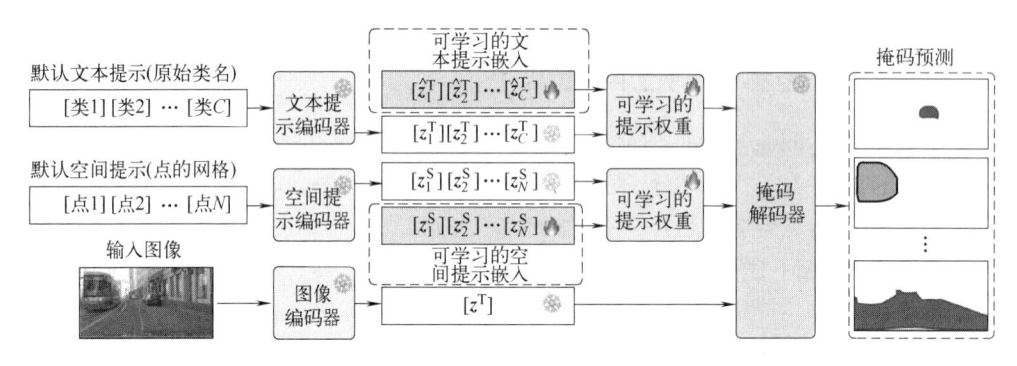

图 2-29 语义空间提示学习（SSPrompt）的框架

文本数据统计及语义提示学习中的学习权重如图 2-30 所示。

(a) 文本数据统计(用于SAM中的文本提示编码器预训练)

(b) 语义提示学习中的学习权重

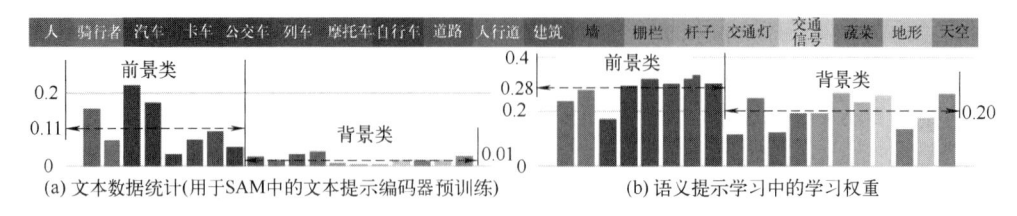

图 2-30 文本数据统计及语义提示学习中的学习权重

2.12 NEMESIS：视觉语言模型软性向量的归一化

在图 2-31 中，(a) 为软提示调谐 VLM 中低范数效应的出现，(b) 为软提示调谐 VLM 中常用的 11 个数据集低范数效应的发生频率。

(a) 软提示VLM中低范数效应的出现

(b) 11个数据集中低范数效应的发生频率

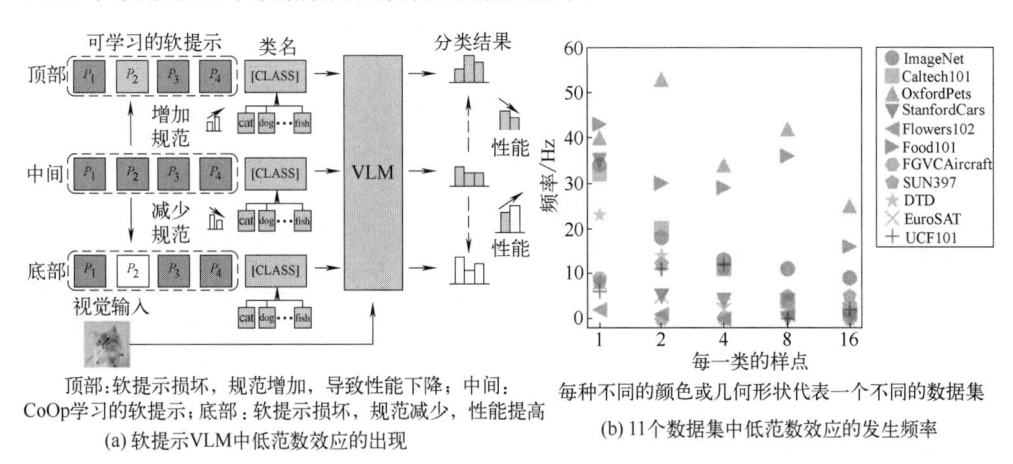

图 2-31　低范数效应的示意图

2.13 非自回归序列到序列视觉语言模型

非自回归序列到序列视觉语言模型（简称非自回归，NARVL）及其自回归对应物在四种视觉语言任务上的比较如图 2-32 所示，四种视觉语言任务包括视觉蕴含（VE）、视觉接地（VG）、视觉问答（VQA）和图像字幕（IC）。从图 2-32（a）中可以看出，NARVL 将 AR 的推理速度提高到 1.4～12.7 倍，同时实现了相同的性能。

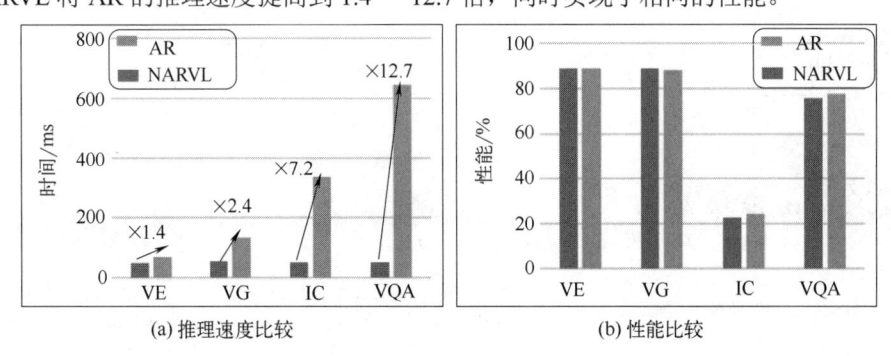

(a) 推理速度比较

(b) 性能比较

图 2-32　NARVL 及其自回归对应物在四种视觉语言任务上的比较

在图 2-33 中，NARVL 借鉴了 OFA 的编码器，其中输入文本和图像 CNN（ResNet）特征的嵌入序列，在输入令牌序列中连接在一起。与顺序生成输出的标准变换器解码器不同，非自回归解码器采用可学习权重的令牌序列，同时并行生成所有令牌的输出。

由于输出序列长度未知，将可学习查询标记的数量，设置为大于最大目标序列长度的值（超参数）。所用损失 Q-CTC 如式（2-3）所示。

$$L_{\mathrm{Q-CTC}(\theta,q)} = -\sum_{k}\sum_{z_i \sim \hat{p}(z|x_k;q)} \log \frac{e^{f_{y_i}(z_i(x_k;q))}}{\sum_j e^{f_{y_j}(z_i(x_k;q))}} \tag{2-3}$$

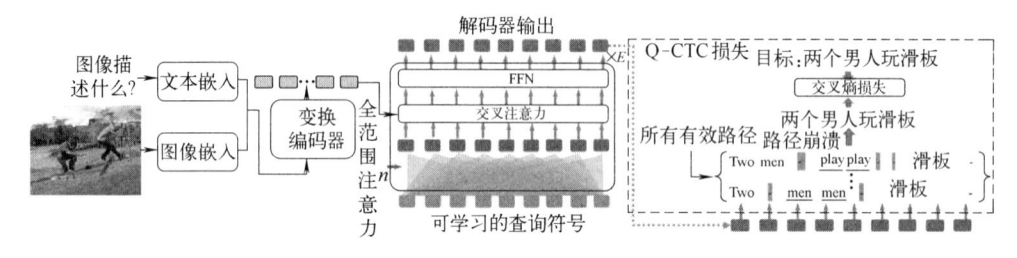

图 2-33　NARVL 概述

变换器解码器各种设计的比较如图 2-34 所示，包括标准自回归变换器解码器、用于语言任务的现有非自回归变换器解码器、NARVL 中的非自回归变换器解码器。

在训练过程中，标准自回归变换器解码器［图 2-34（a）］使用带有因果掩码的训练强制，其中令牌只能处理之前的令牌，而所有令牌在图 2-34（b）和图 2-34（c）的解码器中可以相互处理。NARVL 中的非自回归变换器解码器具有专用的查询令牌输入，而不是使用编码器的输出作为图 2-34（b）中所示的输入。这种设计避免了由编码器的长输出序列导致的解码器大延迟。

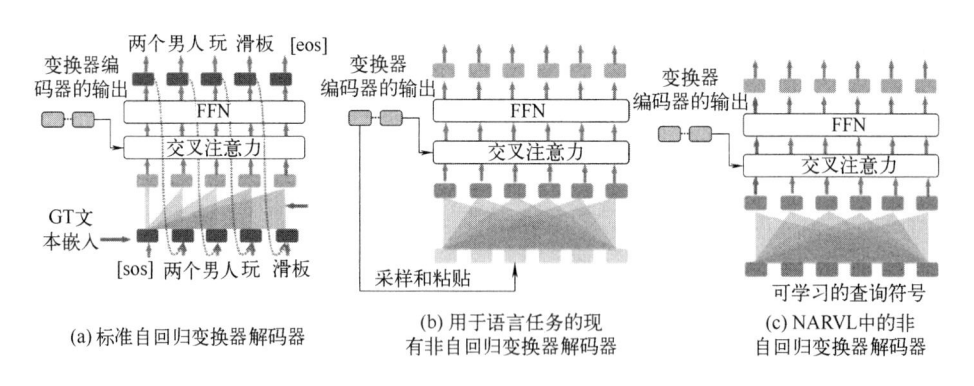

图 2-34　变换器解码器各种设计的比较

在图 2-35 中，包括视觉问答（VQA）、视觉接地（VG）、图像字幕（IC）和视觉蕴含（VE）四种视觉语言任务。这里说明了每个任务的输入和输出，所有类型的输出在序列公式中都是统一的。

任务	模型输入 图像	模型输入 语言	模型输出
VQA		图像中有多少人？	2
VG		戴帽子的滑板人	$[x,y,w,h]$
IC		图像描述什么？	两个人正在玩滑板
VE		三个人正在跑步	冲突

图 2-35　在各种视觉语言任务上测试了所提出的 NARVL

2.14　一个提示词足以提高预训练视觉语言模型的对抗鲁棒性

在图 2-36 中，在 11 个数据集中，与手工设计的提示（HEP）相比，在提示中添加一个习得的词汇，可以显著提高准确性和鲁棒性（$\varepsilon=4/255$）。虚线箭头表示性能提升。词汇是一个可学习的向量，在最后一列中进行解释。

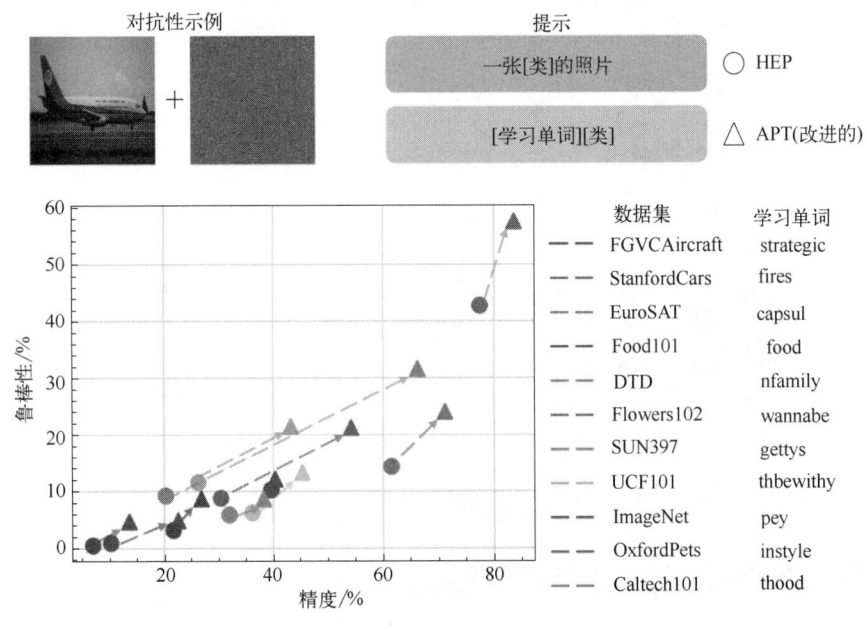

图 2-36　在提示中添加一个习得的词汇

在图 2-37 中，包括提示调优（APT）、对抗性视觉提示（AVP）和部分对抗性微调（PAFT）之间的高级架构比较。可学习的参数以灰色背景突出显示，PAFT 会丢弃 CLIP 的整个文本分支。

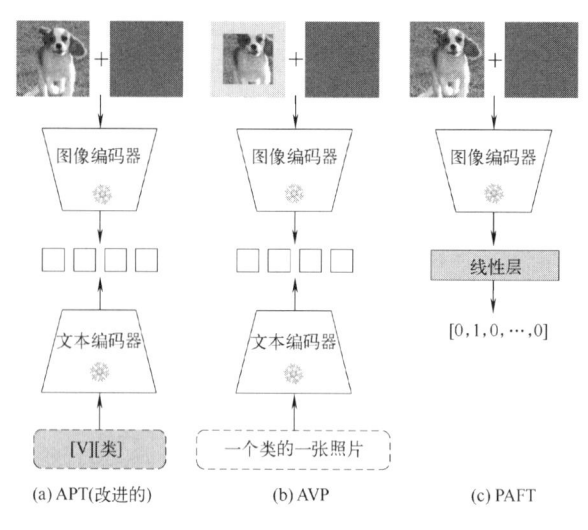

图 2-37 不同方法对抗性高级架构比较

在图 2-38 中,图像编码器和文本编码器都被冻结,只有提示上下文是可学习的。可学习的上下文可以为所有类统一,也可以为每个类定制。

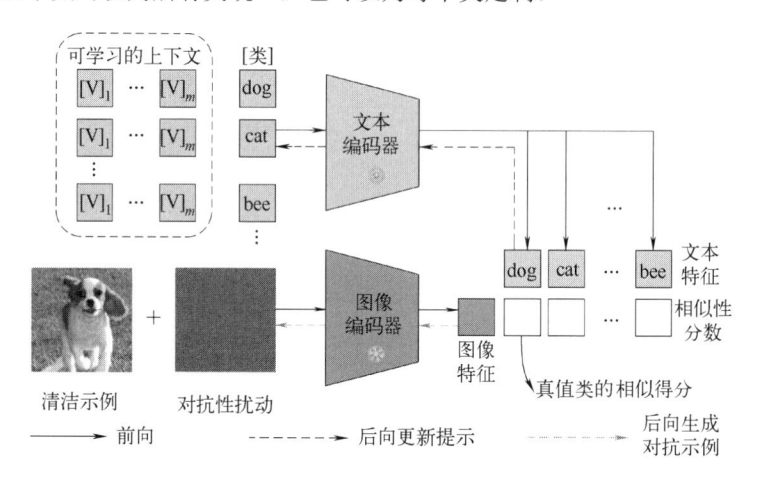

图 2-38 在类似 CLIP 的 VLM 上的对抗性提示调优(APT)方法

2.15 连续学习的快速梯度投影

提示调优通过为每个输入实例查询相关提示,在持续学习中表现出了令人印象深刻的性能,这可以避免引入任务标识符。因此,它的遗忘减少了,因为这种基于实例的查询机制,能够仅选择和更新相关的提示。这里将快速调谐与梯度投影方法相结合。快速调谐释放了梯度投影方法任务识别器的必要性;梯度投影为快速调谐提供了防止遗忘的理论保证。这启发了一种新的快速梯度投影方法(FGP)用于持续学习。在 FGP 中,通过视觉变换器中的自注意机制，达到提示梯度的正交条件，可以有效地防止遗忘。然后，通过在输入空间和提示空间之间的元素和空间上，进行奇异值分解（SVD）来实现条件方程。在不同的数据集上验证了方法，实验证明了在课堂增量、在线课堂增量和任务增量设置中减少遗忘的有效性。相关代码可以在 GitHub 相关网站上找到。

在图 2-39 中，L2P 和 DualPrompt 是用于持续学习的两种先进提示调谐方法。ACC 是指平均精度指标（越高越好）。FOR 是指遗忘度量（越低越好）。基准数据集上的两个指标采用了不同的尺度标准。

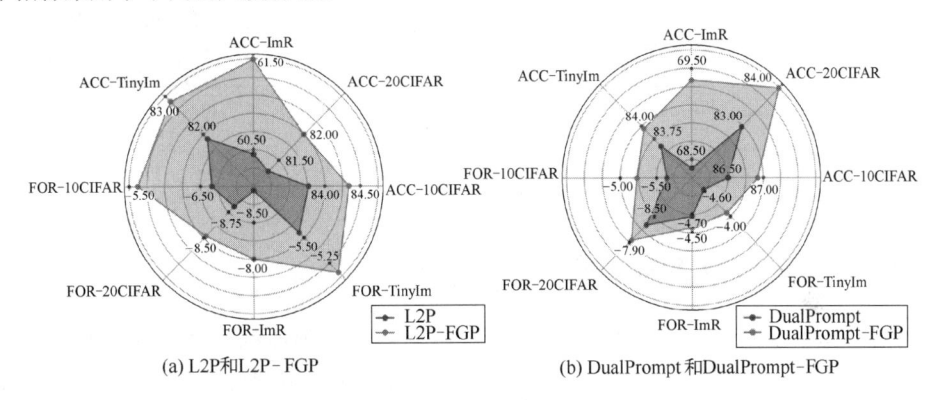

图 2-39 基线在平均精度和遗忘度量方面的比较

图 2-40（a）为正向 / 反向传播过程（黑实线 / 黑虚线）。在正向传播过程中，采用了实例查询机制。在反向传播中，FGP 被启用并用于更新所选提示。

图 2-40（b）为快速梯度投影过程。将输入空间和提示空间相加，得到总和空间。

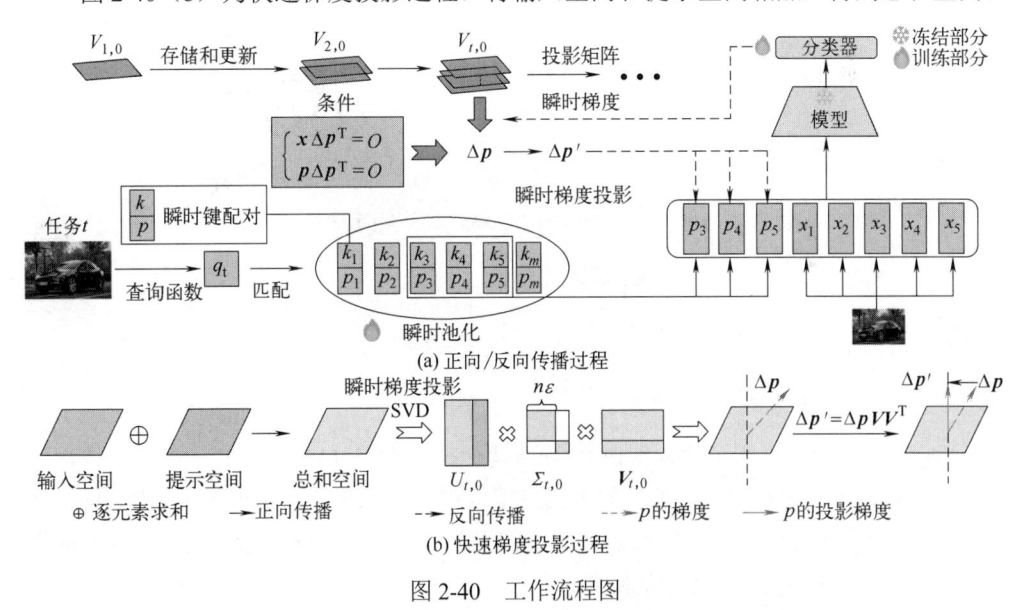

图 2-40 工作流程图

然后，使用SVD从总和空间中获得新的正交向量，并更新投影矩阵。最后，通过与投影矩阵相乘来投影梯度。

根据不同ε，遗忘和新任务精度的绩效直方图如图2-41所示。

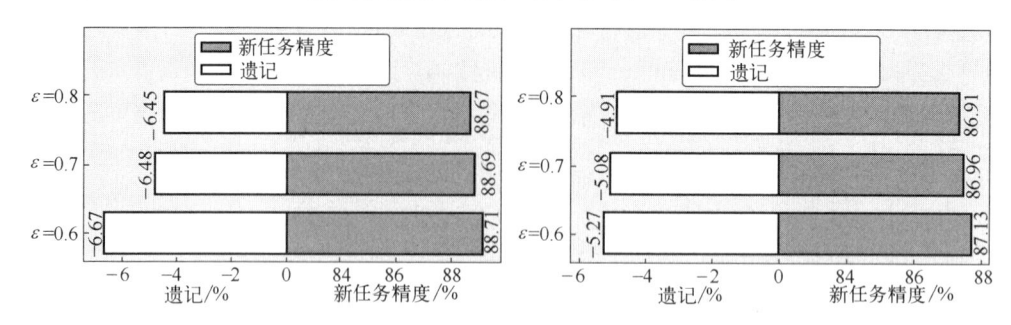

图2-41　根据不同ε，遗忘和新任务精度的绩效直方图

2.16　检索增强对比视觉文本模型

在图2-42中，用从外部存储器检索的知识来补充预训练图像文本编码器（如CLIP）的冻结表示。使用图像表示作为查询，来识别k个最相似的图像，并整合它们相关的文本嵌入来创建多模态表示。同样，给定一个文本表示作为查询，找出前k个最相似的文本，并合并它们的相关图像。通过学习浅层融合模型来生成原始嵌入的改进、多模态和知识增强版本，完成原始嵌入和检索到的嵌入的融合。训练重构嵌入之间，以及重构嵌入和原始嵌入之间的对齐。

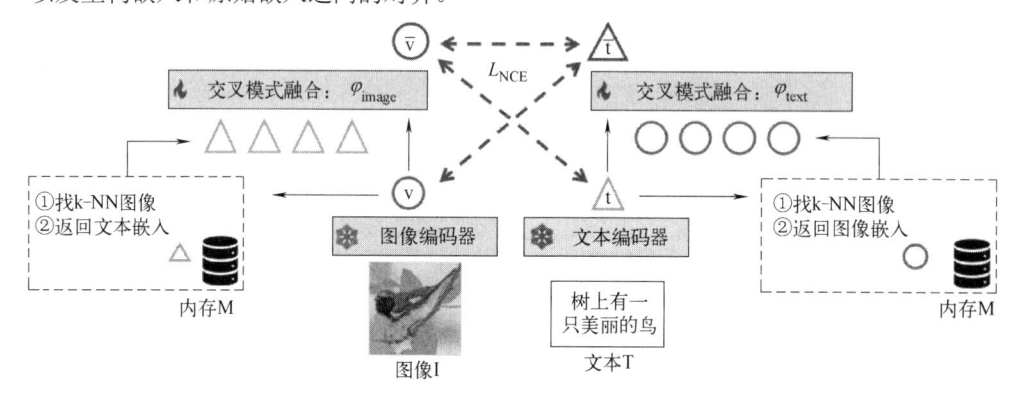

图2-42　检索增强对比视觉文本模型（ReCo）的工作原理

在图2-43中，说明了输入图像I的不同场景。在图2-44中，比较了两个图像查询（顶部）和两个文本查询（底部）的单模态搜索和交叉模态搜索。单模态搜索允许找到与查询更合适的匹配，从而提高融合元素的相关性。分别用深灰色、浅灰色线框框住要与查询融合的不相关、相关检索项。

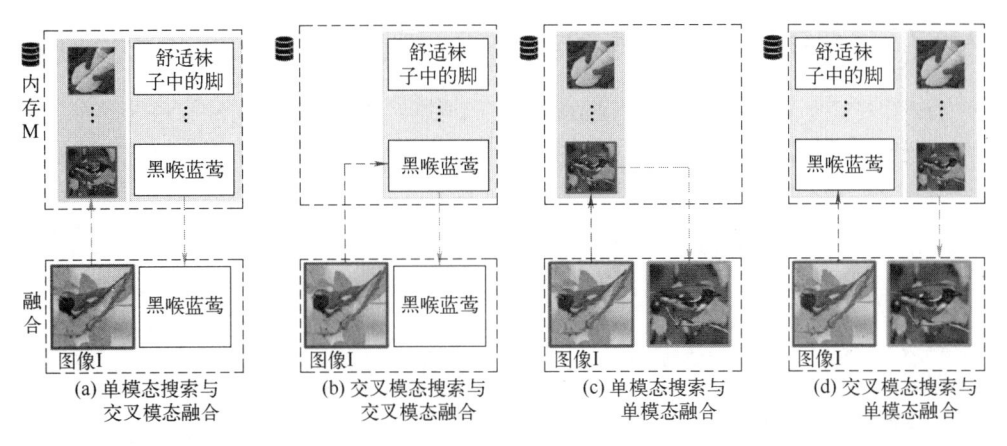

图 2-43 单 / 交叉模态搜索和单 / 交叉融合的概念比较

图 2-44 CUB 和 Cars 数据集的定性示例

2.17 TCP：基于文本的类感知可视化语言模型的提示调优

在图 2-45 中，（a）为域共享提示调试，在训练域和测试域之间应用相同的可学习提示；（b）为图像条件提示调试，将图像嵌入与可学习提示相结合；（c）为分类意识提示调试，通过分类意识提示，将类级文本嵌入到文本编码器中。

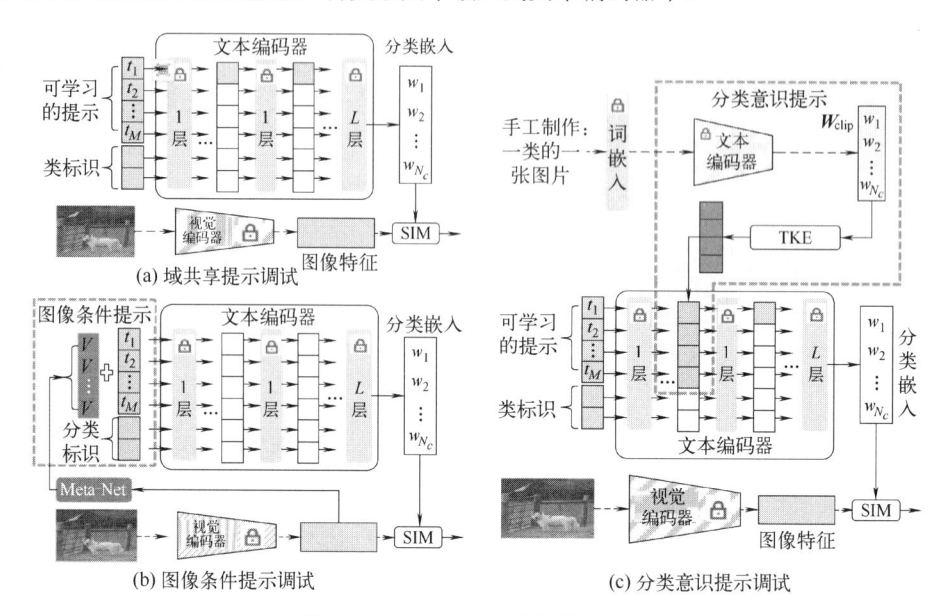

图 2-45 TCP 与现有框架进行比较

基于文本的类感知 Prompt 调优框架如图 2-46 所示。

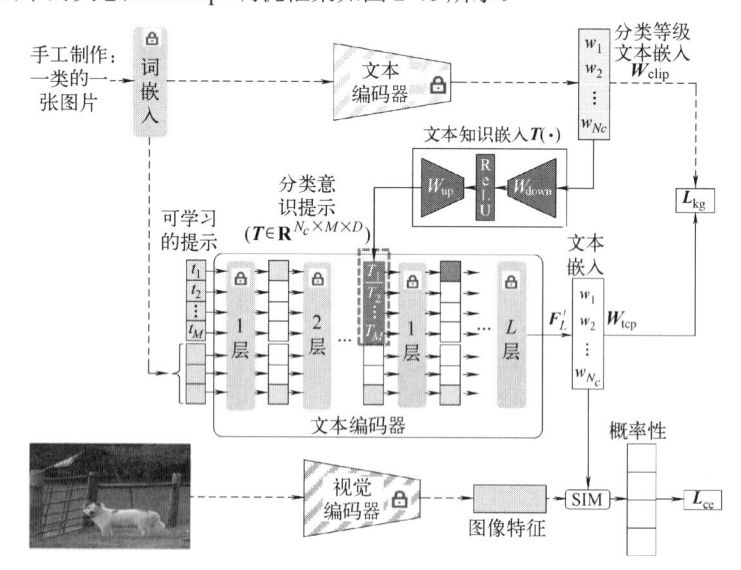

图 2-46 基于文本的类感知 Prompt 调优框架

2.18 联合学习中视觉语言模型的文本驱动提示生成

在图 2-47 中，AI 提示词生成器通过训练，生成以上下文相关文本输入为条件的提示向量。AI 提示词生成器是在具有不同分类数据集的多个客户端之间协同学习的。

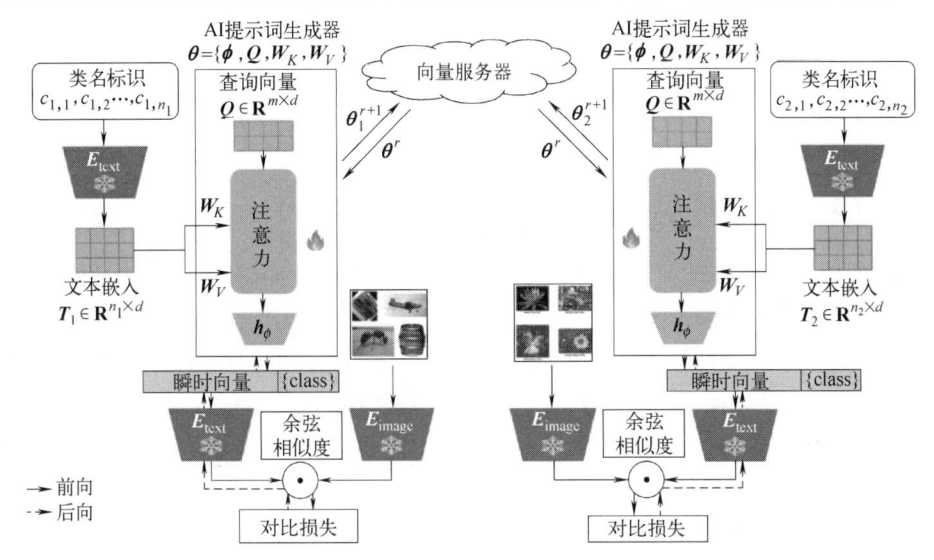

图 2-47 提出的 FedTPG 在冻结的 CLIP 模型上学习了一个统一的提示生成器

在图 2-48 中，利用上下文感知，生成的提示向量通过文本输入中的上下文信息丰富了 CLIP，并可以推广到看不见的类。

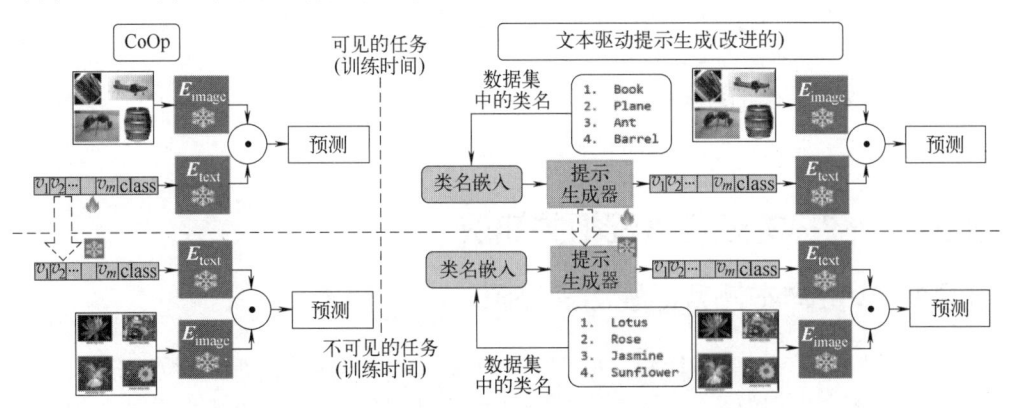

图 2-48 提出的提示生成器根据目标分类任务相关的文本输入生成提示向量

第 3 章
大视觉语言模型的少数样本任务适配

3.1 少数样本任务适配概述

高效迁移学习（ETL）受到越来越多的关注，以使大型预训练的视觉语言模型适应具有少量标记样本的下游任务。虽然已经取得了重大进展，但最先进的 ETL 方法，仅在狭义的实验设置中表现出很强的性能，并且基于大量标记样本对超参数进行了仔细的调整。有学者特别做了两个有趣且令人惊讶的实证观察。

首先，为了超越简单的线性探测基线，这些方法需要在每个目标任务上优化其超参数。

其次，在分布波动时，通常表现不佳，有时甚至显著是标准的零样本预测。

受现有文献中假设的启发，即访问大型验证集和针对特定案例的网格搜索最优超参数，提出了一种满足现实世界场景要求的新方法。更具体地说，引入了一个类自适应线性探测（CLAP）目标，通过针对这种情况量身定制的一般增广拉格朗日法（乘子法，ALM），对其平衡项进行优化。

在广泛的数据集和场景中，证明了 CLAP 始终优于 SoTA 方法，同时也是一种更有效的替代方案。其代码可在 GitHub 上查询。

3.2 少数样本任务适配相关知识

3.2.1 少数样本任务适配历史渊源

大型视觉语言模型（VLM），如 CLIP，正以其前所未有的性能重塑研究格局。这些模型在由数亿对图像 - 文本对组成的广泛数据集上进行训练，这些数据集通过对抗学习得到利用。经过训练后，由于丰富的学习表示，VLM 在广泛的视觉识别问题上，提供了显著的零样本预测性能。然而，此类训练所需的大量硬件和数据驱动资源表明，这些模型只能在特定情况下进行训练。此外，当在仅涉及少数标记样本的小型下游任务上调试其参数时，这些大规模网络带来了重大挑战，使得整个模型的完全微调变得不切实际。

通过添加一组可学习的参数来对 VLM 进行快速调谐，是可缓解这一问题的一种新兴替代方案。这些参数的值在自适应步骤期间进行了优化。这些可调权重可以作为视觉或文本提示引入输入空间，也可以以适配器的形式跨网络添加。虽然高效迁移学习文献中的两种方法都是适应，但快速学习仍然需要在整个网络中反向传播梯度。因此，除了给资源重用带来负担外，这些方法还排除了黑盒自适应，这带来了对泄露源数据的潜在担忧。这在面向隐私的应用程序中至关重要。相比之下，基于适配器的策略只需要辅助参数集的梯度，通常在最后一层，避免了昂贵的调优过程和数据泄露，同时产生了最先进的性能。

尽管在基于适配器的方法中，观察到在少样本任务学习范式下，对 VLM 进行调优的进展，但在保持其泛化能力的同时，提高目标任务的性能仍然是一个挑战。在少量热适应过程中，对所使用的支持集样本的严重过度偏移，显著偏离了更新的类原型与预先训练的模型最初提供的零样本原型。事实上，流行的基于适配器的 ETL 策略，如 CLIP 适配器和 TIP 适配器，结合与学习调度器相关的其他关键超参数，仔细调整模型指定的超参数，以控制初始零样本预测和来自支持集的新信息集成之间的权衡。此外，最近的证据表明，这些作品显然使用大规模测试集来调整它们的超参数。

一个明显的局限性在于，当这些超参数针对一个特定任务进行优化时，它们对其他任务没有很强的泛化能力，如图 3-1 所示。事实上，最先进的方法（SoTA）很难找到一种均匀的配置，其性能优于简单的初始化良好的线性探测（LP）自适应。

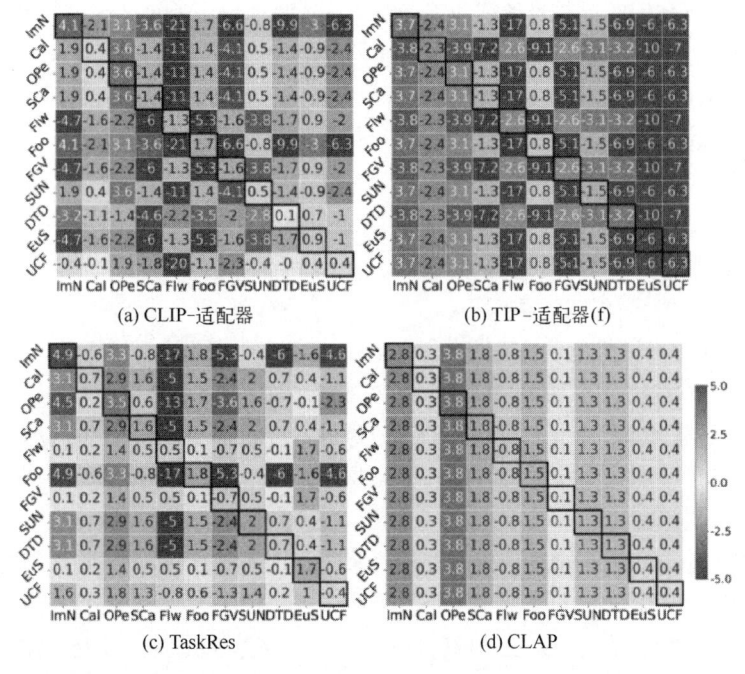

图 3-1　由于缺乏模型选择策略，很少有样本任务适配器的陷阱

在现实的适应场景中（图 3-1），与简单的基线相比，可以观察到性能急剧下降，高达 21%。这些做法实际上会使模型选择过程产生偏差，因为假设可以访问一组更大的标记样本，并以特定情况的方式调整模型超参数，这有点不切实际，因为必须对每种情况进行网格搜索。如果 ETL 方法的模型选择策略不仅仅基于支持样本，那么该方法是不完整的，对于现实世界中的少样本任务适应问题来说，是不切实际的。

在图 3-1 中，交叉移位模型选择矩阵 $[i, j]$，描述了使用数据集 i（行）的最优超参数、用于适应另一任务 j（列）、每个 SoTA 方法［图 3-1 (a)(b)(c)］和 CLAP 方法［图 3-1 (d)］时，零样本初始化线性探测的相对改进。

在这项工作中，试图将少样本任务 ETL 的工作重新导向一个更严格但更现实的场景，在这个场景中，训练期间只能访问支持样本。缺少评估子集，促使新型适配器包含一个模型选择策略，该策略在大量任务中都很稳健。有趣的是，从经验上观察到，精心设计的线性探测（ZS-LP），其权重用 CLIP 的零样本原型初始化，是一个强大的基线，优于更复杂的 ETL 解决方案。

为了进一步改进基线 ZS-LP 并优化新任务上初始零样本表示，以及更新的类原型之间的权衡，建议在自适应过程中，惩罚原始零样本原型的大偏差。然而，由此产生的学习目标提出了两个主要问题。

首先，控制原始类原型和更新类原型之间偏差的惩罚是一个标量值，在所有类中都是统一的，这可能会在存在更难学习的类的情况下，对模型的性能产生不利影响。

其次，必须使用验证集设置惩罚平衡权重，该验证集与无验证场景并置。

为了解决这些局限性，提出了基于增广拉格朗日法（乘子法，ALM）的类自适应线性探测（CLAP）。

可以将改进方法总结如下。

① 根据经验观察到，SoTA 少样本任务 ETL 适配器，需要为每个任务仔细调整一组关键超参数，这在现实环境中是不切实际的。令人惊讶的是，如果在任务之间采用模糊配置，这些方法的性能可能会大大低于用 CLIP 的零样本原型初始化的简单线性探测策略。

② 提出一个原则性解决方案，以解决线性探测中原始类原型和更新类原型之间的权衡，该解决方案集成了惩罚项，以惩罚与零样本原型的大偏差。为了解决由此产生的约束优化问题的潜在挑战，提出了一种改进的增广拉格朗日法（乘子法）。这减轻了在优化过程的外部迭代中，学习惩罚平衡权重的需要。为了使 ALM 适应所提出的场景，做出了以下关键选择。

a. 利用类原型和数据增强，鼓励使用类乘子，而不是样本和类乘子，与原始 ALM 中的乘数相同。

b. 在所呈现的场景中，无法访问验证集，唯一可用的反馈来自支持样本。因此，只执行一次外部步骤更新，可以避免支持集上的潜在过度偏移。

c. 提供广泛的实验来评估 CLAP 在拟议场景中的性能,包括在 11 个流行的分类基准上,进行少量调整、域泛化、与全调谐方法的比较以及消融研究,以验证选择。

如图 3-1 和实验部分所示,CLAP 在具有均匀配置的不同任务中,提供了一致的性能,并且在所有场景中都大大优于 SoTA ETL 方法。

3.2.2 相关工作概述

① 视觉语言预训练模型。随着视觉语言模型(VLM)的兴起,机器学习的影响正在发生范式转变。这些网络越来越受欢迎,尤其是在计算机视觉和自然语言处理任务方面取得了显著进步。

主流的学习范式由双流数据组成,分别对图像和文本对应物进行编码,利用大规模对抗学习,在潜在空间中桥接图像和文本表示。

特别是 CLIP 和 ALIGN 等模型,成功地缓解了文本和图像之间的分布差异,并在视觉识别任务中,显示出巨大的零样本能力,主要是在分类的背景下。

② 全量微调。一系列工作建议对整个 VLM 进行微调,以适应特定的任务。

然而,这种策略存在几个缺点。具体来说,微调增加了被优化模型的复杂性,使优化过程比 ETL 方法更耗时,并且需要访问骨干权重,这不允许黑盒自适应。此外,当在小数据集上训练时,全量微调方法通常会过拟合,需要为目标任务提供大量标记数据,在许多现实世界场景中可能不切实际。

高效迁移学习试图通过更新一小部分可学习的参数,并利用有限数量的带注释样本来解决这些问题。当前的 ETL 文献可分为快速学习和基于适配器的方法。

快速学习代表了自然语言处理领域的最新进展,在 VLM 中取得了成功。在这些方法中,只有提供给模型的文本标记被优化。然而,由于在整个网络上反向传播梯度,这些技术需要很多的训练步骤,同时具有高效适应的特征。此外,在快速学习中,黑盒适应也是不可能的。相比之下,基于适配器的方法提供了一种更轻便的替代方案,因为只调整了一小部分参数,且通常是在最新的层。

例如,CLIP 适配器集成了一个两层 MLP 来修改 CLIP 生成的视觉嵌入。在 TIP-适配器中,利用从少数样本任务支持样本中获得的视觉原型,来计算与测试图像的视觉嵌入的相似性,随后用于修改 CLIP 视觉嵌入。

3.3 少数样本任务适配准备工作

3.3.1 对比视觉语言预训练大规模 VLM

例如 CLIP,在大型异构数据集上进行训练,鼓励图像和文本表示在联合嵌入空间中相互关联。形式上,CLIP 包括一个视觉编码器 $f_\theta(\cdot)$ 和一个文本编码器 $f_\phi(\cdot)$,每个编码器都旨在学习其数据点的丰富表示。这些点被投影到 L2 归一化的共享嵌入空间中，产生相应的视觉嵌入 v 和文本嵌入 t。使用对抗损失，对整个网络进行优化，以最大程度地提高成对图像和文本的投影嵌入之间的相似性。

3.3.2 可迁移性

① 零样本推论。对于特定的下游图像分类任务，基于 CLIP 的模型，基于类别提示（即目标类的文本描述）和测试图像之间的相似性，能够提供预测。给定一组 C 个类别，以及每个类别的 N 个文本提示的集合，即 $\left\{\left\{T_{n,c}\right\}_{n=1}^{N}\right\}_{c=1}^{C}$，一种常见的做法是：通过计算每个类别的 L2 归一化文本嵌入的中心，即 $t_c = \frac{1}{N}\sum_{n=1}^{N} f_\phi(T_{n,c})$，来获得每个目标类别的零样本原型。因此，对于给定的查询图像 x，由视觉嵌入 $v = f_\theta(x)$ 和类别原型 t_c，可得

$$\hat{y}_c = \frac{\exp(v \cdot t_c^T / \tau)}{\sum_{i=1}^{C} \exp(v \cdot t_i^T / \tau)} \tag{3-1}$$

式中，τ 是在预训练阶段学习的温度参数；$v \cdot t_c^T$ 是点积算子，等价于余弦相似性，因为向量是 L2 归一化的。

② 小样本学习假设。可以访问下游任务的有限监督信息，以每个目标类别的几个示例的形式，即所谓的样本。形式上表示一个支持集，即

$$S = \left\{\left(x^{(m)}, y^{(m)}\right)\right\}_{m=1}^{M=K \times C} \tag{3-2}$$

由每个目标类别的 K 个图像组成，使得 K 取一个小值，例如 $K \in \{1, 2, 4, 8, 16\}$，其中，$y \in \{0,1\}^C$ 是给定图像 x 的一个对应热标签，使用这个有限的支持集来调整预训练模型。

3.3.3 使用适配器进行高效迁移学习

在一般形式中，基于适配器的 ETL 方法学习对预训练特征的一组转换，即 $v', t' = f_\psi(v, t)$，由所谓的适配器 ψ 参数化。该适配器根据式（3-1）为新任务产生 softmax 分数。适配器 ψ 可以通过在支持集样本上最小化流行的交叉熵（CE）损失 $H(y, \hat{y}) = -\sum_{c=1}^{C} y_c \log \hat{y}_c$ 来优化，即

$$\min_\psi \frac{1}{M}\sum_{m=1}^{M} H\left(y^{(m)}, \hat{y}^{(m)}\right) \tag{3-3}$$

3.3.4 现有少样本任务 ETL 方法的陷阱

针对 VLM 量身定制的 ETL 方法，侧重于利用 VLM 在手头任务中学习到的先验知识，来增强支持样本提供的监督。预训练模型收集了强大的知识，能够对齐视觉和文本概念。因此，保留这些先验知识，可以产生更强大的适配器，能够在支持样本中超越少数引入的特定偏差，推广到更一般的概念。在这种情况下，来自 CLIP 的零样本原型充当智能体，将学习过程初始化到可靠区域。例如，CLIP 适配器保持了式（3-1）中基于零样本原型的推理，但包括一个残余的多层感知器来修改视觉特征，如 $v' = v + \alpha_r f_\psi(v)$。TIP 适配器包括一个辅助的复杂性层，通过将零样本原型的相似性与支持样本的加权相似性 $f_\psi(\cdot, \beta)$ 相结合，由超参数 β 控制，使得预测的 logits 为 $l_c = \alpha_{\text{tipA}} f_\psi(v, \beta) + v \cdot t_c^T / \tau$。

最后，TaskRes 使用支持样本学习初始零样本原型 w_{TR} 的修改。初始原型和最终原型之间的差异，由残差比控制，即 $t' = t + \alpha_{\text{TR}} w_{\text{TR}}$。然而，这些方法缺乏设置这些超参数的模型选择策略。

3.4 少样本任务拟议办法

3.4.1 重新审视线性探测

用于调整 VLM 的最直接方法是线性探测，指的是在预训练的特征之上，构建一个多类逻辑回归线性分类器。从形式上讲，目标是学习一组类原型 w_c，为给定的视觉嵌入 v 提供 softmax 分数，即

$$\hat{y}_c = \frac{\exp(v \cdot w_c^T / \tau)}{\sum_{i=1}^{C} \exp(v \cdot w_i^T / \tau)} \quad (3-4)$$

可以使用标准 SGD 训练 w_c 原型，以最小化支持样本上的交叉熵损失，如式（3-2）所示。此外，ETL 中的一种常见做法是，通过用一个辅助的项最小化其 L2 范数，来规范训练的权重，该项由经验优化的非负平衡项 λ_{wd} 加权。

尽管 LP 在少样本任务自适应方面表现出的性能有限，但这需要进一步探索，因为 LP 是一种轻量级的自适应策略，由于其在优化过程中的凸性而特别方便。在这项工作中，提出了线性探测的更新视图。

首先，使用 CLIP 零样本原型初始化类权重，就像 SoTA ETL 方法一样。

其次，替换损失函数中的权重衰减，并在每次更新后明确地对原型进行 L2 归一化，以便在适应过程中完全满足训练前的场景，这是受启发的。同样，余弦相似性也与 CLIP 的预训练温度 τ 成比例。

最后，引入了数据增强，通常不包括在 LP 中。将此更新的视觉语言模型线性探测版本称为 ZS-LP。有趣的是，ZS-LP 是一个强大的基线，它不需要为每个任务调整特定的超参数。

ETL 方法在相同的协议下进行训练，即在没有验证集的情况下，在数据集之间使用模糊混淆，并在 11 个数据集中对结果进行平均。快速学习方法的结果直接提取。

使用 ResNet-50 骨干网，对基于 CLIP 的模型进行少样本任务自适应的最先进方法进行比较，见表 3-1。

表3-1 方法比较　　　　　　　　　　　　　　　单位：%

方法	K=1	K=2	K=4	K=8	K=16
提示学习方法					
CoOp IJCV'22	59.56	61.78	66.47	69.85	73.33
ProGrad ICCV'23	62.61	64.90	68.45	71.41	74.28
PLOT ICLR'23	62.59	65.23	68.60	71.23	73.94
高效迁移学习（又名适配器）					
Zero-Shot ICML'21	57.71	57.71	57.71	57.71	57.71
Rand. Init LP ICML'21	30.42	41.86	51.69	60.84	67.54
CLIP 适配器 IJCV'23	58.43	62.46	66.18	69.87	73.35
TIP 适配器 ECCV'22	58.86	60.33	61.49	63.15	64.61
TIP 适配器（f）ECCV'22	60.29	62.26	65.32	68.35	71.40
CrossModal-LP CVPR'23	62.24	64.48	66.67	70.36	73.65
TaskRes（e）CVPR'23	61.44	65.26	68.35	71.66	74.42
ZS-LP	61.28	64.88	67.98	71.43	74.37
CLAP	62.79	66.07	69.13	72.08	74.57

3.4.2 约束线性探测

尽管初始化良好的线性探测为有效的迁移学习提供了强有力的基线，但更新的原型可能会偏离提供强大泛化能力的初始区域。

在少数样本任务设置中尤其如此，其中提供的少数支持样本，可能代表性不足，并包含产生虚假相关性的特定偏差，从而损害适应后的泛化。因此，为了保留 VLM 模型提供的坚实基础，并避免原型退化，采用式（3-2）中损失的约束公式。

① 保留先前知识。避免原型从零样本点退化的一种直接形式是约束交叉熵最小化，以便强制得到的原型保持接近初始解（即初始原型集 $\boldsymbol{T} = [\boldsymbol{t}_1, \cdots, \boldsymbol{t}_c]$）。具体来说，这个约束优化问题可以定义如下：

$$\begin{cases} \min_{\boldsymbol{w}} \dfrac{1}{M} \sum_{m=1}^{M} H(y^{(m)}, \hat{y}^{(m)}) \\ \boldsymbol{w}_c = \boldsymbol{t}_c, \forall c \in \{1, \cdots, C\} \end{cases} \quad (3\text{-}5)$$

式中，$w=[w_1,\cdots,w_c]$ 是一组可学习的类原型。

可以通过基于惩罚的优化方法，来近似式（3-4）中约束问题的最小值，将上述公式转换为无约束问题，并在类原型和零样本锚集之间使用 L2 惩罚。其中，$\lambda \in \mathbf{R}_+$ 是控制相应惩罚贡献的标量权重。注意，$w_c^{(m)}$ 是使左项最小化的支持样本 m 的最佳类原型。为了使演示更清晰，省略了按每个集合的基数进行规范化。

② 示例和类特定约束。式（3-4）中的相关约束问题由无约束公式近似，该公式使用单个统一惩罚，不考虑单个数据样本或类。当然，给定数据集中的所有样本和类别，确实可能带来不同的内在学习挑战。

因此，式（3-5）中的问题没有得到准确解决。

更好的替代方案是整合多个惩罚权重 λ，每个样本和类一个，产生一组惩罚权重 $\Delta \in \mathbf{R}_+^{M \times C}$。由此产生的优化问题可以定义为

$$\min_{w} \frac{1}{M}\sum_{m=1}^{M} H(y^{(m)},\hat{y}^{(m)}) + \sum_{m=1}^{M}\sum_{c=1}^{C} \Delta_{mc} \left\| t_c - w_c^{(m)} \right\|_2^2 \tag{3-6}$$

现在，从优化的角度来看，如果假设对于式（3-4）中提出的问题存在一组最优的类原型 w^*，则也存在 $\Delta^* \in \mathbf{R}_+^{M \times C}$，使得 (w^*, Δ^*) 表示与式（3-4）相关的拉格朗日鞍点。在这种情况下，Δ^* 是所提出问题的拉格朗日乘子，直观地认为 $\Delta = \Delta^*$ 是求解式（3-6）的最佳选择。

然而，使用拉格朗日乘数 Δ^* 作为式（3-6）中惩罚的权重，在实践中可能不可行。特别是，用于训练深度神经网络的许多传统策略阻碍了直接最小化。首先，使用小批量梯度下降法，将每个观测值的更新原型平均为每个类的平均原型，使得样本约束难以实现。此外，对支持样本执行数据增强，可能会为增强版本产生不同的惩罚权重，这可能比原始版本更难或更容易分类。

为了缓解上述挑战，建议放宽对样本的处罚，从而解决以下问题：

$$\min_{w} \sum_{m=1}^{M} H(y^{(m)},\hat{y}^{(m)}) + \sum_{c=1}^{C} \lambda_c \left\| t_c - w_c \right\|_2^2 \tag{3-7}$$

式中，$\lambda \in \mathbf{R}_+^C$ 是一组 C 类惩罚权重。

虽然通过删除样本惩罚权重，降低了问题的复杂性，但仍然需要为类惩罚选择 C 权重。这给优化带来了挑战，特别是对于包含大量类别的数据集，如 ImageNet（$C=1000$），其中正确选择惩罚权重 $\lambda \in \mathbf{R}_+^C$，可能是一个费力的过程。此外，手工选择这些值与为 ETL 提供无验证解决方案的目标是一致的。

3.4.3 线性探测的类自适应约束

增强拉格朗日乘子（ALM）方法为学习惩罚权重提供了一种有吸引力的替代方案。

这些流行的优化方法，通过惩罚和原始对偶步骤的相互作用来解决约束问题，具有明显的优势。形式上，可以将一般的约束优化问题定义为

$$\min_x g(x) \text{ 使得 } h_i(x) \leq 0, \ i=1,\cdots,n \tag{3-8}$$

式中，$g: \mathbf{R}^d \to \mathbf{R}$：目标函数和 $h_i: \mathbf{R}^d \to \mathbf{R}, i=1,\cdots,n$，约束函数集。

这个问题通常通过求解一系列 $j \in \mathbf{N}$ 无约束问题来解决，每个问题都近似于求解

$$\min_{x,\lambda} L^{(j)}(x) = g(x) + \sum_{i=1}^{n} P(h_i(x), \rho_i^{(j)}, \lambda_i^{(j)}) \tag{3-9}$$

而 $P: \mathbf{R} \times \mathbf{R}_{++} \times \mathbf{R}_{++} \to \mathbf{R}$，惩罚拉格朗日函数，其导数与其第一个变量相关，$P'(z, \rho, \lambda) = \frac{\partial}{\partial z} P(z, \rho, \lambda)$ 存在，对所有 $z \in \mathbf{R}$ 都是正的和连续的，$(\rho, \lambda) \in (\mathbf{R}_{++})^2$。此外，$\rho^{(j)} = \left(\rho_i^{(j)}\right)_{1 \leq i \leq n} \in \mathbf{R}_{++}^n$ 和 $\lambda^{(j)} = \left(\lambda_i^{(j)}\right)_{1 \leq i \leq n} \in \mathbf{R}_{++}^n$ 表示与迭代 j 处的惩罚 P 相关联的惩罚参数和乘数。

ALM 可以分为两个迭代：外部迭代（由 j 索引），其中惩罚乘数 λ 和惩罚参数 ρ 被更新；内部迭代，其中 $L^{(j)}$ ［式（3-9）］使用之前的解作为初始化最小化。特别是，惩罚乘数 $\lambda^{(j)}$ 被更新为 P'，即对最后一个内部步骤中获得的解的导数。

$$\lambda_i^{(j+1)} = P'(h_i(x), \rho_i^{(j)}, \lambda_i^{(j)}) \tag{3-10}$$

通过这样做，当违反约束时，惩罚倍数会增加，否则会减少。因此，该策略为确定惩罚权重提供了一种自适应和可学习的方法。

建议使用 ALM 方法来解决式（3-7）中的问题。特别地，重新表述了这个问题，整合了一个由式（3-11）参数化的惩罚函数 $(\rho, \lambda) \in \mathbf{R}_{++}^C \times \mathbf{R}_{++}^C$，正式定义为

$$\min_{w,\lambda} \sum_{m=1}^{M} H\left(y^{(m)}, \hat{y}^{(m)}\right) + \sum_{c=1}^{C} P(t_c - w_c, \rho_c, \lambda_c) \tag{3-11}$$

根据现实的无验证场景，在自适应过程中唯一可以获得反馈的数据是支持集 S。因此，在纪元 $j+1$ 时，类 c 的惩罚倍数可以定义为

$$\lambda_c^{(j+1)} = \frac{1}{|S|} \sum_{(x,y)} P'(t_c - w_c, \rho_c^{(j)}, \lambda_c^{(j)}) \tag{3-12}$$

正如先前所建议的，采用 PHR 函数作为惩罚 P，定义为

$$\text{PHR}(z, \rho, \lambda) = \begin{cases} \lambda z + \frac{1}{2}\rho z^2 & \lambda + \rho z \geq 0 \\ -\frac{\lambda^2}{2\rho} & \text{其他} \end{cases} \tag{3-13}$$

然而，正如在实验中实证发现的那样，从支持样本中估计拉格朗日乘数，可能会对训练数据产生过大的影响。

由于无法访问其他数据点，遵循一个简单的策略，即只执行一次 λ 更新迭代。对于给定的目标任务，依赖文本嵌入作为锚点，提供沿不同视觉领域具体概念的通用表示。因此，将零样本原型 t_c 视为式（3-12）中问题的初始近似（第一个内部步骤）。不是随机初始化 λ（这可能会阻碍收敛），而是将给定类的惩罚权重，计算为属于该类的所有支持样本的零样本 softmax 分数的平均值，从而使

$$\lambda_c^* = \frac{1}{\left|B_c^+\right|} \sum_{i \in B_c^+} \hat{y}_c^{(i)}, \ B_c^+ = \left\{i \mid i \in M, y_c^{(i)} = 1\right\} \tag{3-14}$$

注意，这些值是通过将 w_c 替换为式（3-4）中内部步骤（t_c）中的解而获得的，该解确实满足约束 $w_c = t_c$，导致零惩罚。现在取 PHR 的导数，很容易看出一次迭代后 λ 的学习值确实是 λ_c^*。

3.5 少样本任务实验

3.5.1 安装程序

① 数据集。很少有样本任务改编。遵循之前的 ETL 文献，并在 11 个数据集（ImageNet、Caltech 101、Oxford Pets、Stanford Cars、Flowers-102、Food-101、FGVC Aircraft、SUN397、DTD、EuroSAT 和 UCF101）上对所有方法进行基准测试。这些涵盖了一系列不同的计算机视觉分类任务，从一般对象到特定应用程序中的动作或细粒度类别。为了训练少数样本任务适配器，为每个类随机检索 K 个样本任务（$K \in \{1,2,4,8,16\}$）。最后，为了进行评估，使用了每个数据集中提供的测试集，数据分割相同。

② 领域泛化能力。通过跟踪现有的 ETL 工作，进一步评估了模型对领域转换的鲁棒性。将 ImageNet 用作自适应的源域，并将其变体用作目标任务，其中包括 ImageNet-V2、ImageNet-Sketch、ImageNet-A 和 ImageNet-R。在这种情况下，模型只看到源域中的几个标记样本，目标数据仅用于测试。

此外，还采用此设置来激励使用高效适配器，而不是对整个 VLM 进行微调。

③ 实施细节。所有实验均基于 CLIP 预训练特征，使用不同的主干，即 ResNet-50 和 ViT-B/16。

采用 ResNet-50 作为消融研究的骨干。对于每个下游任务，首先提取支持样本任务的所有预训练特征，然后对这些特征进行适应性实验。在特征提取阶段，使用随机缩放、裁剪和翻转进行数据增强。每个支持样本的扩增次数设置为 20。

对每个数据集使用了文本提示。在少样本任务自适应上使用验证集是不现实的，对所有数据集、样本任务数量和视觉骨干使用相同的配置来训练 ZS-LP 和 CLAP。具体

来说，使用动量为 0.9 的 SGD 优化器，对适配器进行了 300 个迭代的优化。使用相对较大的初始学习率 0.1 来避免支持集的不足，在余弦衰减调度器的训练过程中，支持集的值会降低。用三种不同的随机种子进行了所有实验，并对结果进行了平均。

④ 基线和适配协议。选择了基于自适应的方法作为主要对抗对手，包括 CLIP 适配器、TIP 适配器、TaskRes 和 Cross Modal。重要的是要强调，之前的工作显然利用了广泛的测试集或独立的辅助验证子集来调整重要的超参数，以实现少样本任务适应。例如学习速率、训练周期和控制每种方法的特定参数。然而，当类型参数集没有针对测试场景进行调整时，它们的性能会急剧下降。为了遵守现实世界的要求，制定了一个严格的少样本任务自适应协议，在该协议中，没有验证或测试样本可用于为每种方法找到最佳的特定配置，并且类型参数在任务之间保持固定。

3.5.2　少样本任务测试结果

① 高效的迁移学习。表 3-1 中报告了在更现实和实用的无验证实验环境中，基于适配器的方法在 11 个数据集上的平均性能。此外，基于快速学习的方法，纳入了先前文献中报告的结果，以便进行更全面的比较。从这些值中，可以得出有趣的观察结果。

第一，初始化良好的线性探头，即使用 CLIP 零样本权重，并没有显示出先前工作中讨论的性能退化，它确实是 SoTA 方法的对抗替代方案。

第二，当没有可用于模型选择的验证集时，与原始结果相比，更复杂的方法（如 CLIP 适配器或 TIP 适配器）的性能明显下降。有趣的是，TaskRes（e）是一种两阶段零样本初始化线性探测，具有更新的文本投影，也提供了强大的性能。

然而，原始作品中没有详细解释增强版本是如何获得的，这阻碍了公平的比较。

第三，将权重更新限制为保持接近零样本知识（CLAP），显示出不同样本任务之间的一致改进，尤其是在非常低的数据制度下。这表明，保留 VLM 的先前基础知识，对于避免在适应过程中，因不具代表性的样本任务而产生分歧非常重要。

② 领域泛化。如果不谨慎地进行自适应，则当涉及具有域漂移的新数据时，所得模型可能会扭曲预先训练的知识并表现不佳，甚至低于零样本（无自适应）性能。因此，在这种领域泛化的情况下评估新型适配器的鲁棒性具有特殊意义。为此，适配器在 ImageNet 上使用每个类 16 个样本任务进行优化，并直接在 ImageNet 变体上进行评估。在这种设置中，还假设没有验证数据集，因此所有适配器都会使用相同的配置进行训练，直到收敛。

从这些实验中得出了两个惊人的观察结果。

与源域上其他更复杂的适配器相比，ZS-LP 是一个强大的基线。之前的 SoTA 适配器，如 CLIP 适配器或 TIP 适配器，无法推广到看不见的领域。事实上，当使用正在超越卷积神经网络的最新视觉变换器时，在存在分布波动的情况下，现有的基于适配器的方法都没有超过标准的零样本预测。

相比之下，CLAP 在分发性能方面表现最佳，并且在所有骨干网的域转换下也显示出一致的改进。

适配器在 ImageNet 上进行调整，并在 4 个 ImageNet 类上进行分布外泛化评估。粗体表示最佳性能。表 3-2 中给出了无自适应（又称零样本）方面的差异。

表3-2 无自适应方面的差异　　　　　　　　　　　单位：%

模型	方法	源（Imagenet）	目标（均值）
ResNet-50	Zero-Shot ICML'21	60.35	40.61
	Rand. Init LP ICML'21	52.24 (-8.11) ↓	24.61 (-16.00) ↓
	CLIP 适配器 IJCV'23	59.02 (-1.33) ↓	31.21 (-9.40) ↓
	TIP 适配器 ECCV'22	57.81 (-2.54) ↓	40.69 (+0.08) ↑
	TIP 适配器（f）ECCV'22	62.27 (+1.92) ↑	41.36 (+0.75) ↑
	TaskRes（e）CVPR'23	60.85 (+0.50) ↑	41.28 (+0.67) ↑
	ZS-LP	61.00 (+0.65) ↑	36.58 (-4.03) ↓
	CLAP	65.02 (+4.67) ↑	42.91 (+2.30) ↑
ViT-B/16	Zero-Shot ICML'21	68.71	57.17
	Rand. Init LP ICML'21	**62.95** (-5.76) ↓	**40.41** (-16.76) ↓
	CLIP 适配器 IJCV'23	68.46 (-0.25) ↓	50.72 (-6.45) ↓
	TIP 适配器 ECCV'22	53.81 (-14.90) ↓	41.55 (-15.62) ↓
	TIP 适配器（f）ECCV'22	51.71 (-17.00) ↓	35.58 (-21.6) ↓
	TaskRes（e）CVPR'23	70.84 (+2.13) ↑	55.35 (-1.82) ↓
	ZS-LP	69.73 (+1.02) ↑	53.65 (-3.52) ↓
	CLAP	**73.38** (+4.67) ↑	**60.04** (+2.87) ↑

低数据制度的基准，即每类 8 次样本。

为了公平起见，FT 方法 [Fine-tuning（FT）、LP-FT ICLR'23、WiSE FT CVPR'22、FLYP CVPR'23] 使用 4 个样本任务进行训练，并使用包含 4 个样本任务的验证集提前停止。另外，ETL 方法（Zero-Shot、Rand. Init LP、ZS-LP、CLAP）使用 8 个样本任务进行训练，并且完全依赖于支持集。所有方法都使用 ViT-B/16 作为 CLIP 骨干，见表 3-3。

表3-3 微调（FT）与有效迁移学习（ETL）　　　　单位：%

方法	源	目标				
	ImageNet	-V2	-Sketch	-A	-R	Avg
Fine-tuning（FT）	69.88	62.44	47.07	47.52	76.08	58.28
LP-FT ICLR'23	71.29	64.04	48.50	49.49	77.63	59.92
WiSE FT CVPR'22	71.17	63.81	49.38	50.59	78.56	60.59
FLYP CVPR'23	71.51	64.59	49.50	51.32	78.52	60.98
Zero-Shot	68.71	60.76	46.18	47.76	73.98	57.17
Rand. Init LP	56.58	47.17	25.82	27.03	47.05	36.77
ZS-LP	68.49	60.07	42.77	42.39	71.73	54.24
CLAP	71.75	64.06	47.66	48.40	76.70	59.21

是否值得对整个模型进行优化？现在将CLAP与端到端全量微调（FT）方法进行比较。

对于LP-FT、WiSE FT和FLYP，前两种方法需要一个用于早期停止的验证集，后两种方法将其用于早期停止和调整混合系数超参数 α。因此，对于 K-shot 问题，这些方法实际上需要每个类 $2K$ 次样本，K 次训练，K 次验证。由于CLAP中的平衡惩罚项是使用支持集优化的，不需要验证集，所以一个公平的比较是评估微调方法的 K-shot 性能与方法的 $2K$-shot 结果。因此，表3-3包括了当每个类别总共有8个标记图像可用时所有模型的性能。分析结果，可以得出结论：在低数据状态下，如果比较得当，完全微调不一定优于ETL。更具体地说，CLAP方法在分布性能方面优于微调方法，在面向对象数据集上表现得相当好，同时具有微调方法，可优化参数的一小部分。

3.5.3 少样本任务消融实验

① 关于模型选择策略的必要性　相关方法（例如CLIP适配器、TIP适配器或TaskRes）包括直接控制其性能的不同超参数。然而，这些方法是不完整的，因为它们不包括任何调整这些参数的策略，通常称为模型选择。相比之下，这些作品使用一个大型的评估子集来适应每种场景。为了研究这一观察结果，在跨数据集模型选择实验中评估这些方法。在Oracle场景中使用整个测试子集找到的任务（即数据集）的最佳超参数值，在适应另一个数据集时使用。图3-1所示的矩阵显示了零样本初始化线性探测（ZS-LP）的相对改进。这些结果从经验上表明，超参数值高度依赖于任务，SoTA方法必须在目标任务上调整其超参数，以超越这个简单的基线，这在实践中是不现实的。相比之下，所提出的CLAP更稳健，即使在最严重的退化情况下，也能在所有数据集中显示一致的结果，因为它不需要对每个任务进行特定的修改。

使用ZS-LP配置作为基线，隔离了删除模型不同部分的影响，同时保持其余部分不变。所得结果是11个数据集的平均值，见表3-4。

表3-4　改进线性探测　　　　　　　　　　单位：%

方法	K=1	K=2	K=4
ZS-LP	61.28	64.88	67.98
w/o DA	57.72 (-3.5)① ↓	61.94 (-2.9) ↓	65.41 (-2.5) ↓
w/o Temp. Scaling（τ）	58.33 (-2.9) ↓	59.85 (-5.0) ↓	59.91 (-8.0) ↓
w/o L 2 -norm	48.67 (-12.6) ↓	55.29 (-9.6) ↓	61.16 (-6.8) ↓
Rand. Init.	30.42 (-30.8) ↓	41.86 (-23.0) ↓	51.69 (-16.2) ↓

① 结果保留一位小数。

② 线性探测中的细节　由于LP在少数样本任务适应中的性能有限，因此在先前文献中不鼓励使用LP。然而，这种引入LP的原始方式，其灵感来自先前的自监督学习方法。事实上，针对对比VLM量身定制的策略，缓解了先前工作中观察到的LP性能

下降。特别是，使用零样本初始化，与预训练相同的温度缩放，以及类原型的显式 L2 归一化，显著提高了少样本任务自适应的泛化能力（表 3-4）。这与 FT 等其他主题的相关文献相一致，建议适应条件应与训练前的设置相匹配。

此外，包括其他启发式方法，如数据增强（DA），通常在 LP 中省略，具有特殊意义。

③ 使用少样本任务验证集　交叉模态适配器使用由 min（K，4）个样本组成的验证集来调整实验设置和提前停止。即使此设置更合适，它仍然需要辅助的样本任务数量来进行模型选择。然而，为了公平起见，与不需要验证集的方法的性能比较应该通过使用 K+min（K，4）样本任务训练后一种方法来进行。当这个公平的基准建立时（见表 3-5），简单的 ZS-LP 再次成为一个强有力的基准，在低射区采用更复杂的方法表现优异。只有当使用大量样本任务（K>8）时，部分微调和 ETL 方法才能从验证样本中略微获益。然而，由于其网格搜索特性，使用验证集进行模型选择，会增加自适应过程中的计算工作量和处理时间。

关于此设置的先前工作结果，11 个数据集的平均值见表 3-5。

表3-5　使用少样本任务验证集　　　　　　　　单位：%

方法	K=1	K=2	K=4	K=8	K=16
训练 K-shot 样本 +min（K，4）验证					
TIP 适配器	63.3	65.9	69.0	72.2	75.1
CrossModal LP	64.1	67.0	70.3	73.0	76.0
CrossModal 适配器	64.4	67.6	70.8	73.4	75.9
CrossModal PartialFT	64.7	67.2	70.5	73.6	77.1
使用 K+min（K，4）样本进行训练（改进的）					
ZS-LP	64.9	68.0	71.4	73.1	75.0
CLAP	66.1	69.1	72.1	73.5	75.1

3.6　少样本任务限制

在这项工作中，引入了一种基于广义增广拉格朗日方法的类自适应线性探测（CLAP）目标，用于在现实场景中有效地适应大型视觉语言模型。尽管它具有优越性，但实证验证表明，随着样本次数的增加，方法的优点会减少，这表明如果适应样本的数量很大，其他策略可能会受到优待。

第4章
基于锚点的视觉语言模型鲁棒微调

4.1 锚点视觉语言模型鲁棒微调概要

锚点视觉语言模型鲁棒微调的目标是在不损害其分布外（OOD）泛化的情况下，对视觉语言模型进行微调。其解决了两种类型的 OOD 泛化。

① 域偏移，如从自然图像到草图图像。

② 识别微调数据中不包含的类别的零样本能力。可以说，微调后 OOD 泛化能力的减弱源于过度简化的微调目标，它只提供类信息，例如，类的照片。这与 CLIP 预训练的过程不同，CLIP 具有丰富的文本监督和丰富的语义信息。

因此，建议使用具有丰富语义信息的辅助监督来补偿调谐过程，作为锚点来保持 OOD 泛化。

具体来说，方法中阐述了两种类型的锚点。

① 文本补偿锚点。使用来自调谐集的图像，但丰富了预训练字幕器的文本监督。

② 图像-文本对锚点。根据下游任务，从类似于 CLIP 预训练数据的数据集中检索，与具有丰富语义的原始 CLIP 文本相关联。

这些锚点被用作辅助语义信息来维护 CLIP 的原始特征空间，从而保持 OOD 的泛化能力。综合实验表明，方法实现了类似于传统调谐的分布内性能，同时在域偏移和零样本学习基准上，获得了最先进的新结果。

4.2 锚点视觉语言模型鲁棒微调相关技术

4.2.1 锚点视觉语言模型鲁棒微调问题提出

保持分布外（OOD）泛化对预训练的模型至关重要，以确保在不同情况下（例如，域转移和零样本学习）的适用性，即使在适应下游任务之后也是如此。近年来，对比视觉语言预训练模型，如 CLIP 和 ALIGN，在上述情况下表现出了出色的面向对象设计泛化能力。尽管希望使用任务特定的标记数据对这些模型进行调谐，以提高下游任务的性能，但它们通常会经历 OOD 泛化能力的显著下降。

如图 4-1（a）所示，OOD 泛化包括域偏移（例如，从自然图像到草图图像），以及识别偏移数据中不存在的类别的零样本能力。在微调过程中，已经提出了许多方法来保持 CLIP 的 OOD 泛化。快速学习使用有限数量的标记图像优化一组可学习向量，同时保持 CLIP 的整个预训练参数不变。尽管这些方法显示了解决零样本预测的潜力，但它们在下游任务上的性能不足以满足实际需求。稳健的微调策略是利用所有可用数据，并采用完全调优的流程，在不影响分发任务的情况下，实现高精度。

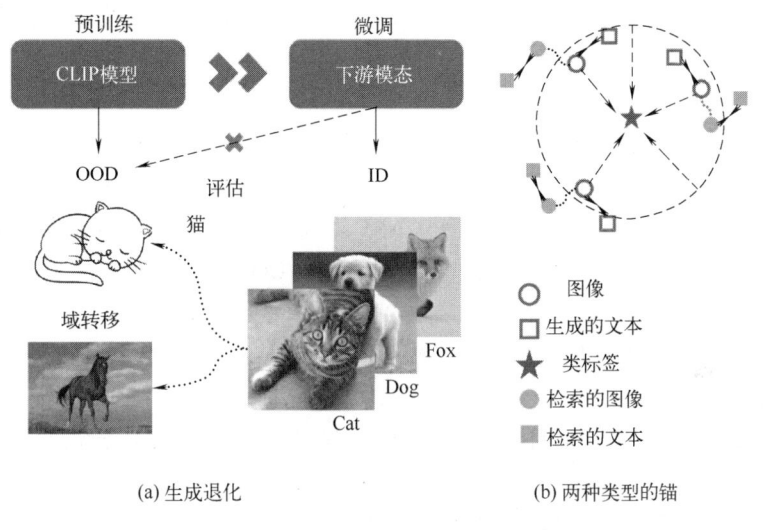

(a) 生成退化

(b) 两种类型的锚

图 4-1 动机说明

在图 4-1 中，（a）表示 CLIP 的分布外泛化（即域偏移和零样本学习）能力在下游任务上偏移后显著降低；(b) 表示具有生成文本和检索到的图像 - 文本对的图像，充当两种类型的锚点，利用辅助语义信息规范 CLIP 的微调过程。

在面向对象设计中，不会影响域转换的性能，同时零样本能力仍然被忽视。在这项研究中，将鲁棒调谐扩展到一个更具挑战性的场景，旨在在域转移和零样本学习中保持 OOD 泛化能力。例如，如图 4-1（a）所示，目标是提高 CLIP 识别各种类型动物的能力，同时保持其对不同领域（如素描）和其他类别动物（如马）进行分类的原始能力。

工作基于这样的观察，即 CLIP 中的特征空间，在大规模图像 - 文本对上训练，包含开放的词汇语义知识，因此，表现出卓越的面向对象设计泛化能力。

传统的监督微调范式主要是最小化具有类标签的图像分类器上的交叉熵损失。FLYP 将下游类标签转换为文本提示（例如类的照片），并优化对比度损失，使图像嵌入与提示嵌入对齐，仅使用类信息。

OOD 泛化能力的下降源于在微调过程中仅包含类标签的语义稀缺监督。这种过于复杂的微调目标与 CLIP 预训练中采用的大量文本监督不同，导致 OOD 泛化能力下降。具体来说，图像最初具有丰富语义的特征在微调后，往往会折叠成一个类中心。因此，调谐模型的特征空间向下游数据集偏移，而不需要保留丰富的语义。最后，CLIP 的原始特征空间严重恶化，削弱了其面向对象的泛化能力。

本节提出了一种基于锚的鲁棒微调（ARF）方法，该方法通过辅助对比监督来规范 CLIP 的微调过程。如图 4-1（b）所示，方法结合了两种类型的锚点来维护 CLIP 的原始特征空间。具体来说，一种是文本补偿锚点，它是通过使用调谐集的图像，同时丰富预训练字幕器（如 BLIP2）的语义文本而得出的。这是通过精心设计的文本补偿锚点生成（TCAG）模块实现的。另一种是根据下游任务，从类似于 CLIP 预训练数据的数据集中检索到的图像-文本对锚点，其文本最初表现出丰富的语义。使用图像文本锚检索（ITAR）模块来实现这一点。这两种类型的图像文本锚点是相辅相成的，被用作辅助监督，以规范 CLIP 的微调过程，确保图像特征不会过于接近类提示，同时保留 CLIP 的原始特征空间。大量实验表明，ARF 实现了与调谐相当的分布内性能，同时在域偏移和零样本学习基准上，获得了新的最先进的 OOD 泛化结果。

主要改进优化总结如下。

① 将稳健的调谐扩展到更具挑战性的环境，旨在在域转移和零样本学习中，保持 OOD 泛化能力。

② 提出了基于锚点的鲁棒微调（ARF），使用文本补偿锚点和检索到的图像-文本对锚点来规范微调过程。

③ 广泛的实验表明，ARF 在域偏移和零点学习基准上，达到了新的最先进的性能，同时实现了类似于微调的分布内性能。

4.2.2 锚点视觉语言模型鲁棒微调相关工作

（1）视觉语言对抗学习

视觉语言模型主要侧重于通过对齐网络规模的图像和文本，来建立跨模态学习的联合嵌入空间。对比视觉语言预训练范式的最新进展，特别是 CLIP，已经证明了其在各种下游任务（例如领域转换）中，具有出色的分布外（OOD）泛化能力，以及零样本学习能力。已经提出了许多后续研究来进一步增强对比图像文本预训练，例如掩码语言/图像建模、硬样本挖掘和检索增强。BLIP 旨在改进图像文本预训练，以实现统一的视觉语言理解，而 BLIP2 结合了 LLM，以进一步提高泛化能力。

尽管这些方法确实增强了视觉语言预训练，但微调对于提高下游任务的性能仍然是必要的。研究表明，与传统的监督预训练模型相比，CLIP 微调后，在下游任务上取得了更优或至少具有竞争力的性能。

ViFi CLIP 隐式地对时间线索进行建模，并有效地对视频的图像级 CLIP 表示进行调谐。然而，在微调之后，OOD 的泛化能力会显著下降，从而削弱 CLIP 在各种情况下的适用性。

（2）微调以实现泛化

在微调过程中保持 CLIP 的 OOD 泛化能力，已经通过各种方法进行了广泛的研究。提示学习使用有限的一组标记图像，将少量可学习的提示向量合并到微调 CLIP 中，同时保持预训练模型权重的模糊。

尽管这些方法显示了解决零样本预测的潜力，但它们在下游任务中的性能仍然不令人满意。稳健的微调利用所有可用数据，并实现完全调整的过程，以便在面向对象设计中的域转换下，实现高精度的分布内任务，而不会牺牲性能。Wise FT 整合了微调后的权重和原始预训练权重，在域偏移方面取得了显著进展。LP-FT 首先训练分类层，然后对整个网络进行微调。这个两阶段的过程大大减轻了预训练特征的失真，提高了泛化能力。FLYP 证明，仿真对比预训练的直接方法始终优于微调方法，而 TPGM 自动学习施加在每一层上的约束，以进行微调正则化。尽管如此，零样本学习能力被鲁棒失调所忽视，导致 OOD 泛化的显著退化。

本节提出了一种更实用和更具挑战性的设置，以在不影响域偏移和零样本学习泛化能力的情况下，在下游任务上调整 CLIP。

4.3 锚点视觉语言模型鲁棒微调准备工作

4.3.1 符号摘要

使用大写书法字体来表示一个特定的集合，例如数据集 S，它由输入图像及其相应的类信息组成。输入图像由 X 表示，而类信息由类标签 Y 或包含类信息的文本描述 T 表示，例如 $S=\{X, Y\}$ 或 $S=\{X, T\}$。用 C 表示所有类的集合。使用小写字体表示样本，例如，x 是图像样本。

对于脚本，使用上标来表示特定的数据分割，可以是训练（train）、测试（test）、分布中（id）、域移位（ds）、零样本学习（zsl）等的分割。下标用作索引。例如，x_i^{train} 是训练数据集中的第 i 个图像样本，其中 $x_i^{\text{train}} \in x^{\text{train}}$。

4.3.2 对比视觉语言模型

将对比视觉语言预训练模型 CLIP 应用于下游任务，该模型包括图像编码器 $f(\cdot)$ 和文本编码器 $g(\cdot)$。在预训练阶段，从网络规模的训练数据集 $S^{\text{train}} = \left\{ \left(x_i^{\text{train}}, t_i^{\text{train}} \right) \right\}$ 中采样图像 - 文本对。

其中，每个文本描述 t_i^{train} 都包含丰富的语义和类信息。C^{train} 涵盖了开放式词汇语义知识。每个图像 x_i^{train} 和文本 t_i^{train} 分别映射到图像嵌入 $f(x_i^{\text{train}})$ 和文本嵌入 $g(t_i^{\text{train}})$。随后，利用对抗损失函数 L_{CL} 来对齐图像嵌入 $f(x_i^{\text{train}})$ 与相应的文本嵌入 $g(t_i^{\text{train}})$。

$$L_{CL} = -\frac{1}{B}\sum_{i=1}^{B}\log\frac{\exp\left[f(x_i^{train})\cdot g(t_i^{train})/\tau\right]}{\sum_{j=1}^{B}\exp\left[f(x_j^{train})\cdot g(t_j^{train})/\tau\right]} - \\ \frac{1}{B}\sum_{i=1}^{B}\log\frac{\exp\left[g(t_i^{train})\cdot f(x_i^{train})/\tau\right]}{\sum_{j=1}^{B}\exp\left[g(t_j^{train})\cdot f(x_j^{train})/\tau\right]}$$

(4-1)

式中，B 表示小批量中的图像 - 文本对的数量；τ 表示用于缩放损失函数中成对相似性的温度参数。

将图像识别视为评估，也就是说，用 C^{test} 来评估测试集 $S^{test}=\left\{\left(x_i^{test}, y_i^{test}\right)\right\}$ 的性能。CLIP 利用预定义的文本提示 t_c^{test}，作为文本编码器的输入，该文本编码器描述每个类 $c\in C^{test}$，例如，测试提示为一张 [CLASS] 照片，其中"[CLASS]"表示类名。

输出文本嵌入 $g(t^{test})$ 被用作分类评估期间的权重。给定 S^{test} 中的图像 x_i^{test}，将其馈送到 CLIP 的图像编码器中，以获得相应的图像嵌入 $f(x_i^{test})$。预测标签 p_i^{test} 计算如下：

$$p_i^{test} = \arg\max_{c\in C^{test}}\left[f(x_i^{test})\cdot g(t^{test})\right]$$

(4-2)

这意味着，选择在 C^{test} 类的图像嵌入 $f(x_i^{test})$ 和文本嵌入 $g(t_c^{test})$ 之间表现出最高相似性的类作为分类结果。

通过仿真对比预训练来调整 CLIP 模型，如 FLYP 所述。具体而言，类标签被表示为文本提示；式（4-1）中的对抗损失函数，用于将图像嵌入与文本提示嵌入对齐；遵循 CLIP 中使用的相同评估过程。

4.4 锚点视觉语言模型鲁棒微调方法

4.4.1 问题设置

给定一个预训练的 CLIP 模型，目标是在从具有 C^{id} 类的分布 P^{id} 中，采样的分布内数据集 $S=\left\{\left(x_i^{id}, y_i^{id}\right)\right\}$ 上对其进行调谐，其中每个图像 x_i^{id} 都有一个标签 $y_i^{id}\in y^{id}$。调整后的模型在相同分布 P^{id} 和与训练数据具有相同类别 C^{id} 的测试集上的性能，应至少与传统的微调方法一样好。同时，还致力于在域转移和零样本学习场景中，保持分布外（OOD）泛化能力。在域移位的情况下，评估了域移位数据集的性能 $S^{ds}=\left\{\left(x_i^{ds}, y_i^{ds}\right)\right\}$。

测试数据从不同的域 P^{ds} 中采样，但与分布中的数据共享相同的 $P(x^{id})\neq P(x^{ds})$ 与 $P(y|x^{id})\neq P(y|x^{ds})$ 类别。至于零样本学习，下游数据集是 $S^{zsl}=\left\{\left(x_i^{zsl}, y_i^{zsl}\right)\right\}$。它由

来自不同类别 $y_i^{zsl} \in y^{zsl}$ 的测试图像 x_i^{zsl} 组成，其中 $C^{zsl} \cap C^{id} = \phi$。

换句话说，如图 4-1（a）所示，考虑对真实猫图像进行微调，如果使用草图猫图像进行测试，那么这是一个域偏移问题；而如果测试的马图像的类别不包括在调谐集，那么，这是一个零样本学习情况。研究目标是在分布中测试集上实现高性能，同时为域移动和零样本学习场景保留 OOD 泛化。

4.4.2 基于锚点的稳健微调概述

如图 4-2 所示，基于锚点的鲁棒微调（ARF）方法，使用对抗损失对 CLIP 的图像编码器和文本编码器进行调谐，并结合了两个不同的模块来规范微调过程。

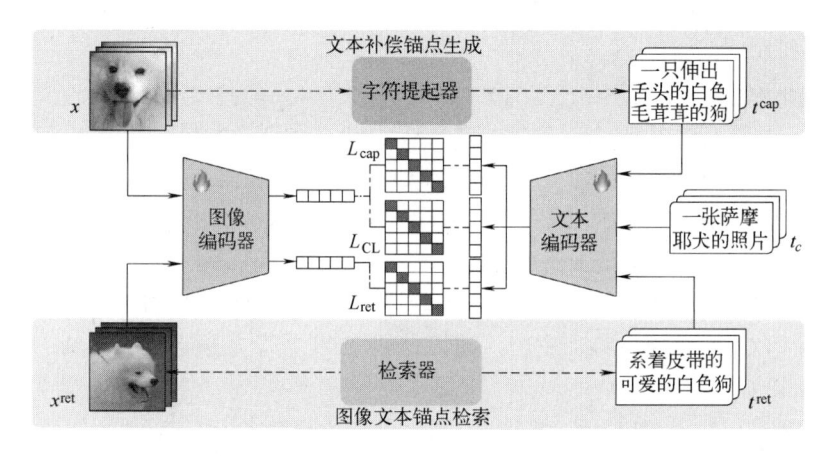

图 4-2 提出的基于锚点的鲁棒微调（ARF）的管道

在图 4-2 中，包括文本补偿锚点生成模块和图像文本锚点检索模块。TCAG 利用预训练的字幕器作为具有丰富语义的文本补偿锚点，为微调数据集中的每个图像生成字幕。ITAR 从与 CLIP 预训练的数据类似的候选集中搜索图像 - 文本对，确保图像 - 文本对锚点中存在丰富的语义，检索与下游任务相关的样本。CLIP 中使用的对抗损失函数用于图像文本对齐。

这两种锚点相辅相成，保留了 CLIP 的原始特征空间，以确保自适应后的 OOD 泛化。

（1）文本补偿锚点生成

必须注意的是，仅仅在式（4-1）中使用图像 x 和类提示 t_c 之间的对抗训练损失，可能会导致过度简化的微调目标，因为类提示 t_c 只包含式（4-2）中显示的类信息。这种语义稀缺监督不同于 CLIP 预训练中利用的丰富文本监督，可能会导致原始特征空间的退化。

标题生成：为了缓解上述问题，建议使用预训练的图像字幕器，如 BLIP2，为每个图

像 x_i 生成文本描述 t_i^{cap}（即字幕）作为补偿的丰富语义信息，从而防止对类提示 t_c 的过度填充。与类提示 t_c 相比，生成的字幕 t^{cap} 包含具有更丰富语义的各种描述性词汇，类似于 CLIP 预训练中使用的文本。图像 x 和相应的字幕 t^{cap} 构成了用于正则化的文本补偿锚点。

（2）图像文本锚点检索

此外，建议根据下游任务搜索图像 - 文本对作为辅助锚点。构建了一个候选集，它类似于 CLIP 的预训练数据，最初包含丰富的语义信息。

预训练的 CLIP 模型具有出色的跨模态检索能力，利用它来对具有丰富语义的图像 - 文本对进行正则化。

这些检索到的图像 - 文本对锚点，使用对抗损失函数进行对齐，以在微调过程中保留原始特征空间。

候选集构建：构建了网络尺度图像文本数据集 CC3M 作为候选集 $S^{can} = \{(x_i^{can}, t_i^{can})\}$，用于搜索语义丰富的图像 - 文本对。候选集与 CLIP 的预训练数据非常相似，包含丰富的语义信息，用于维护原始特征空间。利用 CLIP 的跨模态检索能力来获取下游任务。具体来说，提取下游数据集中图像 x 的嵌入作为 $f(x)$，以及候选集中文本 t^{can} 的嵌入，作为 $g(t^{can})$ 进行准备。这些嵌入用于检索，可以预先计算。

图像 - 文本对检索：在实践中，只有候选集 S^{can} 的一小部分与下游任务相关，可以用来保留 CLIP 的原始特征空间，建议使用 KNN 搜索从候选集 S^{can} 中搜索图像 - 文本对。

具体而言，如图 4-3 所示，将每个图像 x_i 指定为查询，并通过计算图像嵌入 $f(x_i)$ 和文本嵌入 $g(t^{can})$ 之间的相似性，从候选集 S^{can} 中找出最相似的图像 - 文本对，其公式如下：

$$k = \arg\max \left[f(x_i) \cdot g(t^{can}) \right] \quad (4\text{-}3)$$

式中，k 表示候选集 S^{can} 中检索到的图像 - 文本对的索引。

在图 4-3 中，在候选集中搜索最相似的图像 - 文本对，以获得与下游任务相关的丰富语义图像文本锚点，从而规范微调过程。

说明图片对抗学习：将 (x, t^{cap}) 转换为文本补偿锚点，并利用类似于式（4-1）的对抗损失函数 L_{cap}，在特征空间内对齐，从而保持图像和文本之间的语义一致性。文本补偿锚点通过确保式（4-1）和式（4-2）中的常规偏移过程，不会将图像 x_i 的嵌入拉得太靠近，其对应类提示 t_c 的文本嵌入来防止过度填充，从而利用辅助语义监督规范 CLIP 的偏移过程。

使用现有的库，如 Faiss，可以有效地执行检索过程。随后，利用检索到的具有丰富语义的图像 - 文本对 $S^{ret} = \{(x_k^{ret}, t_k^{ret})\}$，作为辅助锚点来规范微调过程。

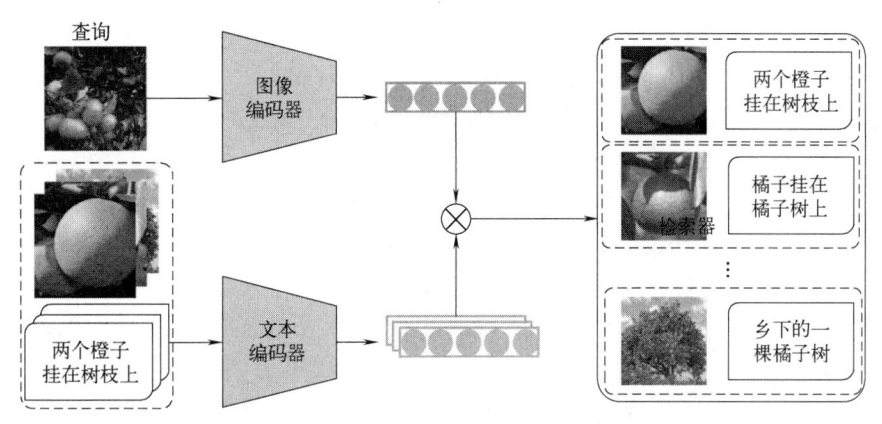

图 4-3　图像文本锚点检索（ITAR）模块的流水线

图文对抗学习：将 (x_k^{ret}, t_k^{ret}) 表示为检索到的图像-文本对锚点，并采用类似于式（4-1）的对抗损失函数 L_{ret}，来保留 CLIP 的原始特征空间。检索到的图像-文本对表现出与下游任务相关的丰富语义，并在微调过程中作为辅助监督。

这两种类型的图像文本锚点具有丰富的语义信息，它们相辅相成，被用作辅助的对比监督，以规范 CLIP 的微调过程。CLIP 的图像编码器和文本编码器，与以下损失函数一起进行了失谐处理，即

$$L = L_{CL} + L_{cap} + L_{ret} \tag{4-4}$$

4.5　锚点视觉语言模型鲁棒微调实验

通过将提出的基于锚点的鲁棒微调（ARF）方法与几个基线进行比较，并提供可重复性的实施细节，来评估其有效性。维护分布外（OOD）泛化能力的评估分为两部分。首先，介绍了域偏移的结果，这是原始鲁棒微调方法的重点。随后，展示了扩展场景（即零样本学习）的结果。

此外，进行了消融研究，以评估方法的有效性，并展示了两种锚的定性示例。

① 基线。使用 ARF 与两种交叉熵，将预训练模型微调到下游任务的传统方法进行了比较，即线性探测（LP）和端到端完全微调（FT）。此外，研究了鲁棒微调的最新进展，例如 LP-FT，它涉及初始线性探测，然后是完全微调，以及 FLYP，其中微调是以类似预训练的方式进行的。

② 实施细节。在 ImageNet 和 DomainNet 上使用 512 的批大小进行微调，共有 10 个阶段。使用 10^{-5} 的学习率和 0.1 的权重衰减参数。ViT-B/16 被用作 CLIP 的图像编码器，用于微调。域转移和零样本学习基准仅用于评估。

4.5.1　域转换下的评估

① 基准。在两个广泛使用的基准上评估域转换性能，即 ImageNet 和 DomainNet。

由于原始 CLIP 的域偏移性能较差，FMoW 和 iWILDCam 被排除在评估之外。在第一个基准测试中，使用 ImageNet 对 CLIP 进行分布内评估，并评估其在具有域偏移的 ImageNet 的五个不同变体上的性能，即 ImageNet-V2、ImageNet Sketch、ImageNet-A、ImageNet-R 和 ObjectNet。遵循 FLYP 中概述的训练协议，并在推理过程中使用与 CLIP 相同的 ImageNet 提示模板。对于第二个基准测试，使用标准的域移位数据集 DomainNet 进行评估。使用 DomainNet Real 对 CLIP 进行调谐处理，以获得分布内性能，并评估其对四个域移位分割的泛化能力：剪贴画、信息图、绘画和草图。

② 定量结果。将 ARF 的性能与域转换基准上的几个基线进行了比较，详见表 4-1。采用 ImageNet 和 DomianNet 作为微调数据集，而其他数据集则作为域偏移评估数据集。最好的结果用粗体标记。在 ImageNet 数据集上，ARF 在分布内（ID）测试数据集中，比传统的微调方法和其他鲁棒的微调方法，表现出轻微的性能优势。ARF 的真正优势是能够推广到领域转换场景，以平均水平实现最先进的性能，在 5 个域偏移测试数据集中，准确率为 61.3%。

表4-1 ImageNet和DomainNet基准测试中，最先进的传统微调和鲁棒微调方法的域偏移结果　　　　　　　　　　　　　　　单位：%

方法	ImageNet ID	Im-V2	Im-R	Im-A	Im-Sketch	Object-Net	Avg. OOD	DomainNet ID	Sketch	Painting	Infograph	Clipart	Avg. OOD
CLIP	68.3	61.9	77.7	50.0	48.3	54.2	58.4	84.8	65.7	68.5	50.2	72.1	64.1
LP	79.9	69.8	70.3	46.4	46.9	50.4	56.9	86.3	57.4	61.5	45.6	64.1	57.2
FT	81.3	71.2	66.1	37.8	46.1	51.6	54.6	89.5	61.8	65.6	49.0	71.7	62.2
LP-FT	81.7	72.1	73.5	47.6	50.3	54.4	59.6	89.5	63.6	67.4	50.7	73.4	63.8
FLYP	82.6	73.0	71.4	48.1	49.6	54.7	59.4	89.8	64.1	68.5	50.8	74.0	64.3
ARF	**82.7**	**72.8**	**75.6**	**50.3**	**51.8**	**55.8**	**61.3**	**89.8**	**65.3**	**69.5**	**51.1**	**74.9**	**65.2**

值得注意的是，ARF 的性能明显优于其他微调方法，接近甚至超过了 CLIP 在 ImageNet-R、ImageNet-A、ImageNet Sketch 和 ObjectNet 上的性能，这些方法具有较大的域差异。

在 DomainNet 的情况下，ARF 在域偏移测试数据集上，表现出 65.2% 的最先进性能，而不会牺牲分布内（ID）数据的准确性。ARF 在域偏移场景中的准确性比 CLIP 高出 1.1%。而其他微调方法，要么无法超越它，要么只能实现微小的改进。这些结果表明了这两种锚在 ARF 中的有效性。它们有效地防止了 CLIP 的原始特征空间在微调后过度偏移到下游类提示，保留了 CLIP 处理领域转换场景的 OOD 泛化能力。

③ 权重约束曲线。Wise FT 证明，在预训练权重和微调后权重之间进行简单的线性插值，可以为 ID 和域偏移带来最佳性能。因此，通过使用 0～1 的 10 个混合系数插值模型权重，将 ARF 的性能与基线进行比较，如图 4-4 所示。从图 4-4 中可以看到，在 ImageNet 上进行微调后，ARF 表现优于基线，从而提高了 ID 和域偏移精度。具体来说，在比较实现最高 ID 性能的系数时，ARF 与权重聚合和最先进的方法（即 FLYP）相比，

将域偏移精度提高了 1.2%。

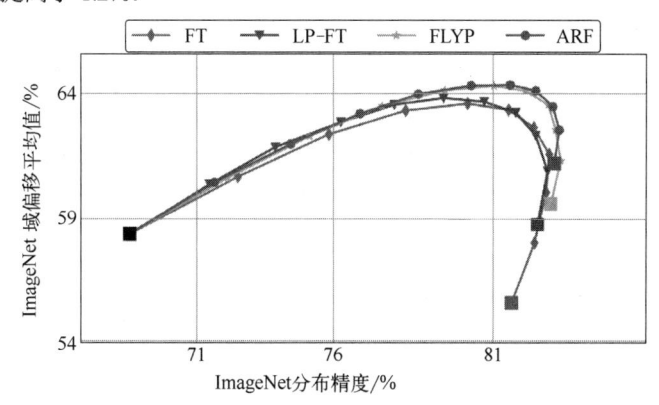

图 4-4 通过将原始预训练权重与微调后的权重进行线性插值，
ARF 的 ID 和域偏移性能与几个基线的比较

在图 4-4 中，ARF 的性能曲线超过了 ImageNet 上的基线（位于右上角），从而提高了 ID 和域偏移精度（应用与 CLIP 和 WiseFT 中使用的相同的提示模板，进行训练和推理）。

4.5.2 零样本学习下的评价

① 基准。使用包含一系列识别任务的不同基准来评估零样本学习性能。为了确保公平的比较，采用标准的测试分割进行推理，CLIP 模型在 ImageNet 上进行了调谐。对于零样本学习的评估，使用了细粒度对象分类任务（如 OxfordPets、Stanford Cars、Flowers-102 和 Food-101），以及特定的识别任务（如用于行为识别的 UCF101、用于飞机分类的 FGVC Aircraft、用于纹理分类的 DTD、用于场景识别的 SUN397 和用于卫星图像分类的 EuroSAT）。此外，还对通用对象分类数据集 Caltech101 进行了 ARF 评估。

② 定量结果。ARF 和几种基线方法在各种零样本学习识别任务中的结果如表 4-2 所示。从中可以观察到，与原始 CLIP 相比，之前的微调方法在用 ImageNet 训练数据进行

表 4-2 先进传统偏移和鲁棒偏移方法，在许多识别任务上的零样本学习结果

单位：%

方法	ImageNet	Caltech 101	Flowers- 102	Food- 101	SUN 397	DTD	FGVC Aircraft	Stanford Cars	Oxford Pets	Euro- SAT	UCF 101	Avg. OOD
CLIP	68.3	89.3	70.4	89.2	65.2	46.0	27.1	65.6	88.7	54.1	69.8	66.6
FT	81.3	78.8	16.0	37.3	39.5	29.7	4.7	10.8	80.2	15.4	44.3	35.7
LP-FT	81.7	84.0	44.3	68.8	49.9	37.9	15.8	37.7	81.9	30.4	59.5	51.0
FLYP	82.6	87.6	36.8	62.8	52.0	36.9	8.7	31.1	77.8	34.3	58.6	48.6
ARF	82.7	88.6	46.4	74.5	63.8	40.5	13.9	44.7	83.1	35.8	64.6	55.6

调谐后，对ImageNet测试数据的准确性有了实质性的提高。然而，在对偏移数据中不包含的类别进行零样本学习识别时，它们的性能显著恶化。相反，ARF在不影响ImageNet性能的情况下，以最佳方式保持零样本识别能力。实验结果表明，ARF通过辅助语义监督有效地正则化了偏移过程，保留了CLIP在处理零样本学习场景时的OOD泛化能力。

在表4-2中，数字结果代表了Top-1的准确度；使用ImageNet作为调谐数据集，而其他数据集作为零样本学习评估数据集。

4.5.3 消融研究

① 两种类型的锚。为了评估ARF的有效性，进行了一项消融研究，分析了两种锚点的扩散情况，如表4-3所示。可以观察到，文本补偿锚点生成（TCAG）模块在基线基础上，将域偏移准确率和零样本学习准确率分别显著提高了1.3%和5.7%。这些成果表明，预训练字幕器生成的丰富语义文本描述为图像提供了有效的辅助监督，以减轻类提示的过度混淆。对于检索到的图像-文本-空中锚，评估了图像文本锚点检索（ITAR）模块的有效性，该模块可以在ImageNet上进行偏移后，将域偏移和零样本学习精度分别提高了0.8%和5%。这些结果表明，根据下游任务从与CLIP预训练数据相似的候选集中检索到的丰富语义图像-文本对，有利于规范微调过程。这两个模块协同工作，在域偏移和零样本学习方面的性能，分别比基线提高了1.9%和7%。实验结果表明，这两种锚点相辅相成，有利于保持CLIP的OOD泛化能力。

基线仅对FLYP等模糊语言进行视觉语言对抗学习。

表4-3 ARF的文本补偿锚点生成（TCAG）模块和图像文本锚点检索（ITAR）模块的消融研究　　　　　　　　　　单位：%

方法		ImageNet		零样本
TCAG	ITAR	ID	域偏移	平均值
基线		82.6	59.4	48.6
√		82.6	60.7（+1.3）	54.3（+5.7）
	√	82.6	60.2（+0.8）	53.6（+5.0）
√	√	82.7	61.3（+1.9）	55.6（+7.0）

② 字幕的质量。为了评估字幕质量对ARF的影响，研究了两个预训练的图像字幕器（即BLIP和BLIP2），并进一步使用大型语言模型（例如Vicuna）重写文本描述。如表4-4所示，与使用BLIP生成的字幕相比，使用BLIP2生成的字幕可以使域偏移性能提高1.2%，零样本学习性能提高1.6%。这些成果表明，具有丰富语义的更准确的文本描述，有利于规范微调过程。

此外，利用Vicuna重写标题，以增加多样性和更丰富的语义信息。由于BLIP2生成的文本描述已经足够准确，因此ID和域转换场景没有改善。然而，从Vicuna获得的丰富语义知识，使零样本学习性能提高了0.9%。这些结果表明了LLM辅助信息的有效性，值得进一步探索。

表4-4 消融研究生成字幕的质量　　　　　　　　　　单位：%

标题	ImageNet ID	域偏移	零样本平均值
BLIP	82.1	60.1	54.0
BLIP2	82.7	61.3	55.6
BLIP2 + Vicuna	82.5	61.2	56.5

4.5.4 锚的定性示例

图 4-5 中提供了可视化示例，以帮助理解基于锚点的鲁棒微调（ARF）是如何工作的。由预训练字幕器（例如 BLIP2）生成的文本描述（即字幕）准确地描述了图像，从而作为有效的锚点，为保持图像和文本之间的语义一致性提供了丰富的信息。从候选集中检索到的图像-文本对与 CLIP 的预训练数据非常相似，并且与下游任务有关。这有助于辅助语义知识，以保持 CLIP 的 OOD 泛化能力。

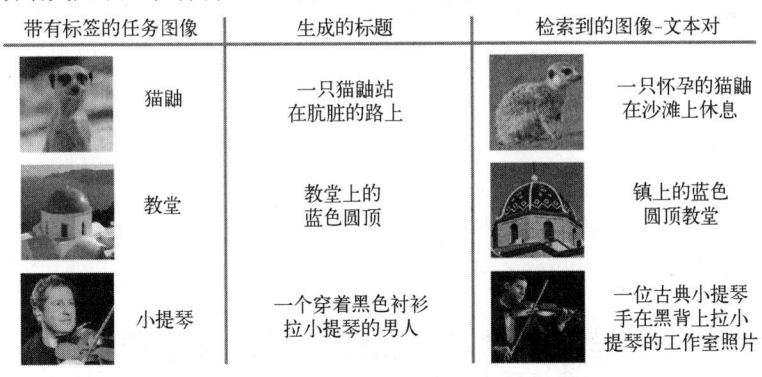

图 4-5 由预训练字幕器（例如 BLIP2）生成的字幕的可视化示例，以及从 CC3M 数据集中检索到的与下游任务相关的图像-文本对

下游任务图像和生成的字幕充当正则化的文本补偿锚点；检索到的图像-文本对用作维护特征空间的辅助锚点。

4.6 小结

在这项研究中，将之前的鲁棒微调扩展到一个更具挑战性的环境：在微调过程中，在域偏移和零样本学习中保持分布外（OOD）泛化能力。OOD 泛化能力的降低是由微调目标过于简化，只提供类信息造成的。因此，提出了一种基于锚点的鲁棒微调（ARF）方法，通过辅助对比监督来规范微调过程。该方法结合了文本补偿锚点生成模块和图像文本锚点检索模块，以生成具有丰富语义信息的图像-文本对锚点，并将这些锚点与对抗损失对齐。大量实验证明了该方法的有效性。

第 5 章
视觉语言模型的一致性引导快速学习

5.1 一致性引导快速学习摘要

一致性引导的提示学习（CoPrompt），是一种新的视觉语言模型的微调优方法。当在少样本任务设置中微调下游任务时，该方法提高了大型基础模型的泛化能力。

CoPrompt 的基本思想是在可训练和预训练模型的预测中实施一致性约束，以防止下游任务的过度偏移。此外，在一致性约束中引入了以下两个组件，以进一步提高性能，即对两个受干扰的输入强制执行一致性，并结合两种主要的调优、提示和适配器范式；对扰动输入强制一致性，有助于进一步规范一致性约束，从而提高泛化能力。此外，适配器和提示的集成不仅提高了下游任务的性能，还提高了输入和输出空间的调优灵活性。这有助于在少量学习设置中更有效地适应下游任务。实验表明，CoPrompt 在一系列评估套件上优于现有方法，包括基础到新的泛化、领域泛化和跨数据集评估。在泛化方面，CoPrompt 改进了零样本任务的启动状态和 11 个数据集的总体谐波平均值。详细的消融研究显示了 CoPrompt 中每个组件的有效性。

5.2 一致性引导快速学习问题提出及相关工作

5.2.1 一致性引导快速学习问题提出

在图像-文本对的大规模数据集上训练的视觉语言基础模型，表现出了出色的泛化能力。

然而，这些模型的庞大规模使得为下游任务进行调谐变得具有挑战性，特别是对于小型下游任务（例如，很少的样本任务学习），同时还需保持它们的泛化能力。为了克服这一挑战，已经提出了各种方法通过添加和调整辅助的参数或适配器来快速调整这些大型基础模型，同时保持预训练的权重不变。基于提示的方法在输入空间中引入了辅助的可调权重、文本，或两者同时引入；而基于适配器的方法，在网络内添加了可学习的权重，通常在预测头附近。

尽管在少样本微调方面取得了这些进步，但保持预训练模型的泛化能力仍然是一个挑战，更不用说改进它了。事实上，已经表明，少样本性能的改进，通常会导致零样本能力的下降。这主要是由于在少样本任务微调期间，对新引入的参数进行了严重的过度偏移，与基础模型的原始行为存在显著偏差。

在这项工作中，提出了一致性引导的提示学习（CoPrompt），这是一种新的视觉语言模型的微调方法，通过防止可训练模型的嵌入在学习新任务时与预训练模型的嵌入式偏差太多，减少了过度偏移问题并提高了泛化能力。更具体地说，对可训练模型和预训练模型之间的语言和图像分支都实施了一致性约束，如图 5-1 所示。与自监督学习中的一致性正则化不同，扰动输入训练两个可学习编码器，方法侧重于保持可学习编码器和预训练编码器之间的一致性。该方法有效地实现了从冻结编码器到可学习编码器的知识蒸馏，从而在处理少量场景中的新任务时，保持了预训练基础模型的泛化能力。此外，引入了两个辅助的组件来改进所提出的一致性约束。

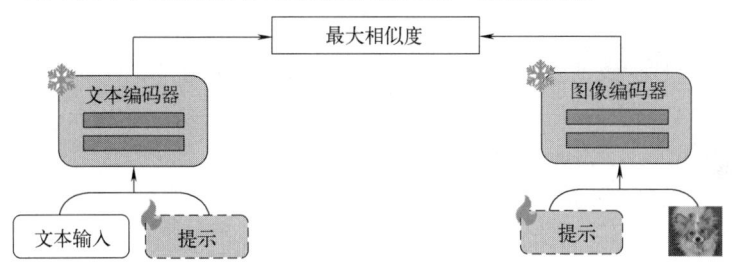

(a) 现有的多模式提示调优方法

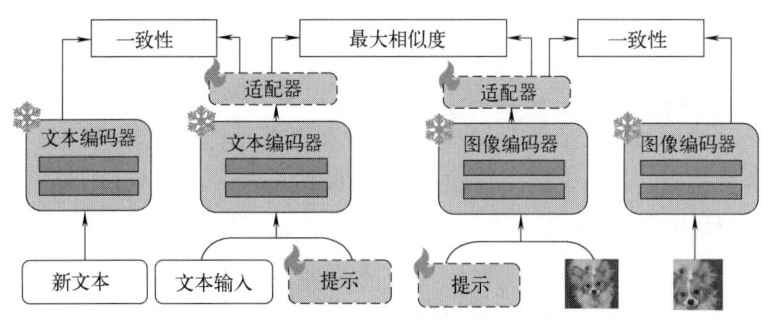

(b) 一致性引导的提示学习(CoPrompt)

图 5-1　CoPompt 和现有提示方法之间的比较

首先，是对两个受扰的输入，而不是同一个输入强制一致性，以进一步正则化一致性约束，有效地提高泛化能力。在文本分支中，使用预训练的大型语言模型（LLM）GPT，从通用格式的输入提示文本（类的照片），生成更详细和更具描述性的句子。

然后，在这两个句子的表示上，强制实现可学习和预训练文本编码器之间的一致性。在图像分支上，对输入图像应用扩展，以生成两个扰动图像。

最后，整合两种主要的调优范式，即提示和适配器。

这种集成在输入和输出空间中提供了增强的调优灵活性，有助于在少数样本情况下，更有效地学习新任务。虽然适配器的基本概念和提示得到了探索，之前的研究未能成功地将它们结合起来以提高性能，因为模型由于辅助的可学习参数而倾向于过拟合，从而失去了可推广性（在消融研究中实证证明了这一效应）。通过集成提示和适配器方法，以及应用一致性约束，可以优化其他参数，以提高新任务的性能。同时，一致性约束有助于保持或潜在地提高模型在零样本学习场景中的能力。

在3种常见的评估设置上进行的广泛实验，包括基础到新的泛化、领域泛化和跨数据集评估，证明了CoPrompt的强大性能。

在从基础到新的泛化任务中，CoPrompt在11个基准数据集上的表现优于现有方法。

在之前的SoTA的谐波平均值中，改进不会以牺牲基类的性能为代价，基类也表现出强大的性能。另外，CoPrompt在跨数据集评估方面，比现有方法有了相当大的改进。

广泛的消融研究证实了所提出方法每个组成部分的重要性。总之，做出了以下改进优化。

① 提出了一种一致性强制，用于大型基础模型的微调方法。该方法能够从几个样本中学习新任务，而不会失去零样本的可推广性。

② 改进方法结合了预训练LLM的知识，对文本分支进行一致性约束，对图像分支进行数据增强，以进一步提高泛化能力。

③ 改进方法将两种强大的基础模型调优范式（提示和适配器）结合到一个框架中，以提高新任务的性能。

④ 为一系列评估套件设置了新的最先进的技术，包括基础到新的泛化和跨数据集识别。

5.2.2 一致性引导快速学习相关工作

视觉语言模型的最新发展，如CLIP、ALIGN、LiT、FILIP和Florence，在各种视觉任务中都表现出了令人印象深刻的性能。然而，这些模型的巨大规模使得在不失去其泛化能力的情况下，对其进行快速调整变得具有挑战性。将预训练模型用于下游任务的两种常用方法是全量微调和线性探测。然而，这两种方法都不能很好地用于基础模型。全量微调会导致泛化能力的丧失，而线性探测通常会导致下游任务的性能不佳。因此，近期的许多研究都集中在不改变预训练权重的情况下，将大型基础模型应用于下游任务上。这方面的现有工程可分为两大类：Prompting和适配器。

提示通常是指导下游任务的文本形式的指令。它们可以手动为特定任务制作，也可以自动学习。后一种方法称为prompt调谐。在此背景下，CoOp在文本分支的输入中引入了一组连续向量，并利用最终损失进行了优化。然而，这种方法在看不见的类上表现出较差的性能，表明在零样本任务上泛化较差。CoCoOp通过明确地调节图像输入，提高了CoOp的零样本性能。ProGrad仅更新了梯度与原始提示知识对齐的提示。贝叶斯快速学习是一种从贝叶斯角度处理任务的快速学习方法，将任务表述为变分推理问题。

ProDA 提出了一种数据驱动的方法，该方法从几个下游样本中学习软提示，以比手动设计更少的偏差和与任务相关的内容。提示也被用于密集预测任务。虽然早期的提示工作只在文本输入中添加了提示，但一些工作也探索了图像输入的提示。后来，MaPLe 采用了一种多模式方法，对图像和文本输入进行提示。这种方法明确地确保了文本和图像提示之间的相互协同作用，以阻止从单峰特征中学习。最后，PromptSRC 在图像和文本输入上引入了提示，但与 MaPLe 不同，它为文本和图像训练了独立的可学习提示。此外，PromptSRC 引入了一个自调节的概念，用于学习更多与任务无关的知识，从而确保了更好的泛化能力。

调整基础模型的另一种方法是适配器。这种方法将可学习参数引入预训练模型的一层或多层，以转换特征。

适配器通常被添加到网络的上层，这可以被视为预训练模型的可学习转换模块。适配器也在纯视觉模型中进行了研究，包括密集预测任务。在工作中，将提示和适配器结合到一个框架中，以提高下游性能。附加可调参数允许更好地适应下游任务，而一致性约束避免了过度偏移，并确保了更好的泛化。

5.3 一致性引导快速学习方法

下面将详细介绍所提出的 CoPormpt 方法。首先，讨论方法所需的视觉语言模型和提示的初步内容，然后论述所提出的 CoPrompt 方法的具体细节。

5.3.1 准备工作

采用 CLIP 作为预训练的视觉语言基础模型。CLIP 由基于转换器的图像编码器 θ 和基于转换器的文本编码器 ϕ 组成。CLIP 通过冻结预先训练的编码器，并搜索输入图像的嵌入和所有类名手工文本提示嵌入之间的最高相似性，来执行零样本预测。CLIP 根据模板"[类别]的照片"生成手工制作的文本提示。C 是类的数量，所有类名的文本嵌入可以表示为 $W = \{w_k\}_k^C$。式中，$w_k = \phi$（"[类别]$_k$的照片"）。对于输入图像 x，图像编码器将图像嵌入提取为 $z = \theta(x)$。最后，CLIP 做出了如下零样本预测：

$$p(y|x) = \frac{\exp\left[\operatorname{sim}(z, w_y)/\tau\right]}{\sum_{k=1}^{C}\exp\left[\operatorname{sim}(z, w_k)/\tau\right]} \quad (5\text{-}1)$$

式中，τ 是温度参数；$\operatorname{sim}(\cdot)$ 是余弦相似度。

尽管 CLIP 显示出强大的零样本性能，但需要进一步调整才能在新的下游任务中表现良好。此外，手工制作的模板方法在各个领域的表现并不普遍。为此，CoOp 提出了一种解决方案，将手工制作的提示替换为一组可学习的连续上下文向量，以生成特定任务的文本嵌入。更具体地说，CoOp 用 m 个与 CLIP 的词汇嵌入维度相同的可学习提示向量（u_k），替换了固定的句子"[类别]的照片"。这些与类名 c_k 的词汇嵌入连接在一起，得到 $t_k = \{u_1, u_2, \cdots, u_m, c_k\}$。

在多模态推广方法中，首先将输入图像投影到补丁嵌入（$\{p_1, p_2, \cdots, p_d\}$），然后将可学习的上下文向量连接起来，得到 $i = \{v_1, v_2, \cdots, v_m, p_1, p_2, \cdots, p_d\}$。式中，$d$ 是图像补丁的数量。因此，具有可学习提示的 CLIP 修改后的预测目标，可以表示为

$$p(y|x) = \frac{\exp\left[\text{sim}(\theta(i), \phi(t_y))/\tau\right]}{\sum_{k=1}^{C} \exp\left[\text{sim}(\theta(i), \phi(t_k))/\tau\right]} \quad (5\text{-}2)$$

这项工作基于 MaPLe 的多模态提示概念。该概念利用耦合函数 F，将图像提示与相应的文本提示相匹配。

现有微调方法的一个主要限制是有特定的下游任务，这是由下游数据集上的过度偏移造成的。下面将介绍 CoPrompt，这是一种解决此问题，并提高下游任务和零样本预测性能的新方法。

5.3.2 协同学习：以一致性为导向的快速学习

CoPrompt 通过实施一致性约束，来解决由下游任务上的重叠而导致的泛化能力降低的问题，该约束确保可训练模型产生的文本和图像嵌入（图像和文本分支中的可调提示参数），以及预训练 CLIP 产生的嵌入没有显著差异。为了进一步在一致性约束中实施正则化，对可训练和预训练模型的输入使用扰动方法。

在语言分支中，使用预训练的 LLM，从模板文本输入中，生成更具描述性的句子；而在图像分支中，使用增强。此外，CoPrompt 还通过在图像和文本分支上添加适配器，来包含辅助的可训练参数，以提高新下游任务的性能。虽然 CoPrompt 的一致性约束，在概念上类似于 PromptSRC 的调节概念，但 CoPrompt 通过一致性约束的标准、可学习参数的类型和实现规范的差异来区分自己。具体来说，独立的提示是 PromptSRC 中唯一的训练参数，而 CoPormpt 将多模式提示和适配器一起调整。在语言分支中，PromptSRC 采用手工制作的提示，而 CoPrompt 利用 LLM 生成更具描述性的提示。与 PormptSRC 不同，CoPrompt 利用余弦损失作为一致性约束，捕获向量之间的角度相似性，而不仅仅依赖于它们的大小。CoPrompt 的概述如图 5-2 所示。下面将更详细地讨论所提出的 CoPrompt 的一致性约束、输入扰动、适配器和最后的损失问题。

① 一致性约束。使用余弦距离作为预训练和可学习编码器嵌入之间的一致性约束。然而，其他类似的标准，如欧几里得距离，也可以用作约束。因此观察到，余弦距离产生了最佳性能，因为它捕获了向量之间的角度相似性，而不仅仅依赖于它们的大小。此约束同时应用于图像和文本分支。可以将一致性约束表示为

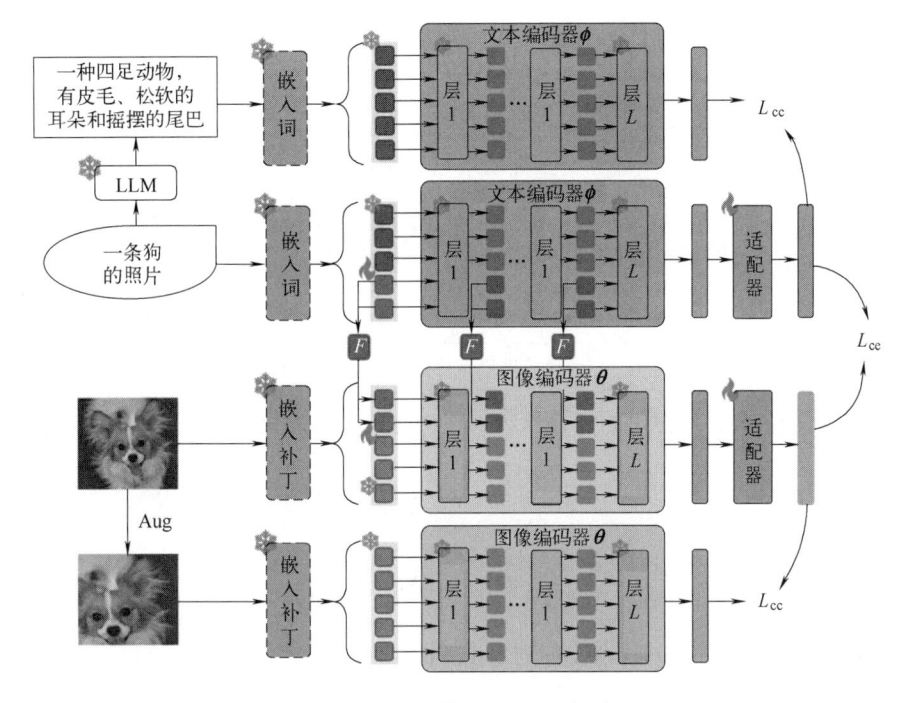

图 5-2 拟议的 CoPrompt 概述

$$L_{cc} = 2 - \frac{w_y \cdot \phi(t_y)}{\|w_y\|\|\phi(t_y)\|} - \frac{z \cdot \theta(i)}{\|z\|\|\theta(i)\|} \quad (5-3)$$

式中，y 是输入图像的类标签。

② 输入扰动。给定模板文本"[类别]的照片"，使用预训练的 LLM GPT(ϕ_{GPT})，来生成更具描述性的句子，如 $s_k = \phi_{GPT}$([分类]$_k$ 的一张照片)。为此，遵循 KgCoOP 的训练设置。但与 KgCoOp 不同，是在动态上生成一个句子，而不是生成预先定义的句子数量，并对其嵌入进行平均。在图像分支上，使用增广模块 δ 来生成扰动图像 $x' = \delta(x)$。现在强制执行扰动输入的嵌入与预训练模型的可学习模型为

$$L_{cc} = 2 - \frac{\phi(s_y) \cdot \phi(t_y)}{\|\phi(s_y)\|\|\phi(t_y)\|} - \frac{\theta(x') \cdot \theta(i)}{\|\theta(x')\|\|\theta(i)\|} \quad (5-4)$$

③ 适配器。引入了更多可训练的参数，以更好地适应新任务。然而，添加过多的可调参数不会提高性能，并可能损害零样本性能。

例如，Maple 在仅向 CLIP 骨干网的 12 层中的 9 层添加可学习参数时取得了最佳性能，进一步的增加会导致性能下降。同样，在基于适配器的方法中，如 CLIP 适配器，通过仅向文本分支添加提示，可以观察到最佳性能。向两个分支添加提示会导致过度偏移，进而导致性能下降。

在这项工作中，整合了适配器和提示来增强学习能力。这种集成为输入和输出空间的调优提供了增强的灵活性。适配器是添加在编码器顶部的可训练参数，用于变换嵌入向量。将适配器定义为 2 个线性层，中间有非线性层。但不会将适配器仅限于文本分支，而是在文本分支和图像分支上都使用它。设 ϕ^a 为文本适配器，它将文本嵌入 w_k 作为输入，并将其转换为 $\phi^a(w_k)$。同样，θ^a 是图像适配器。将两者纳入提出的一致性约束中，提出的一致性约束损失可以表示为

$$L_{cc} = 2 - \frac{\phi(s_y) \cdot \phi^a(t_y)}{\|\phi(s_y)\| \|\phi^a(t_y)\|} - \frac{\theta(x') \cdot \theta^a(i)}{\|\theta(x')\| \|\theta^a(i)\|} \quad (5-5)$$

④ 最后的损失。所提出的一致性约束损失与监督损失相结合，形成最终损失。将监督损失表示为

$$L_{ce} = \frac{\exp\left[\operatorname{sim}(z, w_y)/\tau\right]}{\sum_{k=1}^{C} \exp\left[\operatorname{sim}(z, w_k)/\tau\right]} \quad (5-6)$$

将两个损失加上平衡因子 λ，得到 CoPrompt 的最终损失函数为

$$L = L_{ce} + \lambda L_{cc} \quad (5-7)$$

5.4 一致性引导快速学习 4 个实验

5.4.1 实验设置

为了评估所提出的方法，遵循 CoOp 和后续工作中建立的实验设置和协议，如 CoCoOp 和 MaPLe。

5.4.2 新概括的基础

下面基于新的泛化任务展示提出的方法的结果。

图 5-3 显示了 CoPrompt 方法与 CLIP、CoOp、CoCoOp、ProGrad、KgCoOp、MaPLe 和 PromptSRC 的详细比较，图中以粗体突出显示了最佳结果，HM 表示谐波平均值。从所有数据集的平均值［图 5-3（a）］可以看出，CoPrompt 在新类别和基本类别的调和均值方面优于所有现有方法。该方法证明了强大的零样本泛化，与 MaPLe 相比，新类别改进了 2.09%，与 PromptSRC 相比，改进了 1.13%。除了 MaPLe 和 PromptSRC 之外，没有任何现有的方法优于预先训练的 CLIP（未经调整），这表明在少数情况下学习新任务时，保持零样本性能的困难。随着零样本性能的大幅提高，CoPormpt 在基本类别上也表现出了强大的低速性能。

项目	基础	创新	HM
CLIP	69.34	74.22	71.70
CoOp	82.69	63.22	71.66
CoCoOp	80.47	71.69	75.83
ProGrad	82.48	70.75	76.16
KgCoOp	80.73	73.60	77.00
MaPLe	82.28	75.14	78.55
PromptSRC	**84.26**	76.10	79.97
CoPrompt	84.00	**77.23**	**80.48**

(a) 平均的

项目	基础	创新	HM
CLIP	72.43	68.14	70.22
CoOp	76.47	67.88	71.92
CoCoOp	75.98	70.43	73.10
ProGrad	77.02	66.66	71.46
KgCoOp	75.83	69.96	72.78
MaPLe	76.66	70.54	73.47
PromptSRC	77.60	70.73	74.01
CoPrompt	**77.67**	**71.27**	**74.33**

(b) ImageNet

项目	基础	创新	HM
CLIP	96.84	94.00	95.40
CoOp	98.00	89.81	93.73
CoCoOp	97.96	93.81	95.84
ProGrad	98.02	93.89	95.91
KgCoOp	97.72	94.39	96.03
MaPLe	97.74	94.36	96.02
PromptSRC	98.10	94.03	96.02
CoPrompt	**98.27**	**94.90**	**96.55**

(c) Caltech 101

项目	基础	创新	HM
CLIP	91.17	97.26	94.12
CoOp	93.67	95.29	94.47
CoCoOp	95.20	97.69	96.43
ProGrad	95.07	97.63	96.33
KgCoOp	94.65	97.76	96.18
MaPLe	95.43	97.76	96.58
PromptSRC	95.33	97.30	96.30
CoPrompt	**95.67**	**98.10**	**96.87**

(d) Oxford Pets

项目	基础	创新	HM
CLIP	63.37	74.89	68.65
CoOp	78.12	60.40	68.13
CoCoOp	70.49	73.59	72.01
ProGrad	77.68	68.63	72.88
KgCoOp	71.76	**75.04**	73.36
MaPLe	72.94	74.00	73.47
PromptSRC	**78.27**	74.97	**76.58**
CoPrompt	76.97	74.40	75.66

(e) Stanford Cars

项目	基础	创新	HM
CLIP	72.08	**77.80**	74.83
CoOp	97.60	59.67	74.06
CoCoOp	94.87	71.75	81.71
ProGrad	95.54	71.87	82.03
KgCoOp	95.00	74.73	83.65
MaPLe	95.92	72.46	82.56
PromptSRC	**98.07**	76.50	**85.95**
CoPrompt	97.27	76.60	85.71

(f) Flowers-102

项目	基础	创新	HM
CLIP	90.10	91.22	90.66
CoOp	88.33	82.26	85.19
CoCoOp	90.70	91.29	90.99
ProGrad	90.37	89.59	89.98
KgCoOp	90.50	91.70	91.09
MaPLe	90.71	92.05	91.38
PromptSRC	90.67	91.53	91.10
CoPrompt	**90.73**	**92.07**	**91.4**

(g) Food-101

项目	基础	创新	HM
CLIP	27.19	36.29	31.09
CoOp	40.44	22.30	28.75
CoCoOp	33.41	23.71	27.74
ProGrad	40.54	27.57	32.82
KgCoOp	36.21	33.55	34.83
MaPLe	37.44	35.61	36.50
PromptSRC	**42.73**	37.87	**40.15**
CoPrompt	40.20	**39.33**	39.76

(h) FGVC Aircraft

项目	基础	创新	HM
CLIP	69.36	75.35	72.23
CoOp	80.60	65.89	72.51
CoCoOp	79.74	76.86	78.29
ProGrad	81.26	74.17	77.55
KgCoOp	80.29	76.53	78.36
MaPLe	80.82	78.70	79.75
PromptSRC	**82.67**	78.47	80.52
CoPrompt	82.63	**80.03**	**81.31**

(i) SUN397

项目	基础	创新	HM
CLIP	53.24	59.90	56.37
CoOp	79.44	41.18	54.24
CoCoOp	77.01	56.00	64.85
ProGrad	77.35	52.35	62.45
KgCoOp	77.55	54.99	64.35
MaPLe	80.36	59.18	68.16
PromptSRC	**83.37**	62.97	71.75
CoPrompt	83.13	**64.73**	**72.79**

(j) DTD

项目	基础	创新	HM
CLIP	56.48	64.05	60.03
CoOp	92.19	54.74	68.69
CoCoOp	87.49	60.04	71.21
ProGrad	90.11	60.89	72.67
KgCoOp	85.64	64.34	73.48
MaPLe	94.07	73.23	82.35
PromptSRC	92.90	73.90	82.32
CoPrompt	**94.60**	**78.57**	**85.84**

(k) EuroSAT

项目	基础	创新	HM
CLIP	70.53	77.50	73.85
CoOp	84.69	56.05	67.46
CoCoOp	82.33	73.45	77.64
ProGrad	84.33	74.94	79.35
KgCoOp	82.89	76.67	79.65
MaPLe	83.00	78.66	80.77
PromptSRC	**87.10**	78.80	82.74
CoPrompt	86.90	**79.57**	**83.07**

(l) UCF101

图 5-3　CoPrompt 方法与基于新泛化的最新方法的比较

单位为%

这证明了零样本性能的提高并不是以低速性能为代价的,反之亦然。在谐波平均值上,CoPrompt 比 MaPLe 提高了 1.93%,比 PromptSRC 提高了 0.51%。观察单个数据集的 HM,发现 CoPrompt 在 11 个数据集中的 8 个数据集上,优于所有现有方法。

5.4.3　跨数据集评估

在表 5-1 中,给出了跨数据集评估的结果。在这里,模型在源数据集(ImageNet)上进行微调,并以零样本方式在目标数据集上进行评估。CoPrompt 在 10 个目标数据集中有 8 个显示出了改进。总体而言,CoPromt 的平均准确率为 67.00%,比 MaPLe 高 0.7%,比 PromptSRC 高 1.19%。虽然 PromptSRC 在基础到新的泛化任务中,表现出了有竞争力的性能,但在跨数据集评估中,其性能远低于 CoPrompt。

在这里,模型在 ImageNet 数据集上进行训练,并在零样本设置中的其他 10 个数据集上评估。

表5-1　CoPrompt在跨数据集评估中的性能及其与现有方法的比较　　　单位：%

项目	源 ImNet[①]	目标 Caltech 101	Oxford Pets	Stanford Cars	Flowers- 102	Food- 101	FGVC Aircraft	SUN397	DTD	EuroSAT	UCF 101	Ave
CoOp	**71.51**	93.70	89.14	64.51	68.71	85.30	18.47	64.15	41.92	46.39	66.55	63.88
CoCoOp	71.02	94.43	90.14	65.32	71.88	86.06	22.94	67.36	45.73	45.37	68.21	65.74
MaPLe	70.72	93.53	90.49	65.57	72.23	86.20	24.74	67.01	46.49	48.06	68.69	66.30
Bayesian Prompt（贝叶斯Prompt）	70.93	93.67	90.63	65.00	70.90	86.30	**24.93**	67.47	46.10	45.87	68.67	65.95
PromptSRC	71.27	93.60	90.25	**65.70**	70.25	86.15	23.90	67.10	46.87	45.50	68.75	65.81
CoPrompt	70.80	**94.50**	**90.73**	65.67	**72.30**	**86.43**	24.00	**67.57**	**47.07**	**51.90**	**69.73**	**67.00**

① ImNet 为 ImageNet 的缩写。

5.4.4　域泛化

在表 5-2 中给出了域泛化的结果。原始 ImageNet 数据集用作源数据集来对模型进行微调。然后，该模型在来自不同分布的 ImageNet 的其他四个变体上进行了测试。

在该次评估中，CoPrompt 的性能与现有方法相当，分别比贝叶斯 Prompt 和 PromptSRC 低 0.02% 和 0.23%。

表5-2　域泛化性能　　　单位：%

项目	源 ImNet	目标 ImNetV2	ImNetS	ImNetA	ImNetR	Ave
CLIP	66.73	60.83	46.15	47.77	73.96	57.17
UPT	**72.63**	64.35	48.66	50.66	76.24	59.98
CoOp	71.51	64.20	47.99	49.71	75.21	59.28
CoCoOp	71.02	64.07	48.75	50.63	76.18	59.90
ProGrad	72.24	64.73	47.61	49.39	74.58	59.07
KgCoOp	71.20	64.10	48.97	50.69	76.70	60.11
MaPLe	70.72	64.07	49.15	50.90	76.98	60.26
Bayesian Prompt	70.93	64.23	49.20	**51.33**	77.00	60.44
PromptSRC	71.27	**64.35**	**49.55**	50.90	**77.80**	**60.65**
CoPrompt	70.80	64.25	49.43	50.50	77.51	60.42

5.4.5　消融研究

① 主消融。通过删除所提出方法的不同组成部分来进行消融研究，以了解每种

组成部分的重要性。在表 5-3 中显示了这些实验的结果，其中"Cons.""In.Pert."，以及"Adp."分别表示一致性约束、输入扰动和适配器。作为参考，在表的第一行中展示了 CoPrompt 的最终性能，其谐波平均值为 80.48%。在第一次消融实验中，从 CoPrompt 中删除了适配器，导致准确率为 80.02%（性能下降 0.46%）。这突出了适配器在 CoPrompt 中的重要性。接下来，消除了输入扰动，有效地增强了同一图像和文本输入的可训练，以及预训练编码器之间的一致性。这导致准确率为 79.56%，性能下降了 0.92%，表明 CoPrompt 中输入扰动的重要性很高。最后，虽然有兴趣了解一致性约束的重要性，但不可以删除这个分量，因为输入扰动也是其中的一部分。因此，为了了解这个分量的影响，进行了两项单独的研究。

表5-3 消融研究　　　　　　　　　　　　　　　　　　　　单位：%

Cons.	In.Pert.	Adp.	基础	创新	HM
✓	✓	✓	84.00	77.23	80.48
✓	✓	✗	83.40	76.90	80.02
✓	✗	✓	83.01	76.39	79.56
✓	✗	✗	82.90	76.36	79.50
✗	✗	✓	83.10	74.31	78.45
✗	✗	✗	82.28	75.14	78.55

首先，去除了输入扰动和适配器，平均准确率为 79.50%。这表明，单独使用一致性约束比删除所有三个组件（如表最后一行所示）提高了 0.95%。在第二项研究中，去除了一致性约束和输入扰动，在不强制一致性的情况下，有效地训练了适配器和提示。这导致了 78.45% 的准确率，甚至低于去除所有 3 个组件时的准确率。这是由于适配器在训练中引入了新的参数，在不强制一致性约束的情况下，可训练模型对少数训练样本进行过拟合运算。这也导致了最低的零样本精度（74.31%）。这两个实验清楚地表明了 CoPrompt 中一致性约束的重要性。后面将深入分析这些组件中的每一个，以及它们在不同合理替代方案下的性能。

② 一致性约束分析。在这里，分析了 CoPrompt 中一致性约束的关键方面。虽然一致性约束适用于图像和文本模态，但此处专注于分别理解一致性约束对图像和文本形态的影响。图 5-4（a）展示了在各个模态上应用一致性的结果。结果表明，与图像表示相比，在文本表示上强制一致性，具有更大的意义。具体来说，仅使用文本约束会导致性能下降 0.46%，而仅使用图像约束会导致 0.89% 的性能下降。

当对两种模式都实施一致性时，可以实现最高性能。接下来，研究了不同一致性标准的影响。图 5-4（b）比较了以下情况下的性能：使用余弦距离、MSE 和 L1 作为一致性约束。结果表明，余弦距离在一致性损失方面表现最佳，而 L1 的表现与之非常相似。然而，采用MSE会导致性能下降。

③ 输入扰动分析。探讨了不同输入扰动对最终模型性能的影响。图5-4（c）显示了与使用LLM（GPT-2或GPT-3）生成的更具描述性的文本作为输入相比，使用同类文本作为输入的结果。

当可学习和冻结文本编码器使用相同的输入时，结果显示性能下降了0.39%（与GPT-3生成的文本相比）。这强调了利用LLM生成更具描述性的文本，以加强一致性的重要性。然而，GPT-2和GPT-3的性能相对相似，这表明LLM的选择没有太大影响。尽管各种LLM专门用于在复杂主题上，生成连贯且有意义的句子，但重点是生成一个描述类别名称的句子。

在这种特定的背景下，不同LLM之间的选择不会产生实质性的差异。

同样，对图像输入进行了研究，如图5-4（d）所示，比较了使用同类图像、简单增强型图像和硬件增强型图像作为输入时的结果。与文本分析的观察结果一致，使用同类图像输入显示出性能下降，因为它无法为学习提供足够的判别信号。相反，期望硬件增强型图像能够产生最佳的学习判别特征，从而获得最高的准确性。然而，结果表明，简单增强型图像的性能（随机调整大小，水平翻转）优于硬件增强型图像。使用硬件增强会导致图像嵌入中的显著偏差，导致它们与相应的文本嵌入偏离。因此，这会导致性能下降。

④ 适配器分析。最后，深入研究了与适配器设计有关的几个重要因素。首先，展示了在不同模式下整合适配器的结果，如图5-4（e）所示。与之前的研究结果一致，与图像分支相比，在文本分支中添加适配器，会产生更多的好处（80.35%对80.1%）。

然而，当在两种模式上都使用适配器时，没有观察到性能下降。事实上，当适配器同时用于图像和文本分支时，可以实现最高的精度。这强调了，虽然在两个分支上使用适配器，并不能带来简单的少样本任务调优，但所提出的一致性，引导调优方法，通过在两种模态上使用更多可调参数来促进学习。

一致性	精度
仅图像	79.59
仅文本	80.02
图像和文本	80.48

(a) 一致性模态

标准	精度
余弦距离	80.48
L1	80.40
MSE	79.33

(b) 一致性标准

输入	精度
同类文本	80.09
LLM(GPT-2)	80.46
LLM(GPT-3)	80.48

(c) 文本输入

输入	精度
同类图像	80.16
简单增强型图像	80.48
硬件增强型图像	79.90

(d) 图像输入

适配器	精度
仅文本	80.35
仅图像	80.10
图像和文本	80.48

(e) 适配器选择

层数	精度
单层	80.40
2层	80.48
3层	79.75

(f) 适配器层数

图5-4 CoPrompt不同组件的分析
单位为%

此外，还探讨了适配器设计中使用的线性层数的影响。此处评估了 3 种不同的配置，例如，单层适配器、2 层适配器和 3 层适配器。结果如图 5-4（f）所示。结果表明，2 层适配器的性能略优于单层设计。这表明，添加一个辅助的层可以捕获更复杂的关系，并在一定程度上提高性能。然而，使用 3 层适配器会导致性能显著下降，因为在适配器中添加太多的线性层，会引入过多的参数，这可能会将过度偏移问题重新引入少数样本任务设置中的可用有限训练示例中。

⑤ 敏感性研究。对所提出方法的一些关键参数进行了敏感性分析。首先，研究了一致性约束损失的权重因子（λ）的影响。从表 5-4 中观察到，λ 值越高，精度越高，表明一致性约束的重要性越高。具体而言，在 11 个数据集中的 6 个数据集上，实现了 $\lambda=8$ 的最佳精度，在其余数据集上接近最佳精度，但 EuroSAT 数据集除外。数据分布及其与 CLIP 预训练数据集的相似性等因素会影响 λ 的值，从而导致不同数据集的最佳值不同。$\lambda>8$ 时性能没有改善。

表5-4　CoPrompt在不同λ值下的性能　　　　　　　　　　　单位：%

λ	ImNet	Caltech 101	Oxford Pets	Stanford Cars	Flowers-102	Food-101	FGVC Aircraft	SUN397	DTD	EuroSAT	UCF101
0.0	73.47	96.01	96.56	73.46	82.56	91.39	36.50	79.74	68.16	82.34	80.77
0.01	73.71	96.11	96.64	73.66	82.72	91.60	36.79	79.83	68.27	83.48	80.91
0.1	73.82	96.22	**96.87**	74.44	84.15	**91.73**	37.60	79.95	67.42	**85.84**	81.93
1.0	74.05	96.44	96.86	75.43	84.99	91.43	38.69	80.40	70.09	84.04	82.57
2.0	74.14	96.41	96.77	75.28	84.89	91.40	**39.76**	80.72	72.25	81.46	**83.07**
8.0	**74.33**	**96.55**	96.84	**75.66**	**85.71**	91.43	39.37	**81.31**	**72.79**	78.63	82.77
10.0	73.22	95.65	96.06	73.23	82.25	90.37	37.49	80.15	71.17	77.25	82.11

接下来，将探讨 CoPrompt 的性能如何随着不同数量的提示层而变化，并将结果显示在图 5-5（a）中。虽然之前的工作，如 MaPLe，在 9 个提示层上显示了最佳结果，但在编码器的所有 12 层上添加提示，可以获得最佳精度。CoPrompt 中引入的一致性约束，能够在不过度偏移的情况下，训练更多的参数。图 5-5（b）显示了不同训练周期数的结果。最佳性能是通过 8 个周期实现的。

层数/层	精度/%
3	78.77
6	79.05
9	80.15
12	**80.48**

(a) 精度和层

训练周期数	精度/%
3	79.54
5	80.24
8	**80.48**
10	80.02

(b) 精度和训练周期数

图 5-5　敏感性研究

5.4.6　参数和计算复杂度

按照标准做法，使用 CLIP 的 ViT-B/16 骨干，它有 149.62M 个参数（表 5-5）。MaPLe 引入了辅助的 3.55M 个可学习参数，总共 153.17M 个参数。CoPrompt 的提示模块包含 4.74M 个参数，适配器模块仅包含 0.26M 个参数。因此，CoPrompt 总共有 154.62M 个参数，仅比之前的 SoTA MaPLe 增加了不到 1% 的参数，比 CLIP 增加了约 3.34% 的参数。

表5-5　不同方法的总参数和可学习参数的比较

模型	全部参数	可学习的参数
CLIP（ViT-B/16）	149.62M	—
MaPLe	153.17M	3.55M
CoPrompt	154.62M	4.74M

在训练方面，CoPrompt 有大约 2 倍的 FLOP（生成预训练模型的预测所需），比 MaPLe（在单个 Nvidia V100 GPU 上）多花费大约 25% 的训练时间。例如，Flowers-102 数据集上的一个训练周期，需要 2 分 9 秒，而单个 GPU 上的 MaPLe 需要 1 分 43 秒。然而，CoPrompt 的推理时间和 FLOP 几乎与 MaPLe 相同。为了与 MaPLe 进行公平的比较，进行了另一个实验：通过减少训练周期的数量，用与 MaPLe 相同的计算预算训练 CoPrompt。在这种配置下，CoPrompt 的准确率为 80.01%，比 MaPLe 提高了 1.46%。

5.5　小结

为大型视觉语言基础模型提出了一种新的调整方法，该方法提高了它们在下游任务中的性能，并改进了零样本泛化。CoPrompt 是一种精心设计的方法，有三个重要组成部分，可以减少微调过程中的过拟合问题。

通过对 3 种不同任务的广泛评估，CoPrompt 证明了其在少样本点学习、零样本学习、交叉数据集和领域泛化任务中的有效性，大大超过了现有技术。此外，该研究还包括广泛的消融分析，以确认每个拟议组件的有效性，并探索可行的替代方案。

第6章
InternVL：扩展视觉基础模型并对齐通用视觉语言任务

6.1 InternVL 扩展视觉基础模型并对齐摘要

LLM 的指数级增长，为多模态 AGI（通用人工智能）系统开辟了许多可能性。然而，作为多模态 AGI 的关键要素，视觉和视觉语言基础模型的进展，并没有跟上 LLM 的步伐。

在这项工作中，设计了一个大规模的视觉语言基础模型（InternVL），该模型将视觉基础模型扩展到 60 亿个参数，并使用来自各种来源的网络级图像文本数据，逐步将其与 LLM 对齐。该模型可广泛应用于 32 个通用视觉语言基准，并在其上实现最先进的性能，包括视觉感知任务（如图像级或像素级识别）、视觉语言任务（如零样本图像/视频分类）、零样本图像/视频文本检索，以及与 LLM 链接以创建多模式对话系统。InternVL 具有强大的视觉功能，可以作为 ViT-22B 的良好替代品。

6.2 扩展视觉基础模型并对齐问题提出及相关工作

6.2.1 扩展视觉基础模型并对齐问题提出

LLM 以其在开放世界语言任务中令人印象深刻的能力，极大地促进了 AGI 系统的发展，其模型规模和性能仍在快速增长。利用 LLM 的 VLLM 也取得了重大突破，实现了复杂的视觉语言对话和互动。

然而，对于 VLLM 至关重要的视觉和视觉语言基础模型的进展，却落后于 LLM 的快速增长。

为了将视觉模型与 LLM 连接起来，现有的 VLLM 通常采用轻量级的粘合层，如 QFormer 或线性投影，来对齐视觉和语言模型的特征。这种对齐包含几个局限性。

① 参数尺度的差异。大型 LLM 现在可以增加高达 1 万亿个参数，而广泛使用的 VLLM 视觉编码器仍在 10 亿左右。这一差距可能会导致 LLM 的产能利用不足。

② 表述不一致。基于纯视觉数据训练或与 BERT 系列对齐的视觉模型，通常与 LLM 表现出不一致的表示。

③ 客户端连接无效。粘合层通常是轻量级的，并且是随机初始化的，这可能无法

捕捉到对多模态理解，以及生成至关重要的丰富的跨模态交互和依赖关系。

这些局限性揭示了视觉编码器和 LLM 在参数尺度与特征表示能力方面存在很大差距。为了弥合这一差距，灵感在于提升视觉编码器，使其与 LLM 的参数尺度对齐，并随后协调它们的表示。然而，这种大规模模型的训练，需要从互联网上获得大量的图像文本数据。这些数据中的显著异质性和质量差异，对训练过程构成了相当大的挑战。为了提高训练的效率，生成性监督被认为是对抗学习的一种补充方法，如图 6-1 所示。该策略旨在在训练过程中为模型提供辅助的指导。然而，低质量数据对生成训练的适用性仍然是一个问题。此外，如何有效地表示用户的命令，并在视觉编码器和 LLM 之间对齐表示，是另一个悬而未决的问题。

为了解决这些问题，制定了 InternVL，这是一个大规模的视觉语言基础模型，将放大的视觉编码器表示与 LLM 对齐，并在各种视觉和视觉语言任务上，实现了最先进的性能。如图 6-1（c）所示，InternVL 有三个关键设计。

① 参数平衡的视觉和语言组件：它包括一个扩展到 60 亿个参数的视觉编码器，以及一个具有 80 亿个参数的 LLM 中间件，其中中间件充当一个实质性的粘合层，根据用户命令重新组织视觉特征。与之前的仅视觉结构［图 6-1（a）］和双塔［图 6-1（b）］结构不同，视觉编码器和中间件为对比任务与生成任务提供了灵活的组合能力。

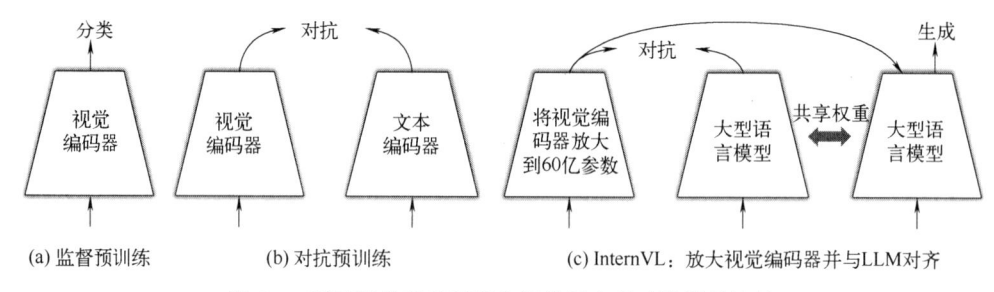

图 6-1 不同视觉基础模型和视觉语言基础模型的比较

② 一致的表示：为了保持视觉编码器和 LLM 之间表示的一致性，使用预训练的多语言 LLaMA 来初始化中间件，并将视觉编码器与之对齐。

③ 渐进式图像文本对齐：利用来自不同来源的图像文本数据，通过渐进式对齐策略确保训练的稳定性。该策略启动了对大规模噪声图像文本数据的对抗学习，随后过渡到对细粒度数据的生成学习。这种方法确保了模型性能和任务范围的一致增强。

在图 6-1 中，包括以下模块。

（a）表示传统的视觉基础模型，例如在分类任务上预先训练的 ResNet。

（b）表示视觉语言基础模型，例如在图像 - 文本对上预训练的 CLIP。

（c）表示 InternVL，提供了一种将大规模视觉基础模型（即 InternViT-6B），与大型语言模型对齐的可行方法，并且适用于对抗和生成任务。

这些设计赋予了模型几个优点：

① 多功能。作为独立的视觉编码器用于感知任务，或与语言中间件协同作用于视觉语言任务，以及多模式对话系统。语言中间件弥合了视觉编码器和 LLM 解码器之间的差距。

② 具有强大的表示能力。通过利用训练策略、大规模参数和网络规模数据，模型具有强大的表示能力，有助于在各种视觉和视觉语言任务上实现最先进的结果，如图 6-2 所示。

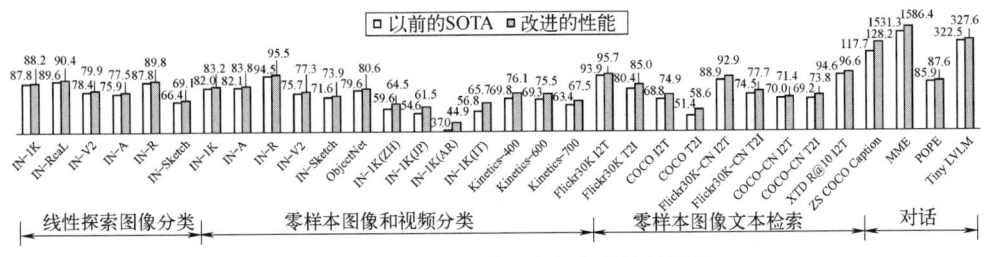

图 6-2 各种通用视觉语言任务的比较结果

在图 6-2 中，包括线性探索图像分类、零样本图像和视频分类、零样本图像文本检索，以及对话。拟议的 InternVL 在所有这些任务上都取得了最佳性能。注意，只包括在公共数据上训练的模型。IN 是 ImageNet 的缩写。

③ LLM 友好。由于与 LLM 对齐的特征空间，模型可以与现有的 LLM 平滑集成，如 LLaMA 系列、Vicuna 和 InternLM。这些特性将模型与之前的方法区分开来，并为各种应用程序建立了领先的视觉语言基础模型。

总之，改进优化有以下三个方面。

① 提出了一种大规模视觉语言基础模型——InternVL，首次将大规模视觉编码器与 LLM 对齐。该模型在广泛的通用视觉语言任务上表现出色，包括视觉感知任务、视觉语言任务和多模式对话。

② 介绍了一种渐进的图像文本对齐策略，用于有效训练大规模视觉语言基础模型。该策略最大限度地利用网络规模的噪声图像文本数据进行对抗学习，并利用细粒度的高质量数据进行生成学习。

③ 将所提出的模型与当前最先进的视觉基础模型，以及 VLLM 进行了广泛的比较。结果表明，InternVL 在广泛的通用视觉语言任务上取得了领先的性能，包括图像分类（ImageNet）、语义分割（ADE20K）、视频分类（Kinetics）、图像文本检索（Flickr30K 和 COCO）、视频文本检索（MSR-VTT）和图像字幕（COCO、Flickr30K 和 NoCaps）。同时，它也适用于多模式对话（MME、POPE 和 Tniy LVLM）。

6.2.2 扩展视觉基础模型并对齐相关工作

（1）视觉基础模型

在过去的十年里，计算机视觉领域的基础模型得到了显著的发展。

从开创性的 AlexNet 开始，出现了各种卷积神经网络（CNN），不断刷新 ImageNet 基准。特别是，引入残差连接有效地解决了梯度消失的问题。这一突破引领了一个大而深的神经网络时代，这意味着，通过足够的训练和数据，更大、更深的模型可以实现更好的性能。换句话说，扩大规模很重要。

近年来，ViT 为计算机视觉领域的网络架构开辟了新的可能性。ViT 及其变体显著提高了它们的能力，并在各种重要的视觉任务中表现出色。在 LLM 时代，这些视觉基础模型通常通过一些轻量级的粘合层与 LLM 连接。

然而，实际性能存在差距，因为这些模型主要来自 ImageNet 或 JFT 等纯视觉数据集，或者使用图像-文本对与 BERT 系列对齐，缺乏与 LLM 的直接对齐。此外，用于连接 LLM 的流行视觉模型，仍限于约 10 亿个参数，这也限制了 VLLM 的性能。

（2）大型语言模型

LLM 彻底改变了人工智能的影响，使以前被认为是人类独有的自然语言处理任务成为可能。GPT-3 的出现带来了能力的重大飞跃，尤其是在少样本任务和零样本学习方面，突出了 LLM 的巨大潜力。随着 ChatGPT 和 GPT-4 的进步，这一承诺得到了进一步的实现。

开源 LLM 的出现进一步加速了该领域的发展，包括 LLaMA 系列、Vicuna、InternLM、MOSS、ChatGLM、Qwen、百川和猎鹰等。然而，在真实场景中，交互并不局限于自然语言。视觉模态可以带来辅助的信息，这意味着更多的可能性。

因此，探索如何利用 LLM 的卓越能力进行多模态交互，将成为下一个研究趋势。

（3）视觉大语言模型

VLLM 旨在增强语言模型处理和解释视觉信息的能力。Flamingo 使用视觉和语言输入作为提示，在视觉问答中表现出显著的少样本任务性能。随后，GPT-4、LLaVA 系列和 MiniGPT-4 引入了视觉指令调优，以提高 VLLM 的指令跟随能力。同时，有人对模型进行了改进，成为具有视觉能力的 VLLM，促进了区域描述和定位等任务。许多基于 API 的方法，也试图将视觉 API 与 LLM 集成在一起，以解决以视觉为中心的任务。此外，PaLM-E 和 EmbodiedGPT 代表了在使 VLLM 适应具体应用方面的先进努力，极大地扩展了它们的潜在应用。这些作品展示了 VLLM 已经取得了重大突破。然而，对 VLLM 同样重要的视觉和视觉语言基础模型的发展，并没有跟上步伐。

6.3 扩展视觉基础模型并对齐拟议方法

6.3.1 总体架构

如图 6-3 所示，与传统的纯视觉骨干网和双编码器模型不同，所提出的 InternVL 设计有视觉编码器 InternViT-6B 和语言中间件 QLLaMA。

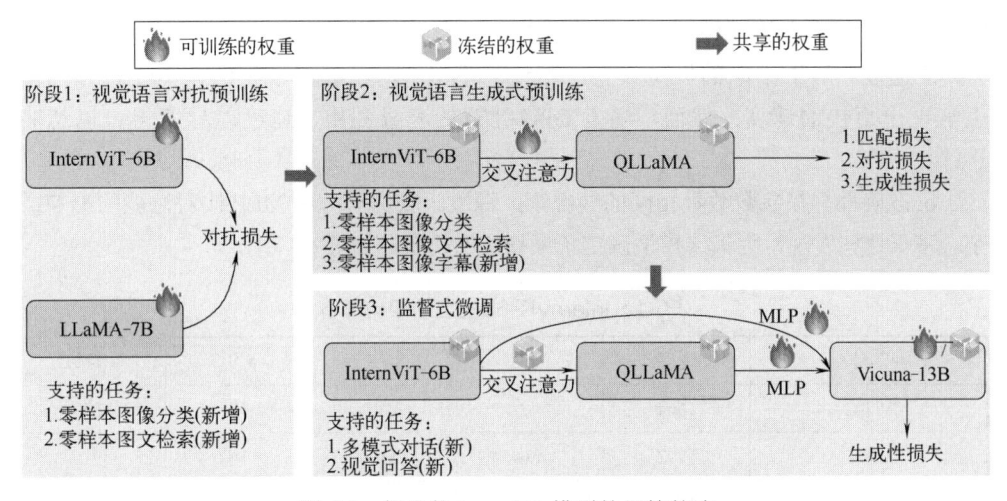

图 6-3 提出的 InternVL 模型的训练策略

在图 6-3 中，训练策略由三个渐进阶段组成，包括视觉语言对抗预训练、视觉语言生成式预训练和监督式微调（SFT）。这些阶段有效地利用了来自不同来源的公共数据，从网络上的嘈杂图像-文本对到高质量的字幕、VQA 和多模式对话数据集。

具体来说，InternViT-6B 是一款具有 60 亿个参数的视觉转换器，经过定制，在性能和效率之间，实现了有利的权衡。QLLaMA 是一个具有 80 亿个参数的语言中间件，使用多语言增强的 LLaMA 进行初始化，可以为图像文本对抗学习，提供强大的多语言表示，或者作为连接视觉编码器和现成 LLM 解码器的桥梁。为了使这两个大型组成部分在模式和结构上保持一致，引入了一种渐进的一致性训练策略。训练策略是逐步进行的，从大规模噪声数据的对抗学习开始，逐渐转向对精致高质量数据的生成学习。通过这种方式，确保了来自各种来源的网络级图像文本数据的有效组织和充分利用。然后，配备对齐的视觉编码器和语言中间件。模型拥有灵活的构图，可以适应各种通用的视觉语言任务。这些任务包括视觉感知和图像/视频文本检索、图像字幕、视觉问答和多模式对话等。

6.3.2 模型设计

① 大型视觉编码器：InternViT-6B。使用 vanilla 视觉变换器（ViT），实现了 InternVL 的视觉编码器。为了匹配 LLM 的规模，将视觉编码器扩展到 60 亿个参数，从而得到 InternViT-6B 模型。为了在准确性、速度和稳定性之间取得良好的平衡，对 InternViT-6B 进行了类型参数搜索。在 {32,48,64,80} 内改变模型深度，在 {64,128} 内改变头部尺寸，在 {4,8} 内改变 MLP 比。根据给定的模型比例和其他超参数计算模型宽度和头部数量。

在 LAION en 数据集的 100M 子集上，采用对抗学习来衡量具有不同配置的

InternViT-6B 变体的准确性、速度和稳定性。有以下发现：

a.速度。对于不同的模型设置，当计算不饱和时，深度较小的模型在每张图像上表现出更快的速度。然而，随着 GPU 计算的充分利用，速度差异变得可以忽略不计。

b.准确性。在参数数量相同的情况下，深度、头部尺寸和 MLP 比对性能的影响很小。基于这些发现，为最终模型确定了最稳定的构造，如表 6-1 所示。

表6-1 InternViT-6B模型的架构细节

名称	宽度	高度	MLP	#头	#参数
ViT-G	1664	48	8192	16	1843
ViT-e	1792	56	15360	16	3926
EVA-02-ViT-E	1792	64	15360	16	4400
ViT-6.5B	4096	32	16384	32	6440
ViT-22B	6144	48	24576	48	21743
Intern ViT-6B（改进的）	3200	48	12800	25	5903

② 语言中间件：QLLaMA。语言中间件 QLLaMA 被提出，用于对齐视觉和语言特征。如图 6-3 所示，QLLaMA 是基于预训练的多语言 LLaMA 开发的，并新增了 96 个可学习的查询，以及随机初始化的交叉注意力层（10 亿个参数）。

这种方式允许 QLLaMA 将视觉元素平滑地整合到语言模型中，从而增强组合特征的连贯性和有效性。

与最近流行的使用轻量级粘合层（如 QFormer 和线性层）连接视觉编码器和 LLM 的方法相比，该方法有三个优点。

a. 通过使用的预训练权重进行初始化，QLLaMA 可以将 InternViT-6B 生成的图像令牌，转换为与 LLM 对齐的表示。

b. QLLaMA 有 80 亿个视觉语言对齐参数，是 QFormer 的 42 倍。因此，即使使用冻结的 LLM 解码器，InternVL 也可以在多模态对话任务上实现有前景的性能。

c. 可以应用于对抗学习，为图像文本对齐任务提供强大的文本表示，如零样本任务图像分类和图像文本检索。

③ 模型型号：InternVL。通过灵活地结合视觉编码器和语言中间件，InternVL 可以支持各种视觉或视觉语言任务。

a. 对于视觉感知任务，InternVL 的视觉编码器，即 InternViT-6B，可以用作视觉任务的骨干。给定输入图像 $I \in \mathbf{R}^{H \times W \times 3}$，模型可以为密集预测任务生成特征图 $F \in \mathbf{R}^{(H/14) \times (W/14) \times D}$，或者使用全局平均池和线性投影进行图像分类。

b. 对于对比任务，如图 6-4（a）与图 6-4（b）所示，引入了两种推理模式，即 InternVL-C 和 InternVL-G，使用视觉编码器，或 InternViT-6B 和 QLLaMA 的组合，对视觉特征进行编码。具体来说，将注意力池应用于 InternViT-6B 的视觉特征，或 QLLaMA 的查询特征，以计算全局视觉特征 I_f。此外，通过从 QLLaMA 的 [EOS] 令牌中提取特征，将文本编码为 T_f。通过计算 I_f 和 T_f 之间的相似性得分，支持各种对比任务，如图像文本检索。

c. 对于生成任务，与 QFormer 不同，QLLaMA 由于其扩展的参数，天生具有很好的图像字幕能力。QLLaMA 的查询对 InternViT-6B 的视觉表示进行了重组，并作为 QLLaMA 的预处理文本。后续的文本标记是按顺序逐一生成的。

d. 对于多模式对话，引入了 InternVL-Chat，利用 InternVL 作为视觉组件与 LLM 连接。为此，有两种不同的假设。一种选择是独立使用 InternViT-6B，如图 6-4（c）所示。另一种方法是同时使用完整的 InternVL 模型，如图 6-4（d）所示。

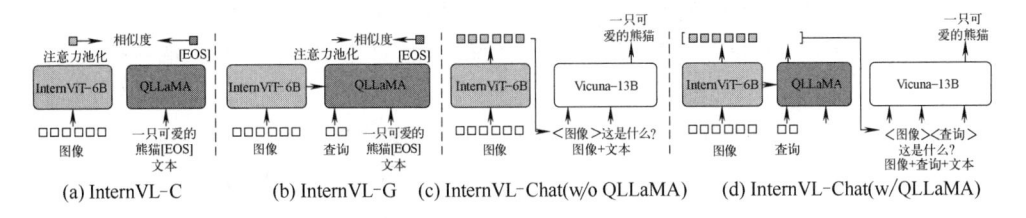

(a) InternVL-C　　(b) InternVL-G　　(c) InternVL-Chat(w/o QLLaMA)　　(d) InternVL-Chat(w/QLLaMA)

图 6-4　使用 InternVL 的不同方法

在图 6-4 中，通过灵活地结合视觉编码器和语言中间件，InternVL 可以支持各种视觉语言任务，包括对抗任务、生成任务和多模态对话。

6.3.3　对齐策略

如图 6-3 所示，InternVL 的训练分为三个渐进阶段，包括视觉语言对抗预训练、视觉语言生成式预训练和监督式微调。

① 视觉语言对抗预训练。在第一阶段，进行对抗学习，将 InternViT-6B 与多语言 LLaMA-7B 在网络规模、嘈杂的图像 - 文本对上对齐。这些数据都是公开的，包括多语言内容，包括 LAION-en、LAION-multi、LAION-COCO、COYO、Wukong（悟空）等。使用这些数据集的组合，并筛选出一些极低质量的数据来训练模型。

如表 6-2 所示，原始数据集包含 60.3 亿对图像 - 文本对，清理后剩余 49.8 亿对。

在表 6-2 中，LAION-en、LAION-multi，COYO 和悟空是网络规模的图像 - 文本对数据。LAION-COCO 是一个来自 LAION-en 的合成数据集，具有高质量的字幕。CC12M、CC3M、SBU 是学术字幕数据集。

表6-2 第一阶段和第二阶段InternVL训练数据的详细信息

数据集	属性 语言	原始的	阶段1 清洁的	残留的	阶段2 清洁的	残留的
LAION-en	英语	2.3B	1.94B	84.3%	91M	4.0%
LAION-COCO	英语	663M	550M	83.0%	550M	83.0%
COYO	英语	747M	535M	71.6%	200M	26.8%
CC12M	英语	12.4M	11.1M	89.5%	11.1M	89.5%
CC3M	英语	3.0M	2.6M	86.7%	2.6M	86.7%
SBU	英语	1.0M	1.0M	100%	1.0M	100%
Wukong	汉语	100M	69.4M	69.4%	69.4M	69.4%
LAION-multi	多种语言	2.2B	1.87B	85.0%	100M	4.5%
总的	多种语言	6.03B	4.98B	82.6%	1.03B	17.0%

在训练过程中，采用LLaMA-7B将文本编码为T_f，并使用InternViT-6B提取视觉特征I_f。根据CLIP的目标函数，最小化了一批图像-文本对相似性得分的对称交叉熵损失。该阶段使InternVL能够在零样本图像分类，以及图像文本检索等对抗任务上表现出色，该阶段的视觉编码器也可以在语义分割等视觉感知任务上表现良好。

② 视觉语言生成式预训练。在训练的第二阶段，将InternViT-6B与QLLaMA连接起来，并采用生成式训练策略。具体来说，QLLaMA在第一阶段继承了LLaMA-7B的权重。

保持InternViT-6B和QLLaMA的冻结状态，只使用经过过滤的高质量数据，训练新添加的可学习查询和交叉注意力层。表6-2总结了第二阶段的数据集。可以看出，进一步过滤掉了低质量字幕的数据，将其从第一阶段的49.8亿减少到10.3亿。

根据BLIP-2的损失函数，该阶段的损失计算为三个分量之和：图像文本对比（ITC）损失、图像文本匹配（ITM）损失和图像基础文本生成（ITG）损失。这使得查询能够提取强大的视觉表示，并进一步将特征空间与LLM对齐，这得益于有效的训练目标和大规模LLM初始化QLLaMA的利用。

③ 监督式微调。为了证明InternVL在创建多模式对话系统方面的优势，通过MLP层将其与现成的LLM解码器（例如Vicuna或InternLM）连接，并进行监督式微调（SFT）。如表6-3所示，收集了大量高质量的指令数据，总计约400万个样本。对于非对话数据集，通过视觉指令调整改进了基线的方法进行转换。

表6-3 第三阶段InternVL训练数据的详细信息

任务	采样数量	数据集
字幕	588K	COCO Caption、TextCaps
VQA	1.1M	QAv2、OKVQA、A-OKVQA、IconQA、AI2D、GQA
OCR	294K	OCR-VQA、ChartQA、DocVQA、ST-VQA、EST-VQA、InfoVQA、LLaVAR

续表

任务	采样数量	数据集
接地	323K	RefCOCO/+/g、Toloka
接地采集	284K	RefCOCO/+/g
会话	1.4M	LLaVA-150K、SVIT、VisDial、LRV-Instruction、LLaVA-Mix-665K

为了进行公平的比较，只使用这些数据集的训练分割。

由于 QLLaMA 和 LLM 的特征空间相似，即使在冻结 LLM 解码器、选择仅训练 MLP 层或同时训练 MLP 和 QLLaMA 时，也可以实现鲁棒的性能。这种方法不仅加快了 SFT 过程，而且保持了 LLM 的原始语言能力。

6.4 扩展视觉基础模型并对齐实验

6.4.1 实施细节

第一阶段：在此阶段，图像编码器 InternViT-6B 被随机初始化，文本编码器 LLaMA-7B 中的预训练权重初始化。所有参数都是完全可训练的。

第二阶段：在这个阶段，InternViT-6B 和 QLLaMA 继承了第一阶段的权重，而 QLLaMA 中新的可学习查询和交叉注意力层是随机初始化的。受益于第一阶段学到的强大表示，保持 InternViT-6B 和 QLLaMA 不变，只训练新参数。

第三阶段：在这个阶段，有两种不同的假设。一种是单独使用 InternViT-6B，如图 6-4（c）所示。另一种方法是同时使用整个 InternVL 模型，如图 6-4（d）所示。

6.4.2 视觉感知基准

首先，验证了 InternViT-6B 的视觉感知能力，这是 InternVL 最核心的组件。

① 转移到图像分类。使用 ImageNet-1K 数据集，评估 InternViT-6B 产生的视觉表示的质量。遵循常见做法，采用线性探测评估，即在保持骨干冻结的同时，训练线性分类器。除了 ImageNet-1K 验证集外，还报告了几个 ImageNet 变体的性能指标，以对领域泛化能力进行基准测试。如表 6-4 所示，InternViT-6B 在线性探测方面比以前最先进的方法，有了非常显著的改进，代表了目前没有 JFT 数据集的最佳线性评估结果。

表 6-4 中报告了 ImageNet-1K 及其变体的最高精度。ViT-22B 使用私有 JFT-3B 数据集。

表6-4 图像分类的线性评价

方法	#参数	IN-1K/%	真值/%	IN-V2/%	IN-A/%	IN-R/%	IN-Ske/%	平均/%
OpenCLIP-H	0.6B	84.4	88.4	75.5	—	—	—	—
OpenCLIP-G	1.8B	86.2	89.4	77.2	63.8	87.8	66.4	78.5

续表

方法	#参数	IN-1K/%	真值/%	IN-V2/%	IN-A/%	IN-R/%	IN-Ske/%	平均/%
DINOv2-g	1.1B	86.5	89.6	78.4	75.9	78.8	62.5	78.6
EVA-01-CLIP-g	1.1B	86.5	89.3	77.4	70.5	87.7	63.1	79.1
MAWS-ViT-6.5B	6.5B	87.8	—	—	—	—	—	—
ViT-22B*	21.7B	89.5	90.9	83.2	83.8	87.4	—	—
InternViT-6B（改进的）	5.9B	88.2	90.4	79.9	77.5	89.8	69.1	82.5

② 转移到语义分割。为了研究 InternViT-6B 的像素级感知能力，在 ADE20K 数据集上进行了广泛的语义分割实验。在 ViT-22B 之后，开始进行很少的样本学习实验，即在有限的数据集上，用线性头部对骨干进行微调。如表 6-5 所示，在训练数据比例不同的 5 个实验中，InternViT-6B 的表现始终优于 ViT-22B。此外，表 6-6 显示了在三种不同设置下的进一步验证，包括线性探测、磁头调谐和全参数调谐。注意，在线性探测的情况下，InternViT-6B 的 mIoU 达到了 47.2%。这些结果强调了 InternViT-6B 具有强大的开箱（即用像素级感知）能力。

在表 6-5 中，结果表明，InternViT-6B 具有更好的像素级感知能力。

表6-5 ADE20K上的语义切分

方法	#参数	总大小	1/16	1/8	1/4	1/2	1
ViT-L	0.3B	504^2	36.1	41.3	45.6	48.4	51.9
ViT-G	1.8B	504^2	42.4	47.0	50.2	52.4	55.6
ViT-22B	21.7B	504^2	44.7	47.2	50.6	52.5	54.9
InternViT-6B（改进的）	5.9B	504^2	46.5	50.0	53.3	55.8	57.2

注：在训练数据有限的情况下，很少进行样本任务语义分割。根据 ViT-22B，用线性分类器对 InternViT-6B 进行了调优。

表6-6 从上到下，在三种不同设置（线性探测、磁头调谐和全参数调谐）下的语义分割性能

方法	解码器	参数（训练/总计）	总大小	mIoU/%
OpenCLIP-G$_{frozen}$	线性	0.3M / 1.8B	512^2	39.3
ViT-22B$_{frozen}$	线性	0.9M / 21.7B	504^2	34.6
InternViT-6B$_{frozen}$（改进的）	线性	0.5M / 5.9B	504^2	47.2
ViT-22B$_{frozen}$	UperNet	0.8B / 22.5B	504^2	52.7
InternViT-6B$_{frozen}$（改进的）	UperNet	0.4B / 6.3B	504^2	54.9
ViT-22B	UperNet	22.5B / 22.5B	504^2	55.3
InternViT-6B（改进的）	UperNet	6.3B / 6.3B	504^2	58.9

6.4.3 视觉语言基准

下面将评估 InternVL 在各种视觉语言任务上的固有能力。

① 零样本图像分类。对 InternVL-C 的零样本图像分类能力进行了全面验证。如图 6-5（a）所示，InternVL-C 在各种 ImageNet 变体和 ObjectNet 上取得了领先的性能。与 EVA-02-CLIP-E+ 相比，它对分布偏移表现出更强的鲁棒性，表现为 ImageNet 变体之间更一致的准确性。此外，如图 6-5（b）所示，模型展示了强大的多语言功能，在多语言 ImageNet-1K 基准测试中，优于竞争模型。

方法	IN-1K	IN-A	IN-R	IN-V2	IN-Sketch	ObjectNet	Δ↓	平均
OpenCLIP-H	78.0	59.3	89.3	70.9	66.6	69.7	5.7	72.3
OpenCLIP-g	78.5	60.8	90.2	71.7	67.5	69.2	5.5	73.0
OpenAI CLIP-L+	76.6	77.5	89.0	70.9	61.0	72.0	2.1	74.5
EVA-01-CLIP-g	78.5	73.6	92.5	71.5	67.3	72.3	2.5	76.0
OpenCLIP-G	80.1	69.3	92.1	73.6	68.9	73.0	3.9	76.2
EVA-01-CLIP-g	79.3	74.1	92.5	72.1	68.1	75.3	2.4	76.9
MAWS-ViT-2B	81.9	—	—	—	—	—	—	—
EVA-02-CLIP-E+	82.0	82.1	94.5	75.7	71.6	79.6	1.1	80.9
CoCa*	86.3	90.2	96.5	80.7	77.6	82.7	0.6	85.7
LiT-22B*	85.9	90.1	96.0	80.9	—	87.6	—	—
Intern VL-C(改进的)	83.2	83.8	95.5	77.3	73.9	80.6	0.8	82.4

(a) ImageNet 变体和 ObjectNet

方法	EN	ZH	JP	AR	IT	平均
M-CLIP	—	—	—	—	20.2	—
CLIP-Italian	—	—	—	—	22.1	—
Japanese-CLIP-ViT-B	—	—	54.6	—	—	—
Taiyi-CLIP-ViT-H	—	54.4	—	—	—	—
WuKong-ViT-L-G	—	57.5	—	—	—	—
CN-CLIP-ViT-H	—	59.6	—	—	—	—
AltCLIP-ViT-L	74.5	59.6	—	—	—	—
EVA-02-CLIP-E+	82.0	3.6	5.0	0.2	41.2	—
OpenCLIP-XLM-R-B	62.3	42.7	37.9	26.5	43.7	42.6
OpenCLIP-XLM-R-H	77.0	55.7	53.1	37.0	56.8	55.9
Intern VL-C(改进的)	83.2	64.5	61.5	44.9	65.7	64.0

(b) 多语言 ImageNet-1K

图 6-5　零样本图像分类性能比较
单位为 %

在图 6-5 中，"Δ↓"表示平均 top-1 精度和 IN-1K top-1 精度之间的差距。CoCa 和 LiT-22B 在训练期间使用私有 JFT-3B 数据集。多语种评估涉及 5 种语言，包括英语（EN）、中文（ZH）、日语（JP）、阿拉伯语（AR）和意大利语（IT）。

② 零样本视频分类。根据之前的方法，在 Kinetics-400/600/700 上报告了 top-1 准确度以及 top-1 和 top-5 准确度的平均值，如表 6-7 所示。当在每个视频中只采样一个中心帧时，在三个数据集上的平均准确率分别为 76.1%、75.5% 和 67.5%，分别比 EVA-02-CLIP-E+ 高出 6.3%、6.2% 和 4.1%。此外，当在每个视频中均匀采样 8 帧时，与单帧设置相比，性能至少提高了 3.7%，优于使用网络级视频数据训练的 ViCLIP。总之，InternVL-C 在视频分类方面表现出了显著的泛化能力。

表 6-7　零样本视频分类结果在 Kinetics-400/600/700 上的比较

方法	#F	K400 top-1/%	K400 平均/%	K600 top-1/%	K600 平均/%	K700 top-1/%	K700 平均/%
OpenCLIP-g	1	—	63.9	—	64.1	—	56.9
OpenCLIP-G	1	—	65.9	—	66.1	—	59.2
EVA-01-CLIP-g+	1	—	66.7	—	67.0	—	60.9
EVA-02-CLIP-E+	1	—	69.8	—	69.3	—	63.4
InternVL-C（改进的）	1	65.9	76.1	65.5	75.5	56.8	67.5
ViCLIP	8	64.8	75.7	62.2	73.5	54.3	66.4
InternVL-C（改进的）	8	69.1	79.4	68.9	78.8	60.6	71.5

注："#F"表示帧数。

③ 零样本图像文本检索。InternVL 展示了强大的多语言图像文本检索能力。在表 6-8 中，使用 Flickr30K 和 COCO 评估英文检索能力，使用 Flickr30K CN 和 COCO-CN 评估中文检索能力。BLIP-2† 在 COCO 上偏移，零样本转移到 Flickr30K，有助于增强 Flickr30K 上的零样本性能。

表6-8 零样本图像文本检索性能比较　　　　　　　　单位：%

方法	多语言	图像→文本 R@1	R@5	R@10	文本→图像 R@1	R@5	R@10	图像→文本 R@1	R@5	R@10	文本→图像 R@1	R@5	R@10	平均
		Flickr30K（英语，1K 测试套件）						COCO（英语，5K 测试套件）						
Florence	×	90.9	99.1	—	76.7	93.6	—	64.7	85.9	—	47.2	71.4	—	—
ONE-PEACE	×	90.9	98.8	99.8	77.2	93.5	96.2	64.7	86.0	91.8	48.0	71.5	79.6	83.2
OpenCLIP-H	×	90.8	99.3	99.7	77.8	94.1	96.6	66.0	86.1	91.9	49.5	73.4	81.5	83.9
OpenCLIP-g	×	91.4	99.2	99.6	77.7	94.1	96.9	66.4	86.0	91.8	48.8	73.3	81.5	83.9
OpenCLIP-XLM-R-H	√	91.8	99.4	99.8	77.8	94.1	96.5	65.9	86.2	92.2	49.3	73.2	81.5	84.0
EVA-01-CLIP-g+	×	91.6	99.3	99.8	78.9	94.5	96.9	68.2	87.5	92.5	50.3	74.0	82.1	84.6
CoCa	×	92.5	99.5	99.9	80.4	95.7	97.7	66.3	86.2	91.8	51.2	74.2	82.0	84.8
OpenCLIP-G	×	92.9	99.3	99.8	79.5	95.0	97.1	67.3	86.9	92.6	51.4	74.9	83.0	85.0
EVA-02-CLIP-E+	×	93.9	99.4	99.8	78.8	94.2	96.8	68.8	87.8	92.8	51.1	75.0	82.7	85.1
BLIP-2+	×	97.6	100.0	100.0	89.7	98.1	98.9	—	—	—	—	—	—	—
InternVL-C	√	94.7	99.6	99.9	81.7	96.0	98.2	70.6	89.0	93.5	54.1	77.3	84.6	86.6
InternVL-G	√	**95.7**	**99.7**	**99.9**	**85.0**	**97.0**	**98.6**	**74.9**	**91.3**	**95.2**	**58.6**	**81.3**	**88.0**	**88.8**
		Flickr30K-CN（中文，1K 测试套件）						COCO-CN（中文，1K 测试套件）						
WuKong-ViT-L	×	76.1	94.8	97.5	51.7	78.9	86.3	55.2	81.0	90.6	53.4	80.2	90.1	78.0
R2D2-ViT-L	×	77.6	96.7	98.9	60.9	86.8	92.7	63.3	89.3	95.7	56.4	85.0	93.1	83.0
Taiyi-CLIP-ViT-H	×	—	—	—	—	—	—	—	—	—	60.0	84.0	93.3	—
AltCLIP-ViT-H	√	88.9	98.5	99.5	74.5	92.0	95.5	—	—	—	—	—	—	—
CN-CLIP-ViT-H	×	81.6	97.5	98.8	71.2	91.4	95.5	63.0	86.6	92.9	69.2	89.9	96.1	86.1
OpenCLIP-XLM-R-H	√	86.1	97.5	99.2	71.0	90.5	94.9	70.0	91.5	97.0	66.1	90.8	96.0	87.6
InternVL-C	√	90.3	98.8	99.7	75.1	92.9	96.4	68.8	92.0	96.7	68.9	91.9	96.5	89.0
InternVL-G	√	**92.9**	**99.4**	**99.8**	**77.7**	**94.8**	**97.3**	**71.4**	**93.9**	**97.7**	**73.8**	**94.4**	**98.1**	**90.9**

此外，利用 XTD 数据集来评估 8 种语言的多语言图像文本检索能力。总之，InternetVL-C 在大多数检索指标上都实现了最先进的性能，通过第二阶段的预训练，InternetVL-G 进一步提高了零样本图像文本检索性能。检索任务的这些改进表明，通过使用语言中间件 QLLaMA 进行辅助的图像编码，视觉和语言特征之间可以更有效地对齐。

④ 零样本图像字幕。得益于对大量高质量图像-文本对的视觉语言生成训练，QLLaMA 在零样本图像字幕方面具有很好的能力。如表 6-9 所示，QLLaMA 在 COCO 测试集上的零样本性能超过了其他模型。它在 Flickr30K 和 NoCaps 测试集上，也取得了与当前最先进的模型相当的结果。当 InternVL 与 LLM（例如 Vicuna-7B/13B）连接并进行 SFT 时，观察到 Flickr30K 和 NoCaps 的零样本性能显著增强，如表 6-10 所示。

在表 6-9 中，QLLaMA 凭借其放大的参数和数据集，拥有有前景的零样本字幕功能。

表6-9 零样本图像字幕的比较

方法	粘合层	LLM 解码器	COCO	Flickr30K	NoCaps
Flamingo-9B	Cross-Attn	Chinchilla-7B	79.4	61.5	—
Flamingo-80B	Cross-Attn	Chinchilla-70B	84.3	67.2	—
KOSMOS-2	Linear	KOSMOS-1	—	66.7	—
PaLI-X-55B	Linear	UL2-32B	—	—	126.3
BLIP-2	QFormer	Vicuna-13B	—	71.6	103.9
InstructBLIP	QFormer	Vicuna-13B	—	82.8	121.9
Shikra-13B	Linear	Vicuna-13B	—	73.9	—
ASM	QFormer	Husky-7B	—	87.7	117.2
Qwen-VL	VL-适配器	Qwen-7B	—	85.8	121.4
Qwen-VL-Chat	VL-适配器	Qwen-7B	—	81.0	120.2
Emu	QFormer	LLaMA-13B	112.4	—	—
Emu-I	QFormer	LLaMA-13B	117.7	—	—
DreamLLM	Linear	Vicuna-7B	115.4	—	—
InternVL-G（改进的）	Cross-Attn	QLLaMA	128.2	79.2	113.7

在表 6-10 中，图像字幕数据集包括 COCO、Flickr30K、NoCaps。VQA 数据集包括 VQAv2、GQA、VizWiz 和 VQAT。*表示在训练过程中观察数据集的训练注释。"IViT-6B"代表 InternViT-6B。

表6-10 在9个基准上与SoTA方法进行比较

方法	视觉编码器	胶水层	LLM	Res.	PT	SFT	训练参数
InstructBLIP	EVA-g	QFormer	Vicuna-7B	224	129M	1.2M	188M
BLIP-2	EVA-g	QFormer	Vicuna-13B	224	129M	—	188M
InstructBLIP	EVA-g	QFormer	Vicuna-7B	224	129M	1.2M	188M
InternVL-Chat（改进）	IViT-6B	QLLaMA	Vicuna-7B	224	1.0B	4.0M	64M
InternVL-Chat（改进）	IViT-6B	QLLaMA	Vicuna-13B	224	1.0B	4.0M	90M
Shikra	CLIP-L	Linear	Vicuna-13B	224	600K	5.5M	7B
IDEFICS-80B	CLIP-H	Cross-Attn	LLaMA-65B	224	1.6B	—	15B
IDEFICS-80B-I	CLIP-H	Cross-Attn	LLaMA-65B	224	353M	6.7M	15B
Qwen-VL	GLIP-G	VL-Adapter	Qwen-7B	448	1.4B†	50M†	9.6B
Qwen-VL-Chat	GLIP-G	VL-Adapter	Qwen-7B	448	1.4B†	50M†	9.6B
LLaVA-1.5	CLIP-L$_{336}$	MLP	Vicuna-7B	336	558K	665K	7B
LLaVA-1.5	CLIP-L$_{336}$	MLP	Vicuna-13B	336	558K	665K	13B
InternVL-Chat（改进）	IViT-6B	MLP	Vicuna-7B	336	558K	665K	7B
InternVL-Chat（改进）	IViT-6B	MLP	Vicuna-13B	336	558K	665K	13B
InternVL-Chat（改进）	IViT-6B	QLLaMA	Vicuna-13B	336	1.0B	4.0M	13B

续表

方法	图像字幕			视觉问题答案				对话	
	COCO	Flickr 30K	NoCaps	VQAV2	GQA	VizWiz	VQAT	MME	POPE
InstructBLIP	—	82.4	123.1	—	49.2	34.5	50.1	—	—
BLIP-2	—	71.6	103.9	41.0	41.0	19.6	42.5	1293.8	85.3
InstructBLIP	—	82.8	121.9	—	49.5	33.4	50.7	1212.8	78.9
InternVL-Chat（改进）	141.4*	89.7	120.5	72.3*	57.7*	44.5	42.1	1298.5	85.2
InternVL-Chat（改进）	142.4*	89.9	123.1	71.7*	59.5*	54.0	49.1	1317.2	85.4
Shikra	117.5*	73.9	—	77.4*	—	—	—	—	—
IDEFICS-80B	91.8*	53.7	65.0	60.0	45.2	36.0	30.9	—	—
IDEFICS-80B-I	117.2*	65.3	104.5	37.4	—	26.0	—	—	—
Qwen-VL	—	85.8	121.4	78.8*	59.3*	35.2	63.8	—	—
Qwen-VL-Chat	—	81.0	120.5	78.2*	57.5*	38.9	**61.5**	1487.5	—
LLaVA-1.5	—	—	—	78.5*	62.0*	50.0	58.2	1510.7	85.9
LLaVA-1.5	—	—	—	80.0*	63.3*	53.6	61.3	1531.3	85.9
InternVL-Chat（改进）	—	—	—	79.3*	62.9*	52.5	57.0	1525.1	86.4
InternVL-Chat（改进）	—	—	—	80.2*	63.9*	54.6	58.7	1546.9	87.1
InternVL-Chat（改进）	**146.2***	**92.2**	**126.2**	**81.2***	**66.6***	58.5	61.5	**1586.4**	**87.6**

6.4.4 多模式对话基准

除了传统的多模态任务外，ChatGPT 的出现，导致人们越来越关注评估多模态模型在实际使用场景中的性能，特别是在多模态对话领域。

在两个著名的多模态对话基准上对 InternVL 聊天模型进行了测试，包括 MME 和 POPE。MME 是一个全面的基准，包括 14 个子任务，重点关注模型的感知和认知能力。POPE 是一个用于评估物体幻觉的流行数据集。如表 6-10 所示，清楚地表明，在可训练参数计数公平的条件下，模型与以前的方法相比表现出更优的性能。

6.4.5 消融研究

① InternViT-6B 的超参数。探索了模型深度 {32,48,64,80}、头部尺寸 {64,128} 和 MLP 比 {4,8} 的变化，得到了 16 个不同的模型。在选择最佳模型时，最初将重点缩小到 6 个模型，根据其吞吐量进行选择，如表 6-11 所示。这些模型在 10K 次迭代中，使用对抗学习，对 LAION-en 的 100M 子集进行了进一步评估。对于实验设置，主要区别在于使用 CLIP-L 的随机初始化文本编码器，以加快训练速度。为了准确性、推理速度和训练稳定性，最终选择了变体 3 作为最终的 InternViT-6B。

在表 6-11 中，吞吐量（img/s）和 FLOPs 是在 224×224 输入分辨率下测量的，在单个 A100 GPU 上的批处理大小为 1 或 128。测试期间使用闪光注意和 bf16 精度。"zs

IN"表示 ImageNet-1K 验证集上的零样本 top-1 精度。

表6-11 InternViT-6B中超参数的比较

名称	宽度	高度	MLP	#头	#参数	FLOPs	吞吐量/(img/s)	zs IN
变量 1	3968	32	15872	62	6051M	1571G	35.5/66.0	65.8
变量 2	3200	48	12800	50	5903M	1536G	28.1/64.9	66.1
变量 3	3200	48	12800	25	5903M	1536G	28.0/64.6	66.2
变量 4	2496	48	19968	39	5985M	1553G	28.3/65.3	65.9
变量 5	2816	64	11264	44	6095M	1589G	21.6/61.4	66.2
变量 6	2496	80	9984	39	5985M	1564G	16.9/60.1	66.2

② 特征表示的一致性。在这项研究中，验证了 InternVL 的特征表示与现成 LLM 的一致性。采用极简主义设置，即仅使用 LLaVA-Mix-665K 数据集进行单级 SFT。此外，只有 MLP 层是可训练的，从而混淆了来自各种视觉基础模型和 LLM 的特征之间的固有对齐水平。结果如表 6-12 所示。与 EVA-E 相比，InternViT-6B 在这种简单的设置下，实现了更好的性能。此外，值得注意的是，当使用 QLLaMA 作为粘合层时，所有三个任务的性能都有了显著提高。这些显著的改进清楚地表明，InternVL 的特征表示与现成的 LLM 更一致。

在表 6-12 中，V-7B 和 V-13B 分别表示 Vicuna-7B/13B，IViT-6B 代表 InternViT-6B。

表6-12 使用InternVL构建多模式对话系统的消融研究

视觉编码器	粘合层	LLM	数据集	对话 MME	说明文字 NoCaps	视觉问题答案 OKVQA	VizWiz$_{val}$	GQA
EVA-E	MLP	V-7B	665K	970.5	75.1	40.1	25.5	41.3
IViT-6B	MLP	V-7B	665K	1022.3	80.8	42.9	28.3	45.8
IViT-6B	QLLaMA	V-7B	665K	1227.5	94.5	51.0	38.4	57.4
IViT-6B	QLLaMA	V-7B	改进的	1298.5	120.5	51.8	44.9	57.7
IViT-6B	QLLaMA	V-13B	改进的	1317.2	123.1	55.5	55.7	59.5

6.5 扩展视觉基础模型并对齐结论

InternVL 是一个大规模的视觉语言基础模型，将视觉基础模型扩展到 60 亿个参数，并针对通用的视觉语言任务进行了对齐。具体来说，设计了一个大规模的视觉基础模型 InternViT-6B，逐步将其与 LLM 初始化的语言中间件 QLLaMA 对齐，并利用来自各种来源的网络级图像文本数据进行高效训练，弥补了视觉基础模型和 LLM 之间的差距，并展示了其在广泛的通用视觉语言任务中的熟练程度，如图像/视频分类、图像/视频文本检索、视觉问答和多模式对话。

6.6 扩展视觉基础模型并对齐补充材料

6.6.1 更多实验

① 20 个数据集上的零样本图像分类。下面将扩展研究，以展示 InternVL 在 20 个不同的零样本任务图像分类基准中的有效性和鲁棒性。如表 6-13 所示，InternVL 在所有 20 个基准测试中的平均性能为 78.1%。这一性能明显超过了之前领先的方法 EVA-02-CLIPE+，相差 1%。这强调了除了 ImageNet 及其变体之外，InternVL 在零样本图像分类的各种不同领域，也具有强大的泛化能力。

表6-13 零样本图像在其他20个数据集上的分类性能比较   单位：%

方法	CIFAR-10	CIFAR-100	MNIST	Caltech 101	SUN 397	FGVC Aricraft	Country-211	Stanford-Cars	Birdsnap	DTD
OpenAI CLIP-L+	94.9	74.4	79.0	87.2	68.7	33.4	34.5	79.3	41.0	56.0
EVA-01-CLIP-g	98.3	88.7	62.3	87.7	74.2	32.4	28.6	91.7	50.0	61.3
OpenCLIP-g	98.2	84.7	71.9	88.1	74.1	44.6	30.9	94.0	51.0	68.7
OpenCLIP-H	97.4	84.7	72.9	85.0	75.2	42.8	30.0	93.5	52.9	67.8
EVA-02-CLIP-L+	98.9	89.8	64.3	89.5	74.8	37.5	33.6	91.6	45.8	64.5
EVA-01-CLIP-g+	99.1	90.1	71.8	88.1	74.3	39.4	30.8	90.7	52.6	67.3
OpenCLIP-G	98.2	87.5	71.6	86.4	74.5	49.7	33.8	94.5	54.5	69.0
EVA-02-CLIP-E	99.3	92.5	76.7	89.0	**76.5**	47.9	34.7	94.4	56.3	68.2
EVA-02-CLIP-E+	99.3	93.1	74.7	**90.5**	75.1	**54.1**	**35.7**	**94.6**	58.1	68.2
InternVL-C（改进的）	**99.4**	**93.2**	**80.6**	89.5	76.0	52.7	34.1	94.2	**72.0**	**70.7**

方法	Eurosat	FER 2013	Flowers 102	Food 101	GTSRB	Pets	Rendered SST2	Resisc 45	STL10	VOC 2007	avg.top-1 acc.
OpenAI CLIP-L+	61.5	49.1	78.6	93.9	52.4	93.8	70.7	65.4	99.4	78.1	69.6
EVA-01-CLIP-g	73.6	52.2	74.5	93.5	49.1	94.2	58.4	70.3	98.9	83.2	71.2
OpenCLIP-g	64.7	55.8	81.0	92.5	49.7	93.9	56.7	69.6	98.9	81.6	72.5
OpenCLIP-H	72.7	52.0	80.1	92.7	58.4	94.5	64.3	70.5	98.5	77.7	73.2
EVA-02-CLIP-L+	71.4	51.0	77.2	94.2	57.6	94.2	64.6	69.8	**99.7**	82.7	72.6
EVA-01-CLIP-g+	73.2	56.0	79.7	93.7	66.5	94.8	58.6	71.4	99.5	82.9	74.0
OpenCLIP-G	70.0	**59.5**	81.5	93.1	62.5	95.2	65.2	72.6	98.5	80.7	74.9
EVA-02-CLIP-E	77.6	55.1	82.5	95.2	67.1	95.6	61.1	73.5	99.2	83.0	76.3
EVA-02-CLIP-E+	75.8	58.6	84.5	94.9	**67.7**	95.8	61.4	**75.6**	99.2	**85.6**	77.1
InternVL-C（改进的）	**79.4**	56.2	**86.1**	**95.3**	65.5	**96.0**	**67.9**	74.2	99.5	80.0	**78.1**

② 基于 XTD 的零样本图像文本检索。表 6-14 报告了 InternVL 在跨八种语言的多语言图像文本检索数据集 XTD 上的结果。从表 6-14 中可以看出，InternVL-C 达到了平均水平（recall@10）95.1%。第二阶段模型 InternVL-G 进一步提高了检索性能。它在每种语言中都获得了最高的分数，并创下了平均成绩 96.6% 的新纪录。

在表 6-14 中，多种语言包括英语（EN）、西班牙语（ES）、法语（FR）、中文（ZH）、意大利语（IT）、韩语（KO）、俄语（RU）和日语（JP）。按照 M-CLIP 报告 recall@10（图像到文本）。

表6-14　零样本多语言图像文本检索性能在XTD数据集上的比较　　　　　单位：%

方法	EN	ES	FR	ZH	IT	KO	RU	JP	平均
mUSE m3	85.3	78.9	78.9	76.7	73.6	67.8	76.1	70.7	76.0
M-CLIP	92.4	91.0	90.0	89.7	91.1	85.2	85.8	81.9	88.4
MURAL	—	92.9	—	89.7	91.8	88.1	87.2	—	—
AltCLIP	95.4	94.1	92.9	95.1	94.2	94.4	91.8	91.7	93.7
OpenCLIP-XLM-R-B	95.8	94.4	92.5	91.8	94.4	86.3	89.9	90.7	92.0
OpenCLIP-XLM-R-H	97.3	96.1	94.5	94.7	96.0	90.2	93.9	94.0	94.6
InternVL-C（改进的）	97.3	95.7	95.1	95.6	96.0	92.2	93.3	95.5	95.1
InternVL-G（改进的）	**98.6**	**97.7**	**96.5**	**96.7**	**96.9**	**95.1**	**94.8**	**96.1**	**96.6**

③ 零样本视频文本检索。在表 6-15 中，展示了使用 InternVL 模型，即 InternVL-C 和 InternVL-G，在 MSR-VTT 数据集上零样本视频文本检索的结果。在 1 帧设置中，从每个视频中选择一个中心帧。在 8 帧设置中，从每个视频中均匀提取 8 帧，将它们视为独立的图像进行编码，然后对嵌入进行平均。结果显示，在 R@1（recall@1 的简写，下同）、R@5、R@10 和平均得分等各项指标上，都有持续的改进。重要的是，这两种模型在单帧和多帧配置中，都显示出有前景的结果，InternVL-G 的性能略高于 InternVL-C，特别是在多帧设置中。这些结果强调了 QLLaMA 在协调视觉和语言特征方面的有效性。

在表 6-15 中，"#F"表示帧数。标注"†"的模型是用时间注意力层训练的。

表6-15　零样本视频文本检索在MSR-VTT上的性能比较　　　　　单位：%

方法	#F	视频→文本 R@1	R@5	R@10	文本→视频 R@1	R@5	R@10	平均
OpenAI CLIP-L	1	27.8	49.4	58.0	29.0	50.5	59.2	45.7
InternVL-C（改进的）	1	35.3	56.6	66.6	37.5	60.9	70.9	54.6
InternVL-G（改进的）	1	36.6	58.3	67.7	39.1	61.7	70.7	55.7
OpenAI CLIP-L	8	26.6	50.8	61.8	30.7	54.4	64.0	48.1
Florence	8	—	—	—	37.6	63.8	72.6	—
InternVideo †	8	39.6	—	—	40.7	—	—	—
UMT-L †	8	38.6	59.8	69.6	42.6	64.4	73.1	58.0
LanguageBind †	8	40.9	66.4	75.7	4.8	70.0	78.7	62.8
InternVL-C（改进的）	8	40.2	63.1	74.1	44.7	68.2	78.4	61.5
InternVL-G（改进的）	8	42.4	65.9	75.4	46.3	70.5	79.6	63.4

④ 微调图像文本检索。在表 6-16 中，报告了 InternVL 在 Flickr30K 数据集的英文，以及其中文版本上的微调图像文本检索结果。微调的具体超参数如后文表 6-21 所示。从中可以看出，模型获得了有竞争力的性能，InternVL-G-FT 在两个数据集中的性能，都略微超过了 InternVL-C-FT。值得注意的是，在极具挑战性的 Flickr30K-CN 中，这两

种模型都显示出处理跨语言检索任务的有前景的能力。这些结果证明了语言中间件的有效性，特别是在检索任务中。

在表 6-16 中，使用 Flickr30K 和 Flickr30K-CN，评估英文和中文图像文本检索，并对每种检索进行单独的微调，以防止数据泄露。

表6-16 微调图像文本检索性能的比较 单位：%

方法	图像→文本 R@1	R@5	R@10	文本→图像 R@1	R@5	R@10	平均
Flickr30K（英语，1K 测试集）							
ALIGN	95.3	99.8	100.0	84.9	97.4	98.6	96.0
FILIP	96.6	100.0	100.0	87.1	97.7	99.1	96.8
Florence	97.2	99.9	—	87.9	98.1	—	—
BLIP	97.4	99.8	99.9	87.6	97.7	99.0	96.9
OmniVL	97.3	99.9	100.0	87.9	97.8	99.1	97.0
BEiT-3	97.5	99.9	100.0	89.1	98.6	99.3	97.4
ONE-PEACE	97.6	100.0	100.0	89.6	98.0	99.1	97.4
InternVL-C-FT（改进的）	97.2	100.0	100.0	88.5	98.4	99.2	97.2
InternVL-G-FT（改进的）	97.9	100.0	100.0	89.6	98.6	99.2	97.6
Flickr30K-CN（中文，1K 测试集）							
Wukong-ViT-L	92.7	99.1	99.6	77.4	94.5	97.0	93.4
CN-CLIP-ViT-H	95.3	99.7	100.0	83.8	96.9	98.6	95.7
R2D2-ViT-L	95.6	99.8	100.0	84.4	96.7	98.4	95.8
InternVL-C-FT（改进的）	96.5	99.9	100.0	85.2	97.0	98.5	96.2
InternVL-G-FT（改进的）	96.9	99.9	100.0	85.9	97.1	98.7	96.4

⑤ 微型 LVLM。Tiny LVLM 是评估多模式对话模型性能的能力水平基准。它系统地评估了五类多模态能力，包括视觉感知（VP）、视觉知识获取（VKA）、视觉推理（VR）、视觉常识（VC）和物体幻觉（OH）。在表 6-17 中报告了微型 LVLM 的结果。

表6-17 微型LVLM测试装置的评估 单位：%

方法	LLM	VR	VP	VKA	VC	OH	整体
MiniGPT-4	Vicuna-7B	37.6	37.8	17.6	49.0	50.7	192.7
LLaVA	Vicuna-7B	41.6	38.3	18.7	49.4	49.0	197.0
VisualGLM	ChatGLM-6B	37.3	36.3	46.9	37.6	54.0	211.9
Otter	Otter-9B	41.6	37.0	15.1	52.4	74.0	216.4
LLaMA-适配器-V2	LLaMA-7B	43.5	46.8	22.3	56.0	60.7	229.2
Lynx	Vicuna-7B	52.2	65.8	17.6	57.4	86.3	279.2

续表

方法	LLM	VR	VP	VKA	VC	OH	整体
BLIP-2	FlanT5xl	44.9	49.0	64.1	44.0	82.7	284.7
InstructBLIP	Vicuna-7B	46.7	48.0	61.7	59.2	85.0	300.6
LLaVA-1.5	Vicuna-7B	55.6	49.0	57.0	57.2	88.3	307.2
Qwen-VL-Chat	Qwen-7B	62.4	54.5	55.1	54.8	90.0	316.8
Bard	Bard	64.2	57.0	68.1	59.6	70.7	319.6
InternLM-XComposer	InternLM-7B	55.8	53.8	64.1	61.8	87.0	322.5
InternVL-Chat（改进的）	Vicuna-13B	56.4	52.3	68.0	62.0	89.0	327.6

6.6.2 更多消融研究

① 与其他 LLM 的兼容性。在这个实验中，测试了 InternVL 与 Vicuna 以外的 LLM 的兼容性。这里使用的实验装置与表 6-10 中的相同。如表 6-18 所示，InternLM-7B 的性能略优于 Vicuna-7B。这表明 InternVL 与各种 LLM 具有很好的兼容性。

表6-18　与其他LLM兼容

视觉编码器	粘合层	LLM	视觉问题答案				对话	
			VQAv2	GQA	VizWiz	VQAT	MME	POPE
IViT-6B	MLP	Vicuna-7B	79.3	62.9	52.5	57.0	1525.1	86.4
IViT-6B	MLP	InternLM-7B	79.7	63.2	53.1	58.0	1532.8	86.4

② 效率分析。在这项研究中，分析了 InternVL 在编码图像-文本对时的计算效率。整个编码过程由两部分组成：图像编码和文本编码。该分析涵盖了两种模型（InternVL-C 和 InternVL-G）及其在三种不同图像尺寸（224、336 和 448）下的性能。结果如表 6-19 所示。

在表 6-19 中，对图像-文本对进行编码的总时间包括图像编码部分和文本编码部分。在单个 A100 GPU 上，以 128 的批处理大小测量时间成本。测试期间使用闪光注意和 bf16 精度。

表6-19　InternVL对图像-文本对编码的效率分析

方法	图像大小	编码图像 /ms		编码文本 /ms	总时间 /ms	帧率 /(f/s)
		InternViT-6B	QLLaMA	QLLaMA		
InternVL-C	224	15.5	—	4.9	20.4	48.9
	336	35.2	—	4.9	40.1	24.9
	448	66.9	—	4.9	71.8	13.9
InternVL-G	224	15.5	8.2	4.9	28.6	35.0
	336	35.2	10.3	4.9	50.4	19.8
	448	66.9	12.8	4.9	84.6	11.8

从这些结果中发现：

a.随着图像大小的增加，编码时间也显著增加，直接导致帧率降低。

b.由于引入了QLLaMA进行二次图像编码，InternVL-G略微增加了编码时间，但它仍然在所有图像大小上保持了合理的帧率。

c.尽管扩大了文本编码器的规模，但文本编码的辅助成本并不显著，因为主要的时间支出在于图像编码。总之，在选择InternVL-C和InternVL-G时，应根据特定要求，进行计算效率和潜在性能改进之间的权衡。

此外，这些结果是使用具有闪光注意和bf16精度的PyTorch进行测量的，并且仍有相当大的优化空间，例如使用模型量化和TensorRT。

6.6.3 详细训练设置

（1）第一阶段的设置

如表6-20所示，在该阶段，使用BEiT的初始化方法，对图像编码器InternViT-6B进行随机初始化，并使用高效文本编码的预训练权重，对文本编码器LLaMA-7B进行初始化。所有参数都是完全可训练的。使用AdamW优化器，其中β_1=0.9，β_2=0.95，权重衰减为0.1，余弦学习率调度分别从e^{-3}和e^{-4}开始，分别用于图像编码器和文本编码器。采用0.2的均匀下降路径速率。该训练涉及640个A100 GPU上164K的总批量，扩展了超过175K次迭代，处理了约287亿个样本。为了提高效率，最初以196×196的分辨率进行训练，掩蔽了50%的图像标记，然后切换到224×224的分辨率，对最后的5亿个样本不进行掩蔽。

表6-20 InternVL第一阶段和第二阶段的训练设置

配置	阶段1	阶段2
图像加密权重初始化	随机初始化	从第一阶段开始
文本附件权重初始化	高效文本编码	从第一阶段开始
图像加密峰值学习率	e^{-3}	冻结
文本加密峰值学习率	e^{-4}	冻结
交叉峰值学习率	—	$5e^{-5}$
学习率调度	余弦衰变	余弦衰变
优化器	AdamW	AdamW
优化器超参数	β_1=0.9，β_2=0.95	β_1=0.9，β_2=0.98
权重衰减	0.1	0.05
输入分辨率	196×196 → 224×224	224×224
斑块大小	14	14
总批量	164K	20K

续表

配置	阶段1	阶段2
预热迭代	5K	2K
总迭代	175K	80K
可见样品	28.7B	1.6B
下降路径速率	均匀（0.2）	0
数据增强	随机调整大小的裁剪	随机调整大小的裁剪
数值精度	深度速度 bf16	深度速度 bf16
可训练/总参数	13B/13B	1B/14B
训练 GPU	640×A100（80G）	160×A100（80G）

（2）第二阶段的设置

在这个阶段，InternViT-6B 和 QLLaMA 继承了第一阶段的权重，而 QLLaMA 中的可学习查询和交叉注意力层是随机初始化的。得益于在第一阶段学到的强大编码能力，保持了 InternViT-6B 和 QLLaMA 的冻结状态，只训练新的添加参数。输入图像以 224×224 的分辨率进行处理。为了优化，使用了 AdamW 优化器，其中 β_1=0.9，β_2=0.98，权重衰减设置为 0.05，总批量为 20K。该训练在 160 个 A100 GPU 上扩展了超过 80K 个步骤，包括 2K 个预热步骤，并由峰值学习率为 $5e^{-5}$ 的余弦学习率计划控制。表 6-20 列出了更详细的训练设置。

（3）第三阶段的设置

在这个阶段，有两种不同的假设。一种是单独使用 InternViT-6B，如图 6-4（c）所示。另一种方法是同时使用整个 InternVL 模型，如图 6-4（d）所示。

① InternVL-Chat（不含 QLLaMA）：对于此设置，遵循 LLaVA-1.5 的训练设置。使用相同的超参数和数据集进行监督微调，即首先用 LGS-558K 数据集训练 MLP 层，然后用 LLaVA-Mix665K 数据集训练 LLM，这两个数据集都用于一个历元。

② InternVL-Chat（带 QLLaMA）：对于这种更高级的设置，还分两步进行了训练。

首先使用自定义 SFT 数据集训练 MLP 层，然后使用它调整 LLM。由于数据集的扩展，将批大小增加到 512。

a. 检索微调设置。在这个实验中，InternVL 的所有参数都设置为可训练的。对 Flickr30K 和 Flickr30K-CN 进行单独的微调。按照惯例，采用 364×364 分辨率进行微调。为了避免过度偏移，对 InternViT-6B 和 QLLaMA 应用了 0.9 的逐层学习率衰减，同时对 InternViT-6B 应用了 0.3 的下降路径速率。使用 AdamW 优化器，总批处理大小为 1024，在 10 个迭代周期内对 InternVL 模型进行微调。关于更详细的训练设置，可参阅表 6-21。

表6-21　检索微调的训练设置

配置	检索调优	配置	检索调优
图像文本数据	Flickr30K / Flickr30K-CN	总批量	1024
峰值学习率	e^{-6}	预热迭代	100
逐层学习衰减率	InternViT-6B（0.9）、QLLaMA（0.9）	训练时间（迭代周期）	10
学习率调度	余弦衰减	下降路径速率	0.3
优化器	AdamW	数据增大	随机调整大小的裁剪和翻转
优化器超参数	β_1=0.9, β_2=0.999	数值精度	深度速度 bf16
权重衰减	0.05	可训练 / 总参数	14B / 14B
输入分辨率	364×364	GPU 训练	32×A100（80G）
斑块大小	14		

在表 6-21 中，分别在 Flickr30K 和 Flickr30K-CN 上刷新 InternVL。

b. ImageNet 线性探测的设置。该实验遵循之前方法中线性探测的常见做法。具体来说，在训练过程中，使用了一个辅助的 BatchNorm 来规范化预训练的骨干特征。此外，将平均池补丁令牌特征与类令牌连接起来。使用 SGD 优化器在 ImageNet-1K 上，训练线性头 10 个迭代周期，总批量大小为 1024，峰值学习率为 0.2，1 个迭代周期预热，没有权重衰减。数据增强涉及随机调整大小的裁剪和翻转。更多训练详情参见表 6-22。

表6-22　ImageNet线性探测的训练设置

配置	ImageNet 线性探测	配置	ImageNet 线性探测
峰值学习率	0.2	斑块大小	14
学习率调度	余弦衰变	总批量	1024
优化器	SGD	预热阶段（迭代周期）	1
优化器动量	0.9	训练时间（迭代周期）	10
权重衰变	0	数据增大	随机调整大小的裁剪和翻转
输入分辨率	224×224	用于训练的 GPU	8×A100（80G）

c. ADE20K 语义分割设置。ADE20K 语义切分的训练设置如表 6-23 所示。

表 6-23 列出了 ADE20K 语义分割中三种不同构造的超参数，包括线性探测、磁头调谐和全参数调谐。

表6-23　ADE20K语义切分的训练设置

配置	线性探测 / 磁头调谐 / 全参数调谐	配置	线性探测 / 磁头调谐 / 全参数调谐
峰值学习率	4e-5	总批量	16
逐层学习衰减率	—/—/0.95	预热阶段	1.5K
学习率调度	多项式衰变	总迭代	80K
优化器	AdamW	下降路径速率	0 / 0 / 0.4
优化器超参数	β_1=0.9, β_2=0.999	数据增大	MMSeg 中的默认增强
权重衰变	0 / 0.05 / 0.05	数值精度	深度速度 bf16
输入分辨率	504×504	训练 GPU	8×A100（80G）
斑块大小	14		

6.6.4 预训练数据准备

① 第一阶段和第二阶段的训练数据。在第一阶段和第二阶段，使用了大量的图像文本数据［见图6-6（a）］，如LAION-en、LAION-multi，LAION-COCO、COYO、Wukong等。表6-24详细介绍了这些数据集。

■ 训练集(英语)　■ 训练集(多语言)　□ 零样本测试集(英语)　□ 零样本测试集(多语言)　□ 迁移学习数据集

(a) 第一阶段和第二阶段的训练数据：LAION-en、LAION-COCO、COYO-700M、SBU、CC3M、LAION-multi、CC12M、Wukong

(b) 测试图像分类数据集：ImageNet-1K、ImageNet-ReaL、ImageNet-V2、ImageNet-Sketch、ImageNet-A、ObjectNet、ImageNet-R、Multilingual IN-1k、CIFAR-10、CIFAR-100、MNIST、Caltech101、SUN397、FGVCAircraft、Country-211、Stanford Cars、Birdsnap、DTD、Eurosat、FER2013、Flowers-102、Food-101、GTSRB、Pets、Rendered SST2、Resisc45、STL10、Pasal VOC2007

(c) 测试视频分类数据集：Kinetics-400、Kinetics-600、Kinetics-700

(d) 测试图像文本检索数据集：COCO Caption、Flickr30K、COCO-CN、Flickr30K-CN、XTD

(e) 测试视频文本检索数据集：MSR-VTT

(f) 图像字幕测试数据集：COCO、Flickr30K、NoCaps

(g) 语义分割测试数据集：ADE20K

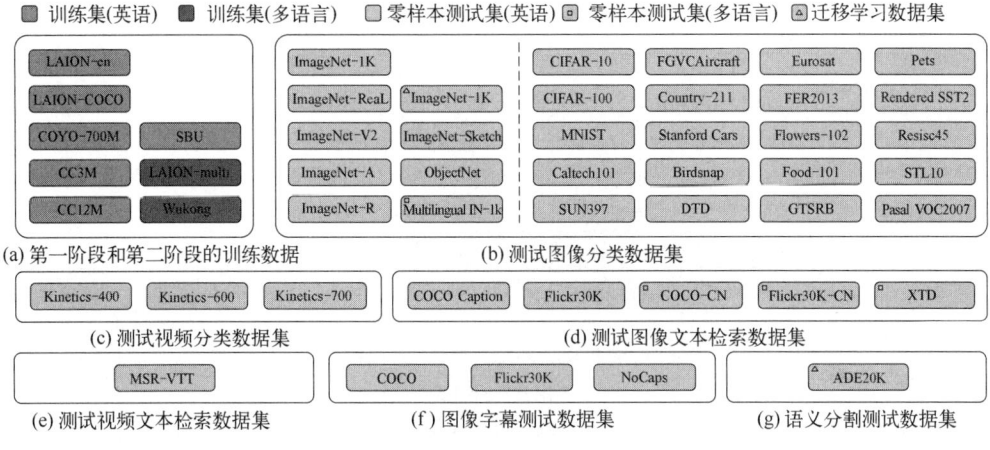

图6-6　InternVL第一阶段和第二阶段使用的数据集的全景概述

在图6-6中，在第一阶段和第二阶段的训练过程中，利用来自各种来源的网络级图像文本数据来训练InternVL模型，如图6-6（a）所示。为了评估InternVL处理通用视觉语言任务的能力，对一系列任务和数据集进行了广泛的验证，包括图6-6（b）图像分类、图6-6（c）视频分类、图6-6（d）图像文本检索、图6-6（e）视频文本检索、图6-6（f）图像字幕和图6-6（g）语义分割。

② 第一阶段和第二阶段的训练数据清理。为了充分利用网络规模的图像文本数据，在第一阶段和第二阶段采用了不同的数据过滤策略。

a. 第一阶段。在第一阶段，只应用了少量的数据抖动，从而保留了绝大多数数据。考虑了六个因素，即CLIP相似性、水印概率、不安全概率、美学得分、图像分辨率和字幕长度，以去除极端数据点并避免破坏训练稳定性。此外，删除了与ImageNet-1K/22K、Flickr30K和COCO重复的数据，以确保零样本评估的可靠性。由于下载失败和使用了数据过滤管道，第一阶段保留的数据总量为49.8亿。

b. 第二阶段。在第二阶段，实施了更严格的数据过滤策略。在包括生成监督的情况下，根据标题删除了大多数低质量的数据，主要考虑了长度、完整性、可读性，以及它们是胡言乱语还是样板（如菜单、错误消息或重复文本），是否包含冒犯性语言、占位符文本或源代码。第二阶段只保留了10.3亿条记录。

表6-24～表6-26列出了使用的数据集。利用大量的图像文本数据进行预训练，并对广泛的通用视觉语言任务进行全面评估。

表6-24 InternVL第一阶段和第二阶段使用的数据集1

数据集	介绍
第一阶段和第二阶段的训练数据	
LAION-en	LAION-en 是 LAION-5B 数据集的一部分,其中包含 23.2 亿个纯英语图像-文本对
LAION-multi	LAION-multi 是 LAION-5B 的另一个细分市场,拥有 22.6 亿个图像-文本对,涵盖 100 多种语言,是多语言研究的理想选择
Laion-COCO	Laion-COCO 包含 6.63 亿个网络图像合成字幕,使用 BLIPL/14 和 CLIP 模型混合生成
COYO-700M	COYO-700M 是一个大型数据集,包含 7.47 亿个图像-文本对以及许多其他元属性,以提高训练各种模型的可用性。它遵循与以前的视觉语言数据集类似的策略,在 HTML 文档中收集许多信息丰富的 alt 文本及其相关图像对
Wukong	Wukong 是一个大规模的中文图像文本数据集,用于对不同的多模态预训练方法进行基准测试。它包含来自网络的 1 亿对中文图像文本
CC3M	该数据集由大约 300 万张图像组成,每张图像都附有标题
CC12M	CC12M 是一个包含 1200 万对图像文本的数据集。它比 CC3M 更大,涵盖了更多样化的视觉概念
SBU	SBU 字幕照片数据集是从 Flicker 中提取的 100 多万张图像及其相关文本描述的集合
用于图像分类的测试数据集	
ImageNet-1K	图像分类中常用的大规模数据集,由 1000 个不同类别的 100 多万张图像组成
ImageNet-ReaL	包含 ImageNet val 图像,并添加了一组新的"重新评估"标签。这些标签是使用增强的协议收集的,从而产生多标签和更准确的注释
ImageNet-V2	为测试在 ImageNet-1K 上训练的模型的鲁棒性而创建的数据集,其中包含按照原始方法收集的新测试图像
ImageNet-A	它由真实世界、未扩散和自然发生的例子组成,这些例子被 ResNet 模型错误分类。旨在强调自然环境中对抗性例子的挑战
ImageNet-R	一组标有 ImageNet 标签的图像,这些图像是通过收集 ImageNet 类的艺术、卡通、涂鸦、刺绣、图形、折纸、绘画、图案、塑料制品、毛绒制品、雕塑、素描、文身、玩具和视频游戏呈现等而获得的。有 200 个 ImageNet 类的呈现,导致有 3 万张图片
ImageNet-Sketch	由 5.1 万张图像组成,每个 ImageNet 类大约有 50 张图像。它是使用 Google Image 查询构建的,标准类名后跟"sketch of"
ObjectNet	ObjectNet 是一个由 5 万张图像组成的众包测试集,这些图像以不寻常的姿势和杂乱的场景为特征,旨在挑战识别性能。它包括旋转、背景和视点控件,涵盖 313 个对象类,其中 113 个与 ImageNet 重叠
Multilingual IN-1K	支持多语言注释的 ImageNet-1K 的改编,促进了跨语言图像分类的研究
CIFAR-10/100	包括 10 个类别(CIFAR-10)或 100 个类别(CIF-100)的 6 万张 32×32 图像
MNIST	一个包含 7 万张 28×28 灰度手写数字图像的经典数据集
Caltech101	该数据集包括来自 101 个类别和一个背景杂波类别的对象图像,每个类别都标记有一个对象。它每类包含 40~800 张图片,总共大约 9000 张图片
SUN397	SUN397 或 Scene Unstanding(SUN)是一个用于场景识别的数据集,由 397 个类别和 10.9 万张图像组成
FGVC Aircraft	该数据集包含 1 万张飞机图像,其中 102 种不同飞机模型变体各有 100 张图像,其中大多数是飞机

续表

数据集	介绍
Country-211	它是 OpenAI 发布的一个数据集，旨在评估视觉表示的地理定位能力。它将 YFCC100M 数据集转发给至少有 300 张 GPS 坐标照片的 211 个国家。OpenAI 通过为每个国家采样 200 张照片进行训练和 100 张照片进行测试，建立了一个包含 211 个类别的平衡数据集
Stanford Cars	该数据集由 196 类汽车组成，共有 1.6 万张从后方拍摄的图像。数据被划分为几乎 1：1 的训练/测试部分，其中包含 0.8 万张训练图像和 0.8 万张测试图像
Birdsnap	Birdsnap 是一个大型鸟类数据集，由来自 500 种鸟类的 49829 张图像组成，其中 47386 张图像用于训练，2443 张图像用于测试。由于链接中断，只能下载 2443 张测试图像中的 1845 张
DTD	可描述纹理数据集（DTD）包含 5640 张野外纹理图像。它们被注释为以人为中心的属性，灵感来自纹理的感知特性
Eurosat	该数据集基于 Sentinel-2 卫星图像，覆盖 13 条光谱带，由 10 类 2.7 万个标记和地理参考样本组成
FER2013	该数据集包括大约 3 万张 RGB 面部图像，分为七种表情：愤怒、厌恶、恐惧、快乐、悲伤、惊讶和中性
Flowers-102	这与英国常见的 102 个功率类别是一致的。每个类包含 40～258 张图片
Food-101	Food-101 数据集由 101 个食品类别组成，每个类别有 750 个训练图像和 250 个测试图像，总共有 10.1 万张图像
GTSRB	德国交通标志识别基准（GTSRB）包含 43 类交通标志，分为 39209 个训练图像和 12630 个测试图像
Pets	牛津 IIIT 宠物数据集是一个 37 类宠物数据集，每个类别大约有 200 张图片，由牛津视觉几何小组创建
Rendered SST2	该数据集用于评估模型在光学字符识别方面的能力。它是通过渲染斯坦福情感树库 v2 数据集中的句子生成的
Resisc45	这是一个用于遥感场景分类的数据集。它包含 31500 张 RGB 图像，分为 45 个场景类，每个类包含 700 张图像
STL10	STL10 数据集受 CIFAR-10 的启发，包括 10 个类，每个类有 500 个训练彩色图像和 800 个测试彩色图像，大小为 96×96 像素
Pasal VOC 2007	Pascal VOC 2007 数据集专注于识别现实场景中的对象，包含 9963 幅图像中的 20 个对象类，其中 24640 个标记对象。数据分为 50% 用于训练/验证，50% 用于测试。按照常见的做法，通过剪裁图像来进行零样本图像分类，以使用边界框隔离对象

表6-25 InternVL第一阶段和第二阶段使用的数据集2

数据集	介绍
测试视频分类的数据集	
Kinetics-400	一个大型数据集，包含约 400 个人类动作类，每个类至少有 400 个视频片段，来源于 YouTube
Kinetics-600	作为 Kinetics-400 的扩展，该数据集包括 600 个动作类，并在视频表示方面提供了更多的多样性
Kinetics-700	Kinetics-700 是该系列中的最新产品，它提供了 700 个动作类别，范围更广，进一步挑战了检索模型的稳健性

第6章 InternVL：扩展视觉基础模型并对齐通用视觉语言任务　129

续表

数据集	介绍
测试图像文本检索的数据集	
COCO Caption	COCO Caption 数据集包含各种带有详细字幕的图像，广泛用于图像文本检索和图像字幕任务
COCO-CN	COCO-CN 是一个双语图像描述数据集，用手工编写的中文句子和标签丰富了 COCO。新的数据集可用于多种任务，包括图像标记、字幕和检索，所有这些都可以在跨语言环境中完成
Flickr30K	该数据集包括来自 Flickr 的 31000 张图像，每张图像都带有字幕，使其适合图像文本检索
Flickr30K-CN	Flickr30K-CN 为图像提供中文字幕，使跨语言和多模式检索任务的研究成为可能
XTD	新开发的 1000 张图像的多语言测试集，以各种语言注释的 COCO 图像为特色
测试视频文本检索的数据集	
MSR-VTT	这是一个用于开放域视频字幕和视频文本检索的大规模数据集，包括 20 个类别的 10000 个视频片段。每个剪辑都有 20 个英语句子的注释，所有字幕中总共有大约 29000 个不同的词汇。数据集的标准划分为 6513 个片段用于训练，497 个片段用于验证，2990 个片段用于测试

表6-26　InternVL第一阶段和第二阶段使用的数据集3

数据集	介绍
图像字幕测试数据集	
COCO	使用 Karpathy 测试集进行测试
Flickr30K	使用 Karpathy 测试集进行测试
NoCaps	NoCaps 在测试模型开放式字幕生成方面的能力方面表现突出，它使用了超出训练数据领域的图像。报告了 NoCaps-val 套件的性能
语义分割测试数据集	
ADE20K	ADE20K 包含超过 2 万张以场景为中心的图像，这些图像用像素级对象和对象部分标签进行了详尽的注释。总共有 150 个语义类别，包括天空、道路、草等事物，以及人、车、床等离散对象。报告了 ADE20K val-set 的性能

①用于图像分类的测试数据集。对图像分类任务进行了广泛的验证［见图6-6（b）］，包括 InternViT-6B 的线性探测性能和 InternVL-C 的零样本性能。

②测试视频分类的数据集。如图 6-6（c）所示，为了评估视频分类的能力，使用了以下动力学数据集：Kinetics-400、Kinetics-600 和 Kinetics-700。

③测试图像文本检索的数据集。使用 5 个数据集［见图6-6（d）］来评估 InternVL 的零样本、多语言图像文本检索能力。

④测试视频文本检索的数据集。如图 6-6（e）所示，使用 MSR-VTT 数据集来评估在零样本视频文本检索中的 InternVL。

⑤图像字幕测试数据集。如图 6-6（f）所示，使用三个图像字幕测试数据集来测

试 InternVL 模型。

⑥ 语义分割测试数据集。使用 ADE20K 数据集来研究 InternViT-6B 的像素级感知能力，如图 6-6（g）所示。

6.6.5 SFT 的数据准备

① SFT 的训练数据。在 InternVL 第三阶段，收集了大量高质量的教学数据。对于非对话数据集，遵循相应方法进行转换。详细介绍见表 6-27。应注意，只有训练集用于训练。

表6-27　InternVL第三阶段使用的SFT训练数据集

数据集	介绍
COCO Caption	包含超过 50 万个描述超过 11 万张图像的字幕。按照惯例，使用 Karpathy 训练集进行训练。使用响应格式提示将其转换为对话数据集，即"为提供的图像提供一句话的标题"
TextCaps	TextMaps 包含 2.8 万张图像的 14.5 万个标题。它挑战了一个模型来识别文本，将其与视觉语境联系起来，并决定复制或释义文本的哪一部分。OCR 令牌在训练期间使用。使用响应格式提示将其转换为对话数据集，即"为提供的图像提供一句话的标题"
VQAv2	VQAv2 是 VQA 数据集的第二个版本，具有与图像相关的开放式问题。回答这些问题需要掌握视觉、语言和常识。使用提示将其转换为对话数据集，即"使用单个词汇或短语回答问题"
OKVQA	一个包含超过 1.4 万个问题的数据集，需要外部知识作为答案，侧重于基于知识的视觉问答。使用响应格式提示将其转换为对话数据集，即"使用单个词汇或短语回答问题"
A-OKVQA	OKVQA 的增强继承者，包含 2.5 万个问题，需要广泛的常识和世界知识来回答。使用响应格式提示将其转换为对话数据集，即直接用给定选项中的选项字母回答
IconQA	一个包含 10.7 万个问题的数据集，涵盖三个子任务，专注于抽象图识别和综合视觉推理。使用以下提示将其转换为对话数据集，即"直接用给定选项中的选项字母回答"和"用单个词语或短语回答问题"
AI2D	AI2D 拥有超过 5000 个小学科学图表，带有丰富的注释和 1.5 万个用于图表理解研究的多项选择题。使用提示将其转换为对话数据集，即"根据前面提到的选项回答问题"
GQA	GQA 是一个大型数据集，包含超过 11 万张图像和 2200 万个问题，将真实图像与平衡的问答对相结合，用于视觉推理。使用提示将其转换为对话数据集，即"使用单个词语或短语回答问题"
OCR-VQA	OCR-VQA 数据集包含 207572 张书籍封面图片和 100 多万对关于这些图片的问答。使用响应格式提示将其转换为对话数据集，即"使用单个词语或短语回答问题"
ChartQA	ChartQA 是一个用于图表问答的数据集，侧重于视觉和逻辑推理。它包括 9600 个人工书面问题和 2.31 万个由人工书面图表摘要生成的问题。使用提示进行转换，即"用一个词语或短语回答问题"
DocVQA	DocVQA 数据集由 12000 多个文档图像上定义的 50000 个问题组成。使用提示将其转换为对话数据集，即"使用单个词语或短语回答问题"

续表

数据集	介绍
ST-VQA	ST-VQA 数据集包含 23038 张图像，共 31791 个问题。仅训练集就包括基于 19027 张图片的 26308 个问题。使用响应格式提示将其转换为对话数据集，即"使用单个词语或短语回答问题"
EST-VQA	EST-VQA 数据集提供问题、图像和答案，但也为每个问题提供一个边界框，指示图像中通知答案的区域。使用响应格式提示将其转换为对话数据集，即"使用单个词语或短语回答问题"
InfoVQA	该数据集包括各种信息图表，其中包含自然语言问题和答案。它侧重于对文档布局、文本内容、图形元素和数据可视化的推理。使用提示将其转换为对话数据集，即"使用单个词语或短语回答问题"
LLaVAR	LLaVAR 数据集通过关注富含文本的图像，推进了大型语言模型的视觉指令调优。它整合了使用 OCR 处理的 422K 图像和 16K GPT-4 生成的对话，增强了基于文本的 VQA 性能和不同场景中的人机交互能力。注意，只使用 20K 高质量数据对 LLaVAR 进行微调
RefCOCO 系列	RefCOCO、RefCOCO+ 和 RefCOCO-g 的混合数据集。按照 LLaVA-1.5 将其转换为对话数据集
Toloka	TolokaVQA 数据集包括带有相关文本问题的图像，每个图像都标有一个表示视觉答案的边界框。它来自 COCO 数据集的一个许可子集，并在 Toloka 平台上标记。按照 LLaVA-1.5 将其转换为对话数据集
LLaVA-150K	这是一组 GPT 生成的多模态指令跟踪数据，用于视觉指令调优和构建面向 GPT-4 视觉/语言能力的大型多模态模型。它包括 15.8 万个独特语言图像指令跟随样本
SVIT	该数据集包括 320 万个可视化指令调优数据，160 万个对话 QA 对、160 万个复杂推理 QA 对和 10.6 万个详细的图像描述。它旨在提高视觉感知、推理和规划的多模态性能。对于这个数据集，将同一训练图像中的 QA 对合并到一个对话中
VisDial	基于 COCO 图像的数据集，其中包含两名亚马逊土耳其机械工人创建的对话。一个扮演"提问者"，只看到图像的文本描述，而另一个则扮演"回答者"，看到图像。他们就图像进行了 10 轮问答环节
LRV-Instruction	LRV 指令数据集旨在对抗大型多模态模型中的幻觉。它由 12 万个 GPT-4 生成的视觉指令组成，用于 16 个视觉和语言任务，包括用于鲁棒调优的正面指令和负面指令。负面指令侧重于不存在和存在元素操作。 该数据集有助于提高多模态任务的准确性和一致性
LLaVA-Mix-665K	LLaVA-Mix-665K 是一个由 10 个面向学术的数据集混合而成的指令遵循数据集

② 测试 SFT 的数据集。验证了监督式微调 InternVL 聊天模型在三个任务上的有效性，包括图像字幕、视觉问答和多模态对话。表 6-28 列出了这些数据集。对于这些数据集中的大多数，使用与 LLaVA-1.5 相同的响应格式提示。

表6-28 InternVL第三阶段使用的SFT测试数据集

数据集	介绍
SFT 测试数据集（图像字幕）	
COCO	Karpathy 测试集用于测试。提示是："为提供的图像提供一句话的标题"
Flickr30K	Karpathy 测试集用于测试。提示是："为提供的图像提供一句话的标题"
NoCaps	NoCaps val set 用于测试。提示是："为提供的图像提供一句话的标题"
SFT 测试数据集（可视化问答）	
VQAv2	VQAv2 测试开发集用于测试。提示是："用一个词语或短语回答问题"
GQA	使用 GQA 测试平衡集。提示是："用一个词语或短语回答问题"
VizWiz	VizWiz 测试开发集用于测试。提示是："当提供的信息不足时，用'无法回答'来回答。用一个词语或短语回答问题"
TextVQA	TextVQA 值集用于测试。提示是："用一个词语或短语回答问题"
SFT 测试数据集（多模态对话）	
MME	MME 是多模态大型语言模型的综合评估基准。它测量了总共 14 个子任务的感知和认知能力，包括存在、计数、位置、颜色、海报、名人、场景、地标、艺术品、OCR、常识推理、数值计算、文本翻译和代码推理。此数据集的提示是："使用单个词语或短语回答问题"
POPE	POPE 是一个用于评估物体幻觉的流行数据集。用于此数据集的响应格式提示是："使用单个词语或短语回答问题"

第 7 章
提高大型视觉语言模型组合性的迭代学习

7.1 迭代学习摘要

人类视觉和自然语言共同的一个基本特征是它们的组合性质。

然而,尽管大型视觉和语言预训练带来了性能提升,但最近的调查发现,大多数最先进的视觉语言模型,在组合性方面都很困难。它们无法区分"白衣女孩面对黑衣男人"和"黑衣女孩面对白衣男人"的图像;此外,之前的研究表明,组合性不会随着规模的扩大而出现,即更大的模型尺寸或训练数据没有帮助。

因此,开发了一种新的迭代训练算法来激励组合性。借鉴了数十年的认知科学研究,这些研究将文化传播(教育新一代的必要性)确定为激励人类发展组合语言的必要归纳先验。

具体来说,将视觉语言对抗学习重新定义为视觉主体和语言主体之间的刘易斯(Lewis)信号博弈,并通过在训练过程中迭代重置主体的权重之一来操作文化传播。每次迭代后,这种训练范式都会使表示变得更容易学习,这是组合语言的一个特性。例如,在 CC3M 和 CC12M 上训练的模型,在 SugarCrepe 基准测试中,分别将标准 CLIP 的性能提高了 4.7% 和 4.0%。

7.2 迭代学习问题提出及相关工作

7.2.1 迭代学习问题提出

跨学科的学者们认为,组合性是表征人类感知和语言处理的基本前提。通过构图推理,人类可以理解他们拍摄的照片,并通过将词汇组合在一起来描述这些图像。例如,合成性允许人们区分"金色的狗面对着穿着黑色衣服的人"和"黑色的狗面对着穿着金色衣服的人"的照片。鉴于其重要性,计算机视觉和自然语言处理领域的研究,都试图开发能够类似地理解场景,并通过合成语言表达场景的模型。

然而,一系列评估基准得出结论,最先进的视觉语言模型几乎没有表现出组合性。事实上,在许多特定的评估条件下,模型的表现几乎接近随机变化。即使是像 CLIP 这样的模型,也几乎没有表现出组合性,CLIP 已经成为许多视觉任务的支柱。更引人注目的是，实验表明，组合性不会随着规模的增加而出现，即视觉模型不会随着模型大小或训练数据的增加，而变得更加具有组合性。自然语言处理中的类似实验发现，大型语言模型也难以解决组合性问题。

与此同时，认知科学家在过去的二十年里一直在研究人类语言中组合性的出现。结果似乎表明，导致语言组合性的主要归纳先验是文化传播：一种老一辈人将他们的语言传递给新一代的现象。

这种需要教后代的语言，会产生对更容易学习的语言的自然偏好。因此，与具有独特符号到概念绑定的语言相比，组合语言更可取，因为它只需要学习有限数量的符号来表达独立的概念。

为了证明这一假设，科学家们研究了"刘易斯信号游戏"中出现的语言。

刘易斯信号博弈是一个理论框架，其中两个人相互交流以解决"对象参照"问题（图 7-1）。他们的交流渠道仅限于符号，这些符号不代表任何已知的语言，迫使参与者开发一种新的共享语言进行交流。他们通过跨代替换人类参与者来模拟文化传播，并观察参与者的新组合如何修改他们的语言（图 7-1）。经过几代人的发展，新兴语言变得更加具有组合性。

将文化传播作为视觉语言模型的迭代学习（IL）算法来操作。

考虑流行的 CLIP 模型，它被训练通过视觉和语言表征之间的相互作用来学习表征。在高层次上，它的对抗学习目标训练图像表示，这些图像表示可以从一组干扰因素中检索出相应的文本描述，反之亦然。通过刘易斯信号博弈的视角重新构建了这一目标（图 7-1）。与涉及两名人类参与者的认知科学研究类似，视觉语言训练可以被视为两个模型参与者之间的游戏：一个视觉代理和一个试图学习共享表征的语言代理。

考虑到这一框架，通过定期生成新的语言代理来替换旧的语言代理，从而应用文化传播（图 7-1）。直观地说，重新训练一个新的语言代理的需要，类似于教新一代，同样应该鼓励视觉代理产生更容易学习的表示。还通过学习共享码本，作为两个代理都可以使用的表示的基础，创建了共享和有限通信符号的概念。

在图 7-1 中，包括以下内容。

① 进化语言学通过研究刘易斯信号博弈中出现的语言，发现具有文化传递的迭代学习会导致语言组合性。

② 将视觉语言模型训练解释为神经代理之间的刘易斯信号博弈，并发现迭代学习还可以提高视觉语言模型表示的组合性。

实验表明，算法确实诱导了易于学习的表示，提高了视觉语言模型的组合性。例如，在 CC3M 中训练的模型在 SugarCrepe 中使标准 CLIP 提高了 4.7%，在 CREPE 中提高了 3.8%，这两个基准都是专门为测试视觉语言模型的组合性而设计的。值得注意的是，模型比现有的组合方法（如 NegCLIP）表现出更好的组合性。尽管定期重置模型权重，但模型不需要辅助的训练时间，也不会损害 CLIP 的识别性能。此外，还通过实验证明了前面表达式中易于学习的特性，并发现生成的码本包含可解释的概念。

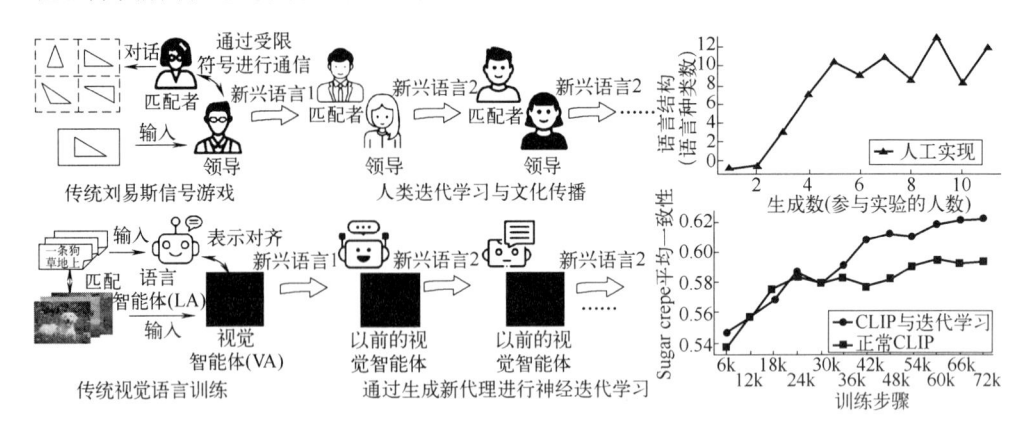

图 7-1　视觉大模型语言组合性概述

7.2.2　迭代学习相关工作

迭代学习工作受到认知科学文献的启发，相关工作涵盖了各个领域，包括大型视觉语言模型、语言的出现和交互神经代理。

① 视觉语言模型的组合性。随着 CLIP 模型的普及，对抗学习已成为对齐不同模式表征的事实上的方式。然而，尽管它们在零样本识别方面具有非凡的能力，但它们的特征几乎没有表现出合成性。

例如，所有模型都难以用正确的词序识别标题，将概念组合在一起以表达组合概念，并组合属性和关系。人们已经尝试增强 CLIP 的组合性，包括硬件模块挖掘、清理数据和使用新的表示格式。然而，最近提出的 SugarCrepe 基准测试发现，他们的改进被高估了，需要一种更有效的方法。

② 迭代学习和文化传播。人类语言在很大程度上是组合的。进化语言学家花了几十年的时间研究人类语言组合性的起源。一个重要因素似乎是需要跨代传递语言，Kirby 将其作为一个称为迭代学习的框架。广泛的模拟和人类实验证明了它在小规模和量化环境激励语言中，组合结构的能力。在开放和连续环境中的较新实验，也得出了类似的结论，尽管它们在实验中观察到大量的随机性。

③ 神经主体中语言结构的出现。协作人工智能代理系统一直是许多研究的主题，其中神经代理在实现目标的同时，进行交流以学习语言。

大多数方法在玩刘易斯信令游戏时学习离散通信协议。

由智能体开发的语言，如果是组合的，则显示出增强的系统泛化能力。然而，组合性不是自然发生的，也与泛化压力无关。一些作品引入了神经迭代学习框架。使用地形相似性作为衡量标准，他们发现语言更具组合性。一些作品还表明，由此产生的组合语言更容易学习，与认知科学中的微调相对应。然而，实验仅限于具有易于分类的输入的小域，如简单的立方体或球。消息结构和网络架构也很简单，这就提出了可扩展性的问题。

该工作类似于使用迭代学习来提高组合性的想法。然而，模型观察了不易分类的大规模现实世界数据，并使用对抗学习，而不是大多数方法使用的强化学习。

7.3 迭代学习方法

一种迭代学习算法被设计来提高视觉语言模型的组合性。为此，将视觉语言对抗学习的过程与刘易斯信号博弈的过程进行了类比，并将方法建立在 CLIP 的训练目标上。

① 将 CLIP 重新定义为刘易斯信号游戏。
② 引入了共享码本模块，该模块阻碍了每种模态的表示。
③ 描述了迭代学习算法。

7.3.1 将视觉语言对抗学习重构为刘易斯信号博弈

在传统的刘易斯信号博弈中，两个人通过受限的符号进行交流，以解决指称任务。在任务中，一个被称为导演的人观察输入刺激（通常是抽象形状的图片），需要从有限的词汇表中选择一系列符号，发送给第二个人，即匹配者。

匹配器只看到符号和一组观察结果，它们必须从中识别出导演看到的内容。

随着时间的推移，不断演变的对话模式被视为新兴语言。这种游戏设置类似于当今视觉语言训练中流行的对抗学习过程。在这种过程中，视觉智能体和语言智能体观察特定模态的输入，需要一起交流，以从干扰因素中识别出匹配的图像 - 文本对。

更正式地表示，在训练过程中，两个代理观察它们独特的输入（图像 $\{u_i\}_{i=1}^{N}$ 代表视觉代理，文本 $\{v_i\}_{i=1}^{N}$ 表示语言代理）。它们将输入编码表示为 $(f_\theta(u_i), g_\phi(v_i))$，作为跨代理通信消息。通信目标是：给定 N 个图像和个 N 文本，应使用对抗目标成功匹配相应的图像 - 文本对，即

$$L = -\sum_{i=1}^{N} \log \frac{\exp\left[f_\theta(u_i) \cdot g_\phi(v_i)/\tau\right]}{\sum_{j=1}^{N} \exp\left(f_\theta(u_i) \cdot g_\phi(v_j)/\tau\right)} \tag{7-1}$$

式中，τ 是一个常数；最终对齐表示 $(f_\theta(u_i) \cdot g_\phi(v_i))$ 可以被视为两个代理之间出现的共享语言。

7.3.2 用于规范表示的共享码本

刘易斯信号游戏的一个关键设计，是参与者可以使用的词汇量有限，而在视觉语

言对抗学习中，智能体对它们用来交流的表征没有任何规定。

因此，为了遵循刘易斯信号博弈，采用可学习的码本作为代理共享表示的基础，以调节它们的表示空间。特别是，码本由无数个代码组成，代表学习语言中共享和有限的词汇。视觉和语言编码器的最后一层稀疏地组合码本，以产生最终表示，代表可学习的词汇组合规则 $\{c_i\}_{i=1}^{C}$ 是码本，其中 C 是预定义的码数。对这两个智能体都使用 Transformer 架构。因此，给定输入图像 u，视觉代理 f 从变换器的最后一层激活中，提取每个补丁 j 的补丁嵌入 p_j。将代码 $\{c_i\}$ 和图像 u 之间的相似性得分定义为代码和补丁特征之间的最大余弦值，即

$$r_i^u = \max_j \left\langle f_{p_j}, c_i \right\rangle \tag{7-2}$$

这种码本架构源于使用码本进行视觉语言训练的工作。随后，使用 Sparsemax 函数对 r_i^u 进行归一化，该函数为每个代码生成稀疏相似性得分 w_i^v。输入图像 u 的输出表示，是代码 c_i 的线性组合，其中 w_i^v 被乘以权重，即

$$f(u) = \sum_i^C w_i^v \cdot c_i \tag{7-3}$$

使用语言代理 g 获得文本表示 $g(v)$ 的过程，类似地被定义。使用语言输入的标记嵌入，而不是视觉代理的补丁嵌入。

7.3.3 训练中的迭代学习

迭代学习算法包括一个预热阶段，然后是 K 个训练周期；每个阶段都反映了文化传播理论中的世代概念，每个训练周期由三个阶段组成：生成新的语言代理、从码本中提取和交互阶段。将算法可视化在图 7-2 中。

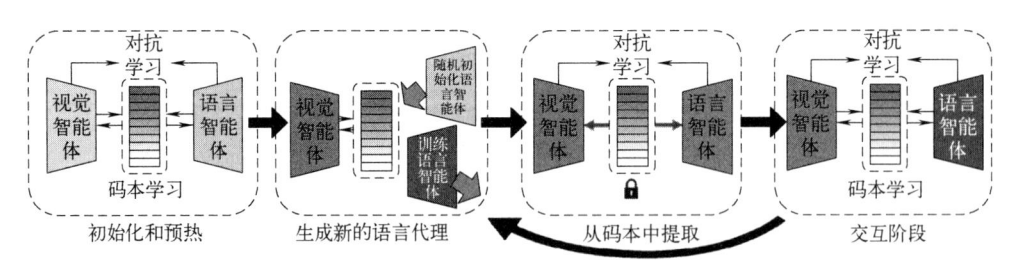

图 7-2　迭代学习算法基于 CLIP 构建，并辅以共享码本

在图 7-2 中，该算法由一个初始化和预热阶段，以及三个迭代阶段组成，循环到训练结束。在每个循环中：生成一个新的语言代理来替换旧的；冻结了一定步数的码本权重；让智能体在标准视觉语言对抗学习下进行交互。

① 初始化和预热阶段。训练算法的开始类似于 CLIP 的算法。随机初始化两个代理的参数，并让它们训练 T_{warm} 迭代次数。

② 生成一个新的语言代理。这个阶段模拟引入一个新的参与者来取代旧的参与者，代表文化传播中的新一代。虽然认知科学的研究在多代之中取代了两名参与者，但消融研究表明，取代两名参与者是不必要的，它甚至增加了达到相同组合水平所需的训练时间。

相比之下，只通过用随机参数重新初始化语言代理来替换代际之间的语言代理。这虽然不在本书的范围内，但假设仅重置语言代理，在经验上效果更好，因为视觉代理需要同时学习低级视觉特征，并将其与高级概念相关联，而语言代理只需要学习从文本中提取高级概念。

③ 从码本中提取。作为两个代理表示的基础，学习码本的质量至关重要。引入一个新的代理，其随机初始化和训练不足的权重，会导致码本梯度的大幅变化，从而使训练不稳定。因此，增加了一个蒸馏阶段，以确保码本在几代之间平稳发展。旧的语言代理被提炼成新的语言代理，用于 Tdistill 迭代。在此阶段，暂时冻结码本的权重。允许新代理适应现有的码本结构，而不会引入破坏性的变化。与传统的蒸馏不同，这个阶段直到收敛才训练。在 Tdistill 步骤之后，切换到交互阶段。

④ 交互阶段。蒸馏后，解冻码本，并按照标准的视觉语言对抗学习范式正常训练模型。通过让代理自由交互，期望它们的表示再次开始相互对齐。此外，还将此交互阶段的持续时间限制为 Tinteract 步骤，确保学习瓶颈，使从旧视觉代理到新语言代理的教育过程不完整且有偏见。

在交互阶段之后，当前一代代理被认为已经完成，下一代代理开始。

重复上述②~④阶段，直到训练结束。在最后一个阶段，扩展了交互阶段，允许训练直到收敛。

从认知科学的角度来看，新旧代理之间的知识差距创造了一个隐含的教学场景，在这个场景中，视觉代理与新初始化的语言代理交互，以重新调整它们的跨模态表示。正如文化传播理论所提出的那样，这种教学压力鼓励开发的表征，更容易被后续的主体学习，从而可能生成更好的构图。从机器学习的角度来看，理论和结果表明，自主蒸馏在函数空间中执行标签平滑和平滑正则化。

该算法强化了神经网络对平滑解的优化偏差。换句话说，像正在做的那样，提前停止的蒸馏，使新一代成为老一代更平滑的低频近似。在交互阶段，视觉代理调整其参数，以更好地与这个更新、更流畅的语言代理对齐。由于平滑函数的特征是 Lipschitz 常数较小，所以更容易学习。因此，每次迭代都应该使函数更容易学习。

由于组合语言更容易学习，每个循环都可能使表示更具组合性。

在实验中凭经验观察到了这一现象：通过实验证明，Lipschitz 常数的上限确实随着时间的推移而减小。

7.4 迭代学习实验

实验评估了训练表示的组合性和识别能力。实验详细分析了迭代学习,然后进行了模型消融。

7.4.1 实验设置

① 训练。利用受控的实验设置来确保模型之间的公平比较。在 CC3M 和 CC12M 数据集上训练模型和所有基线。

对于视觉代理,采用默认的视觉转换器(ViT-B/32)架构,而语言代理的基本转换器架构与 CLIP 中的文本编码器相同。码本包含 16384 个码,每个码都是 512 维的向量。在 CC3M 中,将 T_{warm}、$T_{distill}$、$T_{interact}$ 分别设置为 6000 步、1000 步和 5000 步。使用最终生成参数,将模型的训练扩展到 12000 步,以确保更好的收敛性。使用 1024 的批量大小。

② 基线模型。将该方法与标准 CLIP、用码本增强的 CLIP(codebook CLIP),以及通过负载挖掘增强的 CLIP(NegCLIP)进行了比较。硬负片采样假设了一个潜在的成分结构,并在给定该结构的情况下,产生硬负片。因此,NegCLIP 是一个不公平的基线,提供了关于如何构建组合性评估集的辅助信息。遵循 NegCLIP 的设计,不同之处在于从头开始训练。通过交换语言元素来创建文本否定。通过维护一个正在运行的图像表示池来生成图像负片,从中提取每个批次的最近邻。为了进行公平的比较,所有模型(NegCLIP 除外)都使用相同的数据集和训练协议进行训练。由于硬否定,NegCLIP 看到的文本数据量是原来的 2 倍,训练所需的步骤大约是原来的 1.5 倍。

7.4.2 迭代学习提高了组合性

使用 SugarCrepe、CREPE、Cola 和 Winoground 来评估组合性(表 7-1)。这些基准测试包含具有合成硬负面干扰的图像文本检索任务。CREPE 和 SugarCrepe 通过交换、替换或添加语言元素来生成硬负面字幕,而 Cola 和 Winoground 则以手工策划的硬负面图像为特色,这些图像具有相似的视觉元素,但语义含义不同。

表 7-1 显示了 CREPE 和 SugarCrepe 的图像到文本检索精度,以及 Cola 和 Winoground 的文本到图像检索精度。

表 7-1 中报告了 R@1 scores 的检索结果。IL-CLIP 显著提高了 CLIP 的组合性,在大多数数据集中表现出比 NegCLIP 更好的性能。注意,NegCLIP 直接在接近交换目标的文本负片上进行训练,因此该分割获得了异常高的分数。

表7-1 组合性基准评估　　　　　　　　　　　　　　　　　单位：%

数据	方法	CREPE 系统性 原子	CREPE 系统性 混合	CREPE 生产率 代替	CREPE 生产率 交互	CREPE 生产率 负数	SugarCrepe 增加	SugarCrepe 代替	SugarCrepe 交互	Cola 文本到图像	Winoground 文本到图像	平均
CC3M	CLIP	28.1	38.4	9.8	18.1	4.0	61.9	64.3	52.9	17.6	8.1	28.3
CC3M	Codebook CLIP	28.8	40.3	10.9	19.2	3.5	65.9	64.8	54.9	15.7	8.8	31.2
CC3M	NegCLIP*	29.5	41.8	11.6	33.3	5.8	59.3	59.2	60.1	16.5	11.8	32.8
CC3M	IL-CLIP（改进）	33.2	47.7	14.6	22.3	5.3	66.1	67.0	54.5	20.0	13.3	34.4
CC12M	CLIP	35.0	42.7	12.3	19.5	14.6	67.5	70.0	60.2	21.5	7.2	34.9
CC12M	Codebook CLIP	35.6	43.9	14.4	22.0	12.8	71.3	71.1	59.5	20.8	9.5	36.1
CC12M	NegCLIP*	36.6	45.2	14.9	35.8	15.2	65.0	70.2	67.2	22.7	7.3	38.0
CC12M	IL-CLIP（改进）	36.6	47.5	17.9	23.9	14.8	73.6	73.0	62.9	20.2	10.1	38.0

IL-CLIP模型在大多数数据集中都优于所有基线，并且比标准CLIP有显著改进。特别是，IL-CLIP模型比NegCLIP更显著地改善了CLIP，NegCLIP在训练时间内看到文本负数接近基准测试中的数据。NegCLIP在接近其训练目标的子集（例如词汇交换和否定）中取得了高分，但未能推广到其他硬否定类型。码本CLIP的性能也比CLIP有所提高，这可能是因为稀疏了码本权重，在面对部分图像和部分文本场景匹配时，可以清除监督。因此，IL-CLIP的改进得益于迭代学习范式和共享码本。

7.4.3 迭代学习不会损害识别

下面评估迭代学习如何影响图像识别，遵循评估零样本图像分类的常见实践。

在18个广泛使用的数据集上进行了零样本图像分类（表7-2），包括标准识别数据集和VTAB基准的数据集，用于测量模型的鲁棒性。

在表7-2中，分数以top-1精度报告。使用共享码本（codebook CLIP）可以提高标准CLIP的分类性能，在codebook CLIP（IL-CLIP）上，添加迭代学习范式不会牺牲整体性能。

根据表7-2，还观察到Codebook CLIP比标准CLIP模型有所改进。

得益于共享码本，IL-CLIP还提高了标准CLIP的性能。在CLIP码本之上使用迭代学习会略微降低其性能，但差异很小，IL-CLIP在几个数据集中排名最高。然而，NegCLIP的性能明显不如标准CLIP。这可能是因为组合性通常被视为与随上下文而改进的任务相对立。直观地说，如果一个模型在看到汽车时，使用上下文来预测道路的存在，它将提高识别基准的性能，但不是组合的。这种上下文偏差在视觉基准中很常见，导致组合性与识别不一致。令人惊讶的是，迭代学习与正常训练的同行表现相当。因此，得出结论：迭代学习范式不会损害识别。

表7-2 零样本图像在18个常用公共数据集上的分类评价　　　　　　　　　单位：%

数据集	方法	Image-Net-1K	CIFAR-100	CIFAR-10	STL-10	VOC 2007	Caltech 101	SUN 397	Pets	Flowers-102	Food-101
CC3M	CLIP	13.7	18.6	43.5	80.7	44.3	60.1	28.6	8.9	9.1	8.3
	Codebook CLIP	**14.8**	**22.0**	**49.8**	85.4	**48.3**	60.8	30.4	8.8	8.5	**10.5**
	NegCLIP	11.8	19.6	44.0	78.2	44.6	52.1	25.8	9.1	8.6	6.6
	IL-CLIP（改进的）	14.2	20.9	48.6	**87.7**	**48.3**	**61.1**	**32.8**	**10.0**	**9.2**	9.1
CC12M	CLIP	31.4	30.9	60.1	89.3	53.3	72.5	41.0	49.6	21.1	31.5
	Codebook CLIP	**34.2**	**39.6**	**68.1**	90.3	55.5	75.4	45.8	**53.9**	**24.8**	**32.3**
	NegCLIP	28.9	27.1	55.4	89.7	54.1	72.8	42.6	44.6	22.3	30.2
	IL-CLIP（改进的）	32.8	32.5	61.6	**94.1**	**60.0**	**76.9**	**49.7**	51.6	21.4	31.8

数据集	方法	Object-Net	CLEVR	Smal-lnorb	Resisc 45	DML-AB	Image Net-A	Image Net-R	Inage Net-sketch	Mean
CC3M	CLIP	8.0	**19.5**	5.2	12.6	11.7	3.0	17.7	7.2	21.7
	Codebook CLIP	**9.1**	16.7	4.8	**19.8**	17.5	**3.7**	**20.1**	**8.2**	**24.4**
	NegCLIP	6.9	15.1	6.2	13.8	11.9	2.4	15.8	5.1	21.0
	IL-CLIP（改进的）	8.4	15.8	**5.5**	15.6	**18.7**	2.9	18.8	6.5	24.2
CC12M	CLIP	17.8	20.0	11.7	26.5	13.6	4.4	44.2	24.0	35.7
	Codebook CLIP	20.4	**24.0**	**15.5**	27.6	11.7	5.2	48.8	**26.9**	**38.8**
	NegCLIP	17.8	17.5	10.5	26.2	**15.9**	4.1	39.6	22.0	34.5
	IL-CLIP（改进的）	**22.7**	20.6	12.9	**27.7**	15.3	**7.2**	**49.0**	25.6	38.5

7.4.4 迭代学习分析

在这里对迭代学习进行了详细的分析，包括迭代学习产生易于学习的表示的证据、跨代跨模态对齐的改进以及码本中的可解释性。

① 迭代学习产生易于学习的视觉表示。

如认知科学研究所示，组合语言很容易学习。虽然很难明确证明所学习的视觉表征是组合的，但设计了一个实验来证明它们很容易被新的语言代理学习。特别是，给定一个视觉代理和某一代的码本，对它们的权重进行修正，并使用它们通过对抗损失，来训练一个新的语言代理。实验目标是观察语言代理如何学习，以从不同训练有素的视觉代理教师那里调整其表示。

下面对 IL-CLIP（迭代学习）和码本 CLIP（没有迭代学习）进行评估。所有运行中生成的语言代理都使用相同的随机权重进行初始化。结果如图 7-3 所示。与通过迭代学习开发的视觉表示配对的语言代理，实现了显著更高的匹配精度，这意味着学习更容易。IL-CLIP 准确度曲线的初始斜率较陡，进一步突显了这一点，表明新语言代理的学习速度更快。因此，得出结论：迭代学习训练的视觉表征更容易学习，有更多的机会进行组合。此外，从 IL-CLIP 的曲线中观察到，如果使用后代的视觉表示，top-1 精度要高得多，这表明易于学习的特性在几代人之间逐渐演变。

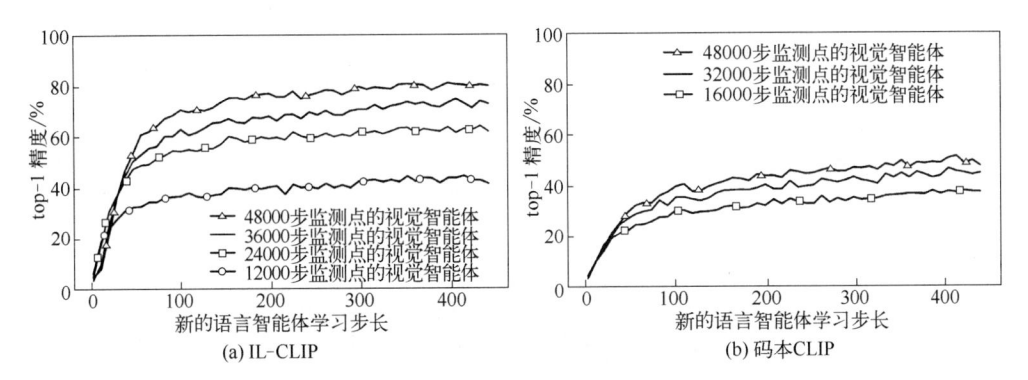

图 7-3 当新的语言编码器被训练为与模糊的视觉表示对齐时，批处理图像文本精度与训练步骤的关系图

在图 7-3 中，比较了迭代学习（a）和不迭代学习（b）产生的视觉表示。

迭代学习执行平滑正则化。通过比较模型和码本 CLIP 之间的 Lipschitz 常数，发现迭代学习可以看作是一种平滑正则化方法。虽然复杂模型的精确 Lipschitz 常数很难确定，但可以估计 Lipschitz 常量的上限。如图 7-4 所示，在迭代学习设置中，Lipschitz 常数的估计上限，随着生成量的增加而减小，并且远小于用标准方案训练的模型。

② 跨模态对齐在几代之间稳步提高。

对抗损失衡量的是图像-文本对之间的跨模态对齐。下面绘制了一个 IL-CLIP 模型的训练损失图（图 7-5）。尽管当一种新的语言代理产生时，损失会大幅增加，但这种损失仍然会在几代之间平稳地衰减。将此归因于表示变得更容易学习，因此新的语言代理需要更少的迭代来达到上一代的对齐，并开始进一步改进。

③ 进化的码本（大部分）是可解释的。通过检索每个代码的前 5 个最相关的图像，来可视化学习到的码本［使用式（7-2）］。从中发现这些代码对应于不同的（有些）可解释的语义概念。在图 7-6（a）中，展示了三个恰好与人类词汇一致的代码示例，同时展示了最重要的代码（按索引排序），以确保无偏的证据。手动映射代码后，可以反转过程，并在查看新图像时，解释选择了哪些代码［图 7-6（b）］。例如，在查看同时包含马和帐篷代码的图像时，这两个代码都被赋予了更高的权重，表明模型对构图的理解。这种解释在码本 CLIP 中更难找到（图 7-7）。

在图 7-6 中，进化码本中的大多数代码都基于特定的语义含义，发现其中一些代码与人类词汇一致。还可以通过测量每个代码对图像表示的贡献来可视化模型的组合推理。

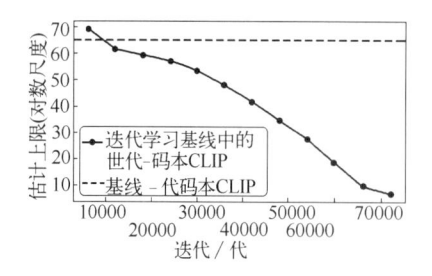

图 7-4 Codebook CLIP 和不同代 IL-CLIP 的 Lipschitz 常数的估计上限（对数尺度）

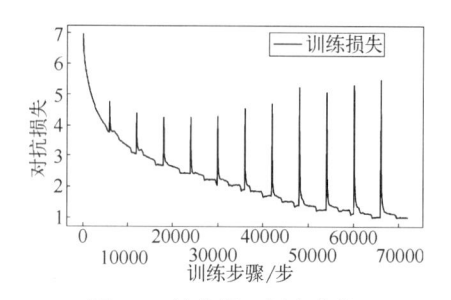

图 7-5 迭代学习损失曲线
对抗损失一般使用均方误差（mean squared error，MSE）作为损失函数，较大的 MSE 值意味着训练损失较高，模型预测与实际值差异大

(a) 三个代码的前5个最相关图像

代码#4：马 — 在码本中排名0.04%
代码#7：人群 — 在码本中排名41.4%
代码#18：帐篷 — 在码本中排名0.85%

代码#4：马 — 在码本中排名0.46%
代码#7：人群 — 在码本中排名0.14%
代码#18：帐篷 — 在码本中排名55.3%

(b) 当线性组合成图像表示时，根据其各自的权重按降序排列所有代码的排名

图 7-6 码本的可视化

144 视觉语言模型VLM原理与实战

7.4.5 消融研究

下面研究消除了每一代的训练持续时间、重置哪个代理，以及在蒸馏过程中冻结码本的选择等。所有模型都是在 CC3M 数据集上训练的。

① 生成周期。为每一代使用不同数量的步骤训练三个模型，同时确保训练步骤的总数相同。表 7-3 显示，步骤太少和太多都会导致组合性能下降，而识别性能与步骤数呈正相关。假设，一方面，相互作用的主体可能无法在很短的生成周期内产生合理对齐的表示，由此产生的低识别性能会对组合产生负面影响；另一方面，长的生成周期使代理能够在一代中更好地收敛，从而可能导致更好的识别。然而，代际转换频率的降低，可能会降低进化出更多组合表示的机会。

② 生成的代理。尝试仅重置语言/视觉代理，并交替重置两者。仅重置语言代理可获得最佳性能。

交替重置设置显著降低了性能，这表明确保代理权重至少一侧的连续性对于防止识别能力的丧失是必要的。有趣的是，生成语言代理比重置视觉代理表现出更好的性能，尽管训练范式是完全对称的。

这可能是因为视觉代理在获得高级概念之前，需要学习低级特征提取器，而文本是由人类自然抽象出来的，因此重置视觉代理需要更多的重新训练。

③ 冻结的码本。实验研究了强制码本连续进化的必要性。训练另一个模型，而不在每一代开始时对码本权重进行修正。根据表 7-3，这降低了合成性和识别性能，因为新初始化智能体的随机初始化权重，可能会污染码本。

表7-3 消融研究

研究目标	变化	COMP	CLS
生成周期	3000 步长	32.1	23.8
	6000 步长	34.4	24.2
	12000 步长	32.9	24.3
裂变目标	语言智能体	34.4	24.2
	视觉智能体	33.9	24.0
	交替	30.7	21.4
码本连续性	w 权重固定	34.4	24.2
	w/o 权重固定	31.9	24.0
IL 有无码本	w 码本	34.4	24.2
	w/o 码本	28.0	21.5
Lipschitz 正则化	迭代学习	34.4	24.2
	L- 调节	27.8	21.0

注：COMP 代表成分基准的平均得分，CLS 表示图像分类的平均得分。

④ IL 有无码本。最后，比较了有/没有码本的方法。结果证明了使用码本进行迭代学习的有效性，因为没有码本的方法在合成性和图像分类评估方面都不如使用码本的方法。

⑤ IL 与 Lipschitz 正则化。实验展示了迭代学习执行平滑正则化，并减少 Lipschitz 常数。一个自然的问题是，Lipschitz 正则化是否可以实现与迭代学习相同的效果。

因此，训练了 Lipschitz 正则化 CLIP 的一个变体，该变体在每个线性层之后应用光谱归一化。如表 7-3 所示，仅用 Lipschitz 正则化训练的模型，几乎没有提高性能。

IL-CLIP（迭代学习）和码本 CLIP 的可解释性比较见图 7-7。例如，检索了"足球运动员"代码的前三名最相关图像，发现 IL-CLIP 生成了更一致的图像。

(a) IL-CLIP(迭代学习)　　　　　　　　　(b) 码本CLIP

图 7-7　码本可解释性比较

7.5　小结

受认知科学中的文化传播理论的启发，设计了一种迭代学习算法，改善了大型视觉语言模型的组合性。为了实现这一点，将视觉语言对抗学习视为两个参与刘易斯信号博弈的代理，并通过重置权重迭代地生成新的语言代理。模型展示了在各种基准测试中，对标准 CLIP 的组合理解的改进，同时保持了可比的识别能力。这项工作为需要组合理解的其他领域未来的发展铺平了道路，表明迭代学习在更广泛的任务中具有潜在的适用性。

第8章
MATCHER：使用通用特征匹配一次性分割任何内容

8.1 特征匹配一次性分割摘要

在大规模预训练的支持下，视觉基础模型在开放世界图像理解方面，表现出巨大的潜力。然而，与擅长直接处理各种语言任务的大型语言模型不同，视觉基础模型需要一个特定任务的模型结构，然后对特定任务进行微调。在这项工作中，提出了 Matcher，这是一种新的感知范式，利用现成的视觉基础模型来解决各种感知任务。Matcher 可以通过使用上下文中的示例来分割任何内容，而无需训练。此外，在 Matcher 框架内设计了三个有效的组件，与这些基础模型协作，并在各种感知任务中充分发挥其潜力。

Matcher 在各种分割任务中表现出令人印象深刻的泛化性能，所有这些任务都没有经过训练。例如，它在 COCO-20i 上实现了 52.7% 的 mIoU，比最先进的专家模型高出 1.6%。此外，Matcher 在所提出的 LVIS-92i 上实现了 33.0% 的 mIoU，用于单次语义分割，比最先进的通用模型高出 14.4%。可视化结果进一步展示了 Matcher 在应用于野外图像时的开放世界通用性和灵活性。

8.2 特征匹配一次性分割问题提出及相关工作

8.2.1 特征匹配一次性分割问题提出

在网络规模数据集上进行预训练的 LLM，如 ChatGPT，已经改变了 NLP。这些基础模型在训练范围之外的任务和数据分布上，显示出显著的传输能力。LLM 展示了强大的零样本和最小搜索泛化，并很好地解决了各种语言任务，例如，语言理解、生成、交互和推理。

视觉基础模型（VFM）的研究正在赶上 LP。在大规模图像文本对比预训练的驱动下，CLIP 和 ALIGN 对各种分类任务表现出强大的零样本转移能力。DINOv2 通过学习仅从原始图像数据中捕获图像和像素级别的复杂信息，展示了令人印象深刻的视觉特征匹配能力。分割任意模型（SAM）通过在 SA-1B 数据集（包括 1B 掩模和 11M 图像）上进行训练，取得了令人印象深刻的与类别无关的分割性能。LLM 通过统一的模型结构和预训练方法，无缝地整合了各种语言任务，VFM在直接处理不同的感知任务时面临局限性。

例如，这些方法通常需要一个特定任务的模型结构，然后对特定任务进行微调。

在这项工作中，目标是建立一种新的视觉研究范式：研究视觉功能模块在有效解决各种感知任务方面的应用，例如语义分割、部分分割。

对于视频对象分割，由于以下挑战，使用基础模型并非易事。

① 尽管VFM包含丰富的知识，但直接利用单个模型进行下游感知任务，仍然具有挑战性。以SAM为例，虽然SAM可以在各种任务中执行令人印象深刻的零样本类识别分割性能，但它无法提供预测掩码的语义类别。此外，SAM更倾向于预测多个模糊的掩码输出。因此，很难为不同的任务选择合适的掩码作为最终结果。

② 各种任务涉及复杂多样的感知要求。例如，语义分割预测具有相同语义的像素。然而，视频对象分割需要区分这些语义类别中的各个实例。此外，需要考虑不同任务的结构差异，包括从单个部分到完整实体和多个实例的各种语义粒度。因此，纯粹地组合基础模型，可能会导致性能不佳。

为了应对这些挑战，提出了Matcher，这是一种新颖的感知框架，通过使用单个上下文示例，有效地整合不同的基础模型来处理不同的感知任务，从LLM通过上下文学习在各种NLP任务中表现出的出色泛化能力中汲取灵感。在上下文示例的提示下，Matcher可以理解特定的任务，并利用DINOv2通过匹配相应的语义特征来定位目标。随后，利用这种粗略的位置信息，Matcher使用SAM来预测准确的感知结果。此外，在Matcher框架内设计了三个有效的组件，与基础模型协作，并在各种感知任务中充分发挥其潜力。

① 设计了一种双向匹配策略，用于精确地跨图像语义密集匹配，并设计了一个鲁棒的提示采样器，用于生成掩码建议。该策略增加了掩码建议的多样性，并抑制了由匹配异常值引起的零碎假阳性掩码。

② 在参考掩码和掩码建议之间进行实例级匹配，以选择高质量的掩码。利用三个有效的指标，即emd、纯度和覆盖率，分别根据语义相似性和掩码建议的质量来估计掩码建议。

③ 通过控制合并掩码的数量，Matcher可以向目标图像中具有相同语义的实例产生可控的掩码输出。

综合实验表明，Matcher在各种分割任务中，具有优异的泛化性能，所有这些都不需要训练。对于单次语义分割，Matcher在COCO-20i上实现了52.7%的mIoU，比最先进的专家模型高出1.6%；在提出的LVIS-92i上达到了33.0%的mIoU，比最新的通用模型SegGPT高出14.4%。

Matcher在很大程度上优于并发PerSAM（COCO-20i的平均mIoU提高了29.2%，FSS-1000的平均mIoU提高了11.4%，LVIS-92i的平均mIoU提高了10.7%），这表明仅

依赖 SAM 限制了语义驱动任务的泛化能力，例如语义分割。此外，在两个提出的基准上进行评估后，Matcher 在单样本任务对象部分分割任务上，表现出了出色的泛化能力。

具体来说，Matcher 在两个基准测试中的平均 mIoU 都比其他方法高出约 10%。

Matcher 在 DAVIS 2017 val 和 DAVIS 2016 val 上，也取得了具有竞争力的视频对象分割性能。此外，详尽的消融研究验证了 Matcher 拟议组件的有效性。最后，可视化结果显示了前所未有的鲁棒性和灵活性。

主要优化改进总结如下：

① 介绍了 Matcher，这是最早的感知框架之一，用于探索视觉基础模型在处理各种感知任务方面的潜力，例如单样本任务语义分割、单样本任务对象部分分割和视频对象分割。

② 设计了三个组件，即双向匹配、鲁棒提示采样器和实例级匹配，可以有效地释放视觉基础模型的能力，提高分割质量和开集通用性。

③ 综合结果证明了 Matcher 强大的性能和泛化能力。充分的消融研究表明了所提出组件的有效性。

8.2.2 特征匹配一次性分割相关工作

视觉基础模型在大规模预训练的支持下，在计算机视觉领域取得了巨大的成功。受自然语言处理中的掩码语言建模的启发，MAE 使用非对称编码器 - 解码器并进行掩码图像建模，以有效和高效地训练可扩展的视觉变换器模型。CLIP 在 4 亿个图像 - 文本对上从头开始学习图像表示，并展示了令人印象深刻的零样本图像分类能力。通过执行图像和补丁级别的判别自监督学习，DINOv2 为各种下游任务学习通用的视觉特征。

使用 1B 掩模和 11M 图像进行预训练，分割任意模型（SAM）以令人印象深刻的零样本类识别分割性能出现。尽管视觉基础模型显示出卓越的微调性能，但它们在各种视觉感知任务中的能力有限。然而，像 ChatGPT 这样的大型语言模型，可以在没有训练的情况下解决各种语言任务。通过利用现成的视觉基础模型进行上下文推理，可以在无需训练的情况下解决各种感知任务。

人们越来越努力地使用 Transformer 架构，将各种分割任务统一到一个模型下。多面手 Painter 将不同视觉任务的输出重新定义为图像，并利用连续像素上的掩模图像建模，来使用监督数据集进行上下文训练。作为 Painter 的变体，SegGPT 引入了一种新的随机着色方法用于上下文训练，以提高模型的泛化能力。通过提示空间查询（例如点）和文本查询（例如文本提示），SEEM 有效地执行了各种分割任务。PerSAM 和 PerSAM-F 将 SAM 用于个性化分割和视频对象分割，而无需训练或使用两个可训练参数。这项工作介绍了 Matcher，这是一个无需训练的框架，可以一次性分割任何东西。

与这些方法不同，Matcher 通过集成不同的基础模型，在各种分割任务中表现出令人印象深刻的泛化性能。

8.3 特征匹配一次性分割方法

Matcher 是一个无需训练的框架，通过集成通用特征提取模型和类无关分割模型，一次性分割任何东西。对于给定的上下文示例，包括参考图像 x_r 和掩码 m_r，Matcher 可以用相同的语义分割目标图像 x_t 的对象或部分。Matcher 的概述如图 8-1 所示。框架由三个部分组成：对应矩阵提取（CME）、提示生成（PG）和可控掩码生成（CMG）。

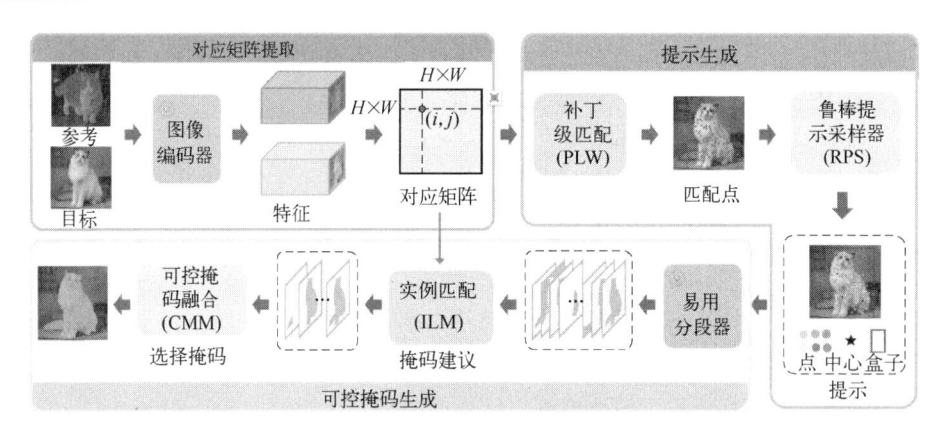

图 8-1 Matcher 概述

① Matcher 通过计算 x_r 和 x_t 的图像特征之间的相似度来提取对应矩阵。
② 进行补丁级匹配，然后从匹配点中采样多组提示。这些提示可作为 SAM 的输入，从而生成掩码建议。
③ 在参考掩码和掩码建议之间进行实例级匹配，以选择高质量的掩码。

下面将详细介绍这三个组成部分。

8.3.1 对应矩阵提取

对应矩阵提取是依靠非自图像编码器来提取参考图像和目标图像的特征。

给定输入 x_r 和 x_t，编码器输出补丁级特征 $z_r, z_t \in \mathbf{R}^{H \times W \times C}$。计算两个特征之间的逐块相似性，以发现目标图像上参考掩模的最佳匹配区域。定义一个对应矩阵 $S \in \mathbf{R}^{HW \times HW}$，如下所示。

$$(S)_{ij} = \frac{z_r^i z_t^j}{\left\| z_r^i \right\| \left\| z_t^j \right\|} \tag{8-1}$$

式中，$(S)_{ij}$ 表示 z_r 的第 i 个补丁特征 z_r^i，以及 z_t 的第 j 个补丁特征 z_t^j 之间的余弦相似性。可以将上述公式表示为 $\boldsymbol{S} = \text{sim}(z_r, z_t)$。

理想情况下，匹配的补丁应该具有最高的相似性。这在实践中可能具有挑战性，因为参考和目标对象可能具有不同的外观，甚至属于不同的类别。这要求编码器在这些功能中嵌入丰富而详细的信息。

8.3.2 提示生成

给定密集的对应矩阵，可以通过选择目标图像中最相似的补丁来获得粗略的分割掩模。然而，这种纯粹的方法会导致不准确、零碎的结果，其中有许多异常值。因此，使用对应特征来生成高质量的点和框引导，以实现快速分割。该过程涉及双向补丁匹配和多种提示采样器。

① 补丁级匹配编码器在诸如上下文不明确和多个实例等困难情况下，往往会产生错误的匹配。因此，提出了一种双向匹配策略来消除匹配异常值。

在图 8-2 中，双向匹配包括三个步骤：正向匹配、反向匹配和掩码滤波。紫色点表示匹配点，红点表示异常值。

a. 如图 8-2 所示，首先在参考掩模 $P_r = \{\boldsymbol{p}_r^i\}_{i=1}^{L}$ 和 z_t 上的点之间进行二分匹配，使用正向对应矩阵 $\boldsymbol{S}^{\rightarrow} = \text{sim}(P_r, z_t)$，以获得目标图像上的前向匹配点 $P_t^{\rightarrow} = \{\boldsymbol{p}_t^i\}_{i=1}^{L}$。

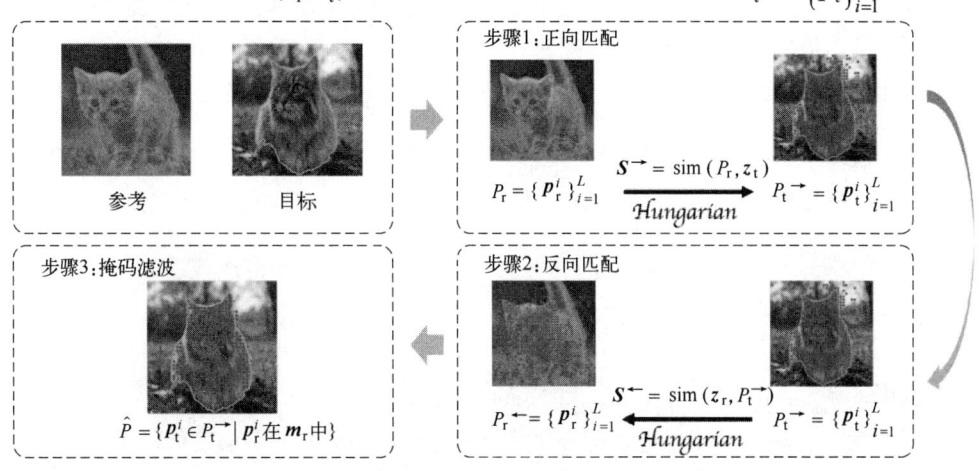

图 8-2 所提出的双向匹配的示意图

b. 执行另一个二分匹配，称为 $P_t^{\rightarrow}$ 和 z_r 之间的反向匹配，以获得参考图像上的反向匹配点 $P_r^{\leftarrow} = \{\boldsymbol{p}_r^i\}_{i=1}^{L}$，使用逆对应矩阵 $\boldsymbol{S}^{\leftarrow} = \text{sim}(z_r, P_t^{\rightarrow})$。

c. 如果相应的反向点不在参考掩模 m_r 上，将在正向集中找出点。最终匹配点为

$\hat{P} = \{ p_t^i \in P_t^{\rightarrow} \mid p_r^i 在 \boldsymbol{m}_r 中 \}$。

② 鲁棒提示采样器。

受有效提示工程的启发，为可提示分割器引入了一个鲁棒提示采样器，以支持从部分和整体到多个实例的各种语义粒度的鲁棒分割。首先根据匹配点的位置将其聚类为 K 个聚类 $\hat{P}_k$，使用 K 均值 ++ 方法。然后，将以下 3 种类型的子集作为提示进行采样。

a. 在每个集群 $P^p \subset \hat{P}_k$ 内对零件级提示进行采样。

b. 在所有匹配点 $P^i \subset \hat{P}$ 内对实例级提示进行采样。

c. 在簇中心 $P^g \subset C$ 集合内对全局提示进行采样，以支持覆盖，其中 $C = \{c_1, c_2, \cdots, c_k\}$ 是簇中心。

在实践中，发现这种策略不仅增加了掩码建议的多样性，而且抑制了由匹配异常值引起的零碎假阳性掩码。

8.3.3 可控掩模生成

图像编码器提取的物体边缘特征会混淆背景信息，导致一些无法区分的异常值。这些异常值可能会产生一些假阳性掩码。

为了克服这种差异，通过实例级匹配模块，从掩码建议中进一步选择高质量的掩码，然后合并所选掩码以获得最终目标掩码。

实例级匹配在引用掩码和掩码建议之间，执行实例级匹配，以选择优秀的掩码。实验制定了与最优运输（OT）的匹配。

使用地球移动距离（EMD）来计算掩码内密集语义特征之间的结构距离，以确定掩码相关性。OT 问题的成本矩阵可以通过 $C = \dfrac{1}{2}(1-S)$ 来计算。计算 EMD，记为 emd。

此外，还提出了另外两个掩模建议指标，即

$$\text{纯度 (purity)} = \frac{\text{Num}(\hat{P}_{mp})}{\text{Area}(m_p)}, \quad \text{覆盖度 (coverage)} = \frac{\text{Num}(\hat{P}_{mp})}{\text{Area}(\hat{P})} \tag{8-2}$$

式中，$\hat{P}_{mp} = \{p_t^i \in P_t^{\rightarrow} \mid p_t^i 在 \boldsymbol{m}_r 中\}$；Num(·) 表示点数；Area(·) 代表掩模的面积；m_p 是掩模方案。更高的纯度促进了部分级掩模的选择，而更高的覆盖度促进了实例级掩码的选择。假阳性掩模片段可以通过适当的阈值，使用提出的指标进行过滤，然后进行基于分数的选择过程，以确定前 k 个最高质量掩模。

$$\text{score} = \alpha(1-\text{emd}) + \beta \times \text{purity} \times \text{coverage}^\lambda \tag{8-3}$$

式中，α、β 和 λ 是不同指标之间的调节系数。通过操纵合并掩码的数量，Matcher 可以向目标图像中具有相同语义的实例，生成可控的掩码输出。

8.4 特征匹配一次性分割实验

8.4.1 实验设置

视觉基础模型使用 DINOv2 和 ViT-L/14 作为 Matcher 的默认图像编码器。受益于图像和补丁级别的大规模判别自监督学习，DINOv2 具有令人印象深刻的补丁级别表示能力，可以促进不同图像之间的精确补丁匹配。使用分段任意模型（SAM），ViT-H 作为 Matcher 的分段器。

通过 1B 掩模和 11M 图像预训练，SAM 具有令人印象深刻的零样本分割性能。将这些视觉基础模型结合起来，具有触及开放世界图像理解的巨大潜力。在所有实验中，不对配对者进行任何训练。

8.4.2 少样本点语义分割

数据集对于少样本任务语义分割，评估了 Matcher 在 COCO-20i、FSS-1000 和 LVIS-92i 上的性能。COCO-20i 将 MSCOCO 数据集的 80 个类别，划分为 4 个交叉验证折叠，每个折叠包含 60 个训练类和 20 个测试类。FSS-1000 由来自 1000 个类的掩码注释图像组成，训练集、验证集和测试集中分别有 520、240 和 240 个类。按照评估方案，在 COCO-20i 和 FSS-1000 的测试集上验证了 Matcher。与专业模型不同，该实验不会在这些数据集上训练 Matcher。

此外，基于 LVIS 数据集，创建了 LVIS-92i，这是一个更具挑战性的基准，用于评估跨数据集的模型泛化。在删除少于两个图像的类后，总共保留了 920 个类以供进一步分析。然后将这些类别分为 10 个相等的倍数进行测试。对于每个折叠，随机抽取一个参考图像和一个目标图像进行评估，并进行 2300 次拍摄。

结果将 Matcher 与各种专业模型进行了比较，如 HSNet、VAT、FPTrans 和 MSANet，以及像 Painter、SegGPT 和 PerSAM 这样的多面手模型。如表 8-1 所示，对于 COCO-20i，Matcher 通过一次性样本和几次性样本，实现了 52.7% 和 60.7% 的平均 mIoU，超过了专业模型 MSANet，并与 SegGPT 相当。SegGPT 的训练数据包括 COCO。对于 FSS-1000，Matcher 与专业型号相比，表现出极具竞争力的性能，并超越了所有列出的通用模型。此外，Matcher 的表现明显优于无训练的 PerSAM，以及微调的 PerSAM-F（与 PerSAM-F 相比，Matcher COCO-20i 的平均 mIoU 提高了 29.2%，FSS-1000 的平均 mIoU 提高了 11.4%，LVIS-92i 的平均 mIoU 提高了 10.7%），这表明仅依赖 SAM 会导致语义任务的泛化能力有限。对于 LVIS-92i，比较了 Matcher 和其他模型的跨数据集泛化能力。对于专业模型，报告了 4 个预训练模型在 COCO-20i 上的平均性能。Matcher 通过一次性样本和几次性样本，分别实现了 33% 和 40% 的平均 mIoU，比先进的多面手模型 SegGPT 分别高出 14.4% 和 14.6%。结果表明，Matcher 展现出了其他模型所不具备的稳健泛化能力。

在表 8-1 中，灰色部分表示该模型是通过域内数据集训练的，† 表示免训练方法，‡ 表示使用 SAM 的方法。

表8-1 COCO-20i、FSS-1000和LVIS-92i上的少样本任务语义分割结果

单位：%

方法	来源	COCO-20i 平均 mIoU 一次性	COCO-20i 平均 mIoU 几次性	FSS-1000 平均 mIoU 一次性	FSS-1000 平均 mIoU 几次性	LVIS-92i 平均 mIoU 一次性	LVIS-92i 平均 mIoU 几次性
专业模型							
HSNet	ICCV′21	41.2	49.5	86.5	88.5	17.4	22.9
VAT	ECCV′22	41.3	47.9	90.3	90.8	18.5	22.7
FPTrans	NeurIPS′22	47.0	58.9	—	—	—	—
MSANet	arXiv′22	51.1	56.8	—	—	—	—
通用模型							
Painter	CVPR′23	33.1	32.6	61.7	62.3	10.5	10.9
SegGPT	ICCV′23	56.1	67.9	85.6	89.3	18.6	25.4
PerSAM†‡	arXiv′23	23.0	—	71.2	—	11.5	—
PerSAM-F‡	arXiv′23	23.5	—	75.6	—	12.3	—
Matcher †‡	改进方法	52.7	60.7	87.0	89.6	33.0	40.0

8.4.3 单样本任务物体部分分割

数据集需要对对象进行细粒度的理解，对象部分分割是一项比分割对象更具挑战性的任务。以下建立了两个基准来评估得分。

在单样本任务零件分割上使用 Matcher，即 PASCAL 零件和 PACO 零件。基于 PASCAL VOC 2010 及其身体部位注释，构建了 PASCAL part 数据集。该数据集由 4 个超类组成，即动物、室内、人和车辆。动物有 5 个子类，室内有 3 个子类（瓶子、盆栽、电视监视器），人有 1 个子类，车辆有 6 个子类（飞机、自行车、公共汽车、汽车、摩托车、火车）。该数据集总共有 56 个不同的对象部分。PACO 是一个新发布的数据集，提供了 75 个对象类别和 456 个对象部分类别。

基于 PACO 数据集，构建了更困难的 PACO 零件基准，用于单样本任务对象零件分割。对面积最小的对象部分和少于两幅图像的对象部分进行了分割，得到 303 个剩余的对象部分。将其分成 4 部分，每部分大约有 76 个不同的物体部分。用边界框裁剪所有对象，以评估两个数据集上的单次零件分割。

结果将匹配器与 HSNet、VAT、Painter 和 PerSAM 进行了比较。对于 HSNet 和 VAT，分别使用在 PASCAL-5i 和 COCO-20i 上预训练的模型，用于 PASCAL- 部分和 PACO- 部分。如表 8-2 所示，结果表明，Matcher 的表现远远优于之前的所有方法。具

体而言，Matcher 的表现优于基于 SAM 的 PerSAM，相比之下，Matcher PASCAL- 部分的平均 mIoU 提高了 12.8%，PACO- 部分提高了 13.5%。SAM 已经显示出将任何物体分为三个层次的潜力，这三个层次分别为整体、部分和子部分。

在表 8-2 中，† 表示免训练方法，‡ 表示使用 SAM 的方法。

表8-2 PASCAL-部分和PACO-部分的单次零件分割结果　　　　　　　单位：%

方法	来源	PASCAL- 部分的 mIoU					PACO- 部分的 mIoU				
		动物	室内	人	车辆	平均	F0	F1	F2	F3	平均
HSNet	ICCV′21	21.2	53.0	20.2	35.1	32.4	20.8	21.3	25.5	22.6	22.6
VAT	ECCV′22	21.5	55.9	20.7	36.1	33.6	22.0	22.9	26.0	23.1	23.5
Painter	CVPR′23	20.2	49.5	17.6	34.4	30.4	13.7	12.5	15.0	15.1	14.1
SegGPT	ICCV′23	22.8	50.9	31.3	38.0	35.8	13.9	12.6	14.8	12.7	13.5
PerSAM†‡	arXiv′23	19.9	51.8	18.6	32.0	30.1	19.4	20.5	23.8	21.2	21.2
Matcher †‡	改进方法	37.1	56.3	32.4	45.7	42.9	32.7	35.6	36.5	34.1	34.7

然而，由于缺乏语义，它无法区分这些歧义掩码。单独使用 SAM 无法很好地进行单样本任务对象部分分割。通过将 SAM 与通用特征提取器相结合，为语义任务赋予 SAM 能力，并通过上下文示例在细粒度对象部分分割任务上，实现了有效的泛化性能。

8.4.4 视频对象分割

数据集视频对象分割（VOS）旨在分割视频帧中的特定对象。

在半监督 VOS 设置下，对两个数据集的验证分割进行了匹配评估，即 DAVIS 2017 val 和 DAVIS 2016 val。VOS 中常用的两个指标，即 J 值和 F 值，用于评估。

为了跟踪视频中的特定运动对象，在 Matcher 中维护了一个包含特征和前一帧中间预测的参考内存。根据帧的分数，确定要在内存中保留哪个帧。

考虑到对象更有可能与相邻帧中的对象相似，对分数应用了随时间递减的衰减率。在内存中对给定的参考图像和掩码进行修正处理，以避免某些对象在中间帧中消失，并在稍后重新出现时失败。

将 Matcher 与表 8-3 中不同数据集上有和没有视频数据训练的模型进行了比较。结果表明，与用视频数据训练的模型相比，Matcher 可以获得有竞争力的性能。此外，Matcher 在两个数据集上的表现，都优于没有视频数据训练的模型，例如 SegGPT 和 PerSAM-F。这些结果表明，Matcher 可以在没有训练的情况下，有效地推广到 VOS 任务。

表8-3 DAVIS 2017 val和DAVIS 2016 val的视频对象分割结果　　　　　单位：%

方法	来源	DAVIS 2017 val			DAVIS 2016 val		
		J 和 F	J	F	J 和 F	J	F
有视频数据							
AGAME	CVPR′19	70.0	67.2	72.7	—	—	—
AGSS	ICCV′19	67.4	64.9	69.9	—	—	—

续表

方法	来源	DAVIS 2017 val J和F	DAVIS 2017 val J	DAVIS 2017 val F	DAVIS 2016 val J和F	DAVIS 2016 val J	DAVIS 2016 val F
AFB-URR	NeurIPS'20	74.6	73.0	76.1	—	—	—
AOT	NeurIPS'21	85.4	82.4	88.4	92.0	90.7	93.3
SWEM	CVPR'22	84.3	81.2	87.4	91.3	89.9	92.6
XMem	ECCV'22	87.7	84.0	91.4	92.0	90.7	93.2
没有视频数据							
Painter	CVPR'23	34.6	28.5	40.8	70.3	69.6	70.9
SegGPT	ICCV'23	75.6	72.5	78.6	83.7	83.6	83.8
PerSAM†‡	arXiv'23	60.3	56.6	63.9	—	—	—
PerSAM-F‡	arXiv'23	71.9	69.0	74.8	—	—	—
Matcher†‡	改进方法	79.5	76.5	82.6	86.1	85.2	86.7

在表 8-3 中，灰色部分表示该模型是在具有视频数据的目标数据集上训练的，† 表示免训练方法，‡ 表示使用 SAM 的方法。

8.4.5 消融研究

如图 8-3 所示，对困难的 COCO-20i 数据集，以及简单的 FSS-1000 数据集进行消融研究，用于单次语义分割；对 DAVIS 2017 进行视频对象分割，以充分验证提出的组件的有效性。下面将探讨匹配模块（ILM）、补丁级匹配策略和不同掩码建议指标的影响。

在图 8-3 中，报告了 COCO-20i 的 4 倍平均 mIoU、FSS-1000 的 mIoU 和 DAVIS 2017 的 J 值和 F 值。默认设置以灰色标记。

ILM 消融研究如图 8-3（a）所示。补丁级匹配（PLM）和实例级匹配（ILM）是 Matcher 的重要组成部分，它们弥合了图像编码器和 SAM 之间的差距，解决了各种无需训练的少样本任务感知任务。如图 8-3（a）所示，PLM 建立了匹配和分割之间的联系，并使 Matcher 能够执行各种无需训练的少样本任务感知任务。ILM 大大增强了这种能力。

ILM	COCO-20i 平均mIoU	FSS-1000 mIoU	DAVIS 2017 J和F
	29.0	76.2	39.9
✓	52.7	87.0	79.5

(a) ILM的消融研究

策略	COCO-20i 平均mIoU	FSS-1000 mIoU	DAVIS 2017 J和F
正向	50.6	81.1	73.5
反向	21.4	47.7	41.3
双向	52.7	87.0	79.5

(b) 双向匹配的消融研究

emd	p和c	COCO-20i 平均mIoU	FSS-1000 mIoU	DAVIS 2017 J和F
✓		51.3	86.3	67.5
	✓	35.3	86.3	76.3
✓	✓	52.7	87.0	79.5

(c) 不同掩码建议指标的消融研究

帧数	1	2	4	6
J和F	73.5	74.4	79.5	78.0
J	70.0	70.5	76.5	74.9
F	77.5	78.2	82.6	81.1

(d) VOS帧数对DAVIS 2017值的影响

图 8-3 消融研究

单位为 %

双向匹配的消融研究如图 8-3（b）所示，探索了所提出的双向匹配的正向匹配和反向匹配的效果。对于反向匹配，由于直接执行反向匹配时匹配点 $P_t\rightarrow$ 不可用，在 z_t 和 z_r 之间执行反向匹配。如果没有参考掩模的指导，反向匹配［图 8-3（b）第 2 行］会产生许多错误的匹配结果，导致性能不佳。与正向匹配［图 8-3（b）第 1 行］相比，双向匹配策略在 COCO-20i 上的平均 mIoU 提高了 2.1%，在 FSS-1000 上提高了 5.9%，在 DAVIS 2017 上提高了 6%。这些显著的改进，表明了所提出的双向匹配策略的有效性。

不同掩码建议指标的消融研究如图 8-3（c）所示，emd 在复杂的 COCO-20i 数据集上更有效。emd 评估掩码建议和参考掩码之间的补丁级特征相似性，以支持将所有掩码建议与同一类别进行匹配。相比之下，通过使用纯度和覆盖率，Matcher 可以在 DAVIS 2017 上取得出色的性能。与 emd 相比，引入了纯度和覆盖率，以支持选择高质量的掩码方案。结合这些指标来估计掩码建议，Matcher 可以在不进行训练的情况下，在各种分割任务中实现更好的性能。

VOS 帧数对 DAVIS 2017 值的影响如图 8-3（d）所示。随着帧数的增加，Matcher 的性能可以提高，使用 4 帧时达到最佳性能。

8.4.6 定性结果

为了展示 Matcher 的泛化能力，从三个角度可视化了图 8-4 中单样本任务分割的定性结果，即对象和对象部分分割、交叉样式对象和对象部件分割，以及可控掩模输出。Matcher 可以实现比 SegGPT 和 PerSAM-F 更高质量的对象和零件掩码。跨样式分割的更好结果表明，由于有效的全特征匹配，Matcher 具有令人印象深刻的泛化能力。此外，通过操纵合并掩码的数量，Macther 支持具有相同语义的多个实例。图 8-5 显示了 DAVIS 2017 上视频对象分割的定性结果。结果表明，Matcher 可以有效地释放基础模型的能力，提高分割质量和开集通用性。

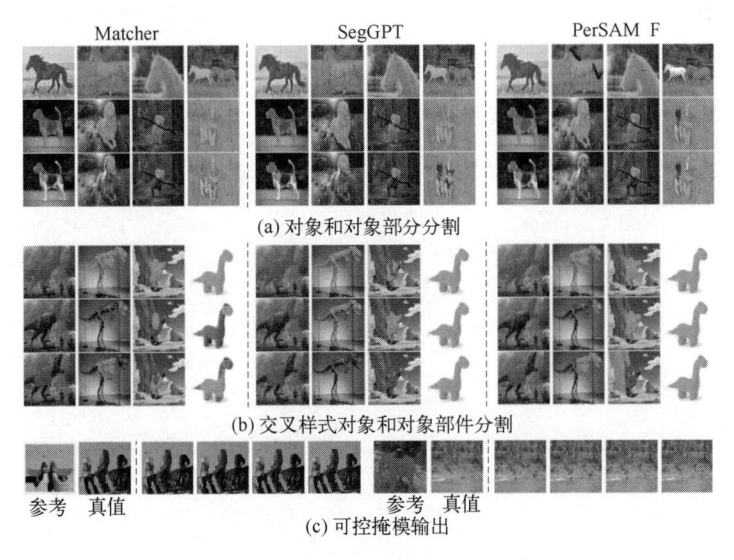

图 8-4 单样本任务分割的定性结果

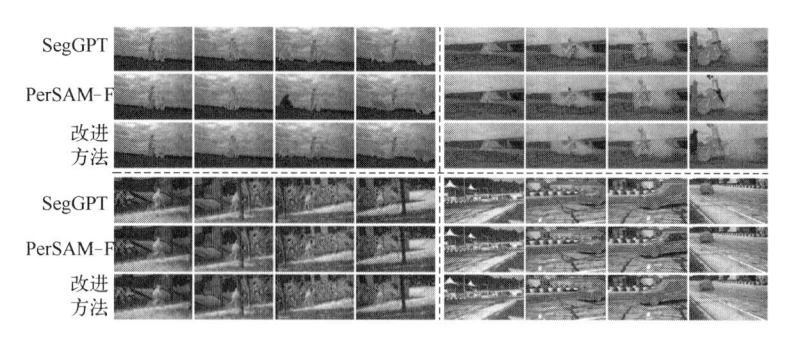

图 8-5　DAVIS 2017 上视频对象分割的定性结果

8.5　小结

提出了 Matcher，这是一个无需训练的框架，集成了现成的视觉基础模型，用于解决各种少样本任务分割任务。正确组合这些基础模型可以产生积极的协同效应，而 Matcher 则展现出超越单个模型的复杂能力。引入的通用组件，即双向匹配、鲁棒提示采样器和实例级匹配，可以有效地释放这些基础模型的能力。实验证明了 Matcher 在各种少样本任务分割中的强大性能，可视化结果显示了开放世界的通用性和对野外图像的灵活性。

第 9 章
视觉启发语言模型

9.1 视觉启发摘要

视觉语言（VL）模型近期取得了前所未有的成功，其中连接模块是弥合模态差距的关键。然而，在大多数现有方法中，丰富的视觉线索并没有得到充分利用。在视觉方面，大多数现有方法只使用视觉塔的最后一个特征，而不使用低级特征。在语言方面，大多数现有的方法只引入了浅视觉语言交互。因此，一种视觉启发的视觉语言连接模块被提出，称为 VIVL，它有效地利用了 VL 模型的视觉线索。为了利用视觉塔的低层信息，引入了一种特征金字塔提取器（FPE）来组合不同中间层的特征，从而以可忽略的参数和计算开销丰富了视觉线索。为了增强 VL 交互，提出了深度视觉条件提示（DVCP），它允许视觉和语言特征有效地进行深度交互。在 COCO 字幕任务上从头开始训练时，VIVL 比之前最先进的方法高出 18.1% 的 CIDEr，大大提高了数据效率。当用作插件模块时，VIVL 持续提高各种骨干网和 VL 框架的性能，在多个基准测试（如 NoCaps 和 VQAv2）上提供最新的先进结果。

9.2 视觉启发问题提出及相关工作

9.2.1 视觉启发问题提出

深度学习极大地改变了计算机视觉（CV）和自然语言处理（NLP），并在一系列任务上取得了最先进的成果。单模态领域的快速发展激发了人们对如何在图像字幕和视觉问答等真实世界应用中连接多种模态的浓厚兴趣。因此，视觉语言模型成为两个社区的新前线。

当前的主流方法使用连接模块来桥接预训练的图像编码器，以及预训练的大型语言模型，因为这是一种实用的方法，可以在可管理的训练开销下重用这两个模型，并提供相当好的性能。连接模块弥合了情态差距，这是发挥预训练单峰视觉和语言模型能力的关键。设计连接模块已经做了很多努力：BLIP-2 设计了一个基于 BERT 的 Q-Former，LLaVA 使用了一个简单的全连接层，Flamingo 在 LLM 中插入了交叉关注层。然而，这些连接模块在视觉特征提取和视觉语言交互方面，并没有充分利用丰富的视觉特征。

在图像编码器方面，之前的工作主要使用图像编码器单层（例如最后一层）的输出，而没有利用早期的低级特征。事实上，目标检测和语义分割的许多成功实践表明，使用多尺度特征可以增强对图像细节的理解。因此，研究目标是探索多尺度特征，以丰富 VL 模型的视觉特征。

在 LLM 方面，大多数现有的方法都探索了浅层视觉语言交互。BLIP-2、LLaVA 和其他作品将视觉特征作为提示发送到 LLM 的输入层，由于其浅层交互，这限制了响应中细节的丰富性。相比之下，Flamingo 通过在 LLM 的每一层插入门控交叉注意力来实现深度交互，代价是参数数量和浮点运算（FLOP）的急剧增加。因此，目标是使 LLM 能够以参数和计算效率的方式，与视觉特征进行深度交互。

因此，提出了一个视觉启发的视觉语言连接模块（VIVL），该模块能够与 LLM 更丰富的视觉特征进行有效的交互。为了利用多尺度特征，提出了一种特征金字塔提取器（FPE），为 VL 模型提供细粒度的视觉线索，其中高级特征以自下而上的方式与低级特征交互。为了增强 VL 相互作用，通过在视觉线索和先前输出上调节提示，来呈现深度视觉条件提示（DVCP）。此外，DVCP 通过使用跳转层策略，共享权重和 FLOP，来减少参数的数量。最后但并非最不重要的一点是，所提出的 VIVL 设计用于灵活部署，可以作为独立模块使用，也可以很容易地与 BLIP-2 等现有方法结合使用。

图 9-1 为使用不同数据集大小进行预训练时 COCO 上的图像字幕性能。VIVL 在不使用预训练数据的情况下，大大超过了 COCO 字幕的先前最先进的结果，甚至与依赖大量预训练数据的方法相当，这证明了方法的数据效率。

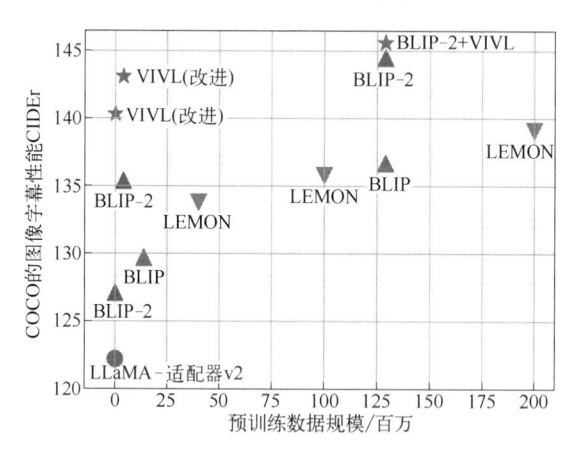

图 9-1　使用不同数据集大小进行训练时的 COCO 上的图像字幕性能

图 9-2 为 NoCaps 数据集上的零样本测试示例。VIVL 提供了更细粒度的描述，包括计数能力［图 9-2（b）(d)（g）（j）］、颜色［图 9-2（a）（e）（h）］、细节［图 9-2（a）（b）（e）（g）（i）］和背景描述［图 9-2（c）（i）］等。

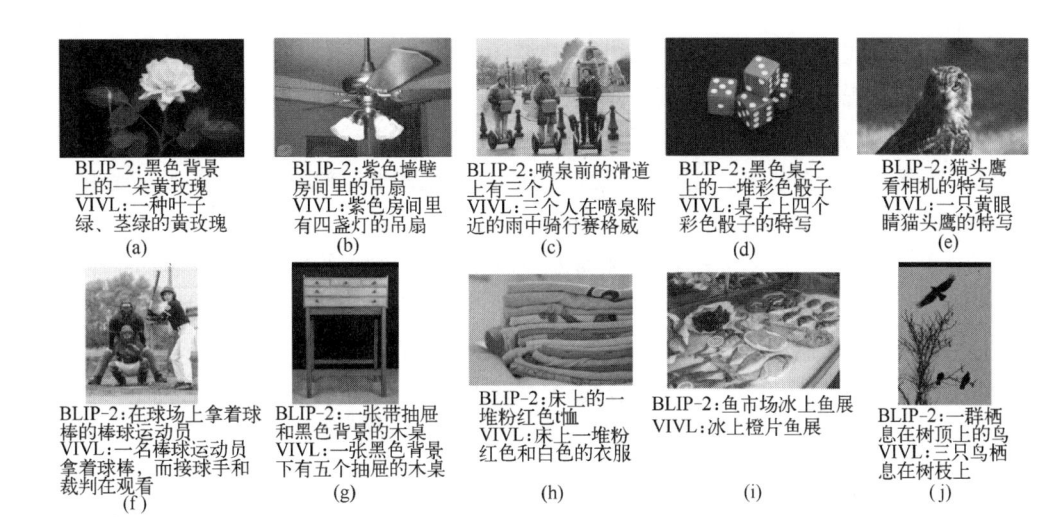

图 9-2 NoCaps 数据集上的零样本测试示例

作为一个独立的视觉语言桥梁，VIVL 大大减少了实现强大性能所需的数据量。如图 9-1 所示，在 COCO 字幕任务上从头开始训练连接模块时，VIVL 比之前最先进的（SoTA）方法的 CIDEr 高出 18.1%，这甚至与依赖大规模预训练的方法相当。当用作插件模块时，VIVL 在 VQAv2 任务上将 BLIP-2 提高了 3.4%，在科学 QA（Science QA）任务上将 LLaVA 提高了 0.6%。广泛的实验表明，VIVL 在不同的主干、VL 框架和数据集上带来了一致的改进，并在多个基准上实现了 SoTA 结果。图 9-2 中的定性结果还表明，VIVL 提供了更详细的图像描述。

9.2.2 视觉启发相关工作

① 视觉语言模型。视觉语言预训练（VLP）旨在学习多模态基础模型，以提高各种视觉和语言任务的整体性能，这已成为近年来 CV 研究的亮点。以端到端的方式从头开始训练视觉和语言模型，随着模型大小的增加，这可能会产生很高的计算成本。另一项工作利用现成的预训练模型，并在 VLP 期间保持其冻结状态。LiT 利用冻结的预训练图像编码器来加速 CLIP 训练，微调了一个图像编码器，并将其输出转换为 LLM 的软提示。Flamingo 在预训练的 LLM 中插入了新的交叉注意力层，以注入视觉特征。BLIP-2 将预训练的图像编码器和 LLM 与 Q-Former 连接起来。后续工作 Mini-GPT4 和 LLaVA 使用线性层来桥接这两种模式，同时使用更强大的 LLM 和设计良好的指令微调。

相比之下，利用视觉编码器的中间层特征来丰富图像细节，并提出了一种 DVCP 方法，以实现深层次的高效视觉文本交互。

② 提示调整。提示是指在输入文本前添加语言指令，以便经过预训练的 LLM 能够理解任务。在手动选择提示的情况下，GPT-3 对下游转移学习任务表现出强大的泛化能力，即使在少数样本或零样本设置中也是如此。

后续工作建议将提示视为任务特定的连续向量，并在微调期间，通过梯度直接优化它们，即提示调优。提示也被应用于 VL 模型。CoOp 对 CLIP 应用了提示调优。CoCoOp 缺乏对分布外数据的泛化能力，并提出通过在图像输入上调节提示来缓解这一问题。然而，之前的工作主要集中在使用 CLIP 等双编码器架构的分类任务上，而很少有工作研究使用 BLIP-2 等编解码器架构的生成任务。

此外，如表 9-1 所示，先前作品的提示没有充分利用视觉线索和先前层输出中编码的信息。本节专注于生成 VL 模型，并提出了一种深度视觉条件提示，该提示可以根据视觉线索和先前输出动态适应。此外，该方法是一种有效的深度提示方法，通过跳转层，以便可管理的计算开销共享权重，能大大减少参数的数量。

在表 9-1 中，O（1）表示附加参数的数量不会随着网络层 N 的数量而增加，即保持不变。

表9-1　不同提示调优方法之间的比较

方法	深度提示	条件 视觉	条件 输出	条件参数
P-Tuning	×	×	×	O（1）
CoCoOp	×	√	×	O（1）
P-Tuning v2	√	×	×	O（N）
VPT-Deep	√	×	×	O（N）
Flamingo	×	√	√	O（N）
LLaMA-适配器	√	√	×	O（N）
DVCP（改进的）	√	√	√	O（1）

9.3　视觉启发方法

9.3.1　准备工作

① 变换器。对于 N 层变换器，将令牌长度表示为 M，潜在维度表示为 d。然后，将标记嵌入的集合 $\boldsymbol{E}_{i-1} \in \mathbf{R}^{M \times d}$ 表示为第 i 层变换器 L_i 的输入。整个变换器的公式为

$$\boldsymbol{E}_i = L_i(\boldsymbol{E}_{i-1}), \quad i = 1, 2, \cdots, N \tag{9-1}$$

式中，$\boldsymbol{E}_0$ 表示输入嵌入。

大多数现有的 VL 模型，将提取的视觉特征 $\boldsymbol{X}^v$ 与文本嵌入 $\boldsymbol{X}^t$ 一起发送到预训练的 LLM 中，以获得最终输出，即

$$\boldsymbol{E}_0 = [\boldsymbol{X}^v, \boldsymbol{X}^t] \tag{9-2}$$

式中，[·,·] 表示沿序列长度维度连接。对于 LLM 中 $\boldsymbol{E}_0$ 的组成，VIVL 也遵循式（9-2），如图 9-3 所示。

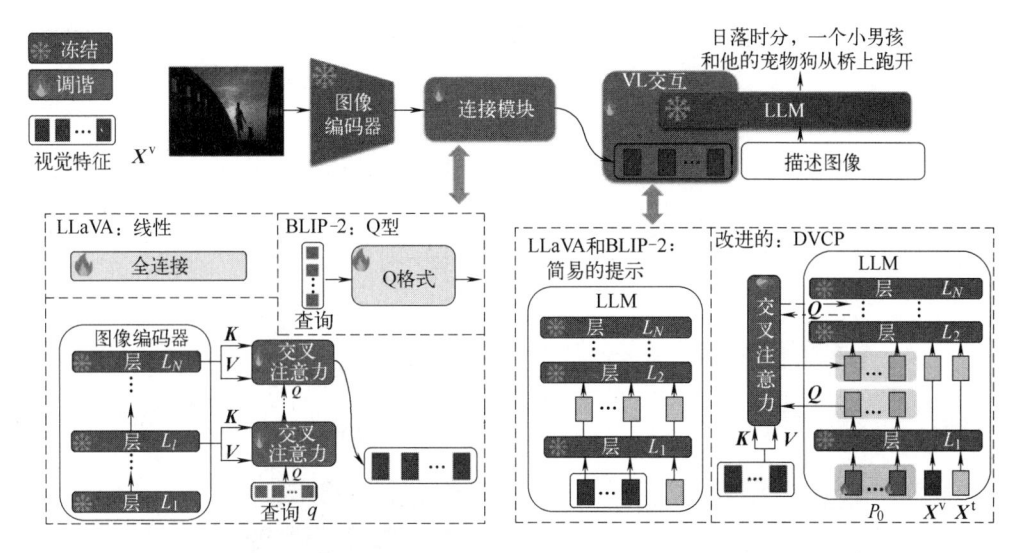

图 9-3　VIVL 方法由 FPE 和 DVCP 组成

在图 9-3 中，VIVL 可以独立使用（即不依赖于其他预训练的连接模块），也可以无缝嵌入到不同的框架中（例如，BLIP-2 和 LLaVA）。

② 提示调整。根据插入提示的位置，可分为浅提示和深提示。由于其有前景的性能，在这里只研究深度提示。给定一个预训练的语言模型，在每一层的输入空间中，引入一组 K 个维度 d 的连续嵌入，即提示。对于第 i 层 L_i，将输入可学习提示的集合表示为 $P_{i-1} \in \mathbf{R}^{K \times d}$。如后文图 9-5（a）所示，深度提示的 Transformer 公式为

$$[Z_i, E_i] = L_i([P_{i-1}, E_{i-1}]), \quad i = 1, 2, \cdots, N \tag{9-3}$$

式中，$Z_i \in \mathbf{R}^{K \times d}$ 表示第 i 层计算的与 P_{i-1} 对应的输出，将被下一层的相应提示替换；E_0 表示输入嵌入；$[\cdot, \cdot]$ 表示连接操作，有 $[P_{i-1}, E_{i-1}] \in \mathbf{R}^{(K+M) \times d}$。可学习参数以红色显示（图 9-3）。

9.3.2　特征金字塔视觉提取器

之前的工作，如 BLIP-2、Flamingo 和 LLaVA，只使用了视觉编码器最后一层（或倒数第二层）的输出[图 9-4（a）]，没有利用细粒度图像特征。将 X_l 表示为视觉编码器第 l 层的特征，在这些工作中，提取的视觉嵌入 X^v 是从 X_N 中获得的。建议利用中间层的特征来补充详细图像内容的表示。

如图 9-4（c）所示，一个简单的解决方案是将不同层的特征连接在一起，公式如下：

$$X^v = [\{X_l | l \in I\}] \tag{9-4}$$

式中，l 表示所选层的索引集合；公式右边表示沿序列长度维度堆叠 I 中的所有元

素。该方案可能会带来一些改进。尽管如此，在式（9-4）中的这种直接实现中，仍然没有捕捉到嵌入在不同层中的语义的粒度差异。此外，级联特征的序列长度增加，将导致大量的计算开销。

在图9-4中，（a）表示最近研究的视觉语言模型仅使用的单层功能；（b）表示使用图像金字塔，特征在每个图像尺度上独立计算，这不是计算效率；（c）表示另一种方法是直接连接不同层的特征；（d）提出的特征金字塔提取器在以（a）的速度运行的同时捕获了更多的图像内容。

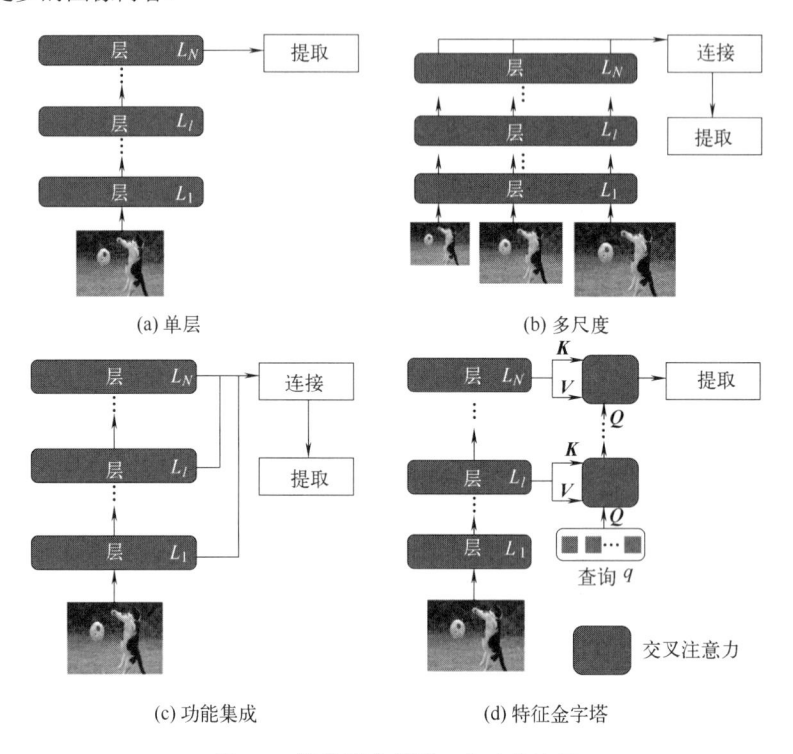

图9-4 视觉语言模型一些功能特征

受FPN为目标检测构建特征金字塔的启发，提出了一种特征金字塔提取器（FPE），用于从视觉语言模型的中间层中提取特征，如图9-4（d）所示。在FPE中，低级特征通过交叉注意力与高级特征交互，并生成新特征。将 q 表示为中间特征的可学习查询，并将 q 的序列长度设置为32，与式（9-4）相比，这大大降低了计算开销。例如，考虑FPE使用两层（第1层和最后一层）的两个特征，有

$$X_l^{\text{FPE}} = \text{Attn}(q, X_l, X_l) \tag{9-5}$$

$$X^v = \text{Attn}(X_l^{\text{FPE}}, X_N, X_N) \tag{9-6}$$

式中，Attn(Q, K, V) 表示交叉关注层，Q、K 和 V 分别表示关注的查询、关键字

和值。注意，还可以为式（9-5）和式（9-6）堆叠更多的关注层。单层交叉注意力实现了最佳的精度-效率权衡。此外，可以使用更多中间层的特征来构建特征金字塔，如式（9-4）所示，在 FPE 中使用更多层，可以进一步改进。

9.3.3 深度视觉条件提示

与单峰视觉或语言模型不同，如果提示缺乏与其他模态的交互，VL 模型的性能将受到影响。也就是说，如果只学习 LLM 中的提示 P_i，即使提示中缺少视觉线索，也可以发挥适配器的作用。因此，建议注入视觉信息来帮助生成提示。如图 9-5（d）所示，一个可行的解决方案是，使用交叉注意力将视觉线索引入到每一层的提示中，可以公式化为

$$[Z_i, E_i] = L_i\left([A_i(P_{i-1}, X^v, X^v), E_{i-1}]\right) \tag{9-7}$$

式中，X^v 表示从视觉编码器提取的视觉嵌入；A_i 表示在第 i 个 LLM 层插入的交叉注意力模块（即 Attn）。通过这种方式，可以使每一层的提示 P_i 都以视觉线索为条件，以帮助语言模型更好地可见。

然而，式（9-7）仍然存在至少两个问题：

a. 附加参数的数量随着层数 N 的增加而线性增加，即每层都需要辅助的注意力模块 A_i 和可学习参数 P_i。

b. 提示不知道上一层的输出。

① DVCP 平铺。提出 DVCP 平铺来同时解决上述两个问题。

首先，为所有层共享交叉注意力模块 A_i，这大大减少了辅助参数的数量。其次，建议用前一层的相应输出替换 P_i。这有两个方面的好处：

a. 前一层的输出比 P_i 编码了更多的信息。

b. 节省了 P_i 所需的参数数量。

具体来说，DVCP 平铺可以公式化如下：

$$[Z_1, E_1] = L_1\left([P_0, E_0]\right) \tag{9-8}$$

$$[Z_i, E_i] = L_i\left([A_i(P_{i-1}, X^v, X^v), E_{i-1}]\right), \quad i \geq 2 \tag{9-9}$$

式中，A 表示语言模型中不同层之间的共享交叉注意力层。实际上，式（9-9）可以被视为一种深度提示方法，因为可学习的 A 允许提示动态变化，并通过每层中的梯度反向传播进行更新。与式（9-7）相比，DVCP 平铺将辅助参数的数量减少了 96.7%。实证地展示了 DVCP 平铺相对于式（9-7）的优势。

② DVCP 跳转。通过设计共享交叉注意力模块，在保持计算成本不变的情况下，参数数量显著减少。因此，提出 DVCP 跳转以进一步减少计算量，其中每 S 层执行模块 A，S 是一个超参数。

设置 S=5，与 DVCP 普通相比，DVCP 跳转策略将辅助的 FLOP 减少了 80%。DVCP 跳转的第一层与式（9-8）相同。对于 $i \geqslant 2$ 的情况，DVCP 跳转策略可以公式化为

$$[Z_i, E_i] = \begin{cases} L_i([Z_{i-1}, E_{i-1}]) & , \quad (i \bmod S) \neq 0 \\ L_i([A(Z_{i-1}, X^v, X^v), E_{i-1}]), & \text{其他} \end{cases} \quad (9\text{-}10)$$

③ 与其他提示调优方法的差异。在图 9-5 和表 9-1 中，将 DVCP 与之前的提示方法在各个维度上进行了比较。与 P-Tuning、CoCoOp 和 LLaMA- 适配器等相比，提示以视觉线索和先前的输出为条件，并且具有恒定数量的参数，这些参数不会随着层数的增加而变化。与 Flamingo 相比，DVCP 从三个方面减少了参数和计算的数量：

a. 跨层共享交叉注意力的权重。

b. 只对提示 P 对应的令牌进行操作，而处理 Flamingo 整个令牌 E。

c. 由于跳转层策略，只需要计算一小部分层 $\left(\dfrac{1}{S}\right)$。

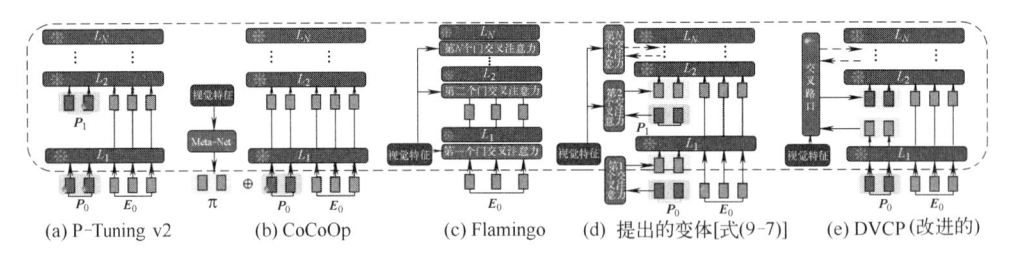

图 9-5 DVCP 和其他方法的比较

9.4 视觉启发实验结果

① 介绍了实现细节。

② 独立使用 VIVL，并再研究数据效率。

③ 将 VIVL 与 LLaVA 框架相结合，对科学 QA 进行实验。

④ 将 VIVL 应用于另一个框架 BLIP-2，并对 COCO 字幕和 VQAv2 进行了实验。

⑤ 研究了 NoCaps 上的传输性能。

⑥ 研究了 VIVL 中不同成分和超参数的影响。

所有实验均使用带有 8 个 A100 GPU 的 PyTorch 进行。

9.4.1 实验细节

① 骨干网。使用 EVACLIP 中的 CLIP ViT-g/14 作为图像编码器。对于冻结语言模型，探索了基于解码器的 LLM 的无监督训练 OPT 模型家族，以及基于编码器 - 解码器的 LLMs 的指令训练 FlanT5 模型家族。

② 训练详情。使用权重衰减为 0.05 的 AdamW 优化器，进行 5 个迭代周期的训练。使用余弦学习率衰减，初始学习率为 e^{-5}。

9.4.2 方法的数据效率

如图 9-6（a）所示，当前主流方法基于预训练的连接模块（例如 BLIP-2 中的 Q-Former）对下游任务进行调谐，这需要大规模的预训练来实现图像文本对齐。注意，为视觉编码器和 LLM 的不同组合预训练不同的连接模块非常耗时。此外，使用大规模数据进行预训练，也使无法快速迭代模型（例如，在 10min 内更新模型）。因此，研究了使用随机初始化的连接模块，从头开始对下游任务进行训练的场景，如图 9-6（b）所示。

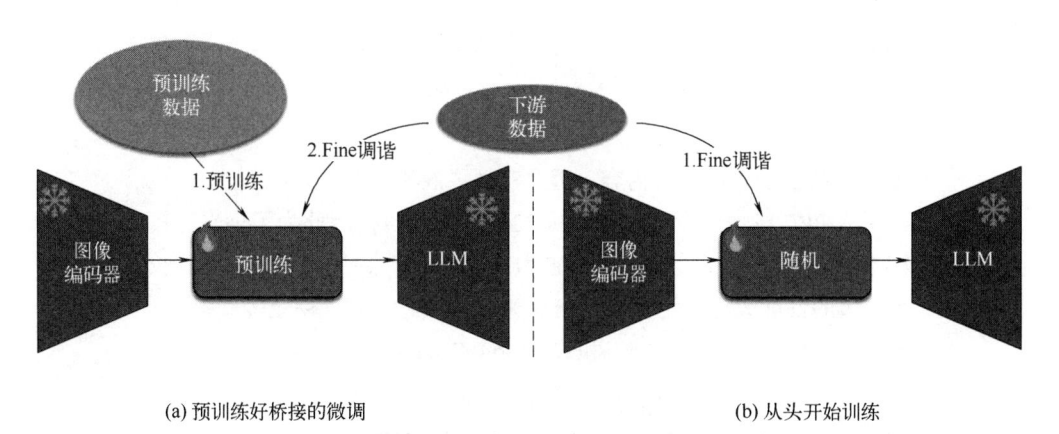

(a) 预训练好桥接的微调　　　　　　　(b) 从头开始训练

图 9-6　从头开始训练范式的说明

为了证明 VIVL 的有效性，只调整 VIVL 模块，同时保持其他参数不变。从表 9-2 中可以看出，即使没有对大规模图像文本数据进行预训练，VIVL 也超过了 BLIP，与预训练的 BLIP-2 相当。此外，与最新的 LLaMA-适配器 v2 方法相比，VIVL 实现了 18.1% 的 CIDEr 增益。结果证明了 VIVL 的数据效率，这归功于对视觉线索的有效利用。这也表明，这种从头开始的训练范式具有巨大的潜力。

在图 9-2 中，最初的 BLIP 和 BLIP-2 需要在 COCO 标题、视觉基因组、概念性字幕和 LAION 上进行预训练（PT），而 ClipCap、LLaMA-适配器 v2 仅在 COCO 上对模型进行微调（FT）。

在这种范式下，只使用下游数据来训练桥梁模块，因此可以全面研究不同桥接设计的影响。为了公平比较，对表 9-3 中的所有方法使用相同的视觉编码器（ViT-g）和 LLM（OPT 2.7B），可以得出以下结论：

① 交叉注意可以比 MLP 更有效地提取视觉特征，尽管参数的数量相当。

表9-2　从头开始训练连接模块时COCO Caption的比较

模型	数据比例 PT	数据比例 FT	COCO 标题 BLEU@4/%	COCO 标题 CIDEr/%
BLIP	14M	0.6M	38.6	129.7
BLIP	129M	0.6M	40.4	136.7
BLIP-2	129M	0	40.8	136.5
BLIP-2	129M	0.6M	43.7	145.8
ClipCap		0.6M	33.5	113.1
LLaMA-适配器 v2		0.6M	36.2	122.2
BLIP-2		0.6M	37.4	127.1
VIVL（改进的）		0.6M	41.2	140.3
BLIP-2	4M	0.6M	39.8	135.4
VIVL（改进的）	4M	0.6M	42.5	143.1

② 由于过度偏移的风险增加，单独增加参数的数量肯定不会提高性能。事实上，一层交叉注意力实现了最佳的精度-效率权衡。

③ FPE可以捕获更多的图像内容，因此实现了6.0%的CIDEr增益。

注意，引入FPE将增加令牌长度（从32增加到64），因此为了公平比较，将基线A-1（表9-3倒数第二行）的令牌长度设置为64。可以看到，仅仅增加令牌长度并不能简单地带来显著的性能改进，这表明FPE带来的收益超出了使用更多令牌的范围。

在表9-3中，A-K表示式（9-5）和式（9-6）中的K层交叉关注。

表9-3　从头开始训练时不同桥梁设计的比较

桥	令牌长度	辅助参数	COCO 标题 BLEU@4/%	COCO 标题 CIDEr/%
线性	256	3.6M	27.9	97.9
Q-格式	32	107.1M	37.4	127.1
MLP（2层）	32	3.6M	34.0	119.6
A-1	32	3.4M	39.1	133.8
A-2	32	6.8M	38.7	132.6
A-6	32	20.1M	36.7	126.4
A-1	64	3.4M	39.8	134.5
A-1+FPE	64	6.7M	41.0	139.8

9.4.3　科学QA

VIVL可以独立使用，也可以与其他方法结合使用，如LLaVA。在预训练的线性层之前插入FPE，并将DVCP引入LLM。在表9-4中，研究了科学QA数据集，该数据集包含2.1万个多模态多项选择题，在3个科目、26个主题、127个类别和379个技能中具有丰富的领域多样性。考虑了具有代表性的方法，包括LLaMA-适配器、多模式思维链（MM-CoT），以及 LLaVA，这是该数据集上的当前 SoTA 方法。在 LLaVA 上进行了实验，并对模型进行了 12 个迭代周期的训练。如表 9-4 所示，与图像环境的 LLaVA 相比，VIVL 达到了 91.51% 的准确率，并产生了 1.24% 的绝对增益。结果表明，VIVL 可以更有效地利用视觉信息，并且在迁移到其他 VL 框架时适用。

在表 9-4 中，问题类别 NAT= 自然科学，SOC= 社会科学，LAN= 语言科学，TXT= 文本上下文，IMG= 图像上下文，NO= 无上下文，G1-6=1～6 年级，G7-12=7～12 年级。

表9-4 科学QA数据集的结果 [准确率（%）]

方法	主题			上下文模态			等级		平均
	NAT	SOC	LAN	TXT	IMG	NO	G1-6	G7-12	
人	90.23	84.97	87.48	89.60	87.50	88.10	91.59	82.42	88.40
GPT-3.5	74.64	69.74	76.00	74.44	67.28	77.42	76.80	68.89	73.97
GPT-3.5 w/CoT	75.44	70.87	78.09	74.68	67.43	79.93	78.23	69.68	75.17
GPT-4	84.06	73.45	87.36	81.87	70.75	90.73	84.69	79.10	82.69
LLaMA-适配器	84.37	88.30	84.36	83.72	80.32	86.90	85.83	84.05	85.19
MM-CoT$_{Base}$	87.52	77.17	85.82	87.88	82.90	86.83	84.65	85.37	84.91
LLaVA	90.36	95.95	88.00	89.49	88.00	90.66	90.93	90.90	90.92
LLaVA+VIVL（改进的）	91.43	95.39	88.55	90.76	89.24	90.87	91.81	90.97	91.51

9.4.4 图像字幕

将 VIVL 应用于另一个框架 BLIP-2，在该框架中，在预训练的 Q-Former 之前插入 FPE，并将 DVCP 引入 LLM。为图像字幕任务调整模型，该任务要求模型为图像的视觉内容生成文本描述。

在 BLIP-2 之后，在微调期间保持 LLM 冻结，并更新 Q-Former、VIVL 和图像编码器的参数。对 COCO 训练集进行了微调，并对 COCO 测试集进行了评估，还对表 9-5 中的 NoCaps 验证集进行了零样本转移。以 FlanT5XL 为例，与 COCO 字幕相比，VIVL 在 CIDEr 方面实现了 1.1% 的增益。

在表 9-5 中，对于 BLIP-2，使用 ViT-g 和 FlanT5XL 作为骨干。

表9-5 与NoCaps和COCO标题上最先进的图像字幕方法进行比较　　单位：%

模型	COCO 数据集划分试验		NoCaps 零样本	
	BLEU@4	CIDEr	SPICE	CIDEr
OSCAR	37.4	127.8	11.3	80.9
VinVL	38.2	129.3	13.5	95.5
BLIP	40.4	136.7	14.8	113.2
OFA	43.9	145.3	—	—
Flamingo	—	138.1	—	—
SimVLM	40.6	143.3	—	112.2
BLIP-2	42.4	144.5	15.8	121.6
BLIP-2+VIVL	42.7	145.6（+1.1）	15.8	122.7（+1.1）

更重要的是，进一步证明，这并没有对当前的源数据集进行过度偏移，因为当将训练好的模型转移到另一个数据集（即 NoCaps）时，VIVL 也显示出持续的改进，在 NoCaps 上取得了最先进的成果。

9.4.5 视觉问答实验与问答任务

给定带注释的 VQA 数据，保持 LLM 冻结，同时调整其他参数。表 9-6 显示了开放式生成模型中 VIVL 的 SoTA 结果，VIVL 甚至超过了之前封闭式分类方法（即 BEiT-3）的 SoTA 结论。

表9-6　与最先进的模型进行比较，针对视觉问答进行了微调

模型	可训练参数	VQAv2 值（准确率）/%
封闭式分类模型		
VinVL	345M	76.52
SimVLM	约 1.4B	80.03
CoCa	2.1B	82.30
BEiT-3	1.9B	84.19
开放式生成模型		
ALBEF	314M	75.84
BLIP	385M	78.25
OFA	930M	82.00
Flamingo80B	10.6B	82.00
BLIP-2 ViT-g FlanT5XL	1.2B	81.55
BLIP-2 ViT-g OPT2.7B	1.2B	81.59
BLIP-2 ViT-g OPT6.7B	1.2B	82.19
BLIP-2+VIVL ViT-g FlanT5XL	1.2B	84.84（+3.29）
BLIP-2+VIVL ViT-g OPT2.7B	1.2B	85.00（+3.41）

当与基线相比时，可以看到 VIVL 在 VQA 方面的改善，改善后的性能比表 9-5 中的性能更好。这可能有两个原因。

① 更丰富的文本提示（例如问题）可以更充分地利用方法的能力。

② VQA 任务有更多的训练数据（包括 2.1M 和 0.6M），使得随机初始化模块能够更好地收敛。

因此，在大规模数据预训练的条件下，VIVL 可以取得更好的结果。

9.4.6 消融研究

首先研究 VIVL 中的不同组件，即 FPE 和 DVCP，如表 9-7 所示。

在表 9-7 中，在 COCO 字幕上复制了 BLIP-2，以便进行公平比较。

除了在源数据集上进行训练和测试外，还将在源数据集中训练的模型转移到不同的数据集进行零样本测试，可以得出以下结论。

① 单独使用 FPE 或 DVCP 可以带来改进，这两个模块的组合可以连续提高性能。

表9-7 基于BLIP-2的字幕数据集消融研究 单位：%

骨干网	PPE	DVCP	COCO 标题 BLEU@4	COCO 标题 CIDEr	Nocaps 零样本 BLEU@4	Nocaps 零样本 CIDEr
OPT2.7B	×	×	42.8	145.6	47.3	120.0
	√	×	42.8	145.8	47.0	120.6
	×	√	42.6	145.5	47.5	121.1
	√	√	42.6	145.6	47.7	121.3
FlanT5XL	×	×	42.2	144.5	48.0	121.0
	√	×	42.5	144.6	48.7	122.0
	×	√	42.3	144.8	48.5	123.0
	√	√	42.7	145.6	48.8	122.7

② VIVL 带来的改进在转移到其他数据集时，也是一致的，并显示出良好的泛化能力。

然后，介绍了 COCO 字幕上 FPE 和 DVCP 的消融研究，并使用 BLIP-2 ViT-g OPT2.7B 作为主干网络。为了严格研究连接模块 VIVL 的效果，只更新了连接模块的参数（即冻结图像编码器和 LLM 的参数）。表 9-8 和表 9-9 中基线 BLIP-2 的指标低于表 9-7 中的指标，其中图像编码器的参数也进行了调整。

（1）FPE 的竞争对手

下面研究以下两个问题：从视觉编码器中选择哪些层，以及如何从这些选定层中聚合特征。

在表 9-8 中，I 表示所选层的索引集合，如式（9-4）所示基线，表示在微调期间，具有冻结视觉骨干的 BLIP-2。

表9-8 FPE消融研究

方法	层指数 集合 I	COCO 标题 BLEU@4/%	COCO 标题 CIDEr/%
基线		41.1	141.2
特征集成	[25, 38]	41.3	141.9
注意力池化	[25, 38]	41.9	142.0
FPE（改进的）	[15, 38]	41.6	142.1
	[25, 38]	42.1	142.7
	[35, 38]	41.8	142.4
	[37, 38]	41.2	141.6
	[15, 25, 38]	42.3	143.1

在表 9-8 中，调查了 FPE 中选定层的不同组合，并将 FPE 与三种基线方法进行了比较，可以得出以下结论：

① 中间层功能很有用。特征集成和 FPE 都优于仅使用单层特征的基线 BLIP-2（表 9-8 第一行）。

② 提出的 FPE 比特征集成基线更有效 [图 9-4（c）]。当 I=[25, 38] 时，FPE 方法比特征集成高出 0.8%（142.7% 对 141.9%）。

③ 所选层不应太近或太远。当在 FPE 中使用两层特征时，I=[25, 38] 的表现优于 I=[15, 38] 和 I=[37, 38]。当所选层距离较远时，较大的语义差距会影响性能。当所选

层非常接近时（$I=[37, 38]$ 选择最后两层），由于缺乏多样性，改进将受到限制。

④ 在 FPE 中使用更多的特征层可以进一步改善结果（表 9-8 最后一行）。默认选择 $I=[25, 38]$，以实现更好的精度 - 效率权衡。这也表明，可以通过更仔细地调整 I 来进一步改进。在任何情况下，使用中间层都比不使用它们有更好的效果。

（2）DVCP 的竞争对手

在表 9-9 中，比较了 DVCP 与之前在图 9-5 和表 9-1 中提到的不同提示方法。为了公平比较，将所有这些方法的提示长度设置为 32，但 Flamingo 风格除外，它不涉及提示。基线表示在微调期间具有冻结视觉骨干的 BLIP-2。

表9-9 提示方法的比较

方法	辅助参数	COCO 标题 BLEU@4/%	COCO 标题 CIDEr/%
基线	0	41.1	141.2
P-Tuning	0.1M	41.1	139.8
P-Tuning v2	2.5M	40.8	139.0
CoCoOp- 形式	3.7M	40.9	141.6
LLaMA- 适配器 - 形式	3.6M	41.5	141.7
Deep-CoCoOp	5.9M	41.5	141.9
Flamingo- 形式	103.8M	41.8	142.2
DVCP-Plain（改进的）	3.4M	41.5	142.4
DVCP-Skip（改进的）	3.4M	41.9	142.9

从表 9-9 中，可以观察到：

① 简单地增加参数数量并不能提高性能。例如，在 BLIP-2 中使用 P-Tuning 或 P-Tuning v2 甚至会稍微打乱结果。这也表明，使提示以情态输入为条件对视觉语言模型非常重要。

② DVCP 优于其他没有先前输出的方法（如 CoCoOp、LLaMA 适配器），证明了信息自适应设计的重要性。

③ 尽管使用的 FLOP 较少（3.3 G FLOP 对 16.9 G FLOP），DVCP-Skip 仍优于 DVCP-Plain，这表明了跳转层策略的有效性。

9.5 小结

为获得更好的视觉启发视觉语言模型，提出了 VIVL。在视觉方面，提出了一种特征金字塔提取器（FPE），可以有效地利用来自不同中间层的视觉特征。在语言方面，提出了深度视觉条件提示（DVCP），以有效地实现视觉和语言特征的深度交互。VIVL 可以独立使用，也可以无缝嵌入其他 VL 框架中。实验结果证明了方法的有效性，在包括 VQAv2 和 NoCaps 在内的流行基准测试中，取得了最先进的结果。此外，VIVL 只使用下游数据进行训练，如果使用大规模数据进行预训练，可能会取得更好的结果。

第10章
VinVL：重新审视视觉语言模型中的视觉表示

10.1 审视视觉表示摘要

本章详细研究了改进视觉语言（VL）任务的视觉表示，并开发了一种改进的目标检测模型来提供以对象为中心的图像表示。与最广泛使用的自下而上和自上而下模型相比，新模型更大，更适合 VL 任务，并且在结合了多个公共注释目标检测数据集的更大训练语料库上进行了预训练。因此，可以生成更丰富的视觉对象和概念集合的表示。虽然之前的 VL 研究主要集中在改进视觉语言融合模型上，而对目标检测模型的改进没有影响，表明视觉特征在 VL 模型中起着重要作用。在实验中，将新目标检测模型生成的视觉特征，输入到基于 Transformer 的 VL 融合模型 OSCAR 中，并利用改进的方法 OSCAR+ 对 VL 模型进行预训练，在广泛的下游 VL 任务中对其进行微调。结果表明，新的视觉特征显著提高了所有 VL 任务的性能，在 7 个公共基准上创造了最新的先进的结果。代码、模型和预提取特征发布于 GitHub 上。

10.2 审视视觉表示问题提出与相关工作

10.2.1 审视视觉表示问题提出

视觉语言预训练（VLP）已被证明对广泛的视觉语言（VL）任务有效。VLP 通常由两个阶段组成。

① 预先训练目标检测模型，将图像和图像中的视觉对象编码为特征向量。

② 预先训练跨模态融合模型，将文本和视觉特征混合在一起。虽然现有的 VLP 研究主要集中在改进跨模态融合模型上，但本节侧重于改进以对象为中心的视觉表示，并提出了一项全面的实证研究，以证明视觉特征在 VL 模型中很重要。

在上述工作中，广泛使用的目标检测（OD）模型是在视觉基因组数据集上训练的。OD 模型提供了一种以对象为中心的图像表示，并在许多 VL 模型中用作黑盒子。在这项工作中，基于 ResNeXt152-C4 架构（简称 X152-C4），预训练了一个大规模对象属性检测模型。与 OD 模型相比，新模型更适合 VL 任务并且模型体量更大，在更大量的数据上训练，结合了多个公共目标检测数据集，包括 COCO、OpenImages（OI）、

Objects365 和 Visual Genome（VG）。因此，OD 模型在各种 VL 任务上取得了更好的结果，如表 10-1 所示。与其他典型的 OD 模型（如在 OpenImages 上训练的 X152-FPN）相比，新模型可以编码更多样化的视觉对象和概念集合（例如，为 1848 个对象类别和 524 个属性类别生成视觉表示），如图 10-1 所示。

表10-1 通过将Anderson等人的视觉特征替换，对7项VL任务进行了统一改进

视觉特征	VQA/%		GQA/%		图像标题			NoCaps/%		图像检索/%			文本检索/%			NLVR2/%	
	test-dev	test-std	test-dev	test-std	B@4/%	M	C/%	S/%	C	S	R@1	R@5	R@10	R@1	R@5	R@10	dev	test-P
改进的方法	73.16	73.44	61.58	61.62	40.5	29.7	137.6	22.8	86.58	12.38	54.0	80.8	88.5	70.0	91.1	95.5	78.07	78.36
	75.95	76.12	65.05	64.65	40.9	30.9	140.6	25.1	92.46	13.07	58.1	83.2	90.1	74.6	92.6	96.3	82.05	83.08
△	2.79↑	2.68↑	3.47↑	3.03↑	0.4↑	1.2↑	3.0↑	2.3↑	5.88↑	0.69↑	4.1↑	2.4↑	1.6↑	4.6↑	1.5↑	0.8↑	3.98↑	4.71↑

NoCaps 基线来自 VIVO，结果是通过直接替换视觉特征获得的。学习任务的基线来自 OSCAR，结果是通过替换视觉特征和执行 OSCAR+ 预训练获得的。所有型号均为 Bert-Base 尺寸。新的视觉特征贡献了 95% 的增益。

图 10-1 在 OpenImages 上训练的 X152-FPN 模型（a）和在 4 个对象上训练的 X152-C4 模型的预测（b）

为了验证新 OD 模型的有效性，在由 885 万个文本图像对组成的公共数据集上，预训练了一个基于 Transformer 的跨模态融合模型 OSCAR+，其中这些图像的视觉表示由新 OD 模型产生，并在 OSCAR+ 预训练期间固定。然后上网预训练的 OSCAR+，用于广泛的下游任务，包括 VL 理解任务，如 VQA、GQA、NLVR2 和 COCO 文本图像检索，以及 VL 生成任务，如 COCO 图像字幕和 NoCaps。

结果表明，新 OD 产生以对象为中心的表示，该模型显著提高了所有 VL 任务的性能，通常比使用经典 OD 模型的强基线有很大的提高。在所有这些任务上创造了新的技

术状态，包括 GQA。在 GQA 上，没有一个已发布的预训练模型超过精心设计的神经状态机（NSM）。

这项工作的主要优化改进可以概括如下。

① 提出了一项全面的实证研究，证明视觉特征在 VL 模型中很重要。

② 开发了一种新的物体检测模型，该模型可以产生比经典 OD 模型更好的图像视觉特征，并在多个公共基准上大大提高了所有主要 VL 任务的最新结果。

③ 对预训练目标检测模型进行了详细的消融研究，以调查对象类别多样性、视觉属性训练、训练数据规模、模型大小和模型架构的不同设计选择，对性能改进的相对支持。

公共目标检测数据集如图 10-1（b）所示。X152-C4 模型包含更丰富的语义，例如，更丰富的视觉概念和属性信息，以及检测到的边界框几乎覆盖了所有语义上有意义的区域。与典型 OD 模型中常见对象类的特征［图 10-1（a）］相比，X152-C4 模型中丰富多样的区域特征［图 10-1(b)］，对视觉语言任务至关重要。对于两个模型都检测到的概念，例如男孩，X152-C4 模型中的属性提供了更丰富的信息，例如年轻的赤脚赤膊站着冲浪微笑的小金发男孩。X152-C4 模型检测到了一些对象概念，但在 OpenImages 上训练的 X152-FPN 模型没有检测到这些概念，包括鳍、波浪、脚、阴影、天空、头发、山、水、（裸、棕褐色、浅色、米色）背部、(蓝色、彩色、花朵、多色、图案)躯干、沙子、海滩、海洋、(黄色、金色)手镯、标志、山丘、头部、(黑色、潮湿)泳裤。与 R101-C4 模型相比，X152-C4 模型为 VL 应用提供了更准确的对象属性检测结果和更好的视觉特征。

10.2.2 提高视觉语言的视觉能力

基于深度学习的 VL 模型通常由两个模块组成：图像理解模块 Vision 和跨模态理解模块 VL。

$$(q,v) = \text{Vision}(\text{Img}), y = \text{VL}(w,q,v) \qquad (10\text{-}1)$$

式中，Img 和 w 分别是视觉和语言模态的输入。视觉模块的输出由 q 和 v 组成。q 是图像的语义表示，如标签或检测到的对象。v 是图像在高维潜在空间中的分布表示，例如使用 VG 预训练的 FasterRCNN 模型产生的框或区域特征。大多数 VL 模型只使用视觉特征 v，而最近提出的 OSCAR 模型表明，q 可以作为学习更好的视觉语言联合表示的锚点，从而可以提高各种 VL 任务的性能。式（10-1）的 VL 模块的 w 和 y，在不同的 VL 任务之间变化。在 VQA 中，w 是一个问题，y 是一个要预测的答案。在文本图像检索中，w 是一个句子，y 是句子图像对的匹配分数。在图像字幕中，w 没有给出，y 是要生成的字幕。

受预训练语言模型在各种自然语言处理任务中取得巨大成功的启发，视觉语言预训练（VLP）通过以下方式，在提高跨模态理解模块 VL 的性能方面，取得了显著成功。

① 用 Transformer 统一视觉和语言建模 VL。
② 用大规模文本图像语料库预训练统一的 VL。

然而，最近关于 VLP 的研究，将图像理解模块 Vision 视为一个黑盒子，自经典 OD 模型开发以来，视觉特征的改进一直没有改变，尽管在通过以下方式改进目标检测方面取得了很大的研究进展。

① 开发更多样化、更丰富、更大的训练数据集（例如 OpenImages 和 Objects 365）。
② 在目标检测算法方面获得新的见解，如特征金字塔网络、一级密集预测和无锚检测器。
③ 利用更强大的 GPU 来训练更大的模型。

在这项工作中，专注于改善视觉，以获得更好的视觉表现。通过丰富视觉对象和属性类别、扩大模型大小，以及在更大的 OD 数据库集上进行训练，开发了一种新的 OD 模型，从而在广泛的 VL 任务上推进了最新技术。下面将详细介绍如何开发新的 OD 模型，然后描述 OSCAR+ 在 VL 预训练中的使用。通过以下方式组合 4 个数据集。

① 为了增强尾部类的视觉概念，对 OpenImages 和 Objects365 进行类感知采样，使每个类至少获得 2000 个实例，分别得到 2.2M 和 0.8M 个图像。
② 为了平衡每个数据集的贡献，将四个数据集合并为 8 个 COCO 副本（8×0.11M）、8 个 VG 副本（8×0.1M）、2 个类感知采样 Objects365 副本（2×0.8M）和一个类感知抽样 OpenImages 副本（2.2M）。
③ 为了统一它们的对象词汇表，使用 VG 词汇表及其对象别名作为基础词汇表，如果它们的类名或别名匹配，则将其他三个数据集中的一个类合并到一个 VG 类中，如果找不到匹配，则添加一个新类。
④ 保留了所有包含至少 30 个实例的 VG 类，导致 1594 个 VG 类和 254 个来自其他三个数据集的类无法映射到 VG 词汇表，从而得到一个包含 1848 个类的合并目标检测数据集。

表 10-2 为 Vision 预训练数据集。在采样中，×k 表示一个历元中有 k 个副本，CA-2k 表示类感知采样每个类至少有 2000 个实例。

表10-2 Vision预训练数据集

源	VG	COCO w/stuff	Objects365	OpenImagesV5	总计
图像	97k	111k	609k	167M	2.49M
分类	1594	171	365	500	1848
采样	×8	×8	CA-2k，×8	CA-2k	5.43M

模型架构（FPN 与 C4）：尽管表明 FPN 模型在目标检测方面优于 C4 模型，但研究表明，FPN 并没有为 VL 任务提供比 C4 更有效的区域特征，这也得到了实验结果的证实。

因此，进行了一系列精心设计的实验，并找到了两个主要原因。

① C4 模型中用于区域特征提取的所有层，都是使用 ImageNet 数据集进行预训练的，而 FPN 模型的多层感知器（MLP）头则不是。事实证明，VG 数据集仍然太小，无法为 VL 任务训练足够好的视觉特征，使用 ImageNet 预训练的权重是有益的。

② 不同的网络架构（CNN 与 MLP）。C4 中使用的卷积头在编码视觉信息方面比 FPN 的 MLP 头具有更好的感应偏置。因此，将 C4 架构用于 VLP。

模型预训练：按照目标检测训练中的常见做法，冻结了第一个卷积层、第一个残差块和所有批规范层。

此外，还使用了几种数据增强方法，包括水平剪切和多尺度训练。为了使用 X152-C4 架构训练检测模型，从 ImageNet-5K 检查点初始化模型骨干，并使用 16 幅图像的批量进行 1.8M 迭代训练。

将属性信息注入模型之后，在预训练的 OD 模型中添加一个属性分支，然后在 VG 上微调 OD 模型，以注入属性信息（524 个类）。由于对象表示在目标检测预训练阶段进行了预训练，因此可以通过选择更大的属性损失权重 1.25，来将 VG 微调集中在学习属性上，使用的权重为 0.5。因此，微调模型在检测 VG 上的对象和属性方面明显优于之前的模型。

10.2.3　VL 任务的高效区域特征提取器

随着视觉对象和属性集的丰富，经典的类感知非最大抑制（NMS）后处理，需要大量时间来删除重叠的边界框，使特征提取过程极其缓慢。为了提高效率，用只执行一次 NMS 操作的类无关 NMS 替换了类感知 NMS。另外，还用没有膨胀的 conv 层替换了使用的膨胀为 2 的耗时 conv 层。这两个替换使区域特征提取过程快，而 VL 下游任务的精度没有任何下降。此外，还报告了 Titan-X GPU 和单线程 CPU 上，具有不同视觉模型的 VL 模型的端到端推理时间。

总之，预训练的 OD 模型充当图像理解模块，如式（10-1）所示，为下游 VL 任务生成视觉呈现（q, v）。这里，q 是检测到的对象名称集（文本），v 是区域特征集。每个区域特征表示为（v, z），其中，v 是检测头最后一个线性分类层输入的 P 维表示（即 $P=2048$），z 是该区域的 R 维位置编码（即 $R=6$）。

10.3　OSCAR+ 预训练

VLP 的成功在于为广泛的 VL 任务使用统一的模型架构，并使用与这些下游性能指标相关的目标，对统一模型进行大规模预训练 VL 任务。在这项研究中，预先训练了一个改进版本的 OSCAR（称为 OSCAR+ 模型），使用图像标签作为图像文本对齐的锚点，来学习联合图像文本表示。

10.3.1 预训练语料库

基于三种现有的视觉和 VL 数据集构建训练前语料库。

① 图像字幕数据集。其中人类注释的字幕为 w，机器生成的图像标签为 q，包括 COCO、概念字幕（CC）、SBU 字幕和 icker30k。

② 带有问题的可视化 QA 数据集。人类注释的答案为 q，包括 GQA、VQA 和 VG-QAs。

③ 图像标记数据集。机器生成的标题为 w，人类注释的标签为 q，包括 OpenImages 的一个子集（167M 张图像）。

总的来说，该语料库包含 565 万张独特的图像、885 万张文本标签图像三元组。通过结合大规模图像标记数据集，如全套 OpenImages（9M 图像）和 YFCC（92M 图像），预训练语料库的大小可以显著增加。把利用更大的语料库进行模型预训练留给未来的工作。

表10-3　不同预训练对抗损失对下游任务的影响　　　　　　　　　单位：%

损失 Loss	(w, q/q', v)		全部 w 的	3 路对抗	
w'/q'	全部 q 的（OSCAR）	QA 中的 q	(w/w', q, v)	全部（OSCAR+）	QA 中的 q
VQA (dev)	**69.8**±0.08	70.1±0.08	69.5±0.05	**69.8**±0.06	**69.7**±0.06
COCO-IR	73.9±0.2	**75.0**±0.2	**75.0**±0.7	78.3±0.3	77.7±0.7

表 10-3 为不同预训练对抗损失对下游任务的影响（①中 R50-C4 作为视觉模块，4 层 Transformer 作为 VL 模块）。COCO-IR 指标是 COCO 1K 测试集的图像到文本检索 R@1。在表 10-3 中，斜体表示任务的最佳结果，黑体表示次优结果。

10.3.2 预训练目标

OSCAR+ 训练前损失有两个项，如式（10-2）所示。

$$L_{\text{Pre-training}} = L_{\text{MTL}} + L_{\text{CL3}} \quad (10\text{-}2)$$

L_{MTL} 是在文本形态上定义的掩码令牌丢失（w 和 q），紧随其后。L_{CL3} 是一种新型的三向对比损耗。与 OSCAR 中使用的二元对抗损失不同，提出的三元对抗损失有效地优化了用于 VQA 和文本图像匹配的训练目标。如式（10-3）所示，L_{CL3} 考虑了两种类型的训练样本 **x**：图像字幕和图像标签数据的 [字幕，图像标签，图像特征] 三元组，以及 VQA 数据的 [问题，答案，图像特征] 三元组。

$$x \triangleq [\underbrace{w}_{\text{字幕}}, \underbrace{q,v}_{\text{图像标签和图像特征}}] \text{ 或 } [\underbrace{w,q}_{\text{问题和答案}}, \underbrace{v}_{\text{图像特征}}] \quad (10\text{-}3)$$

为了计算对抗损失，需要构建反例。分别为两种类型的训练样本构建了两种负（不匹配）三元组。

一个是被污染的标题（w', q, v），另一个是受污染的答案（w, q', v）。对字幕标签图像三元组是否包含污染的字幕进行分类，是一项文本图像匹配任务。对问答图像三元组是否包含污染答案进行分类，是 VQA 的答案选择任务。由于 [CLS] 的编码可以被视为三重态（w, q, v）的表示，在其上应用一个全连接（FC）层作为三重态分类器 $f(\cdot)$，来预测三重态是匹配的（$c=0$）、包含污染的 w（$c=1$），还是包含污染的 q（$c=2$）。三向对抗损失定义为

$$L_{CL3} = -E_{(w,q,v;c)\sim \tilde{D}} \log p(c\,|\,f(w,q,v)) \quad (10\text{-}4)$$

式中，数据集 $(w, q, v; c) \sim \tilde{D}$ 包含 50% 的匹配三元组、25% 的 w 污染三元组和 25% 的 q 污染三元组。

为了有效实现，污染的 w' 是从语料库中的所有 w（标题和问题）中均匀采样的，q' 是从所有 q（标签和答案）中均匀抽样的。

如表 10-3 所示，当只使用答案污染的三元组时，即（w, q', v），q' 从 QA 语料库的 q 中采样，对抗损失与 VQA 任务的目标非常接近，但与文本图像检索任务无关。因此，预训练模型可以有效地适应 VQA，但不能适应文本图像检索。

相比之下，所提出的三向对抗损失很好地适用于这两项任务。

10.3.3 预训练模型

预先训练了两个模型变体，分别表示为 OSCAR+$_B$ 和 OSCAR+$_L$。它们分别用 BERT Base（$L=12$, $H=768$, $A=12$）和 Large（$L=24$, $H=1024$, $A=16$）的参数 θ_{BERT} 初始化，其中 L 是层数，H 是隐藏大小，A 是自注意力的数量。确保图像区域特征具有与 BERT 相同的输入嵌入大小，通过矩阵 W 使用线性投影对位置增强区域特征进行变换。可训练的参数为 $\theta = \{\theta_{BERT}, W\}$。OSCAR+$_B$ 至少训练了 1M 步，学习率为 e^{-4}，批量大小为 1024。OSCAR+$_L$ 至少训练了 1M 步，学习率为 $3e^{-5}$，批量大小为 1024。语言标记 [w, q] 和区域特征 v 的序列长度分别为 35 和 50。

10.3.4 适应 VL 任务

将预训练模型应用于七个下游 VL 任务，包括五个理解任务和两个生成任务。每项任务都对适应提出了不同的挑战。

10.4 审视视觉表示实验与分析

10.4.1 主要成果

为了考虑模型参数效率，将 SoTA 模型分为三类。

① SoTA$_S$ 表明在基于 Transformer 的 VLP 模型之前，小型模型实现的最佳性能。

② SoTA$_B$ 表示 BERT 基尺寸的 VLP 模型产生的最佳性能。

③ SoTA$_L$ 表明 BERT 大尺寸 VLP 模型的性能最佳。

表 10-4 概述了 OSCAR+ 与 VINVL 在 7 个 VL 任务上的结果，与之前的 SoTA 进行了比较。△ 表明比 SoTA 有所改进。下标为 S、B、L 的 SoTA 分别表示小模型、模型大小与 BERT 基础相似的模型和大模型所达到的性能。对于 SoTA$_S$，VQA 来自 ERNIE-VIL，GQA 来自 NSM，NoCaps 来自 VIVO，NLVR2 来自 VILLA，其余任务来自 OSCAR。VINVL 在所有任务上都优于之前的 SoTA 模型，通常是以相当大的幅度。结果证明了新 OD 模型产生的区域特征的有效性。

在表 10-5～表 10-11 中，分别报告了每个下游任务的详细结果。

① VQA 结果如表 10-5 所示，单一 OSCAR+$_B$ 模型在 VQA 排行榜上的表现优于最佳集成模型（InterBERT 整体）。

② GQA 结果如表 10-6 所示，其中 OSCAR+w/VINVL 是第一个优于神经状态机（NSM）的 VLP 模型，其中包含一些专门为任务设计的复杂推理组件。

③ 公众 Karpathy 测试分割的图像字幕结果如表 10-7 所示。表 10-8 为 COCO 在线测试中最先进的图像字幕模型排行榜。在线测试设置报告 40k 图像的结果，每幅图像有 5 个参考标题（c5）和 40 个参考字幕（c40）。单一模型在整个排行榜上排名第一，超过了所有 263 个模型，包括许多集成（和匿名）模型。

④ 新对象字幕（NoCaps）结果如表 10-9 所示。

在没有任何 VLP 的情况下，即通过在 COCO 上直接训练基于 BERT 的字幕模型，具有新视觉特征的模型（表示为 VinVL）已经超过了 CIDEr 中的人类表现。通过添加 VIVO 预训练，VinVL 将原始 VIVO 结果的 CIDEr 提高了约 6%，并创建了一个新的 SoTA。

总体而言，在所有这些任务上（表 10-5 中的 VQA、表 10-7 中的图像字幕、表 10-9 中的 NoCaps、表 10-10 中的图像文本检索、表 10-11 中的 NLVR2），表明 OSCAR+$_B$ 可以匹配或优于之前的 SoTA 大型模型，OSCAR+$_L$ 大大提高了 SoTA。

表10-4　与SoTA在七项任务上的总体比较　　　　　　　　单位：%

任务	VQA test-dev	VQA test-std	GQA test-dev	GQA test-std	图像标题 B@4	图像标题 M	图像标题 C	图像标题 S	NoCaps C	NoCaps S	图像检索 R@1	图像检索 R@5	图像检索 R@10	文本检索 R@1	文本检索 R@5	文本检索 R@10	NLVR2 dev	NLVR2 test-P
SoTA$_S$	70.55	70.92	—	63.17	38.9	29.2	129.8	22.4	61.5	9.2	39.2	68.0	81.3	56.6	84.5	92.0	54.10	54.80
SoTA$_B$	73.59	73.67	61.58	61.62	40.5	29.7	137.6	22.8	86.58	12.38	54.0	80.8	88.5	70.0	91.1	95.5	78.39	79.30
SoTA$_L$	74.75	74.93	—	—	41.7	30.6	140.0	24.5	—	—	57.5	82.8	89.8	73.5	92.3	96.0	79.76	81.47
V$_{IN}$VL$_B$	75.95	76.12	65.05	64.65	40.9	30.9	140.6	25.1	92.46	13.07	58.1	83.2	90.1	74.6	92.6	96.3	82.05	83.08
V$_{IN}$VL$_L$	76.52	76.60	—	—	41.0	31.1	140.9	25.2	—	—	58.8	83.5	90.3	75.4	92.9	96.2	82.67	83.98
△	1.77↑	1.67↑	3.47↑	1.48↑	0.7↓	0.5↑	0.9↑	0.7↑	5.88↑	0.69↑	1.3↑	0.7↑	0.5↑	1.9↑	0.6↑	0.3↑	2.91↑	2.51↑

注：B@4: BLEU@4; M: METEOR; C: CIDEr; S: SPICE, 下同。

表10-5 VQA评估结果   单位：%

方法	ViL-BERT	VL-BERT	Visu-alBE-RT	LX-ME-RT	12-in-1	UNITER		OSCAR		VILLA		ERNIE-VILI		InterBERT 整体	OSCAR+w/VINVL	
	基类	基类	基类	基类	基类	基类	大类	基类	大类	基类	大类	基类	大类		基类	大类
test-dev	70.63	70.50	70.80	72.42	73.15	72.27	73.24	73.16	73.61	73.59	73.69	72.62	74.75	—	75.95	76.52
test-std	70.92	70.83	71.00	72.54	—	72.46	73.40	73.44	73.82	73.67	74.87	72.85	74.93	76.10	76.12	76.60

表10-6 GQA评估结果（准确率）   单位：%

方法	LXMERT	MMN	12-in-1	OSCAR$_B$	NSM	OSCAR+$_B$ w/VINVL
test-dev	60.00	—	—	61.58	—	65.05
test-std	60.33	60.83	60.65	61.62	63.17	64.65

表10-7 COCO Karpathy测试分割的图像字幕评估结果（单个模型）   单位：%

方法	交叉熵优化				CIDEr 优化			
	B@4	M	C	S	B@4	M	C	S
BUTD	36.2	27.0	113.5	20.3	36.3	27.7	120.1	21.4
VLP	36.5	28.4	117.7	21.3	39.5	29.3	129.3	23.2
AoANet	37.2	28.4	119.8	21.3	38.9	29.2	129.8	22.4
OSCAR$_B$	36.5	30.3	123.7	23.1	40.5	29.7	137.6	22.8
OSCAR$_L$	37.4	30.7	127.8	23.5	41.7	30.6	140.0	24.5
OSCAR+$_B$ w/VINVL	38.2	30.3	129.3	23.6	40.9	30.9	140.4	25.1
OSCAR+$_L$ w/VINVL	38.5	30.4	130.8	23.4	41.0	31.1	140.9	25.2

表10-8 COCO在线测试中最先进的图像字幕模型排行榜   单位：%

方法	BLEU@4		METEOR		ROUGE-L		CIDEr-D	
	c5	c40	c5	c40	c5	c40	c5	c40
BUTD	36.9	68.5	27.6	36.7	57.1	72.4	117.9	120.5
AoANet	39.4	71.2	29.1	38.5	58.9	74.5	126.9	129.6
X-Transformer	40.3	72.4	29.9	39.2	59.5	75.0	131.1	133.5
OSCAR+ w/ VINVL	40.4	74.9	30.6	40.8	60.4	76.8	134.7	138.7

表10-9 NoCaps评估总体结果   单位：%

方法	CIDEr	SPICE	CIDEr	SPICE
	验证器		测试器	
UpDown+	74.3	11.2	73.1	11.2
OSCAR$_B$*	81.1	11.7	78.8	11.7
OSCAR$_L$*	83.4	11.4	80.9	11.3
人	87.1	14.2	85.3	14.6

续表

方法	CIDEr	SPICE	CIDEr	SPICE
	验证器		测试器	
VIVO*	88.3	12.4	86.6	12.4
VinVL*	90.9	12.8	85.5	12.5
VinVL+VIVO	98.0	13.6	92.5	13.1

注：UpDown+ 为 UpDown+ELMo+CBS，带 * 的型号为 +SCST+CBS，VinVL+VIVO 仅带 SCST。

表10-10　COCO 1K测试集和5K测试集的文本和图像检索评估　　　　单位：%

方法	BERT	文本检索			图像检索		
		R@1	R@5	R@10	R@1	R@5	R@10
			1K 测试集				
Unicoder-VL	B	84.3	97.3	99.3	69.7	93.5	97.2
OSCAR	B	88.4	99.1	99.8	75.7	95.2	98.3
	L	89.8	98.8	99.7	78.2	95.8	98.3
OSCAR+	B	89.8	98.8	99.7	78.2	95.6	98.0
w/V_{IN}VL	L	90.8	99.0	99.8	78.8	96.1	98.5
			5K 测试集				
Unicoder-VL	B	62.3	87.1	92.8	46.7	76.0	85.3
UNITER	B	63.3	87.0	93.1	48.4	76.7	85.9
	L	66.6	89.4	94.3	51.7	78.4	86.9
OSCAR	B	70.0	91.1	95.5	54.0	80.8	88.5
	L	73.5	92.2	96.0	57.5	82.8	89.8
OSCAR+	B	74.6	92.6	96.3	58.1	83.2	90.1
w/V_{IN}VL	L	75.4	92.9	96.2	58.8	83.5	90.3

注：B 代表基础，L 代表大型。

表10-11　NLVR2的评估结果　　　　单位：%

方法	MAC	VisualBERT	LXMERT	12-in-1	UNITER		OSCAR		VILLA		OSCAR+ w/VINVL	
		基类	基类	基类	基类	大类	基类	大类	基类	大类	基类	大类
dev	50.8	67.40	74.90	—	77.14	78.40	78.07	79.12	78.39	79.76	82.05	82.67
test-P	51.4	67.00	74.50	78.87	77.87	79.50	78.36	80.37	79.47	81.47	83.08	83.98

10.4.2　消融分析

选择 VQA 任务进行消融研究，因为其评估指标已经明确，并且该任务已被用作所有 VLP 模型的试验台。为了协助分析，在标准验证集中创建了一个本地验证集 VQA-dev，以便在训练期间选择最佳模型进行评估。VQA-dev 包含随机采样的 2K 图像及其相应问题，总共 10.4K 图像 QA 对。除了表 10-4 和表 10-5，所有的 VQA 结果都报告在这个 VQA-dev 集上。除非另有说明，否则报告的 STD 是使用不同随机种子，进行两次 VQA 训练的差值的一半。

在 VQA 中，VL 模型 $y=VL(w, q, v)$ 中 w 作为问题，y 作为答案。专注于研究

不同视觉模型视觉（Img）产生的视觉特征 v 的影响，以更好地了解它们在 VQA 性能中的相对贡献。为了消除使用不同标签 q 的影响，在 OSCAR 的 VQA 模型中使用了相同的标签。所有消融实验均使用 BERT 基底尺寸的模型进行。

V 和 VL 对 SoTA 有多重要？表 10-12 显示了不同视觉模型的 VQA 结果，即 R101-C4 模型和用 4 个数据集（VinVL）预训练的 X152-C4 模型，以及不同 VLP 方法，即无 VLP、OSCAR 和 OSCAR+。以具有 R101-C4 特征的 $OSCAR_B$ 模型为基线，具有 X152-C4 特征的 $OSCAR+_B$ 模型，将绝对精度从 72.38% 提高到 74.90%，其中 OSCAR+ 预训练贡献了约 3.2% 的增益（即 72.38% → 72.46%），视觉预训练（改进的视觉特征）贡献了约 96.8% 的增益（即 72.46% → 74.90%）。这表明视觉表征在 VLP 和下游任务中非常重要。

以具有 R101-C4 特征的无 VLP 模型为基线，表 10-12 显示 VinVL（71.34%-68.52%=2.82%）和 VLP（72.46%-68.52%=3.94%）的增益是加性的（74.90%-68.52% ≈ 2.82%+3.94%）。这是直观的，因为视觉预训练和 VLP 分别改善了视觉模型视觉（Img）和 VL 模型 VL(w, q, v)。

这也表明，通过直接用改进的视觉模型替换性能不佳的视觉模型，如 R101-C4，预训练视觉模型可以用于任何 VL 模型。

① 数据和模型大小对新的视觉模型有多重要？表 10-12 中 VQA 从 R101-C4 到 VinVL 的改进，是模型大小（从 R101-C4 到 X152-C4）和数据大小（从 VG 到合并的 4 个 OD 数据集）增加的复合效应。表 10-13 显示了无 VLP 时两个因素的消融情况。尽管 VG 的大型对象和属性词汇表允许学习丰富的语义概念，但 VG 不包含大量注释来有效训练深度模型。使用合并的 4 个 OD 数据集训练的视觉模型，比仅使用 VG 训练的模型表现更好，并且随着模型大小的增加，改进幅度更大。

表10-12　视觉（V）和视觉语言（VL）预训练对VQA的影响　　　　单位：%

视觉	无 VLP	$OSCAR_B$	$OSCAR+_B$（改进的）
R101-C4	68.52±0.11	72.38	72.46±0.05
VinVL	71.34±0.17	—	74.90±0.05

② OD 模型架构有多重要？模型架构的选择会影响 VQA 的性能。

表 10-13 显示，当 R50-FPN 仅在 VG 上训练时，其性能低于 R50-C5；但是当两者都在合并的数据集（4Sets）上训练时，性能差距会缩小。

表10-13　训练视觉模型上模型大小和数据大小的消融　　　　单位：%

数据	R50-FPN	R50-C4	R101-C4	X152-C4
VG	67.35±0.26	67.86±0.31	68.52±0.11	69.10±0.06
4Sets → VG	68.3±0.11	68.39±0.16	—	71.34±0.17

③ OD 预训练对目标检测任务有多重要？表 10-14 显示了 COCO 上的目标检测结果和 VG 上的对象属性检测结果（1594 个对象类，524 个属性类）。结果表明，OD 预训练

有利于目标检测任务。VG 上的 mAP 远低于典型 OD 数据集（如 COCO），原因有两个：

a. VG 包含大量对象类，注释有限且极不平衡。

b. VG 评估数据中缺少许多注释。

虽然 mAP 数较低，但使用 X152-C4 的检测结果相当好。

表10-14 视觉预训练对物体检测任务的影响　　　　　单位：%

模型	R50-FPN		R50-C4		X152-C4	
预训练数据集	ImageNet	4Sets	ImageNet	4Sets	ImageNet	4Sets
COCO mAP	40.2	44.78	38.4	42.4	42.17	50.51
VG-obj（mAP^{50}）	9.6	11.3	9.6	12.1	11.2	13.8
真值盒的属性 mAP	5.4	5.5	6.3	6.1	6.6	7.1

FPN 模型在属性检测方面的表现一直不如 C4 模型，FPN 模式在 VG 上的目标检测方面，也没有显示出任何优势。这导致 FPN 在下游 VL 任务上的性能不如 C4。

④ 视觉概念的多样性，即对象和属性词汇表，有多重要？直接在不同的数据集上训练视觉模型，包括：

a. 具有 1K 类的标准 ImageNet。

b. 具有 317 个对象类（VG-obj）的视觉基因组，这些对象类与 COCO 80 类和 OpenImagesV5 500 类共享。

对于所有 OD 模型（表 10-15 中的最后 4 列），使用 ImageNet 预训练的分类模型初始化 OD 训练，并使用每张图像最多 50 个区域特征作为 VL 融合模块的输入。对于 ImageNet 预训练的分类模型（表 10-15 中的第 2 列），为每张图像使用所有网格特征（最多 273 个）。

在表 10-15 中，对 ImageNet 分类模型（第一列）使用所有网格特征（最多 273 个），对 OD 模型（其他列）使用最多 50 个区域特征。

表10-15 对象属性词汇的影响　　　　　单位：%

数据集名称	ImageNet	VG-obj	VG w/o attr	VG	VG	4Sets → VG
对象 & 属性	1000 & 0	317&0	1594 & 0	1600 & 400	1594 & 524	1848 & 524
R50-C4+BERT$_B$	66.13±0.04	64.25±0.16	66.51±0.11	67.63±0.25	67.86±0.31	68.39±0.16

结果表明：

a. 一般来说，对象更丰富的词汇表会带来更好的结果。VQA 结果：VG-obj<ImageNet<VG w/o attr。

VG-obj 词汇表包含 80 个 COCO 类中的 79 个（仅缺少盆栽）和 500 个 OpenImagesV5 类中的 313 个，是典型 OD 任务的常见对象类的良好近似值。然而，结果表明，这个词汇表对于 VL 任务来说还不够丰富，因为它错过了许多对 VL 任务至关重要的视觉概念（如天空、水、山等），如图 10-1 中检测区域的比较所示。

b. 属性信息对 VL 任务至关重要：使用属性（VG 和 4Sets → VG）训练的模型明显

优于没有属性的模型。

c. 即使对于小视觉型号 R50-C4，视觉预训练也能改善 VQA 的视觉特征，即 4Sets → VG 是表现最好的。

在表 10-16 中，使用不同类型的区域建议来提取图像特征。COCO 基础对象区域（GT-Obj，80 个类）和对象填充区域（GT-Obj&stuff，171 个类），在本地化方面是完美的，但它们的词汇量有限。VG 训练模型（VinVL）提出的区域在本地化方面并不完美，但使用了更大的词汇量。对于 VQA 任务，COCO GT-Obj 比 VG 训练模型生成的表现差得多。结果表明，典型的 OD 任务和 VL 中的 OD 任务之间存在差异：VL 中的 OD 任务需要更丰富的视觉语义，来与语言模态中的丰富语义保持一致。使用更丰富词汇训练的图像理解模块在 VL 任务中表现更好。

表10-16　不同类型的区域建议对VQA的影响　　　　　　　　　单位：%

数据	GT-Obj	GT-Obj&Stuff	Anderson 等	VinVL（改进的）
Anderson 等	63.81±0.94	66.68±0.16	68.52±0.11	69.05±0.06
VinVL（改进的）	65.60±0.21	68.13±0.26	70.25±0.05	71.34±0.17

10.5　小结

本章提出了一种新的模型来预训练 VL 任务的 OD 模型。与最广泛使用的自下而上和自上而下模型相比，新模型更大，更适合 VL 任务，并且在更大的文本图像语料库上进行了预训练，因此可以为更丰富的视觉对象和概念集合生成视觉特征，这对 VL 任务至关重要。通过一项全面的实证研究验证了新模型。在该研究中，将视觉特征输入一个 VL 融合模型中，该模型在大规模的成对文本图像语料库上进行了预训练，然后在 7 个 VL 任务上进行了微调。结果表明，新的 OD 模型可以在多个公共基准测试中，显著提高所有 7 个 VL 任务的 SoTA 结果。

消融研究表明，这种改进主要归因于对象类别多样性、视觉属性训练、训练数据规模、模型大小和模型架构方面的设计选择。

第 11 章
视觉语境提示

11.1 视觉语境提示摘要

大型语言模型中的内文本提示，已成为提高零样本功能的一种流行方法，但这一思想在视觉领域的探索较少。

现有的视觉提示方法侧重于参考分割来分割最相关的对象，无法解决许多通用的视觉任务，如开放集分割和检测。为这两个任务引入了一个通用的视觉上下文提示框架，如图 11-1 所示。构建在编码器-解码器架构之上，并开发了一个通用的提示编码器，以支持各种提示，如笔画、方框和点。然后，进一步增强了它，以任意数量的参考图像片段作为上下文。广泛探索表明，所提出的视觉上下文提示，产生了非凡的引用和通用分割能力来引用和检测，为闭集域数据集带来了具有竞争力的性能，并在许多开放集分割数据集上显示出有前景的结果。通过 COCO 和 SA-1B 的联合训练，DINOv

(a) 视觉提示通用分割

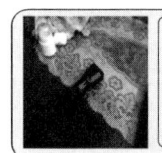

(b) 视觉提示参考分割

(c) 零样本视频对象与部分分割

图 11-1　DINOv 模型支持的分割

在COCO上获得了57.7%的PQ，在ADE20K上获得了23.2%的PQ。代码可在GitHub上找到。

如图11-1所示，DINOv模型支持通用和引用分割，将多个或单个对象与用户输入的视觉提示相关联。在图11-1中，用户可以输入一个或多个上下文视觉提示（涂鸦、掩码、框等）来提高分割性能。

11.2 视觉语境提示问题提出与相关工作

GPT等大型语言模型的最新进展表明，通过在大量文本数据上训练统一模型，在AGI方面取得了可喜的成果。这些巨大的LLM表现出了有趣的新兴能力，如上下文学习。然而，由于计算机视觉场景的多样性，类似的范式尚未成功解决所有视觉任务。一些工作结合了LLM和视觉模型，来处理具有文本输出的复杂图像理解任务，如视觉问答，但在需要像素级输出的细粒度任务中，仍然存在挑战，如实例掩码，而不仅仅是文本。

社区对开发语言增强视觉基础模型的兴趣日益浓厚。这些模型展示了在使用文本提示的开放世界视觉理解任务中的深刻能力，包括开放集检测和分割等领域。视觉提示在最近的一些分割模型中探索了一种不同的提示机制。

在这些作品中，探索了不同的视觉提示格式（如点、框和笔画等），以促进用户指定的视觉内容的分割。

在情境学习中，LLM的一种吸引人的能力却很少被探索。它使用示例指定新的任务指令，并允许模型在不进行显式再训练的情况下，适应新的任务或领域。SegGPT是视觉上下文学习的一项开创性工作，它展示了基于视觉示例输出图像掩码的能力。然而，这些工作侧重于将用户视觉提示与一个最相关的对象相关联，并且识别同一语义概念的多个对象的能力有限。更重要的是，在图像像素中使用彩色掩模进行提示，本质上无法推广到新概念。因此，它无法解决许多通用的视觉任务，如开集目标检测和分割，这些任务通常需要分割给定概念的多个对象。另外，视觉模型中的文本提示，在管理检测或分割中的引用和通用任务方面，表现出显著的灵活性。然而，它们可能不利于上下文设置，因为它们不能将分割掩码作为输入。因此，开发一个模型，支持所有类型图像分割任务的视觉上下文提示。该工作和以前的工作之间的比较，如图11-2所示。除了支持单图像和跨图像视觉提示外，模型还通过有效处理引用和通用分割问题而脱颖而出。

通用：对与用户提示匹配的，具有相同语义概念的所有对象进行分段。

参考：使用用户输入的视觉提示分割特定对象。

图像提示：根据提示裁剪图像区域。

（单）视觉提示：一个图像提示示例以进行分割。

视觉上下文提示：具有一个或多个图像提示示例，可以执行单图像和跨图像视觉提示任务，并支持参考和通用分割。

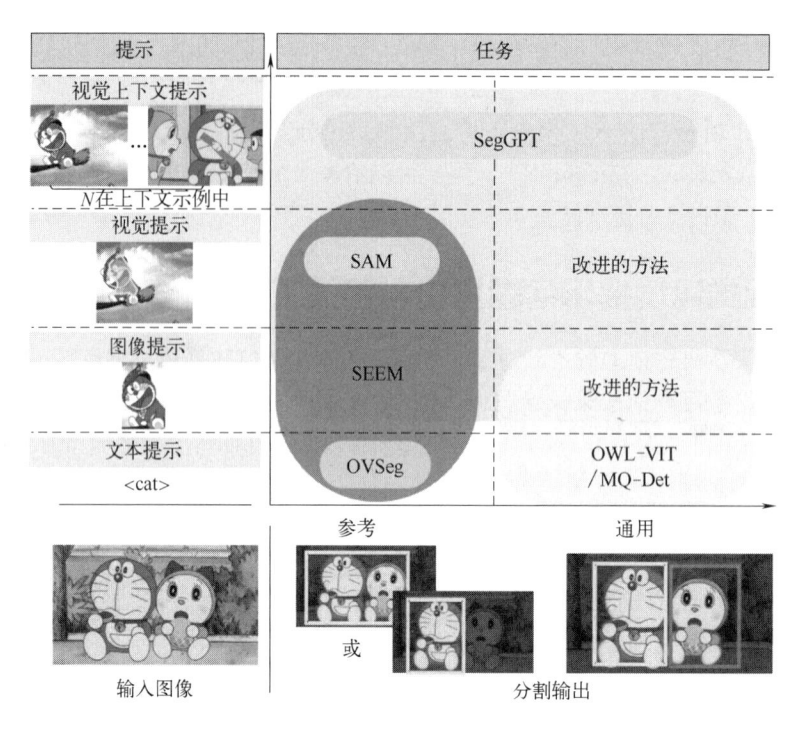

图 11-2 与相关作品进行比较

为了实现这一目标，基于统一的检测和分割模型 MaskDINO，构建了一个名为 DINOv 的模型，以支持多功能的视觉提示功能。

DINOv 遵循通用的编码器-解码器设计，带有辅助的提示编码器，用于制订和采样视觉提示。解码器接收分段查询和引用提示查询，以生成分段掩码和目标视觉提示，将输出分段掩码与目标提示查询相关联，以获得最终输出。可以用一组参考图像（Q）-视觉提示（a）对来定义视觉上下文样本。

视觉提示可以有各种类型，包括掩码、涂鸦、框等。通过上下文示例，模型接收目标图像并输出掩码。目标视觉提示的创建包括一个初始步骤，提示编码器从 Q-a 对中提取参考视觉提示。随后，解码器通过关注参考视觉提示，来获取目标视觉提示目标图像。在训练过程中，为了构建用于通用分割的正样本和负样本，对不同图像中的参考视觉提示进行批量采样。为了解决任务和数据差异，分别为通用和引用分段制定了通用潜在查询和点查询。通过对 COCO 和 SA-1B 进行通用和引用分割的联合训练，与文本提示模型相比，模型在域内分割任务上，取得了具有竞争力的性能，并在使用纯视觉提示的各种开放集分割基准上，显示出有前景的泛化能力。

总之，改进优化有三方面：

① 率先扩展了视觉上下文提示，以支持开放集通用分割和检测等通用视觉任务，并实现了与基于文本提示的开放集模型相当的性能。

② 构建了 DINOv，这是一个基于视觉上下文提示的引用分割，以及通用分割的统一框架。这种统一简化了模型设计，并允许模型使用语义标记和未标记的数据，以获得更好的性能。

③ 进行了广泛的实验和可视化，以表明模型可以处理通用、引用和视频对象分割任务。早期的尝试在开放集分割和视觉提示检测方面，取得了有前景的结果。

如图 11-3（a）所示，DINOv 是一个通用的分割框架，可以进行通用分割和参考图像分割。视觉编码器用于提取图像特征。图 11-3（b）为视觉通用分割损失的说明。在该示例中，从 3 个类别的 6 个掩码中采样了 6 个视觉提示。来自同一类实例的视觉提示被平均为类嵌入。匹配矩阵的每一列都是一个三维单热向量，它是实例的单热类标签。图 11-3（c）为视觉参考分割损失的说明。每个视觉提示都被归类为 6 个实例中的一个。

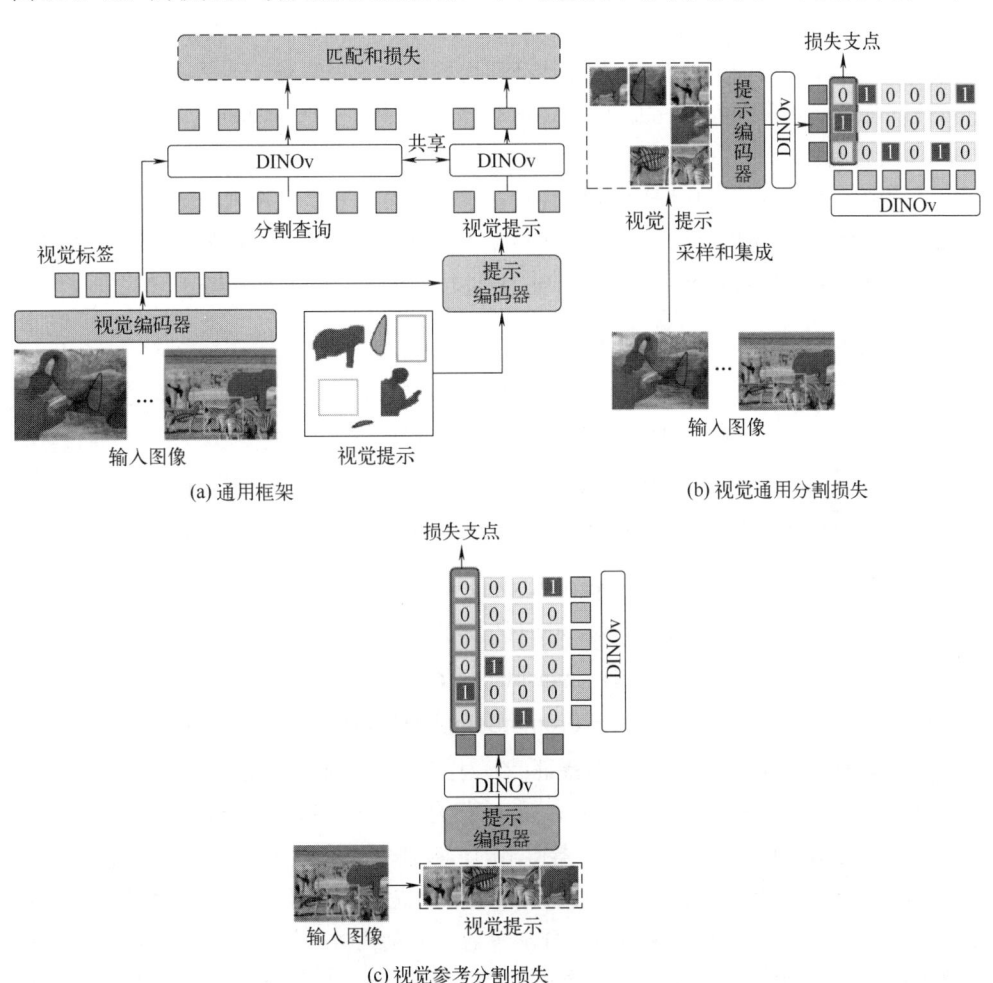

图 11-3 DINOv 通用框架、视觉通用分割损失和视觉参考分割损失

第11章 视觉语境提示

11.3 视觉语境提示方法

11.3.1 分段任务的统一公式

专注于涉及图像的视觉提示任务,包括通用分割和引用分割任务。给定 N 个参考图像 $I = \{I_1, I_2, \cdots, I_N\} \in \mathbf{R}^{N \times H \times W \times 3}$,相应的视觉提示 $P = \{p_1, p_2, \cdots, p_N\}$,DINOv 旨在分割新目标图像上的感兴趣对象 I_t。视觉提示包括掩码、方框、涂鸦、点等。

感兴趣的对象可以是用于引用分割的特定对象,也可以是用于通用分割的具有相同语义概念的所有对象。注意,参考图像可以与目标图像相同,其中任务简化为单个图像的视觉提示分割。

为了解决这些问题,DINOv 采用了一种全面的基于查询的编码器 - 解码器架构。该架构包括一个负责提取图像特征的视觉编码器 Enc、一个被称为 PromptEncoder 的提示编码器(其设计用于通过组合图像特征和用户提供的视觉提示,来提取视觉提示特征),以及一个被表示为 decoder 的通用解码器(其基于分割查询和视觉提示特征生成掩码和视觉概念)。

在接收到输入图像和用户提供的视觉提示后,第一步是使用视觉编码器提取表示为 Z 的图像特征。随后,将图像特征和视觉提示都输入到提示编码器中,以提取参考视觉提示 F,并随后对查询视觉提示特征 Q_p 进行采样。在形式上,有

$$\begin{cases} Z = \mathrm{Enc}(I), Z = \mathrm{Enc}(I_t) \\ F = \mathrm{PromptEncoder}(P, Z) \\ Q_p = \mathrm{PromptSample}(F) \end{cases} \quad (11\text{-}1)$$

除了视觉提示功能 Q_p 外,DINOv 还包含了用于提案提取的分割查询 Q_s。

采用共享解码器对 Q_s 和 Q_p 的输出进行解码,同时对目标图像特征 Z 进行交叉关注。

$$\begin{cases} O_s = \mathrm{Decoder}(Q_s; Z) \\ O_p = \mathrm{Decoder}(Q_p; Z) \\ \langle M, B \rangle = \mathrm{MaskHead}(O_s) \\ C_g, C_r = \mathrm{PromptSample}(O_s, O_p) \end{cases} \quad (11\text{-}2)$$

式中,O_s 表示解码的分割查询特征;O_p 对应于解码的目标视觉提示特征;M 和 B 分别表示预测的掩码和框。此外,将 C_g 和 C_r 作为通用分割和引用分割任务的预测匹配分数。这些分数是通过使用提示分类器得出的,该函数计算 O_s 和 O_p 之间的相似性。

提示分类:澄清了提示分类器的定义,表示为提示分类器(,·,),用于一般分割和引用分割任务。在实例分割和全景分割等通用分割任务的情况下,典型的目标是将对象特征 O_s 分类到相应的类别中。当对通用分割任务采用视觉提示时,区别在于将视觉提示特征 O_p 用作类嵌入。以下方程式说明了这一点:

$$C_g = g(O_s)g(O_p^T), C_g \in \mathbf{R}^{N_p \times N_s} \qquad (11\text{-}3)$$

式中，N_p 和 N_s 是视觉提示和对象特征的数量。g 是一般分割任务的线性投影。N_s 个对象中的每一个都被分类到 N_p 个类中。对于视觉参考分割，其目标不同。在这里，每个视觉提示都用于识别目标图像中最匹配的实例。此任务可以被构建为一个分类问题，其中每个视觉提示都被分配给目标图像中的一个特定实例。值得注意的是，在训练阶段，目标图像和参考图像是相同的。

用于引用分割的匹配分数矩阵结构如下：

$$C_r = h(O_p)h(O_s^T), C_r \in \mathbf{R}^{N_p \times N_q} \qquad (11\text{-}4)$$

式中，h 是指分割任务的线性投影。

在实现中，通用分割任务涉及为每个掩码建议找到最合适的视觉提示，有效地将损失从查询转移到所有提示。相反，引用分段任务侧重于将给定的视觉提示与特定的掩码建议相匹配，损失枢轴从提示过渡到所有建议。如式（11-3）和式（11-4）所示，通用和引用分割任务的提示分类器具有相似的公式。因此，它们可以共享整个框架，除了标记为 g 和 h 的两个不同线性层。

11.3.2 视觉提示公式

DINOv 的核心部分是提出的视觉提示机制。如式（11-1）和式（11-2）所示，使用两个模块来获得最终的视觉提示。

① PromptEncoder。用于根据参考图像特征对参考视觉提示 F 进行编码（然后进行采样过程，以获得查询视觉提示 O_p）。

② 解码器（与分割解码器共享）。通过与目标图像特征交互，对目标视觉提示 O_p 的输出进行解码。

这种设计允许模型对参考视觉提示进行快速编码，然后以灵活的方式将提示适应目标图像。

当试图通过视觉提示表达视觉概念时，一种直接的方法是使用预训练的视觉编码器（例如 CLIP）来处理用户提示引导的参考图像。然而，它可能会遇到几个挑战。

① 视觉编码器将裁剪后的图像作为输入，这会导致大量的域偏移，特别是对于小物体。

② 从 CLIP 中提取的视觉特征往往更具语义性，可能不符合 VOS 任务的要求。正如将在消融研究中展示的那样，使用 CLIP 视觉编码器提取视觉提示的泛化能力明显较差。

为了解决这些问题，在模型中重用了视觉编码器，并开发了一个简单而有效的提示编码器。

它提取与各种形式的视觉提示所指示的位置相对应的视觉特征。为了捕捉不同粒度的视觉细节，合并了掩模交叉注意力层的多个层（默认为3），如图 11-4 所示。每一层都以不同级别提取的图像特征（来自视觉编码器的输出多尺度特征，从较低到较高的分辨率）作为输入，利用视觉输入定义的区域作为掩模，并采用可学习的查询来处理相应位置的特征，以获得视觉提示特征。

算法 1：泛型快速采样的伪码分割任务。

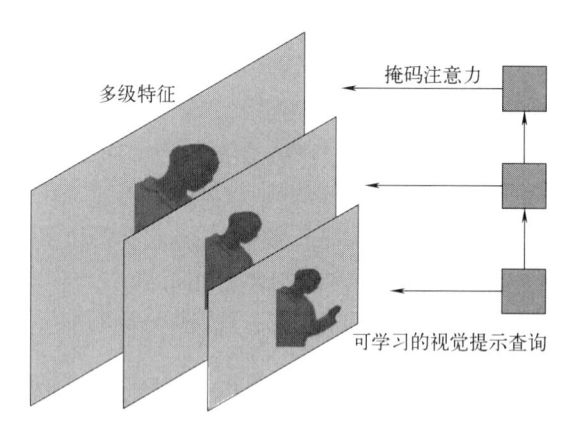

图 11-4 提示编码器
用于对参考图像中的视觉提示进行编码。使用从视觉编码器小特征图到大特征图的三个掩模交叉注意力

输入：编码参考视觉提示 F 的列表，长度为 M，M 是可能提示示例的总数。每个参考视觉提示形式的基本语义类别

在训练过程中，从一批训练图像（即 64 幅图像）中获取 F。在推理过程中，该批是整个训练图像集。

变量：为每个语义类别定义上下文长度 N 的最大值。
输出：查询可视化提示 Qp

```
1 def Prompt Sample (F):
2 C=Unique(C);     #C 是一个包含此训练批中所有语义类别的列表
3 Fc=Dict();      #Fc 是视觉提示字典，其中 key 是语义类别，value 是引用
提示特征
4 Fc[c]=[] for c in C;     # 按语义类别初始化视觉提示字典
5 Fc[c].append(f) for c, f in zip(C, F);     # 收集相同语义类别的
视觉提示
6 n = Randint(1, N); # 随机选择上下文中示例的数量
7 Sc = RandomSelect(F[c], n) for c in C;
# 对于每个语义类别，随机选择 n 个提示来表示一个语义类别
8 Qp = [Aggregate(Sc[c]) for c in C];
# 执行提示聚合，从每个语义类别的多个上下文提示功能中，获取一个引用提示标记
```

11.3.3 快速采样

下面分别介绍两种针对参考分割和通用分割量身定制的快速采样策略。

① 参考分割。在参考分割的情况下，在训练过程中采用自参考方法，其中参考图像与目标图像相同。

在这里，从一个实例中采样一个提示，并训练模型引用同一个实例。这种方法能利用广泛的分割数据，如 SA-1B，有效地训练模型。尽管在相同的实例上进行了训练，但模型证明了在推理过程中，执行交叉图像引用的能力。如图 11-5 所示，可以将目标图像更改为各种不同的图像，使模型能够有效地进行跨图像引用任务。

图 11-5 DINOv 可以通过给出视觉提示，进行开集分割

② 通用分割。在训练和推理过程中，其采样策略与参考分割的策略略有不同。

a. 训练。在训练过程中，创建积极和消极的视觉提示样本至关重要。

为了实现这一点，利用大量的图像训练批生成视觉提示。如算法 1 所示，方法首先将训练批中所有图像的相同语义类别的参考视觉提示 F 分组在一起。然后，对于每个语义类别，随机选择从 1 到 N 的可变数量的上下文示例，并执行聚合过程，以生成引用视觉提示标记 Q_p，其中每个引用视觉提示令牌对应于一个特定的语义类别。Q_p 随后被馈送到解码器中，在那里它与目标图像交互以产生最终的目标视觉提示 O_p。因此，获得了与语义类别相同数量的目标视觉提醒。值得注意的是，给定的一批图像可能不包含数据集中存在的所有语义类别，导致训练过程中语义类别的数量可变。

b. 推理。在推理阶段，以 COCO 数据集为例，根据训练集中所有语义类别的掩码提示，预提取相应的视觉提示特征。随后，为了评估，为每个语义类别随机选择 N 个（默认为 16 个）特征作为其代表性视觉提示特征。这确保了推理阶段具有与传统开集评估相同的类别数量，以防止信息泄露。

11.3.4 解码器查询公式

在 DINOv 中，设计了两种类型的分割查询来解决两个不同的任务，如图 11-6 所示。

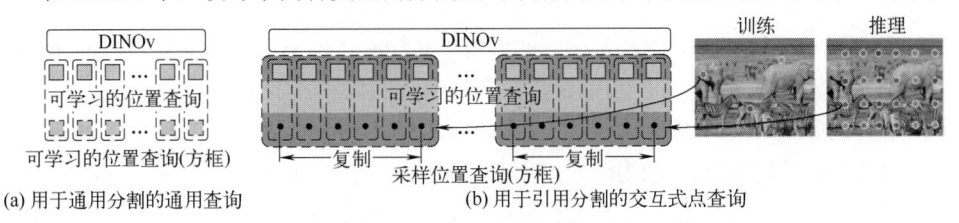

(a) 用于通用分割的通用查询　　(b) 用于引用分割的交互式点查询

图 11-6 DINOv 查询公式的通用和引用分割任务

对于通用分割，查询是许多类似于 MaskDINO 的可学习查询。对于视觉引用任务，采用了语义 SAM 之后的交互式点查询，这样就可以利用 SA-1B 中丰富的粒度。与语义 SAM 类似，视觉提示（点或框）都转换为锚框格式，然后将每个视觉提示的位置编码为位置查询。每个位置查询都被复制，随后与不同粒度的内容查询组合作为最终分割查询。

对于 SA-1B 的训练，为了避免模型上的过度计算开销，选择性地将此视觉概念中包含的一个子集，作为正点查询进行采样。同时，从剩余区域中随机抽取一部分点作为负点。在推理阶段，在 20×20 均匀分布的网格上，对初始点位置查询进行采样，作为单帧的初始点位置。

11.4 视觉语境提示实验

11.4.1 安装程序

① 数据集和设置。在实验中，联合训练了两种类型的数据：具有语义标签的分割数据和仅具有像素注释的分割数据（SA-1B）。对于语义标记的数据，使用 COCO2017 全景分割数据集，其中包含约 11 万张图像。对于 SA-1B，使用了一个包含约 2M 张图像的 20% 部分子集。仅使用视觉提示在各种任务和数据集上评估模型，包括：

a. COCO2017 和 ADE20K 上的开放式全景分割。

b. 野外分割（SegInW），包括 25 个实例分割数据集。

c. 野外目标检测（ODinW），包括 35 个以上的数据集。

d. DAVIS2017、DAVIS2016-Interactive 和 Youtube VOS 2018 上的零样本视频对象分割（VOS）。

② 评估指标。对于所有分割和检测任务，使用标准评估指标：PQ（泛光质量）用于泛光分割，AP（平均精度）用于实例分割（掩模 AP）和检测（框 AP），mIoU（均值交集超过联合）用于语义分割。对于 VOS 任务，遵循之前的半监督模型，使用区域相似性 J 和轮廓精度 F。还采用平均得分 J 和 F 作为 DAVIS2017 的指标，并采用 Youtube VOS 2018 的平均总分 G。注意，Youtube VOS 2018 还报告了 J 和 F 的可见分裂和不可见分裂。

11.4.2 通用分割和检测

在表 11-1 中评估了基于视觉提示的通用分割性能。模型是在 COCO 和 SA-1B 数据上训练的。表 11-1 中，"—"表示模型没有报告数字或执行特定任务的能力。"*"意味着这是测试集的结果。

FC-CLIP 采用冻结的 CLIP 进行开集（文本），用 CLIP 视觉特征提示 FC-CLIP 以模拟视觉推广。#FC-CLIP 和 ODISE 依赖于冷冻 CLIP 和稳定扩散知识。Mask DINO 是进行比较的基准。

表11-1 一套用于在多个数据集上进行通用视觉上下文分割的权重

单位：%

方法	语义数据	类型	COCO（域内） PQ	掩码AP	盒子AP	mIoU	ADE20K（域外） PQ	掩码AP	盒子AP	mIoU	SegInW（域外） AP-平均	AP-中值
Mask2Former-T	COCO	封闭集	53.2	43.3	46.1	63.2	—					
Mask2Former-B	COCO		56.4	46.3	49.5	67.1	—					
Mask2Former-L	COCO		57.8	48.6	52.1	67.4	—					
OneFormer-L	COCO		57.9	48.9	—	67.4	—					
MaskDINO-L	COCO		58.3	50.6	56.2	67.5	—					
Pano/SegFormer-B	COCO		55.4	—								
kMaX-DeepLab-L	COCO		48.7	58.1	—							
GLIPv2-H	COCO+O365+GOLDG+…	文本开集	—	48.9*								
MaskCLIP(L)	YFCC100M		—	—			15.1	6.0	—	23.7		
#ODISE-H	COCO（稳定扩散）		45.6	38.4	—	52.4	23.4	13.9	—	28.7		
#FC-CLIP-L	COC(CLIP)		54.4	44.6	—	63.7	26.8	16.8	—	34.1		
OpenSecd-T	COCO+O365		55.4	47.6	52.0	64.0	19.8	14.1	17.0	22.9	33.9	21.5
X-Decoder-T	COCO+CC3M+…		51.4	40.5	43.6	62.8	18.8	9.8		25.0	22.7	15.2
X-Decoder-L	COCO+CC3M+…		56.9	46.7	—	67.5	21.8	13.1	—	29.6	36.1	38.7
OpenSeed-L	COCO+O365		59.5	53.2	58.2	68.6	19.7	15.0	17.7	23.4	36.1	38.7
FC-CLIP†-L	COCO	视觉提示	—	—	—	—	2.3	4.1		7.8		
SegGPT-L	COCO+ADE+VOC+…		43.4									
Painter-L	COCO+ADE+NYUv2		34.4									
DINOv-T（改进的）	COCO		49.0	41.5	45.2	57.0	19.4	11.4	12.8	21.9	39.5	41.6
DINOv-L（改进的）	COCO		57.7	50.4	54.2	66.7	23.2	15.1	14.3	25.3	40.6	44.6

① COCO 的域内分割。与针对视觉提示训练的其他模型相比，该模型取得了明显更好的结果。例如，以 14.3% PQ 和 23.3% PQ 的成绩超过了 SegGPT 和 Painter。此外，通过为每个类别提供一些可视化的上下文提示，模型在 COCO 上实现了与之前的闭集或开集模型相当的结果。例如，全景镜 DINOv 和基线 MaskDINO 之间的分割性能差距，仅为 0.6% PQ（57.7%PQ 对 58.3% PQ）。

② ADE20K 上的域外开集分割。在对 COCO 和 SAM 进行视觉提示训练后，对 ADE20K 进行零样本评估，以验证其在看到新的视觉概念时的开集分割能力。

这是首次使用视觉提示进行开集分割。与之前的文本提示开放集模型相比，仅使用 COCO 语义数据，而不使用大型预训练模型的语义知识，实现了相当或更好的性能。

与基线 OpenSeed 相比，用更少的数据实现了更好的性能。注意，FC-CLIP 采用冻结的 CLIP 进行基于文本的开集分割。由于文本和视觉特征在 CLIP 中对齐，还试图用 CLIP 中的视觉特征提示预训练的 FC-CLIP，以测试其视觉提示的开集能力。然而，其视觉提示性能，在很大程度上落后于文本提示结果。

因此，将基于文本的多模态开放集模型转移到视觉提示识别中是不容易的。结果表明，视觉提示可以很好地推广到新概念。

③ 野外分割和检测。研究还验证了视觉提示在一些多样化和特定领域数据集上的泛化能力，包括 SegInW 和 ODinW，这些数据集总共包含 60 多个子数据集。这些数据集包含许多真实场景或罕见类别。由于这些数据集都侧重于实例级分割，报告了所有数据集的平均和中值（AP-平均和 AP-中值）。首先评估由 25 个数据集组成的 SegInW 基准测试。通过视觉提示，DINOv 的性能比基准 OpenSeed 有了显著提高。例如，最好的 AP 平均成绩比 OpenSeed 高出 4.5%。研究进一步评估了野生目标检测（ODinW），它由 35 个带有边界框注释的数据集组成。如表 11-2 所示，尽管只使用了更少的语义标记数据，但与类似设置下的先前模型相比，实现了更好的性能。

为简单起见，列举了部分数据集的平均和中值 AP。

表 11-2　ODinW 基准上的一组权重　　　　　　　　　　单位：%

模型	预训练数据	平均	中值
MDETR	GOLDG、REFC	10.7	3.0
GLIP-T	Object365	11.4	1.6
OpenSeed-T（改进的）	Object365、COCO	14.2	3.1
OpenSeed-L（改进的）	Object365、COCO	15.2	5.0
DINOv-T（改进的）	COCO、SAM	14.9	5.4
DINOv-L（改进的）	COCO、SAM	15.7	4.8

11.4.3　视频对象分割

视频对象分割（VOS）旨在通过提供文本或视觉线索，来分割视频中感兴趣的对象。模型侧重于半监督设置，该设置通过在第一帧中提供视觉线索来分割整个视频中的特定对象。在 DINOv 中，视觉提示源自一个单一图像（通用/参考分割），或一批中的其他图像（通用分割）。

因此，模型已经学会了用其他图像的视觉特征进行提示。所以，DINOv 能够通过用先前帧替换当前帧的视觉提示特征，来进行视频对象分割（VOS）。为了更精确地跟踪，还将预测掩模的视觉特征存储在之前的帧中。这些特征表示为记忆视觉提示，将与第一帧的给定提示一起进行平均，以构建当前帧的视觉提示。默认情况下，内存长度设置为 8。在表 11-3 中，对 DAVIS2017、DAVIS2016 交互式和 Youtube VOS 2018 进行了（交互式）视频对象分割评估。DAVIS2017 和 Youtube VOS 2018 的结果表明，模型比 SEEM 和 PerSAM 的性能更好。

此外，DINOv 还可以进行交互式 VOS，与不使用视频数据进行训练的模型相比，在DAVIS2016交互式上的表现要好得多。

在不使用视频或成对图像数据进行训练的情况下，方法能够以零样本方式进行视频对象分割。

表11-3 零样本视频对象分割   单位：%

方法	分割数据	类型	参考类型	零采样	DAVIS2017 J和F	DAVIS2017 J	DAVIS2017 F	DAVIS2016交互式 J和F	DAVIS2016交互式 J	DAVIS2016交互式 F	YouTube VOS 2018 G	Js	Fs	Ju	Fu
AGSS	VOS+DAVIS	视频	掩码		67.4	64.9	69.9	—	—	—	71.3	71.3	65.5	75.2	73.1
AGAME	(Synth)VOS+DAVIS	视频	掩码		70.0	67.2	72.7	—	—	—	66.0	66.9	*	61.2	*
SWEM	Image+VOS+DAVIS	视频	掩码		84.3	81.2	87.4	—	—	—	82.8	82.4	86.9	77.1	85.0
XMem	Image+VOS+DAVIS	视频	掩码		—	—	—	—	—	—	86.1	85.1	89.8	80.3	89.2
SiamMask	COCO+VOS	视频	盒子		*	54.3	58.5	69.8	71.7	67.8	*	60.2	58.2	45.1	47.7
MiVOS	BL30K+VOS+DAVIS	视频	掩码		84.5	81.7	87.4	91.0	89.6	92.4	82.6	81.1	85.6	77.7	86.2
ReferFormer-B	RefCOCO(+/g)+VOS+DAVIS	视频	文本		61.1	58.1	64.1	—	—	—	*	*	*	*	*
UNINEXT-T	图像+视觉	全方位	掩码		74.5	71.3	77.6	—	—	—	77.0	76.8	81.0	70.8	79.4
UNINEXT-L	图像+视觉	全方位	掩码		77.2	73.2	81.2	—	—	—	78.1	79.1	83.5	71.0	78.9
UNINEXT-L	图像+视觉	全方位	文本		66.7	62.3	71.1	—	—	—	*	*	*	*	*
Painter-L	COCO+ADE+NYUv2	全方位	掩码	√	34.6	28.5	40.8	—	—	—	24.1	27.6	35.8	14.3	18.7
SegGPT-L	COCO+ADE+VOC+⋯	全方位	掩码	√	75.6	72.5	78.6	—	—	—	74.7	75.1	80.2	67.4	75.9
PerSAM-L	SAM+DAVIS	全方位	掩码	×	60.3	56.6	63.9	—	—	—	*	*	*	*	*
SEEM-T	COCO+LVIS	全方位	掩码	√	60.4	57.6	63.3	62.7	58.9	66.4	51.4	55.6	44.1	59.2	46.9
SEEM-L	COCO+LVIS	全方位	掩码	√	58.9	55.0	62.8	62.2	58.3	66.0	50.0	57.2	38.2	61.3	43.3
DINOv-T（改进的）	COCO+SAM	全方位	掩码	√	73.3	71.0	75.7	77.0	72.9	81.2	60.9	65.3	70.0	52.3	57.9
DINOv-L（改进的）	COCO+SAM	全方位	掩码	√	72.3	69.8	74.8	75.4	71.3	79.4	59.6	61.7	65.7	52.3	58.8

11.4.4 消融方法

① 查询公式的有效性。在表11-4中，讨论了为不同任务使用不同查询公式的有效性。结果表明，双查询公式优于仅使用一种类型的查询。

表11-4 取消使用差异查询进行文本参考和通用分割   单位：%

方法	COCO PQ	COCO 掩码AP	COCO 盒子AP	COCO mIoU	DAVIS2017 J和F	DAVIS2017 J	DAVIS2017 F
DINOv-SwinT	49.6	42.7	47.0	58.0	73.3	71.0	75.7
仅点查询	45.2	31.0（11.7）	34.7（−12.3）	52.7	71.4	68.8	74.0
仅通用查询	46.2	38.3（−4.4）	41.5（−6.0）	53.3	68.9	66.5	71.3

第11章 视觉语境提示   197

在默认情况下，使用通用查询和交互式查询。一次删除一种类型的查询，以消除其有效性。

② 视觉提示公式的有效性。在表11-5中，尝试使用预训练的CLIP视觉编码器，通过将提示区域裁剪成图像供CLIP处理，对视觉提示的特征进行编码。由于CLIP特征包含丰富的语义，但外观特征很少，这不适用于引用分割任务。因此，对通用分割任务进行了分析，并发现最终模型在ADE等开放集数据集上不能很好地推广。这一结果验证了假设，即CLIP视觉特征不能很好地在上下文视觉提示中推广。

表11-5 在Swin-T模型上使用不同的方式对视觉提示进行编码　　　　　　单位：%

提示编码	COCO（域内）				ADE（域外）			
	PQ	掩码AP	盒子AP	mIoU	PQ	掩码AP	盒子AP	mIoU
改进的	49.6	42.7	47.0	58.0	19.4	11.4	12.8	21.9
CLIP	48.5	40.7	43.5	54.9	12.6	1.4	1.3	13.3

注：在相同的设置下，更改了提示编码方法，并使用预训练的CLIP对图像中的提示对象进行裁剪和编码。

③ 统一任务和数据的有效性。研究统一了视觉通用分割和视觉参考分割，使用语义标记数据（COCO）和仅带有分割注释的数据（DAVIS2017）。在表11-6中，结果表明，使用这两个数据集，可以改善每个单独的任务。

表11-6 削弱统一任务和数据的有效性　　　　　　单位：%

方法	数据	COCO				DAVIS2017		
		PQ	掩码AP	盒子AP	mIoU	J和F	J	F
DINOv-SwinT	COCO、SAM	49.6	42.7	47.0	58.0	73.3	71.0	75.7
	COCO	48.9	41.7	45.9	57.1	63.3	60.8	65.7
	SAM	N/A	—	—	—	68.4	66.0	70.8

④ 通用分割的训练批量大小。在表11-7中，结果表明，增加训练批量大小可以持续提高通用分割性能。这种现象的原因是：更大的批量有助于在不同图像中，对更多积极和消极的视觉上下文示例进行采样，从而更好地将推理设置与随机视觉示例相匹配。

表11-7 训练中图像批量采样的消融研究

方法	用于快速采样的批量	COCO/%			
		PQ	掩码AP	盒子AP	mIoU
DINOv-SwinT	1	28.9	23.2	25.3	33.7
	4	45.1	37.0	40.4	50.6
	8	47.3	39.2	43.1	53.1
	32	47.8	40.3	44.1	56.2
	64	49.0	45.2	41.5	57.0

⑤ 上下文示例中的推理。在图 11-7 中，消除了使用不同上下文长度的影响。增加上下文示例会显示收益递减，特别是当示例数量超过 8 个时。

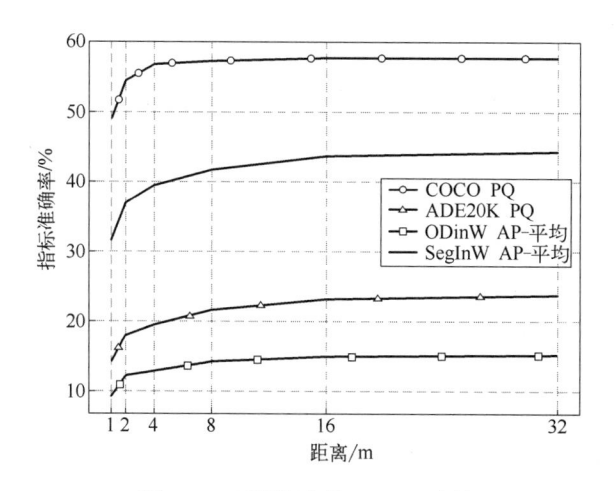

图 11-7　不同任务的 DINOv 查询

11.5　视觉语境提示相关工程

11.5.1　通过文本提示进行视觉感知

开放词汇目标检测和开放词汇切分的创新，通过利用 CLIP 和 ALIGN 等大型预训练视觉语言模型，在通用视觉感知方面显示出巨大的潜力。这些方法展示了零样本和少样本性能方面的显著进步，通过文本提示适应各种视觉环境。然而，由于语言歧义以及文本描述与复杂视觉场景之间的潜在不匹配，仅依赖文本会带来局限性。这突显了重新整合视觉输入，以实现更准确和全面的图像感知的持续需求。

11.5.2　通过图像示例进行视觉感知

在基于文本的视觉感知方法论的基础上，结合图像示例来提高准确性和上下文敏感性。OV-DETR 通过利用 CLIP 的图像编码器和文本编码器，将其开放词汇表目标检测能力扩展到文本之外，允许在视觉示例的指导下进行目标检测。同样，OWL ViT 在对比预训练阶段利用大规模图像文本示例，并建议采用图像示例进行单样本任务图像条件目标检测。MQ Det 利用图像示例来增强文本描述，以获得更好的开放词汇目标检测性能。这些方法通常采用 CLIP 中的图像编码器，从给定的图像示例中提取视觉特征，以更准确地感知对象和场景，并证明视觉示例可以弥合文本歧义和视觉感知的复杂性之间的差距。

11.5.3 通过视觉提示进行视觉感知

与基于图像示例的方法不同（这些方法将图像作为输入，然后由 CLIP 等多模态编码器进行处理），基于视觉提示的方法通常使用视觉指令（例如，另一幅图像的框、点、掩码、涂鸦和引用区域）来支持特定视觉任务的模型。例如，SAM 引入了一种可促进交互式图像分割的模型，促进了计算机视觉基础模型的研究。接下来是一些通过个性化示例将 SAM 改编为视觉提示的作品。SEEM 是一种用于分割对象的交互式多功能模型，可容纳各种类型的提示，与 SAM 相比，具有语义感知能力。语义 SAM 在语义感知和识别粒度方面表现出色，能够完成各种分割任务，包括全景和部分分割。Painter 和 SegGPT 采用了一种多面手的方法，通过将分割表述为上下文着色问题来处理各种分割任务。

改进工作与它们相似，目标相同，同时提出了一种新的视觉提示机制，来支持所有类型的分割任务。

11.6 小结

DINOv 是一个用于上下文视觉提示的统一框架，可以同时适应引用分割和通用分割任务。为了有效地制订上下文中的视觉提示，设计了一个简单的提示编码器，对参考图像中的参考视觉提示进行编码，并采用共享解码器，对目标图像中的最终目标视觉提示进行解码。此外，还制订了通用的潜在查询和点查询，以对齐不同的任务和数据。

DINOv 展示了令人印象深刻的引用和通用分割功能，可以通过上下文视觉提示进行引用和检测。值得注意的是，与域内数据集的闭集分割相比，DINOv 提供了有竞争力的性能，并在许多开放集分割基准上，显示出有前景的结果。

使用有限的语义标记数据（COCO），可以扩展以获得更好的性能，并扩展到文本提示，以实现多模态理解。

第12章
ViTamin：在视觉语言时代设计可扩展的视觉模型

12.1 设计可扩展摘要

VLM 的最新突破为视觉界翻开了新的一页。与 ImageNet 预训练模型相比，VLM 提供了更强、更通用的特征嵌入，这要归功于对大规模互联网图像 - 文本对的训练。然而，尽管 VLM 取得了惊人的成就，视觉变换器（ViT）仍然是图像编码器的默认选择。尽管纯 Transformer 在文本编码领域证明了它的有效性，但它是否也适用于图像编码仍然值得怀疑，特别是考虑到在 ImageNet 基准上提出了各种类型的网络，不幸的是，这些网络在 VLM 中很少被研究。由于数据 / 模型规模较小，模型设计的原始结论 ImageNet 上的内容可能会受到限制和偏见。在本章中，目标是在对比语言图像预训练（CLIP）框架下，建立视觉语言时代的视觉模型评估协议。本章描述了一种全面的方法，来对不同的视觉模型进行基准测试，包括它们在模型和训练数据大小方面的零样本性能和可扩展性。为此，介绍 ViTamin，这是一种为 VLM 量身定制的新视觉模型。当使用相同的公开数据集 DataComp-1B 和相同的 OpenCLIP 训练方案时，ViTamin-L 的 ImageNet 零样本精度显著优于 ViT-L 2%。ViTamin-L 在 60 个不同的基准测试中取得了有前景的结果，包括分类、检索、开放词汇检测和分割，以及大型多模态模型。当进一步放大模型尺寸时，ViTamin-XL 仅具有 436M 参数，就达到了 82.9% 的 ImageNet 零样本精度，超过了 EVA-E 的 82%，EVA-E 的参数是 ViTamin-XL 的 10 倍（4.4B）。

12.2 设计可扩展导言

在过去的几十年里，计算机视觉取得了重大进展，比如视觉识别任务。AlexNet 的出现标志着一个重要的里程碑，催化了卷积神经网络（ConvNets）在计算机视觉中的广泛发展和主导地位。最近，随着视觉 Transformer 的亮相，越来越多的基于变换器的架构显示出超越先前 ConvNet 的巨大潜力。

计算机视觉中神经网络设计的快速发展，可以归因于多种因素的结合。

其中，一个重要因素是既定的基准，其使社区能够以标准化的方式审查发展情况。特别是，ImageNet 已成为新视觉模型的事实测试场。它不仅为视觉识别设定了一个标准基准，还作为一个成熟的预训练数据集，用于将网络骨干网转移到各种下游任务（例如检测和分割）。

VLM 的出现改变了范式，它利用了超大规模噪声互联网数据上的预训练计划，多达数十亿个图像-文本对，远大于 ImageNet 的规模。VLM 不仅有强大和可推广的特征，而且在零样本下游任务中表现出色。

在 ImageNet 基准中，许多类型的神经网络被设计和发展，现有的 VLM 大多采用视觉变换器（ViT）架构，而最近的基准 DataComp 则侧重于数据管理，这是一种普遍的（但尚未证实的）信念，即 ViT 的扩展性比这个视觉语言时代的其他任何架构都要好，因此 ViT 就是所需要的。

当前的趋势可以用几个关键点来描述：

① 高计算需求需要数月的大量资源，这是推进 VLM 的一个重大障碍，限制了探索不同的视觉模型。

② 传统的视觉模型主要针对 ImageNet 基准进行了优化，可能无法很好地扩展到更大的数据集，与纯粹的基于变换器的架构不同，后者已被证明在语言任务中是可扩展的，现在正被用于 VLM 作为图像编码器。

③ 当前的 VLM 基准关注零样本分类/检索任务，明显缺乏涉及开放词汇密集预测的下游任务，以及评估大型多模态模型（LMM）方面的差距。

研究旨在通过实践来解决上述问题，如图 12-1 所示。首先，使用 DataComp-1B 数据集建立了一个新的测试台，用于在 CLIP 框架下设计视觉模型，该数据集是最大的高质量公开数据集之一。具体来说，采用了两种训练协议：一种是短期的，用于跨模型和数据尺度快速基准测试视觉模型；另一种是长期的，用于训练性能最佳的视觉模型。由于时间紧迫，重新对 ImageNet 设置中用于 VLM 的最先进的视觉模型进行了基准测试。特别是，分别选择 ViT、ConvNeXt、CoAtNet 作为纯 Transformer、纯 ConvNet 和混合架构的代表。研究结合了各种模型尺度和数据尺度，对不同的架构进行了全面的评估，揭示了几个关键的问题。第一，增加数据规模，可以改善所有模型大小的所有视觉模型，而 ViT 在模型参数方面的规模略好于其他模型。第二，提取特征的最终分辨率会影响预测性能。第三，总体而言，CoAtNet 的性能优于 ViT 和 ConvNeXt，尽管由于计算限制，很难将 CoAtNet-4 扩展到数十亿数据。

在图 12-1 中，使用 DataComp-1B 在 CLIP 设置下，用各种模型和数据尺度，对现代视觉模型进行基准测试，从而得出关于数据和模型可扩展性、特征分辨率和混合架构的结论，这促使为 VLM 开发 ViTamin。ViTamin-L 在 ImageNet 和平均 38 个数据集上，实现了优于 ViT-L/14 的零样本性能，并为开放式局部（OV）检测和分割，以及大型多模式模型（LMM）任务，提出了一套 22 个下游任务。

这些发现激励开发一种新的视觉模型，名为 ViTamin，专为 VLM 量身定制。ViTamin 是一种三级混合架构，将两级 MBConv 块与最后一级 Transformer 块相结合。这种混合设计利用其 Transformer 级来增强数据和模型的可扩展性，同时输出步长为

16，以享受高特征分辨率。因此，在相同的 OpenCLIP 训练方案和相同的 256 令牌长度中，ViTamin-L 以 +2.0% 的零样本 ImageNet 准确度，超过其 ViT-L/14 对应产品。当将特征分辨率提高到 576 个补丁时，ViTamin-L 进一步达到 81.8% 的零样本 ImageNet 精度，超过现有技术 ViT-L/14 CLIPA-v2 1.5%。在 38 个数据集的平均性能中，它不仅比 ViT-L/14 模型高出 1.5%，而且在只有一半参数的情况下，也比更大的 ViT-H/14 模型高出 0.4%。

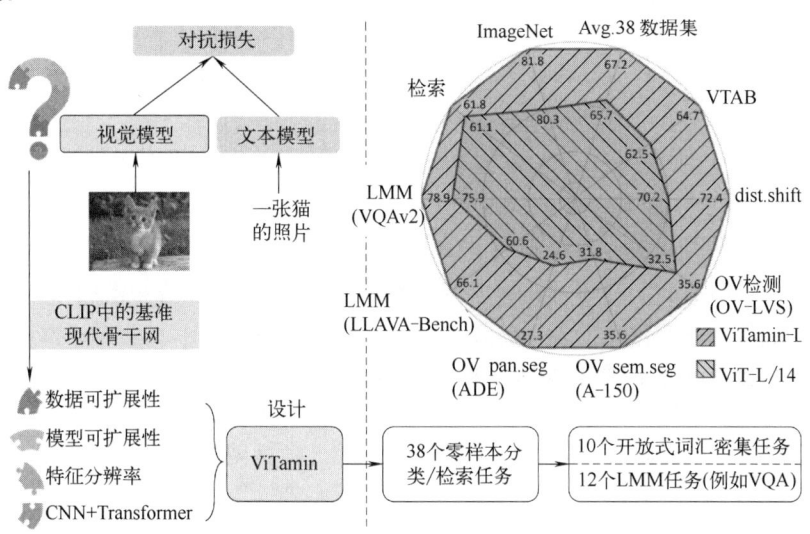

图 12-1　视觉语言时代设计可扩展视觉模型的实践

右图中单位为 %

当进一步放大模型尺寸时，仅具有 436M 参数的 ViTamin-XL 达到了 82.9% 的 ImageNet 零样本精度，超过了具有 10 倍以上参数（4.4B）的 EVA-E（即 EVA-02-CLIP-e/14）达到的 82.0%。此外，引入了一种有效的训练方案——锁定文本调整（LTT），该方案使用冻结的预训练文本编码器，来支持视觉骨干的训练。它将小型变体的性能提高了 4%，基础变体的性能提高了 4.9%，而无需任何辅助成本。

另一个有趣的观察是，在 VLM 中，数据过滤比视觉架构设计更受重视。例如，虽然最佳的 DataComp 挑战解决方案仅获得了 2.3% 的收益，但 ViTamin-LTT 在相同的数据集大小上大大提高了 23.3% 的性能，而不会产生密集的数据混乱。最后，引入了一系列下游任务，包括开放词汇表检测和分割以及 LMM，用于评估 VLM 特定的视觉模型。ViTamin 的表现优于 ViT-L 模型，在 OV-LVIS 上将检测器增强了 3.1%，在 8 个数据集上平均将 segmentor 增强了 2.6%，并在 12 个 LMM 基准测试中表现出色。值得注意的是，ViTamin 在开放词汇切分的 7 个基准上，设定了最新的技术水平。

研究的目标是鼓励重新评估 VLM 设计中的当前局限性，并希望广泛的基准测试和评估，推动 VLM 更先进视觉模型的开发。

12.3 设计可扩展相关工作

① 视觉主干：在 ImageNet 基准测试中，自 AlexNet 出现以来，卷积神经网络一直是主要的网络选择。视觉界见证了 Transformer 架构的出现，这一趋势始于 ViT 的广泛采用及其后续发展。混合架构将 Transformer 的自关注与卷积相结合，其中 CoAtNet 在 ImageNet 上取得了令人印象深刻的结果。值得注意的是 MaX DeepLab 早在 2020 年就出现了，成功开发了一种用于密集像素预测的混合网络骨干网，其中前两个阶段利用剩余瓶颈块，随后两个后续阶段采用轴向注意力。通过利用视觉转换器的设计实践，ResNet 可以现代化为 ConvNeXt，与 ViT 竞争。

沿着同样的方向，但不限于 ImageNet 规模，研究工作旨在开发一种新的视觉模型，用于在视觉语言时代使用数十亿数据进行训练。

② 语言图像预训练：随着 LLM 的出现，语言图像预训练取得了显著进展。这一巨大的进步可以归因于在比 ImageNet 大得多的巨大规模噪声网络收集的图像文本数据上进行的预训练。值得注意的是，CLIP 生成强大的图像特征，并擅长零样本迁移学习，这使其在大型多模态模型中发挥重要作用。CLIP 已经通过先进的训练策略得到了改善，包括自监督学习、效率调整和训练。这些研究主要采用 ViT 作为唯一的视觉模型。CLIP 视觉模型的架构设计尚未得到彻底研究。因此，试图通过开发一种新的 VLM 视觉模型来弥合这一差距。

12.4 设计可扩展方法

本节重新审视了 CLIP 的问题定义，并在 DataComp-1B 上提出了两种训练协议（短期计划和长期计划）。在 CLIP 设置下重新标记了 ImageNet 上发现的现代视觉模型。然后，介绍了基于重新基准测试结果中的发现而提出的 ViTamin 架构设计。

12.4.1 CLIP 和训练协议

① CLIP 框架：给定一批 N 个图像 - 文本对 $\{(I_1,T_1),\cdots,(I_N,T_N)\}$（其中 I_i 和 T_i 表示第 i 对的图像和文本），CLIP 的目标学习对齐每对的图像嵌入 x_i 和文本嵌入 y_i。形式上，损失函数定义如下：

$$-\frac{1}{2N}\sum_{i=1}^{N}\left(\underbrace{\log\frac{e^{x_i^T \cdot y_i/\tau}}{\sum_{j=1}^{N}e^{x_i^T \cdot y_j/\tau}}}_{\text{图像到文本}} + \underbrace{\log\frac{e^{y_i^T \cdot x_i/\tau}}{\sum_{j=1}^{N}e^{y_i^T \cdot x_j/\tau}}}_{\text{文本到图像}}\right) \qquad (12\text{-}1)$$

式中，$x_i = \dfrac{f(I_i)}{\|f(I_i)\|_2}$；$y_i = \dfrac{g(I_i)}{\|g(I_i)\|_2}$；$\tau$ 是一个温度变量。研究训练视觉模型 $f(\cdot)$ 和文本模型 $g(\cdot)$，以最小化损失函数。研究专注于视觉模型设计，并使用 OpenCLIP 的文本模型。

② 训练协议：采用两种训练协议，即短期计划和长期计划。短期计划的目的是在 DataComp-1B 上有效地对视觉模型进行基准测试，测试时间长达 1 个训练周期（即 1.28B 个可见样本）。例如，给定资源的下降量（例如 32 个 A100 GPU），训练一个小型（约 25M 参数）模型变体所需的时间不到两天。长期计划旨在使用多达 40B 个可见样本训练性能最佳的模型。

12.4.2　CLIP 环境中视觉模型的基准测试

短期计划使能够使用 DataComp-1B 在 CLIP 设置下，有效地重新基准测试 ImageNet 上最先进的视觉模型。实验模型是 ViT（纯 Transformer）、ConvNeXt（纯 ConvNet）和 CoAtNet（混合模型）。从模型规模和数据大小两个方面，检查了它们的可扩展性。每个视觉模型的大小从小（约 25M 参数）、基本（约 85M）到大（约 300M）不等，而数据大小从 128M、512M 到 1.28B 训练样本不等（1 个历元等于 1.28B 个样本）。该指标是 ImageNet 上的零样本精度，并由 DataComp 之后 38 项任务的结果补充。如图 12-2 所示，从四个方面分析了基准测试结果，包括数据可扩展性、模型可扩展性、特征分辨率和混合架构。为简单起见，使用 X@Y 表示用 Y 个样本训练的视觉模型 X。

在图 12-2 中，包括 ViT（纯 Transformer）、ConvNeXt（纯 ConvNet）和 CoAtNet（混合模型）。从数据大小（第一行）和模型尺度（第二行）两个方面检查了它们的可扩展性，并从特征分辨率（第三行）和混合架构（第四行）方面进一步分析了结果。

① 数据可扩展性：当训练样本从 128M 增加到 1.28B 时，观察到所有模型尺寸和所有视觉模型［图 12-2（a1）～（a5）］，都有一致的改进趋势。有趣的是，ViT-S/16@512M（22M 参数）在 ImageNet 上的零样本性能达到 53.8%，优于 ViT-B/16@128M（86M 参数）的 45.8%。它表明了训练大规模数据的有效性，4 倍的训练样本比 4 倍的模型参数数量更有影响力。此外，ViT-B/16@512M 和 ViT-B/16@1.28B 的零样本性能比 ViT-B/16@128M 显著提升，从 45.8% 上升到 60%（+14.2%）和 65.6%（+19.8%）。

因此，随着训练样本的增加，所有情况下的性能都会持续提高。

② 模型可扩展性：当模型大小增加时，所有视觉模型的性能也会提高［图 12-2（b1）～（b3）］。

然而，观察到它们之间的增益不同［图 12-2（b4）］。

例如，ConvNeXt-XL@128M 相对于 ConvNeXt-B@128M，仅带来 +1.4% 的性能改善，而 ViT-L/16@128M 比 ViT-B/16@128M 增长了 3.6%。在有大量数据的情况下，ViT

仍然显示出更好的模型可扩展性，特别是从基础到大型的扩展性（例如，在512M样本下，ViT的可扩展性为+6.4%，而CoAtNet和ConvNeXt的可扩展性均为+3.6%；在1.28B样本下，ViT的可扩展性为+6.3%，而CoCtNet的可扩展性感受性为+2.8%，ConvNeXt的扩展性为+4.9%）。因此，ViT显示了最佳的可扩展性。

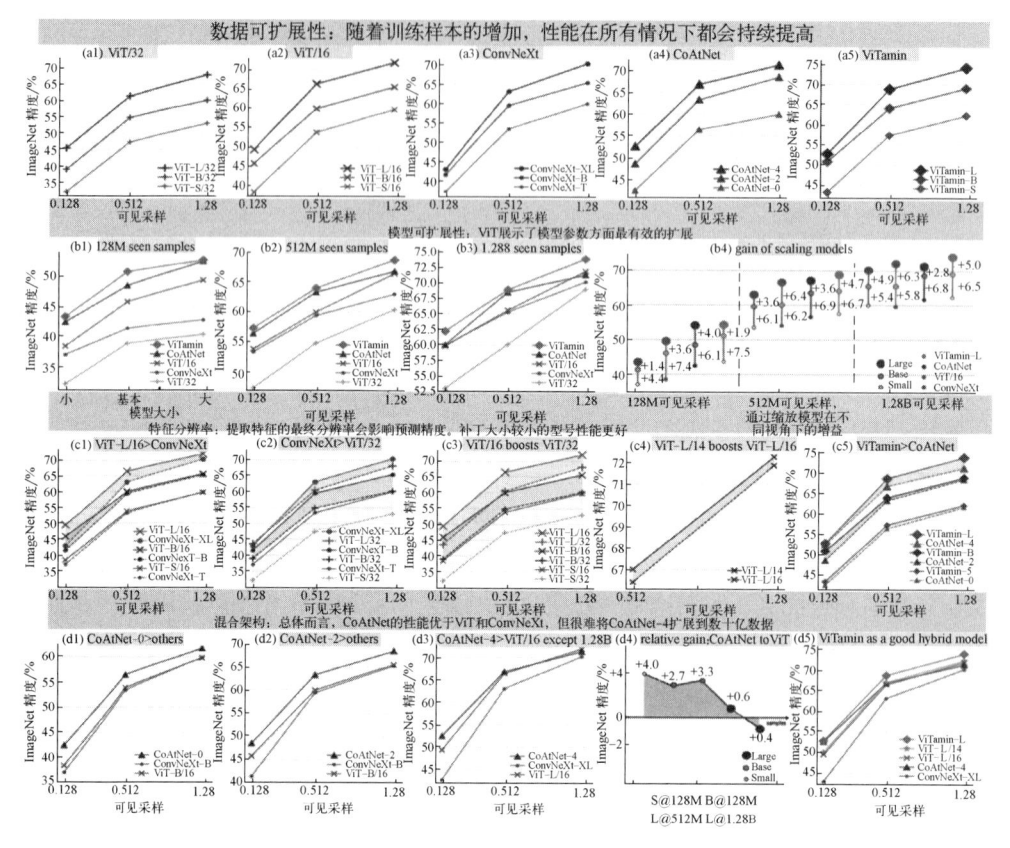

图12-2 在DataComp-1B的CLIP设置下，对视觉模型进行基准测试

③ 特征分辨率：在所有模型规模和数据大小上，ConvNeXt的性能都优于ViT/32，但不如ViT/16 [图12-2（c1）（c2）]。这一趋势与ImageNet时代的观察结果大相径庭，在ImageNet时代，ConvNeXt的表现一直优于ViT/16。假设与ImageNet的对象类标签相比，CLIP中的文本捕获了更广泛的信息领域，因此具有更高的特征分辨率。此外，ViT还受益于使用较小的补丁（因此具有较高的特征分辨率），而不是较大的路径 [图12-2（c3）（c4）]。

因此，提取特征的最终分辨率会影响预测性能。补丁较小的ViT优于补丁较大的ViT和ConvNeXt。

④ 混合架构：从图12-2中观察到，ConvNeXt的性能始终落后于ViT-{S，B}/16，特别是ViT-L/14，这表明当存在大量数据时 [图12-2（d1）～（d3）]，纯ConvNet在

CLIP 设置下的容量有限。相比之下，CoAtNet 的性能显著超过 ViT 和 ConvNeXt（例如，CoAtNet-2@1.28B 与 ViT-B/16@1.28B 以及 ConvNeXt-B@1.28B 相比，分别增长了 2.9% 和 3.2%），表明了混合模型的有效性。然而，CoAtNet 需要最多的 GPU 内存，但只能在 64 个 A100 GPU 上以 8k 的批量训练 CoAtNet-4，而所有其他大型模型都是在 32 个 A100 GPU 上以 16k 的批量训练的。这会影响 CoAtNet 在大型变体中的可扩展性。

因此，CoAtNet 在总体上超越了 ViT 和 ConvNeXt，但很难将 CoAtNet-4 扩展到数十亿数据。

12.4.3　ViTamin 的设计

视觉语言的新型视觉转换器从上述观察中提炼出来，最终提出了视觉模型 ViTamin（Vision-Language 的 Vision Transformer），该模型在图 12-2 所有设置的基准测试结果中，都处于领先地位。为了介绍 ViTamin，首先从其宏观层面的网络设计开始，然后是微观层面块设计，最后开发了一个具有简单缩放规则的视觉模型族。

（1）宏观层面的网络设计

ViTamin 的宏观网络设计灵感来自 ViT 和 CoAtNet。具体来说，在一个简单的卷积（即两个 3×3 卷积）之上，采用了一个三级网络架构，其中前两级使用移动卷积块（MBConv），第三级使用变换器块（TFB）。图 12-3 显示了 ViTamin 的架构。

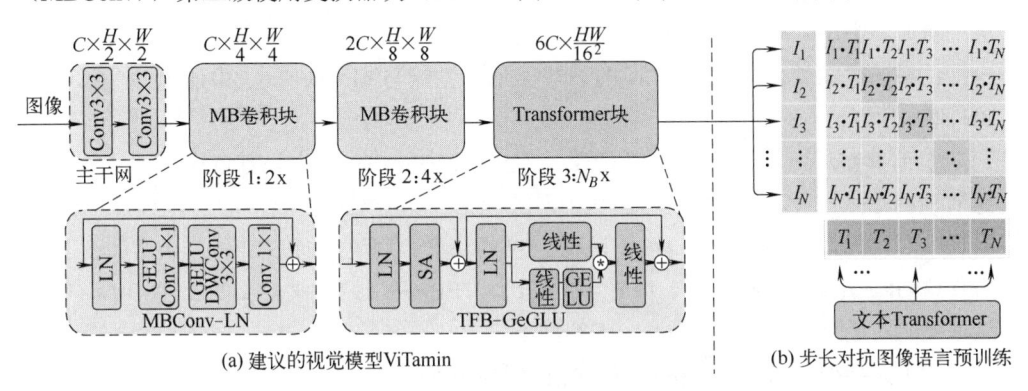

图 12-3　ViTamin 架构概述

+：补充；*：乘法

在图 12-3（a）中，ViTamin 从卷积开始，然后是阶段 1 和阶段 2 中的移动卷积块（MBConv），以及阶段 3 中的变换器块（TFB）。阶段 3 的 2D 输入为 1D。对于宏观层面的设计，三阶段布局生成输出步幅为 16 的最终特征图，类似于 ViT/16。将 3 个阶段的通道大小设置为（C, $2C$, $6C$）。对于微观级设计，所采用的 MBConv-LN 通过使用单个 LayerNorm 来修改 MBConv。TFB-GeGLU 用 GELU 门控线性单元升级了 TFB 的 FFN（前馈网络）。在如图 12-3（b）所示的 CLIP 框架中，给定 N 个图像-文本对，学

习视觉模型的输出 I_i，与其相应的文本 Transformer 的输出 T_i 对齐。

基于重新基准测试结果数据和模型可扩展性的发现，详细介绍了以下设计原则：ViT 在模型规模和数据大小方面都表现出了最佳的可扩展性。因此，在最后一个阶段选择使用 Transformer 块，并将大多数块堆叠在不同的模型大小上。

特征分辨率：最终定制网络以生成高分辨率的特征图。因此，三级网络设计产生了一个输出步长为 16 的特征图（即下采样因子为 16）。

混合架构：与 CoAtNet 类似，在前两个阶段使用 MBConv，从而形成混合模型。

然而，与受大内存使用限制的 CoAtNet 不同，ViTamin 提出了第 1 阶段和第 2 阶段的轻量级设计，其中分别仅包含 2 个和 4 个 MBConv 块。

鉴于宏观层面的网络设计，接下来将进一步改进微观层面的块设计。

（2）微观层面块设计

所提出的 ViTamin 依赖于 2 种类型的块：移动卷积块（MBConv）和变换器块（TFB）。模型中的每个块都重新构造。

① MBConv-LN。移动卷积块（MBConv）采用了反向瓶颈设计，从第一个 1×1 卷积开始扩展信道大小，然后是 3×3 深度卷积用于空间交互，最后是另一个 1×1 卷积，以恢复到原始信道大小。与 MobileNetv3 一样，现代 MBConv 增加了许多批归一化（BN）层、挤压和激励（SE）。此处采用了一种简单的修改方法，即删除所有 BN 层和 SE，并仅使用单层归一化（LN）作为块中的第一层，类似于 Transformer 块中的预范层，从而产生了所提出的 MBConvLN。

消融研究表明，MBConv LN 的设计简单，性能与 MobileNetv3 中的原始 MBConv BN、SE 相似。

② TFB-GeGLU。变换器块（TFB）包含两个残差块：一个具有自注意，另一个具有前馈网络（FFN）。根据经验发现，用 GeGLU（具有 2× 扩展率的门控线性单元的增强版本）代替第一线性层，可以提高 FFN 的精度。用更新的 FFN 将变换器块表示为 TFB-GeGLU。消融研究表明，由于半膨胀比，TFB-GeGLU 需要的参数比 TFB 少 12%，这促使能向更深的架构堆叠辅助的变换器块。

（3）元架构、缩放规则和 CLIP 的锁定文本调整

① 元架构。在介绍了宏观级网络和微观级块设计后，现在将所有东西放在一起，形成 ViTamin 的元架构。具体来说，ViTamin 是一种混合架构，只包含 3 个阶段，建立在一个简单的卷积（即两个 3×3 卷积）之上。前两个阶段由 MBConv-LN 组成，其中在第 1 阶段和第 2 阶段分别堆叠 2 个和 4 个阶段。第 3 阶段是通过堆叠 N_B TFB-GeGLU 块获得的。考虑到元架构，下面讨论生成具有不同模型大小的 ViTamin 系列的缩放规则。

② 缩放规则。缩放规则非常简单明了，由两个超参数控制：宽度（即这 3 个阶段的通道大小）和深度（即 N_B，第 3 阶段中 TFB-GeGLU 块的数量）。卷积与第一级具有

相同的信道大小。定义了四种模型尺寸：Small（S）、Base（B）、Large（L）和 X-Large（XL）（S、B 和 L 变体的模型参数数量与 ViT 相似）。在第 3 阶段为每种型号变体使用与 ViT 相同的通道大小。具体来说，将 3 个阶段的通道大小设置为（C, $2C$, $6C$），其中 $6C$={384，768，1024，1152}，分别表示 Small、Base、Large 和 X-Large 型号的变体。

随后，给定目标模型参数，可以很容易地找到 NB 的值（即第 3 阶段中 TFB-GeGLU 块的数量）。在表 12-1 中，显示了 ViTamin-{S，B，L，XL} 模型变体。ViTamin 变体在每个阶段中的块数量 B 和通道数量 C 不同。

表12-1　ViTamin模型变体

块	步长	ViTamin-S		ViTamin-B		ViTamin-L		ViTamin-XL	
		B	C	B	C	B	C	B	C
conv-stem	2	2	64	2	128	2	160	2	192
MBConv-LN	4	2	64	2	128	2	160	2	192
MBConv-LN	8	4	128	4	256	4	320	4	384
TFB-GeGLU	16	14	384	14	768	31	1024	32	1152

注：文本转换器与 OpenCLIP 相同。

③ CLIP 的锁定文本调整。除了模型设计，还提出了锁定文本调整（LTT）来利用预训练的冻结文本编码器。针对 CLIP 中对齐的图像和文本嵌入，利用大型 VLM 的预训练文本编码器，来支持较小 VLM 图像编码器的训练。具体来说，在训练其他 ViTamin 变体（例如 ViTamin-S 和 ViTamin-B）时，使用预训练的 ViTamin-L 中的一个来初始化它们的文本编码器。然后，文本编码器被冻结，用作指导随机初始化图像编码器训练。该方案可被视为一种将知识从预训练的冻结文本编码器提取到随机初始化的图像编码器的方法。

12.5　设计可扩展实验

下面将详细介绍实验，并与最新技术进行比较，并将 ViTamin 部署到下游任务中，包括开放词汇检测 / 切分和大型多模态模型。

12.5.1　实施细节

① 训练策略：在公共数据集 DataComp-1B 上使用 OpenCLIP 训练 VLM。表 12-2 总结了训练计划和模型变体的设置。使用短期计划来对视觉模型进行基准测试并进行消融研究，使用长期计划来训练最好的 ViTamin-L 和 ViTamin-XL。密切关注 OpenCLIP 中的训练超参数设置。

② 评估策略：遵循 DataComp 到零样本，在 38 个任务的测试台上评估 VLM，包括 ImageNet、6 个分配移位任务、VTAB 任务、WILDS 任务和 3 个检索任务。

表12-2 DataComp-1B的短期计划和长期计划

项目	基准测试短期计划			长期计划	
	ViTamin-S	ViTamin-B	ViTamin-L	ViTamin-L	ViTamin-XL
批量大小 /k	8	8	16	90	90	90
图像大小 / 像素	224	224	224	224	256	256
#A100 GPUs	32	32	32	184	312	312
阶段	1	1	1	10	10	30
可见采样 /B	1.28	1.28	1.28	12.8	12.8	40.0
训练天数 / 天	1.8	3.3	5.6	11	15	46

③ 其他下游任务：在下游任务中评估经过训练的 VLM。对于开放词汇检测，利用 F-ViT 框架；而对于开放词汇分割，采用 FC-CLIP 框架和零样本评估多个分割数据集。最后，在 LLaVA-1.5 中，评估了跨多个基准的 LMM 的 VLM。在所有情况下，F-ViT、FC-CLIP 和 LLaVA 都使用冷冻的 VLM 骨干，来有效消融不同的预训练 VLM。

12.5.2 主要成果

① 与其他最新技术的比较：表 12-3 总结了 ViTamin-L 与其他先进模型之间的比较，这些模型只使用 ViT 骨干，但使用不同的训练方案和数据集。

在表 12-3 中，模型仅在公开可用的 DataComp-1B 上进行训练。CLIPAv2 使用比遵循的原始 OpenCLIP 方案更先进的渐进式训练方案（从较小的图像到较大的图像）。其他使用不同设置的方法以灰色标记以供参考。具体来说，EVA-CLIP 使用 EVA 权重、更好的训练方案 FLIP 和不同的训练数据集。SigLIP 在专有的 WebLI 数据集上，采用了更好的 sigmoid 损失、更强的文本编码器和超长的调度（40B 用于训练，另外 5B 用于微调）。

†：ViT-L/14 通过使用比 16 更小的输出步长 14，从更多的图像标记中获益。为了获得相同的图像标记，稍微放大图像大小（例如，224/14=256/16 和 336/14=384/16）。所有比较结果都来自在相同设置下评估的 OpenCLIP 结果，以确保公平比较。

为了进行公平的比较，关注使用相同训练数据 DataComp-1B 的方法，但仍在表 12-3 中列出了其他方法以供参考。为简单起见，使用 "$X@Z$" 表示用输入大小 Z 训练的视觉模型 X。ImageNet 零样本精度是主要衡量标准；其他结果仍在表 12-3 中报告。如表 12-3 所示，ViTamin-L@224 的性能优于 ViT-L/14@224OpenCLIP，上涨 1.6%。然而，ViT-L/14 通过使用比 16 更小的输出步长 14，从更多的图像标记中受益。

为了获得相同的图像标记，稍微放大了图像大小。因此，ViTamin-L@256 ImageNet 精度超越 ViTL/14@224OpenCLIP 和 CLIPA-v2，分别超过了 2% 和 1.5%。在对较大的输入大小进行微调之后，ViTamin-L@384 以及 ViTamin-L@336 仍然比 ViT-L/14@336CLIPA-v2 表现更好，ImageNet 精度分别增加了 1.5% 和 1.3%。令人印象深刻的是，仅使用一半的参数，ViTamin-L 在 38 个数据集上的平均性能就达到了 67.2%，比

表 12-3 与先进的模型进行比较

图像编码器	图像大小	数字补丁	文本编码器深度/宽度	可见采样/B	训练计划	训练数据集	可训练参数数图像+文本/M	MACs 图像+文本/G	ImageNet 精度/%	38个数据集上的平均性能/%	ImageNet 距离偏移	VTAB	检索
ViT-L/14	224	256	12/768	12.8	OpenCLIP	DataComp-1B	304.0+123.7	77.8+6.6	79.2	66.3	67.9	65.2	60.8
ViT-L/14	224	256	12/768	12.8+0.5	CLIPA-v2	DataComp-1B	304.0+110.3	77.8+2.7	79.7	65.4	68.6	62.9	60.6
ViT-L/14	336	576	12/768	12.8+0.5+0.1	CLIPA-v2	DataComp-1B	304.3+110.3	174.7+2.7	80.3	65.7	70.2	62.5	61.1
ViTamin-L	224	196	12/768	12.8	OpenCLIP	DataComp-1B	333.3+123.7	72.6+6.6	80.8	66.7	69.8	65.3	60.3
ViTamin-L	256†	256	12/768	12.8+0.2	OpenCLIP	DataComp-1B	333.4+123.7	94.8+6.6	81.2	67.0	71.1	65.3	61.2
ViTamin-L	336	441	12/768	12.8+0.2	OpenCLIP	DataComp-1B	333.6+123.7	163.4+6.6	81.6	67.0	72.1	64.4	61.6
ViTamin-L	384†	576	12/768	12.8+0.2	OpenCLIP	DataComp-1B	333.7+123.7	213.4+6.6	81.8	67.2	72.4	64.7	61.8
ViTamin-L2	224	196	24/1024	12.8	OpenCLIP	DataComp-1B	333.6+354.0	72.6+23.3	80.9	66.4	70.6	63.4	61.5
ViTamin-L2	256†	256	24/1024	12.8+0.5	OpenCLIP	DataComp-1B	333.6+354.0	94.8+23.3	81.5	67.4	71.9	64.1	63.1
ViTamin-L2	336	441	24/1024	12.8+0.5	OpenCLIP	DataComp-1B	333.8+354.0	163.4+23.3	81.8	67.8	73.0	64.5	63.6
ViTamin-L2	384†	576	24/1024	12.8+0.5	OpenCLIP	DataComp-1B	334.0+354.0	213.4+23.3	82.1	68.1	73.4	64.8	63.7
ViTamin-XL	256†	256	27/1152	12.8+0.5	OpenCLIP	DataComp-1B	436.1+488.7	125.3+33.1	82.1	67.6	72.3	65.4	62.7
ViTamin-XL	384†	576	27/1152	12.8+0.5	OpenCLIP	DataComp-1B	436.1+488.7	281.9+33.1	82.6	68.1	73.6	**65.6**	**63.8**
ViTamin-XL	256†	256	27/1152	40.0	OpenCLIP	DataComp-1B	436.1+488.7	125.3+33.1	82.3	67.5	72.8	64.0	62.1
ViTamin-XL	336†	441	27/1152	40.0+1.0	OpenCLIP	DataComp-1B	436.1+488.7	215.9+33.1	82.7	68.0	73.9	64.1	62.6
ViTamin-XL	384†	576	27/1152	40.0+1.0	OpenCLIP	DataComp-1B	436.1+488.7	281.9+33.1	**82.9**	**68.1**	**74.1**	64.0	62.5
ViT-L/14	224	256	12/768	4.0	EVA-CLIP	Merged-2B	333.3+123.7	72.6+6.6	79.8	64.9	68.9	62.8	63.3
ViT-L/14	336	576	12/768	6.0	EVA-CLIP	Merged-2B	333.3+123.7	72.6+6.6	80.4	65.8	70.9	63.2	63.5
ViT-L/16	256	256	24/1024	40.0	SigLIP	WebLI	316.0+336.2	78.1+19.3	80.5	65.6	70.2	62.5	61.1
ViT-L/16	384	576	24/1024	40.0+5.0	SigLIP	WebLI	316.3+336.2	175.8+19.3	82.1	66.8	70.9	63.1	68.7
ViT-G/14	224	256	32/1280	39.0	OpenCLIP	LAION-2B	1844.9+694.7	473.4+48.5	80.1	66.7	69.1	64.6	63.5
ViT-H/14	336	576	12/1024	12.8+0.5+0.1	CLIPA-v2	DataComp-1B	632.5+354.0	363.7+9.7	81.8	66.8	72.4	63.7	62.6
ViT-E/14	224	256	24/1024	4.0	EVA-CLIP	LAION-2B	4350.6+354.0	1117.3+23.3	82.0	66.9	72.0	63.6	62.8
ViT-G/14	336	576	32/1280	12.8+0.5+0.1	CLIPA-v2	DataComp-1B	1845.4+672.3	1062.9+20.2	83.1	68.4	74.0	64.5	63.1
oViT-400M/14	224	256	27/1152	40.0	SigLIP	WebLI	428.2+449.7	106.2+6.6	82.0	68.1	69.5	64.8	66.8
oViT-400M/14	384	729	27/1152	40.0+5.0	SigLIP	WebLI	428.2+449.7	302.3+26.3	83.1	69.2	72.4	64.6	69.8
ViT-H/14	224	256	24/1024	39.0	OpenCLIP	DFN-5B	632.1+354.0	162.0+23.3	83.4	69.6	69.9	67.5	68.3
ViT-H/14	378	729	24/1024	39.0+5.0	OpenCLIP	DFN-5B	632.7+354.0	460.1+23.3	84.4	70.8	72.8	68.5	69.5

更大的 ViT-H/14 CLIPA-v2 模型的性能高出0.4%。放大文本编码器以匹配图像编码器（特别是ViTamin-L2）的模型大小，显著提高了零样本ImageNet的准确率至82.1%，并将38个数据集的平均性能提高至68.1%。进一步放大模型参数（即ViTamin-XL）和400亿个可见样本，达到82.9%的零样本ImageNet精度。

② 锁定文本调整：图 12-4 显示，LTT 大大提高了 ViTamin-S/-B，特别是在数据量很小的情况下。值得注意的是，LTT 将 ViTamin-B 提升到了模型性能的下一个级别，在 1.28 亿个样本中超过 ViT-L/16 14%，在 5.12 亿个可见样本中超过 1.1%。

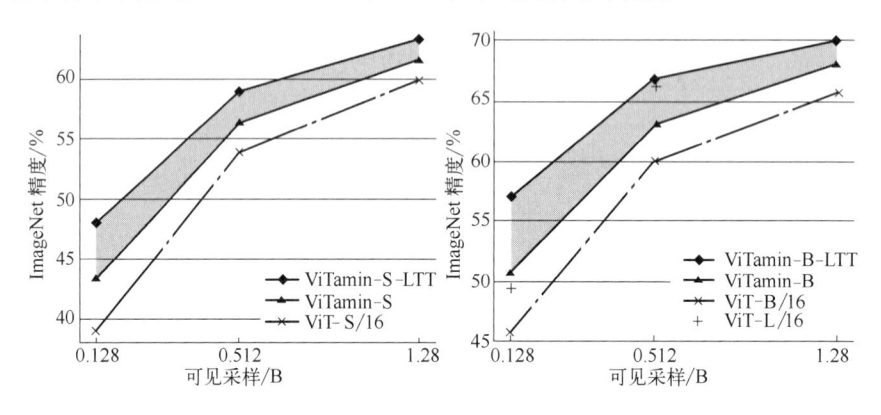

图 12-4 锁定文本调整（LTT）

LTT 利用了预训练的冻结文本编码器，有效地提高了模型性能。

有趣的是，由于文本编码器完全冻结，LTT 可以为 ViTamin-B 节省 10% 的训练预算。

③ 数据质量与模型容量：DataComp 挑战强调了使用修正的 ViT 模型对 VLM 进行数据篡改的作用。如表 12-4 所示，ICCV 2023 中 DataComp 挑战的领先解决方案采用了复杂的 24 条抖动规则，来提高数据集质量，从而获得了 2.3% 的准确率增益。令人惊讶的是，ViTamin-B 将性能提高了 12.8% 的准确率，锁定文本调整可以将准确率提高 23.3%。此结果强调了共同设计视觉语言数据集和模型的重要性。

表12-4 数据质量与模型容量

图像编码器	数据滤波	数据集大小	可见采样	精度 /%	38 个数据集上的平均性能 /%
积分表					
ViT-B/32	DataComp	14M	128M	29.7	32.8
ViT-B/32	SIEVE	24M	128M	30.3(+0.6)	35.3(+2.5)
ViT-B/32	Top-1 Solution	23M	128M	32.0(+2.3)	37.1(+4.3)
改进实验					
ViT-B/32	DataComp	14M	128M	29.4	31.5
ViT-B/16	DataComp	14M	128M	35.8(+6.4)	34.6(+3.1)
ViTamin-B	DataComp	14M	128M	42.2(+12.8)	38.3(+6.8)
ViT-B/16-LTT	DataComp	14M	128M	43.6(+14.2)	41.1(+9.6)
ViTamin-B-LTT	DataComp	14M	128M	52.7(+23.3)	47.2(+15.7)

12.5.3 新的下游任务套件

评估主要集中在基于分类/检索的任务上,突显出缺乏类似于 ImageNet 所采用的下游任务。然而,与基于 ImageNet 的视觉模型(其中下游任务主要涉及用于传统检测和分割的迁移学习)相比,VLM 具有零样本功能,并提供在视觉语言领域中良好对齐的特征嵌入。鉴于此,引入了一套新的下游任务,旨在全面评估 VLM,包括开放词汇检测和切分以及多模态 LLM。

开放词汇检测和分割:为了检查训练好的 VLM 对下游任务的适应程度,考虑了两个简单而有效的框架 F-ViT 和 FC-CLIP,它们分别利用冻结的 CLIP 骨干进行开放词汇检测和分割。将不同的 VLM 视为这些框架的插件冻结骨干,而对于可能不容易推广到高分辨率输入的 ViT 和 ViTamin,以滑动窗口的方式提取特征,窗口大小等于预训练图像大小,分别得到滑动 F-ViT 和滑动 FC-CLIP。表 12-5 显示,ViTamin-L 在开放词汇检测方面是一个更强的图像编码器,在 OV-COCO 和 OV-LVIS 上的性能分别比 ViT-L/14 高 1.4% 和 3.1%。表 12-6 显示,ViTamin-L 在 3 个全景数据集上的平均性能比 ViT-L/14 高约 2.6%,在 5 个语义数据集中的平均性能比 ViT-L/14 高约 2.6%。值得注意的是,ViTamin-L 超越了现有技术,在开放词汇全景分割和语义分割的 7 个基准测试中,设定了新的最先进性能。

不同的图像编码器(ViT-L/14、ConvNeXt-L)以滑动窗口方式使用 F-ViT 框架,在 OV-COCO 和 OV-LVIS 上训练。由于预训练数据集不同,ConvNeXt-L 标记为灰色。

表12-5 开放式词汇检测 单位:%

图像编码器	预训练		OV-COCO (AP^{novel}_{50})	OV-LVIS (AP_r)
	数据集	计划		
ViT-L/14	DataComp-1B	CLIPA-v2	36.1	32.5
ConvNeXt-L	LAION-2B	OpenCLIP	36.4	29.1
ViTamin-L	DataComp-1B	OpenCLIP	37.5	35.6

在表 12-6 中,不同的图像编码器(ViT-L/14、ConvNeXt-L)以滑动窗口方式使用 FC-CLIP 框架,在 COCO 上训练,并在其他数据集上评估零样本。由于预训练数据集不同,ConvNeXt-L 标记为灰色。

表12-6 开放式词汇分割 单位:%

图像编码器	预训练		全景数据集(PQ)			语义数据集(mIoU)				
	数据集	计划	ADE	Cityscapes	MV	A-150	A-847	PC-459	PC-59	PAS-21
ViT-L/14	DataComp-1B	CLIPA-v2	24.6	40.7	16.5	31.8	14.3	18.3	55.1	81.5
ConvNeXt-L	LAION-2B	OpenCLIP	26.8	44.0	18.3	34.1	14.8	18.2	58.4	81.8
ViTamin-L	DataComp-1B	OpenCLIP	27.3	44.0	18.2	35.6	16.1	20.4	58.4	83.4

大型多模态模型：VLM 的另一个关键应用在于它们在 LMM 中作为视觉编码器的作用，作为 VLM 中与文本对齐的图像特征，从而弥合 LLM 的视觉理解差距。具体来说，将 LLaVA-1.5 视为评估框架。在遵循的所有实验设置中，图像通过冻结的 CLIP 模型和 MLP 投影仪进行处理，将图像保留为视觉标记，这些标记被添加到文本序列中，并输入冻结的 Vicuna-v1.5-7B。对 12 个 LMM 基准进行了评估，结果见表 12-7。值得注意的是，虽然 OpenAI 训练的 ViT-L/14 的 ImageNet 准确率比 CLIPA-v2 训练的 ViT-L 低 3.7%，但它在 LLaVA 方面表现出色（VQAv2 提高了 4.4%，VizWiz 提高了 4.3%）。这突显了纳入各种下游任务以确保全面评估的必要性。令人惊讶的是，只需要将 LLaVA 的图像编码器替换为 ViTamin-L，就可以在各种基准测试中实现最新的技术水平。

在表 12-7 中，第一行的结果来源于 LLaVa-1.5 的论文，由于在 OpenAI WIT 数据集上进行了预训练，因此标记为灰色，这与其他行使用的 DataComp-1B 不同。为了进行公平比较，所有列出的型号，都按照 LLaVA-1.5 和 Vicuna-v1.5-7B 中的相同设置进行排序。

表12-7 具有不同VLM的大型多模态模型（LMM）性能

图像编码器	训练计划	VQAv2	GQA	VizWiz	SQA	T-VQA	POPE	MME	MMBench	MMB[CN]	SEED	LLaVA[W]	MM-Vet
ViT-L/14	OpenAI	78.5	**62.0**	50.0	66.8	58.2	**85.9**	**1511**	64.3	58.3	**58.6**	65.4	31.1
ViT-L/14	CLIPA-v2	75.9	60.3	48.8	65.6	55.0	84.9	1396	60.8	54.6	54.6	60.6	28.6
ViTamin-L	OpenCLIP	78.4	61.6	51.1	66.9	58.7	84.6	1421	**65.4**	**58.4**	57.7	64.5	**33.6**
ViTamin-L†	OpenCLIP	**78.9**	61.6	**55.4**	**67.5**	**59.8**	85.5	1447	64.5	58.3	57.9	**66.1**	**33.6**

注：† 表示图像大小为 384，而不是默认的 336。

12.6　小结

建立了 VLM 中现代视觉模型的评估协议，并在 CLIP 设置下对其进行了重新基准测试。从数据可扩展性、模型可扩展性、特征分辨率和混合架构 4 个方面研究了视觉模型，提出 ViTamin，它不仅在零样本 ImageNet 准确度和平均 38 个数据集准确度方面与 ViT 竞争，而且在 22 个下游任务（包括开放词汇检测和分割，以及大型多模态模型）上达到了最先进的水平。

第13章
AnomalyCLIP：用于零样本异常检测的对象诊断快速学习

13.1 零样本异常检测诊断摘要

零样本异常检测（ZSAD）需要使用辅助数据训练的检测模型来检测异常，而无须在目标数据集中使用任何训练样本。当训练数据因各种问题（如数据隐私）而无法访问时，这是一项至关重要的任务，但这也是一个挑战，因为模型需要泛化到不同领域的异常，在这些领域中，前景对象、异常区域和背景特征的表面，如不同产品/器官上的缺陷/肿瘤，可能会有很大差异。近期，大型预训练的视觉语言模型（VLM），如CLIP，在包括异常检测在内的各种视觉任务中表现出强大的零样本识别能力。然而，由于VLM更侧重于对前景对象的类语义进行建模，而不是对图像中的异常/正常进行建模，因此它们的ZSAD性能较弱。

本章介绍了一种新的方法，即AnomalyCLIP，来适应CLIP在不同领域的精确ZSAD。AnomalyCLIP的关键思想是学习与对象无关的文本提示，这些提示捕捉图像中的一般正常和异常，而不管其前景对象如何。这使得模型能够专注于异常图像区域，而不是对象语义，从而能够对不同类型的对象进行广义正态性和异常性识别。在17个真实世界异常检测数据集上进行的大量实验表明，AnomalyCLIP在来自各种缺陷检测和医学成像领域的具有高度不同类别语义的数据集中，实现了检测和分割异常的优异零样本性能。

13.2 零样本异常检测诊断简介

异常检测（AD）已被广泛应用于各种应用中，例如工业缺陷检测和医学图像分析。现有的AD方法，通常假设目标应用领域中的训练示例可用于学习检测模型。然而，在各种情况下，这种假设可能不成立，例如：

① 当访问训练数据违反数据隐私政策时（例如，为了保护患者的敏感信息）。

② 当目标域没有相关的训练数据时（例如，检查新产品生产线中的缺陷）。

在这种情况下，ZSAD是AD的一项新兴任务，上述AD方法不可行，因为它需要检测模型来检测异常，而无需在目标数据集中使用任何训练样本。由于不同应用场景的异常通常在视觉外观、前景对象和背景特征方面存在很大差异，例如，一种产品表面的缺陷与其他产品的缺陷、不同器官上的病变/肿瘤，或医学图像中的工业缺陷与肿瘤/病变，因此，需要对这些变化具有很强泛化能力的检测模型来实现精确的 ZSAD。大型预先训练的 VLM，在包括异常检测在内的各种视觉任务中表现出强大的零样本识别能力。特别是，使用数百万/数十亿个图像 - 文本对进行预训练，CLIP 已被应用于赋予各种下游任务强大的泛化能力。WinCLIP 是 ZSAD 系列中的一项开创性工作，它设计了大量的人工文本提示，以利用 CLIP 对 ZSAD 的通用性。然而，CLIP 等 VLM 主要被训练为与前景对象的类语义对齐，而不是与图像中的异常/正常对齐，因此，在理解视觉异常/正常方面的泛化受到限制，导致 ZSAD 性能较弱。此外，当前的提示方法使用手动定义的文本提示，或可学习的提示，通常会导致提示嵌入，选择全局特征进行有效的对象语义对齐，无法捕捉到通常表现在细粒度局部特征中的异常，如图 13-1（d）和图 13-1（e）所示。

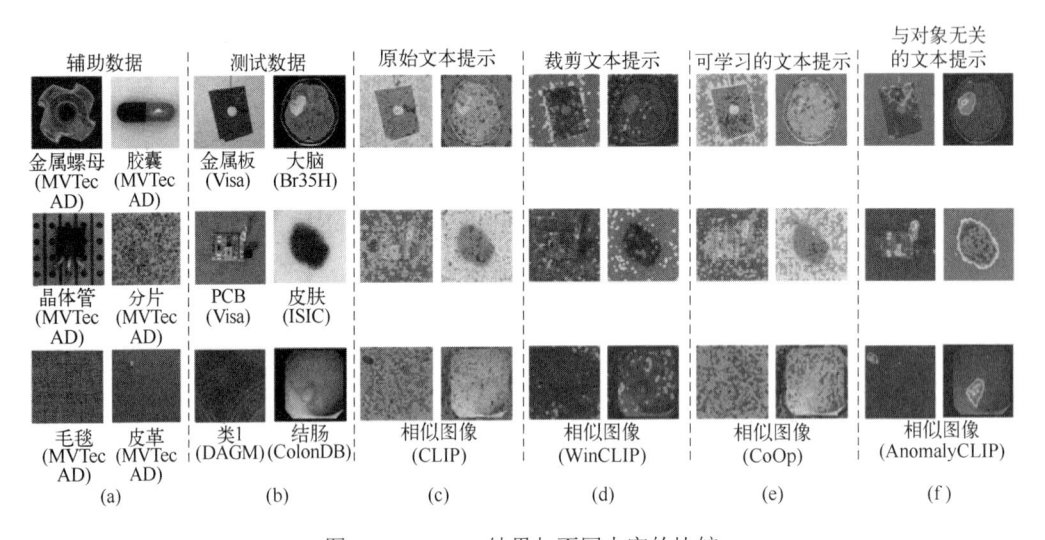

图 13-1　ZSAD 结果与不同内容的比较

因此，介绍了一种新的方法，即 AnomalyCLIP，来适应 CLIP 在不同领域的精确 ZSAD。AnomalyCLIP 旨在学习与对象无关的文本提示，以捕捉图像中的一般正常和异常，而不管其前景对象如何。首先为两个一般类别（正常和异常）设计了一个简单但普遍有效的可学习提示模板，然后利用图像级和像素级损失函数，在提示嵌入中使用辅助数据，全局和局部地学习通用的正常和异常。这使得模型能够关注异常图像区域，而不是对象语义，从而能够显著地识别异常的零样本能力，该异常具有与辅助数据中的异常模式相似的异常模式。如图 13-1（a）和图 13-1（b）所示，在微调辅助数据和目标数据中，前景对象语义可能完全不同，但异常模式仍然相似，例如金属螺母和板上的划痕、晶体管和 PCB 的错位、各种器官表面上的肿瘤/病变等。CLIP 中的文本提示嵌入，无法跨不同领域进行推广，如图 13-1（c）所示，但 AnomalyCLIP 学习到的与对象无关的提示嵌入，可以有效地推广，以识别图 13-1（f）中不同领域图像的异常。

在图 13-1 中，（b）使用（c）CLIP 中的原始文本提示的测试数据、（d）WinCLIP 中 AD 的定制文本提示、（e）CoOp 中一般视觉任务的可学习文本提示，以及（f）AnomalyCLIP 中与对象无关的文本提示。图 13-1（a）提供了一组辅助数据，可以使用这些数据来学习文本提示。

通过测量文本提示嵌入和图像嵌入之间的相似性来获得结果。真值异常区域在图 13-1（a）（b）中用红色圈出。图 13-1（c）（d）（e）在不同领域的泛化能力较差，而图 13-1（f）中的 AnomalyCLIP 可以很好地泛化到来自不同领域的不同类型对象的异常。

综上所述，做出了以下主要改进优化。

① 揭示学习与对象无关的文本提示正常和异常是一种简单而有效的方法，可以获得准确的 ZSAD。与目前主要为对象语义对齐而设计的文本提示方法相比，文本提示嵌入了通用异常和正常的模型语义，允许与对象无关的通用 ZSAD 性能。

② 介绍了一种新的 ZSAD 方法，称为 AnomalyCLIP，其中利用与对象无关的提示模板和全局异常损失函数（即全局和局部损失函数的组合），使用辅助数据学习通用异常和正常提示。通过这样做，AnomalyCLIP 大大简化了提示设计，可以有效地应用于不同的领域，而不需要对其学习到的两个提示进行任何更改，这与 WinCLIP 等现有方法形成了鲜明对比，WinCLIP 的有效性在很大程度上依赖于对数百个手动定义的提示进行广泛的工程设计。

③ 对来自不同工业和医学领域的 17 个数据集进行的综合实验表明，AnomalyCLIP 在检测和分割缺陷检查和医学成像领域高度多样化的类语义数据集中的异常方面，取得了优异的 ZSAD 性能。

13.3　零样本异常检测诊断的计算

CLIP 由文本编码器和视觉编码器组成，分别表示为 $T(\cdot)$ 和 $F(\cdot)$。这两种编码器都是 ViT 等主流多层网络。使用文本提示是实现零目标识别不同类嵌入的典型方法。特别是，可以通过 $T(\cdot)$ 传递类名为 c 的文本提示模板 G，以获得其相应的文本嵌入 $\boldsymbol{g}_c \in \mathbf{R}^D$。CLIP 中常用的文本提示模板看起来像 a 的照片类，其中 [cls] 表示目标类名。

然后 $F(\cdot)$ 对图像 $\boldsymbol{x}_i$ 进行编码，以导出视觉表示，其中类标记 $\boldsymbol{f}_i \in \mathbf{R}^D$ 被视为其视觉嵌入（全局视觉嵌入），补丁标记 $\boldsymbol{f}_i^m \in \mathbf{R}^{H \times W \times D}$ 被称为局部视觉嵌入。CLIP 通过测量文本和视觉嵌入之间的相似性，来执行零样本识别。给定目标类集合 C 和图像 $\boldsymbol{x}_i$，CLIP 预测 $\boldsymbol{x}_i$ 属于 C 的概率如下：

$$p(y=c|x_i) = P(\boldsymbol{g}_c, \boldsymbol{f}_i) = \frac{\exp(\langle \boldsymbol{g}_c, \boldsymbol{f}_i \rangle / \tau)}{\sum_{c \in C} \exp(\langle \boldsymbol{g}_c, \boldsymbol{f}_i \rangle / \tau)} \quad (13\text{-}1)$$

式中，τ 是温度超参数；算子 $<\cdot,\cdot>$ 表示余弦相似度的计算。与许多涉及对象并使用对象名称作为类名 [cls] 的视觉任务不同，假设使用 CLIP 执行 ZSAD 任务应该是与对象无关的，因此建议设计两类文本提示（即正常和异常），并根据式（13-1）计算这两类的可能性。将异常概率 $P(g_a, f_i)$ 表示为异常得分。计算从全局视觉嵌入扩展到局部视觉嵌入，以导出相应的分割图 $S_n \in \mathbf{R}^{H \times W}$ 和 $S_a \in \mathbf{R}^{H \times W}$。其中每个条目 (j, k) 按照 $P(g_n, f_i^{m(j,k)})$ 和 $P(g_a, f_i^{m(j,k)})$ 来计算。

13.4 AnomalyCLIP：对象-语义提示学习

13.4.1 方法概述

AnomalyCLIP 通过与对象无关的提示学习，使 CLIP 适应 ZSAD。

如图 13-2 所示，AnomalyCLIP 首先引入了与对象无关的文本提示模板，其中设计了 g_n 和 g_a 两个通用的对象无关文本提示模板，来分别学习正常类和异常类的广义嵌入。为了学习这种通用的文本提示模板，引入了全局和局部上下文优化，将全局和细粒度异常语义整合到对象无关的文本嵌入学习中。此外，文本提示调优和 DPAM 用于支持 CLIP 的文本和局部视觉空间中的学习。最后，整合了多个中间层，以提供更多的局部视觉细节。

在训练过程中，所有模块通过全局和局部上下文优化的结合，进行联合优化。在推理过程中，量化文本和全局/局部视觉嵌入的错位，分别获得异常得分和异常得分图。

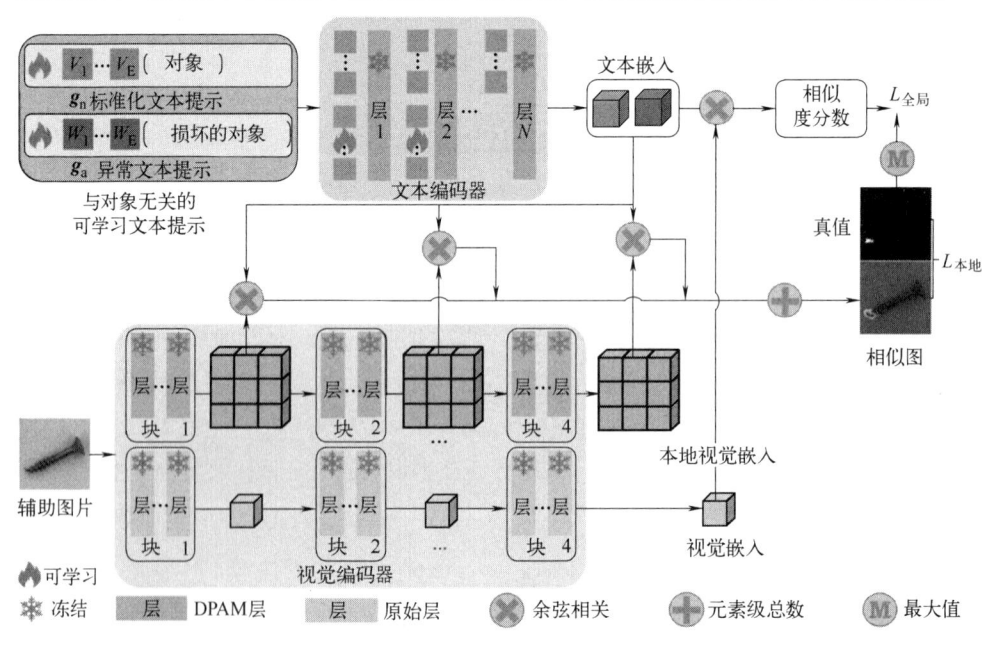

图 13-2 AnomalyCLIP 概述

13.4.2 对象-语义文本提示设计

CLIP 中常用的文本提示模板，如 [cls] 的照片，主要关注对象语义。因此，它们无法生成捕获异常和正常语义的文本嵌入来查询相应的视觉嵌入。为了支持异常判别文本嵌入的学习，目标是将先验异常语义整合到文本提示模板中。一个简单的解决方案是，设计具有特定异常类型的模板。例如，带有划痕的 [cls] 照片。然而，异常的模式通常是未知和多样的，很难列出所有可能的异常类型。因此，用通用异常语义定义文本提示模板非常重要。为此，可以采用文本损坏 [cls] 来覆盖全面的异常语义，从而便于检测划痕和孔洞等各种缺陷。然而，利用这种文本提示模板，在生成通用的异常区分文本嵌入方面带来了挑战。这是因为 CLIP 最初的预训练侧重于与对象语义对齐，而不是图像中的异常和正常。为了解决这一局限性，可以引入可学习的文本提示模板，并使用辅助 AD 相关数据调整提示。在微调过程中，这些可学习的模板可以包含广泛和详细的异常语义，从而产生更能区分正常和异常的文本嵌入。这有助于避免需要进行大量工程的手动去模糊文本提示模板。这些文本提示称为对象感知文本提示模板，其定义如下：

$$\begin{aligned} g_n &= [V_1][V_2]\cdots[V_E][\text{cls}] \\ g_a &= [W_1][W_2]\cdots[W_E][\text{damaged}][\text{cls}] \end{aligned} \quad (13\text{-}2)$$

式中，$[V_i]$ 与 $[W_i]$ ($i \in 1,\cdots,E$) 分别是正常和异常文本提示模板中的可学习词汇嵌入。

ZSAD 任务需要模型来检测以前看不见的目标数据集中的异常。这些数据集通常在不同对象之间表现出对象语义的显著差异，例如，一种产品与另一种产品的各种缺陷，或者工业缺陷与医学成像肿瘤之间的差异。

然而，尽管对象语义存在这些实质性差异，但潜在的异常模式可能是相似的。例如，金属螺母和金属板上的划痕、晶体管和 PCB 的错位，以及各种器官表面的肿瘤等异常现象，可能具有相似的异常模式。假设准确的 ZSAD 的关键是识别这些通用的异常模式，而不管不同对象的语义如何变化，因此，对于 ZSAD 来说，在对象感知文本提示模板中，包含对象语义通常是不必要的。它甚至会阻碍在学习过程中未发现的异常的检测。

更重要的是，从文本提示模板中排除对象语义，使可学习的文本提示模板能够专注于捕获异常本身的特征，而不是对象。受此启发，引入了与对象无关的提示学习，旨在捕捉图像中的一般正态性和异常性，而不管对象语义如何。与对象感知文本提示模板不同，如式（13-3）所示，对象无关文本提示模板将 g_n 和 g_a 中的类名替换为对象，从而掩蔽了对象的类语义。

$$g_n = [V_1][V_2]\cdots[V_E][\text{object}]$$
$$g_a = [W_1][W_2]\cdots[W_E][\text{damaged}][\text{object}] \quad (13\text{-}3)$$

这种设计使与对象无关的文本提示模板，能够学习不同异常的共享模式。因此，生成的文本嵌入更通用，能够识别不同对象和不同领域的异常。此外，这种提示设计是通用的，可以应用于不同的目标域，而无需任何修改，例如，不需要了解目标数据集中的对象名称和异常类型。

13.4.3 学习一般异常和正常提示

全局上下文优化为了有效地学习与对象无关的文本提示，设计了一种联合优化方法，该方法能够从全局和局部的角度学习正常和异常提示，即全局和局部上下文优化。全局上下文优化旨在强制与对象无关的文本嵌入和不同对象的图像全局视觉嵌入相匹配。这有助于从全局特征的角度有效地捕捉正常/异常语义。引入局部上下文优化，使与对象无关的文本提示能够专注于视觉编码器 M 个中间层的细粒度局部异常区域，以及全局正常/异常特征。形式上，设 M 集合为所使用的中间层集，文本提示是通过最小化全局损失函数来学习的。

$$L_{\text{total}} = L_{\text{global}} + \lambda \sum_{M_k \in M} L_{\text{local}}^{M_k} \quad (13\text{-}4)$$

式中，λ 是平衡全局损失和局部损失的超参数；L_{global} 是一种交叉熵损失，它与来自辅助数据的正常/异常图像的对象无关文本嵌入和视觉嵌入之间的余弦相似性相匹配。设 $S \in \mathbf{R}^{H_{\text{image}} \times W_{\text{image}}}$，如果像素是异常的，则 $S_{jk}=1$，否则 $S_{jk}=0$，则有

$$S_{n,M_k}^{(j,k)} = P(g_n, f_{i,M_k}^{m(j,k)}), S_{a,M_k}^{(j,k)} = P(g_a, f_{i,M_k}^{m(j,k)}) \quad (13\text{-}5)$$

式中，$j \in [1,H]$；$k \in [1,W]$。

$$L_{\text{local}} = \text{Focal}(\text{Up}([S_{n,M_k}, S_a, M_k]), S) + \text{Dice}(\text{Up}(S_{n,M_k}), I - S) + \text{Dice}(\text{Up}(S_a, M_k), S)$$
$$(13\text{-}6)$$

式中，Focal(·,·) 和 Dice(·,·) 分别表示焦点损失和 Dice 损失；运算符 Up(·) 和 [·,·] 表示信道的未采样和级联；I 表示完整的一个矩阵。由于异常区域通常小于正常区域，使用焦点损失来解决不平衡问题。此外，为了确保模型建立准确的决策边界，使用 Dice 损失来测量预测的分割 $\text{Up}(S_{n,M_k}) / \text{Up}(S_a, M_k)$。

① 文本空间的重构。为了便于通过式（13-2）学习更具辨别力的文本空间，引入了文本提示调优，通过在 CLIP 的文本编码器中添加辅助的可学习标记嵌入，来重构 CLIP 的原始文本空间。具体来说，首先将随机初始化的可学习令牌嵌入 t'_m 附加到 T_m 中，

T_m 是冻结 CLIP 文本编码器的第 m 层。然后，沿着通道的维度将 t'_m 和原始令牌嵌入 t_m 连接起来，并将它们转发给 T_m，得到相应的 t'_m 和 T_{m+1}。为了确保正确的校准，丢弃了获得的 t'_{m+1}，并初始化了新的可学习令牌嵌入 t'_m。注意，即使输出 r'_m 被丢弃，由于自注意机制，更新的梯度仍然可以反向传播，以优化可学习的标记 t'_m。重复此操作，直到到达指定的层 M'。在微调过程中，这些可学习的令牌嵌入被优化，以重构原始文本空间。

② 局部视觉空间的重构。由于 CLIP 的视觉编码器最初是经过预训练，以对齐全局对象语义的，因此 CLIP 中使用的对抗损失，使视觉编码器为类识别生成了一个具有代表性的全局嵌入。通过自注意机制，视觉编码器中的注意图聚焦于图 13-3（b）中矩形内突出显示的特定标记。尽管这些标记可能有助于全局对象识别，但它们破坏了局部视觉语义，这直接阻碍了对与对象无关文本提示中细粒度异常的有效学习。根据经验发现，对角线突出的注意力图有助于减少其他标记的干扰，从而改善局部视觉语义。因此，提出了一种称为对角线突出注意力图的机制来重构局部视觉空间，在训练过程中视觉编码器保持冻结。为此，将视觉编码器中的原始 Q-K 注意力替换为对角线突出的注意力，如 Q-Q、K-K 和 V-V 自注意力方案。如图 13-3（c）（d）（e）所示，重构的 DPAM 注意力图在对角线上更突出，从而大大改善了原始 CLIP 和 AnomalyCLIP 中的分割图。与基于全局特征和手动定义文本提示的 CLIP 相比，AnomalyCLIP 学习的文本提示更细粒度，能够在四种不同的自注意方案中，实现正常/异常提示嵌入与局部视觉嵌入之间更准确的对齐。这反过来又允许 AnomalyCLIP 为式（13-2）中的联合优化生成精确的 S'_n 和 S_a。除非另有规定，否则 AnomalyCLIP 由于其卓越的整体性能，而利用了 V-V 自关注。不同自注意机制的性能如图 13-3 所示。

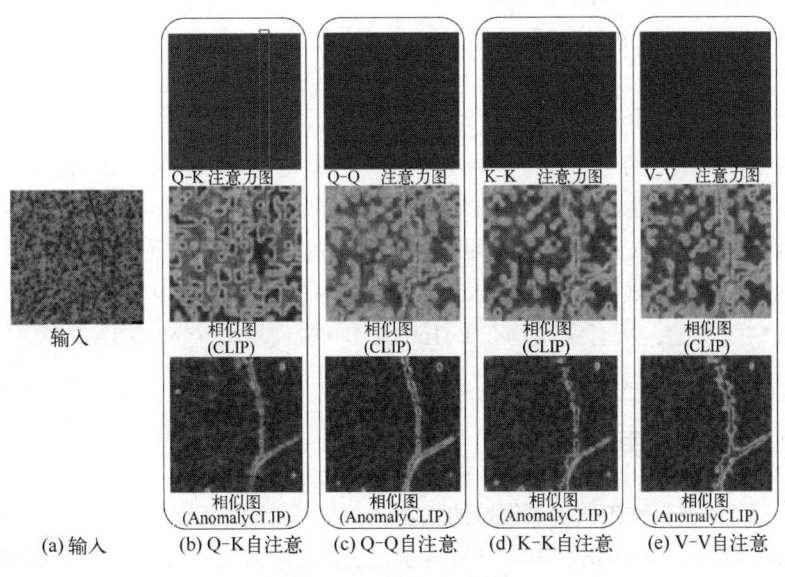

图 13-3 DPAM 可视化

③ 训练和推理。在训练过程中，AnomalyCLIP 使用辅助 AD 相关数据集将式（13-2）中的损失最小化。至于推断，给定测试图像 x_i，使用相似性得分 $P(\boldsymbol{g}_a, \boldsymbol{f}_i)$ 作为图像级异常得分，当异常文本嵌入 $\boldsymbol{g}_a$ 与全局视觉嵌入 $\boldsymbol{f}_i$ 对齐时，异常得分倾向于 1。对于像素级预测，合并所有所选中间层的分割 $\boldsymbol{S}_n$ 和 $\boldsymbol{S}_a$，然后进行插值和平滑操作。从形式上讲，异常得分图 Map $\in \mathbf{R}^{H_{\text{image}} \times W_{\text{image}}}$ 计算为

$$\text{Map} = \boldsymbol{G}_{\sigma}\left(\sum_{M_k \in M}\left\{\frac{1}{2}\left[\boldsymbol{I} - \text{Up}\left(S_{n, M_k}\right)\right] + \frac{1}{2}\text{Up}\left(S_{a, M_k}\right)\right\}\right)$$

式中，$\boldsymbol{G}_{\sigma}$ 表示高斯抖动；σ 表示控制平滑。

13.5 零样本异常检测诊断实验

13.5.1 实验设置

① 数据集和评估指标。对 17 个公开可用的数据集进行了广泛的实验，涵盖了各种工业检查场景和医学成像领域（包括摄影、内窥镜和放射学），以评估 AnomalyCLIP 的性能。在工业检测中，考虑 MVTec AD、VisA、MPDD、BTAD、SDD、DAGM 和 DTD Synthetic。在医学成像中，考虑了皮肤癌症检测数据集 ISIC，结肠息肉检测数据集 CVC-ClinicDB、CVC-ColonDB、Kvasir 和 Endo，甲状腺结节检测数据集 TN3k，脑肿瘤检测数据集 HeadCT、BrainMRI、Br35H 和新冠感染检测数据集 COVID-19。SoTA 竞争方法包括 CLIP、CLIP-AC、WinCLIP、VAND 和 CoOp。使用接收器工作特性曲线下面积（AUROC）评估异常检测性能。

此外，异常检测的平均精度（AP）和异常分割的 AUPRO，也用于对性能进行更深入的分析。

② 实施细节。使用公开可用的 CLIP 模型（VIT-L/14@336px）作为骨干。CLIP 的模型参数全部冻结。可学习词汇嵌入 E 的长度被设置为 12。可学习的标记嵌入被附加到文本编码器的前 9 层，用于重构文本空间，每层的长度设置为 4。使用 MVTec AD 上的测试数据来调整 AnomalyCLIP，并评估 ZSAD 在其他数据集上的性能。对于 MVTec AD，根据 VisA 的测试数据调整了 AomalyCLIP。报告的数据集级别的结果是在各自的子数据集中平均的。所有实验均在 PyTorch-2.0.0 中使用单个 NVIDIA RTX 3090 24GB GPU 进行。

13.5.2 主要结果

（1）ZSAD 在各种工业检测领域的性能

表 13-1 显示了 AnomalyCLIP 与 5 种竞争方法在七个前景对象、背景和/或异常类型、非常不同的工业缺陷数据集上的 ZSAD 结果。AnomalyCLIP 在所有数据集中都实现了

卓越的 ZSAD 性能，在大多数数据集中大大优于其他 5 种方法。

在表 13-1 中，最佳性能以斜体突出显示，次佳性能以粗体突出显示。† 表示从原始论文中获得的结果。

表13-1 ZSAD在工业领域的性能比较

任务	类别	数据集	$\|C\|$	CLIP	Clip-AC	WinCLIP	VAND	CoOp	Anomaly CLIP
图像级（AUROC, AP）	目标与结构	MVTec AD	15	(74.1, 87.6)	(71.5, 86.4)	(*91.8*, 96.5) †	(86.1, 93.5) †	(88.8, 94.8)	(**91.5**, *96.2*)
	目标	VisA	12	(66.4, 71.5)	(65.0, 70.1)	(**78.1**, *81.2*) †	(78.0, 81.4) †	(62.8, 68.1)	(*82.1*, *85.4*)
		MPDD	6	(54.3, 65.4)	(56.2, 66.0)	(63.6, 69.9)	(**73.0**, **80.2**)	(55.1, 64.2)	(*77.0*, *82.0*)
		BTAD	3	(34.5, 52.5)	(51.0, 62.1)	(68.2, 70.9)	(**73.6**, 68.6)	(66.8, **77.4**)	(*88.3*, *87.3*)
		SDD	1	(65.7, 45.2)	(65.2, 45.7)	(*84.3*, **77.4**)	(79.8, 71.4)	(74.9, 65.1)	(**84.7**, *80.0*)
		DAGM	10	(79.6, 59.0)	(82.5, 63.7)	(91.8, 79.5)	(**94.4**, **83.8**)	(87.5, 74.6)	(*97.5*, *92.3*)
	结构	DTD-Synthetic	12	(71.6, 85.7)	(66.8, 83.2)	(**93.2**, 92.6)	(86.4, **95.0**)	(—, —)	(*93.5*, *97.0*)
像素级（AUROC, AP）	目标与结构	MVTec AD	15	(38.4, 11.3)	(38.2, 11.6)	(85.1, **64.6**) †	(**87.6**, 44.0) †	(33.3, 6.7)	(*91.1*, *81.4*)
	目标	VisA	12	(46.6, 14.8)	(47.8, 17.3)	(79.6, 56.8) †	(**94.2**, **86.8**) †	(24.2, 3.8)	(*95.5*, *87.0*)
		MPDD	6	(62.1, 33.0)	(58.7, 29.1)	(76.4, 48.9)	(**94.1**, **83.2**)	(15.4, 2.3)	(*96.5*, *88.7*)
		BTAD	3	(30.6, 4.4)	(32.8, 8.3)	(**72.7**, **27.3**)	(60.8, 25.0)	(28.6, 3.8)	(*94.2*, *74.8*)
		SDD	1	(39.0, 8.9)	(32.5, 5.8)	(68.8, 24.2)	(**79.8**, **65.1**)	(28.9, 7.1)	(*90.6*, *67.8*)
		DAGM	10	(28.2, 2.9)	(32.7, 4.8)	(**87.6**, **65.7**)	(82.4, 66.2)	(17.5, 2.1)	(*95.6*, *91.0*)
	结构	DTD-Synthetic	12	(33.9, 12.5)	(23.7, 5.5)	(83.9, 57.8)	(**95.3**, **86.9**)	(—, —)	(*97.9*, *92.3*)

CLIP 和 CLIP-AC 的性能不佳可归因于 CLIP 最初的预训练，该预训练侧重于对齐对象语义而不是异常语义。通过使用手动定义的文本提示，WinCLIP 和 VAND 取得了更好的效果。或者，CoOp 采用可学习的提示来学习全局异常语义。然而，这些提示侧重于全局特征，忽略了细粒度的局部异常语义，导致它们在异常分割方面的性能较差。

为了使CLIP适应ZSAD，AnomalyCLIP学习与对象无关的文本提示，专注于使用全局和局部上下文优化来学习通用异常/正常性，从而能够对全局和局部异常/正常进行建模。得到的提示可以推广到来自不同领域的不同数据集。为了提供更直观的结果，在图13-4中可视化了AnomalyCLIP、VAND和WinCLIP在不同数据集上的异常分割结果。与VAND和WinCLIP相比，AnomalyCLIP可以对不同工业检测领域的缺陷进行更准确的分割。

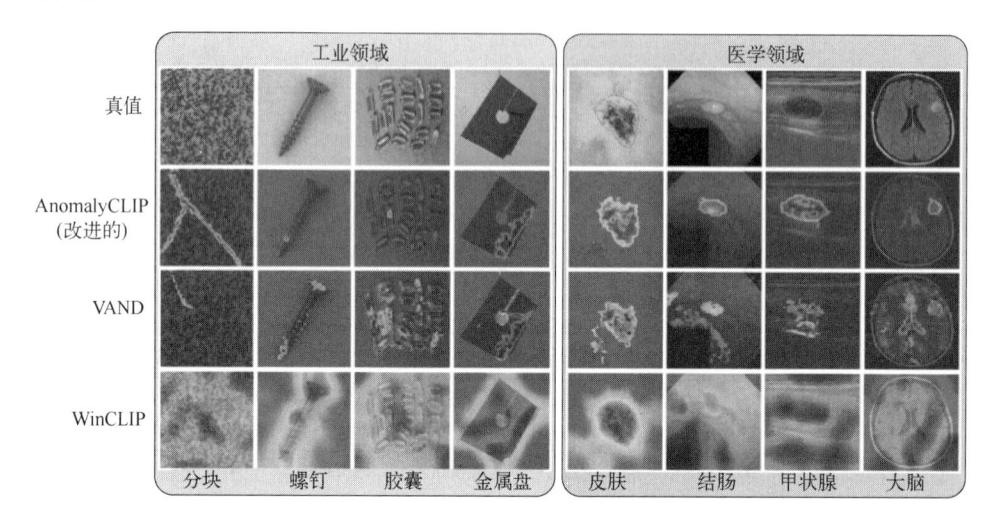

图13-4 分段可视化

（2）从缺陷数据集到不同医学领域数据集的泛化

为了评估模型的泛化能力，进一步检查了AnomalyCLIP在不同成像设备上不同器官的10个医学图像数据集上的ZSAD性能。表13-2显示了结果，其中基于学习的方法，包括AnomalyCLIP、VAND和CoOp，都是使用MVTec AD数据进行调整的。值得注意的是，AnomalyCLIP和VAND等方法在各种医学图像数据集上获得了有前景的ZSAD性能，即使它们是使用缺陷检测数据集进行调整的。在所有这些方法中，AnomalyCLIP是表现最好的，因为它由与对象无关的提示学习带来了很强的泛化能力。如图13-4所示，AnomalyCLIP可以准确检测不同医学图像中各种类型的异常，如摄影图像中的皮肤癌症区域、内窥镜检查图像中的结肠息肉、超声图像中的甲状腺结节和MRI图像中的脑肿瘤，在定位异常病变/肿瘤区域方面，比其他两种方法，即WinCLIP和VAND具有更好的性能。这再次证明了AnomalyCLIP在医学成像领域高度多样化的对象语义数据集中，具有卓越的ZSAD性能。

在表13-2中，最佳性能以斜体突出显示，次佳性能以粗体突出显示。图像级医学AD数据集不包含分割背景真相，因此像素级医学AD数据库与图像级数据集不同。

表13-2　ZSAD在医疗领域的性能比较

任务	类别	数据集	|C|	CLIP	CLIP-AC	WinCLIP	VAND	CoOp	Anomaly CLIP
图像级（AUROC，AP）	大脑	Head CT	1	(56.5, 58.4)	(60.0, 60.7)	(81.8, 80.2)	**(89.1, 89.4)**	(78.4, 78.8)	(93.4, 91.6)
		Brain MRI	1	(73.9, 81.7)	(80.6, 86.4)	(86.6, **91.5**)	**(89.3,** 90.9)	(61.3, 44.9)	(90.3, 92.2)
		Br35H	1	(78.4, 78.8)	(82.7, 81.3)	(80.5, 82.2)	**(93.1, 92.9)**	(86.0, 87.5)	(94.6, 94.7)
	胸腔	COVID-19	1	(73.7, 42.4)	**(75.0, 45.9)**	(66.4, 42.9)	(15.5, 8.5)	(25.3, 9.2)	(80.1, 58.7)
像素级（AUROC，PRO）	皮肤	ISIC	1	(33.1, 5.8)	(36.0, 7.7)	(83.3, 55.1)	**(89.4, 77.2)**	(51.7, 15.9)	(89.7, 78.4)
	结肠	CVC-ColonDB	1	(49.5, 15.8)	(49.5, 11.5)	(70.3, 32.5)	**(78.4, 64.6)**	(40.5, 2.6)	(81.9, 71.3)
		CVC-ClinicDB	1	(47.5, 18.9)	(48.5, 12.6)	(51.2, 13.8)	**(80.5, 60.7)**	(34.8, 2.4)	(82.9, 67.8)
		Kvasir	1	(44.6, 17.7)	(45.0, 16.8)	(69.7, 24.5)	**(75.0, 36.2)**	(44.1, 3.5)	(78.9, 45.6)
		Endo	1	(45.2, 15.9)	(46.6, 12.6)	(68.2, 28.3)	**(81.9, 54.9)**	(40.6, 3.9)	(84.1, 63.6)
	甲状腺	TN3K	1	(42.3, 7.3)	(35.6, 5.2)	(70.7, **39.8**)	**(73.6,** 37.8)	(34.0, 9.5)	(81.5, 50.4)

（3）使用医学图像数据集进行微调，以获得更好的 ZSAD 性能

与工业数据集中有前景的性能相比，AnomalyCLIP 在医学数据集中的性能相对较低。这部分是由于快速学习中使用的辅助数据的影响。因此，研究了如果在辅助医学数据集上训练即时学习，是否可以提高 ZSAD 在医学图像上的性能。一个挑战是，没有可用的大型 2D 医学数据集，其中包括用于训练的图像级和像素级注释。为了解决这个问题，基于 ColonDB 创建了这样一个数据集，然后使用该数据集优化 AnomalyCLIP 和 VAND 中的提示，并评估它们在医学图像数据集上的性能。结果如表 13-3 所示。

表13-3　通过医学图像数据集进行微调时，ZSAD在医学图像上的性能

类别	数据集	VAND	Anomaly CLIP
分类			
大脑	Head CT	(89.1, 89.4)	(93.5, 95.1)
	Brain MRI	(89.3, 90.9)	(95.5, 97.2)
	Br35H	(93.1, 92.9)	(97.9, 98.0)
胸腔	COVID-19	(15.5, 8.5)	(70.9, 33.7)
分割			
皮肤	ISIC	(58.8, 31.2)	(83.0, 63.8)
结肠	CVC-ClinicDB	(89.4, 82.3)	(92.4, 82.9)
	Kvasir	(87.6, 39.3)	(92.5, 61.5)
	Endo	(88.5, 81.9)	(93.2, 84.8)
甲状腺	TN3K	(60.5, 16.8)	(79.9, 47.0)

与在 MVTec AD 上的微调相比，AnomalyCLIP 和 VAND 大大提高了它们的检测和分割性能，特别是对于结肠息肉相关的数据集，如 CVC-ClincDB、Kvasir 和 Endo（注意，与微调的 ColonDB 数据集相比，这些数据集都来自不同的领域）。AnomalyCLIP 在 HeadCT、BrainMRI 和 Br35H 等数据集中检测脑肿瘤的性能也有所提高。这归因于结肠息肉和脑肿瘤之间的视觉相似性。相反，结肠息肉的症状与患病皮肤或胸部的症状显著不同，导致 ISIC 和 COVID-19 的表现下降。总体而言，与 VAND 相比，AnomalyCLIP 在所有异常检测和分割数据集上的表现更好。

（4）对象无关与对象感知快速学习

为了研究对象无关提示学习在 AnomalyCLIP 中的有效性，将 AnomalyCLIP 与其使用对象感知提示模板的变体进行了比较。AnomalyCLIP 对其对象感知提示学习变体的性能增益，如图 13-5 所示，其中正值表示对象无关提示模板优于对象感知提示模板。

很明显，对象无关提示学习在图像级和像素级异常检测方面的表现，比对象感知版本好得多，或者与对象感知版本相当。这表明，具有与对象无关的提示，有助于更好地学习图像中的通用异常性和正常性，因为对象语义对于 ZSAD 任务通常没有帮助，甚至可能成为混杂的特征。

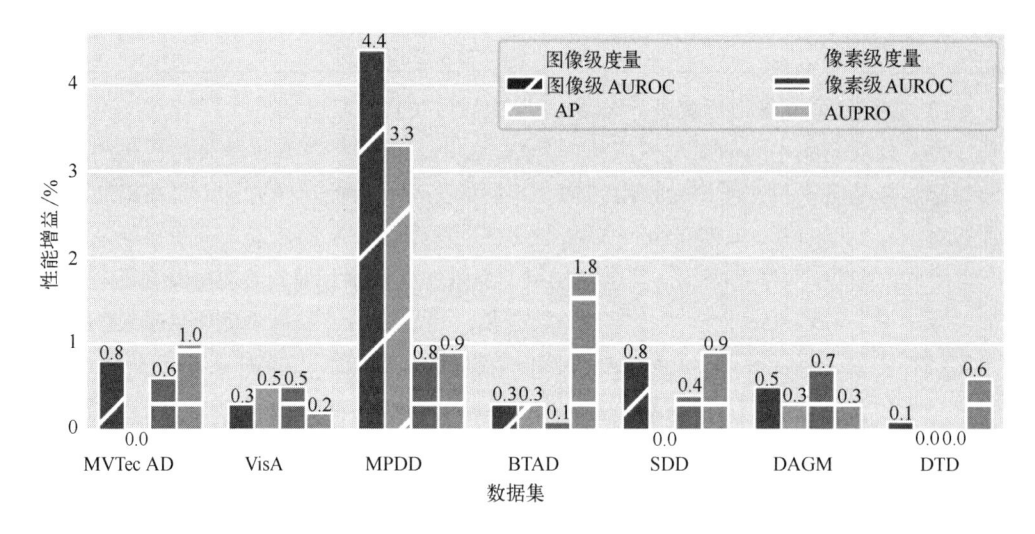

图 13-5 与对象感知提示相比，使用对象无关提示的性能增益

13.5.3 消融研究

① 模块消融。首先验证 AnomalyCLIP 的不同高级模块的有效性，包括 DPAM（T1）、与对象无关的文本提示（T2）、文本编码器中添加的可学习标记（T3）和多层视觉编码器功能（T4）。如表 13-4 所示，每个模块都为 AnomalyCLIP 的卓越性能做出了贡献。

DPAM 通过增强局部视觉语义（T1）来提高分割性能。与对象无关的文本提示关注图像中的异常 / 正常，而不是对象语义，允许 AnomalyCLIP 检测各种看不见的对象中的异常。因此，引入与对象无关的文本提示（T2），可以显著改善 AnomalyCLIP。此外，文本提示调优（T3）还通过重构原始文本空间来提高性能。最后，T4 集成了多层视觉语义，提供了更多的视觉细节，进一步提升了 ZSAD 的性能。

表13-4 模块消融

模块	MVTec AD 像素级	MVTec AD 图像级	VisA 像素级	VisA 图像级
基线	(46.8, 15.4)	(66.3, 83.3)	(47.9, 17.1)	(54.4, 61.7)
+T1	(68.4, 47.4)	(66.3, 83.3)	(54.8, 32.7)	(54.4, 61.7)
+T2	(89.5, 81.2)	(90.8, 96.0)	(95.0, 85.3)	(81.7, 85.2)
+T3	(90.0, 81.1)	(91.0, 96.1)	(95.2, 86.0)	(81.9, 85.2)
+T4	(91.1, 81.4)	(91.5, 96.2)	(95.5, 87.0)	(82.1, 85.4)

② 上下文优化。接下来将详细研究关键模块。与对象无关的提示学习是最有效的模块，它是由全局上下文优化驱动的，因此在式（13-2）中考虑了两个不同的优化项，即局部损失和全局损失。结果如表 13-5 所示。

表13-5 上下文优化消融

本地	全局	MVTec AD 图像级	MVTec AD 像素级	VisA 图像级	VisA 像素级
×	×	(71.7, 57.7)	(68.8, 85.8)	(74.7, 62.1)	(61.1, 69.1)
×	√	(80.3, 77.8)	(89.9, 95.4)	(86.6, 78.1)	(82.2, 84.9)
√	×	(91.0, 80.4)	(89.9, 96.0)	(95.2, 86.5)	(79.5, 83.2)
√	√	(91.1, 81.4)	(91.5, 96.2)	(95.5, 87.0)	(82.1, 85.4)

全局上下文优化和局部上下文优化都有助于 AnomalyCLIP 的优越性。全局上下文优化有助于捕获全局异常语义，从而实现更准确的图像级检测。与全局上下文优化相比，局部上下文优化结合了局部异常语义，提高了像素级性能，补充了图像级性能。通过综合这两种优化策略，AnomalyCLIP 通常比单独使用它们获得更好的性能。

③ DPAM 策略消融。AnomalyCLIP 默认使用 V-V 自注意。在这里，研究了使用另外两种 DPAM 策略的有效性，包括 Q-Q 自注意和 K-K 自注意，从而产生了两种 AnomalyCLIPqq 和 AnomalyCLIPkk 变体。比较结果如图 13-6 所示。AnomalyCLIPqq 实现了与 AnomalyCLIP 类似的分割能力，但在检测图像级异常方面存在性能下降的问题。相反，虽然 AnomalyCLIPkk 在异常分类方面表现良好，但其分割性能不如 AnomalyCLIP 和 AnomalyCLIPqq 有效。在 AnomalyCLIP 中通常推荐 V-V 自注意。

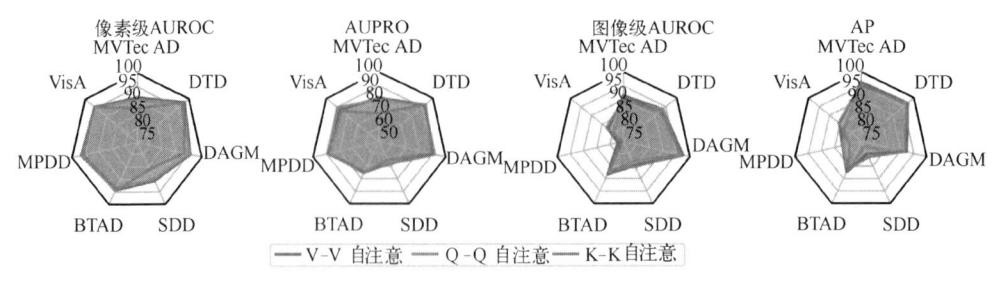

图 13-6　DPAM 组件消融

13.6　零样本异常检测诊断相关工作

零样本异常检测（ZSAD）依赖于该模型处理看不见的异常的强大可转移性。CLIP-AD 和 ZOC 是利用 CLIP 进行 ZSAD 的早期研究，但它们主要集中在异常分类任务上。ACR 需要在不同目标数据集上，对 ZSAD 的目标域相关辅助数据进行调优，而 AnomalyCLIP 在一个通用数据集上，训练后可以应用于不同的数据集。一种 WinCLIP 方法提出了一项开创性的工作，利用 CLIP 进行零样本分类和分割。它使用大量手工制作的文本提示，并涉及多次向前传递图像补丁进行异常分割。为了解决这种低效问题，VAND 方法引入了可学习的线性投影技术，来增强局部视觉语义的建模。然而，这些方法存在广义文本提示嵌入不足的问题，这降低了它们在识别与各种看不见的对象语义相关的异常方面的性能。AnomalyCLIP 仅利用两个与对象无关的可学习文本提示，来优化异常和正常的通用文本提示，并且只需一次前向传递，即可获得分割结果。

AnomalyGPT 是利用 AD 基础模型的并行工作，但它是为无监督 / 少样本任务 AD 设计的，带有手动制作的提示。

提示学习不是诉诸全网络微调，而是作为一种参数有效的替代方案来实现令人满意的结果。CoOp 介绍了用于少样本任务分类的可学习文本提示。在此基础上，DenseCLIP 扩展了即时学习，使用辅助的图像解码器执行密集的预测任务。相反，AnomalyCLIP 提出了用于异常检测的与对象无关的提示学习，排除了不同对象语义对异常检测的潜在不利影响。受益于全局上下文优化，AnomalyCLIP 可以捕获局部异常语义，这样就可以在没有图像辅助解码器网络的情况下，同时执行分类和分割任务。

13.7　小结

解决了一个具有挑战性但意义重大的异常检测领域 ZSAD，其中目标数据集中没有可用于训练的数据的问题。提出 AnomalyCLIP 来改善 ZSAD CLIP 的弱泛化性能。引入了与对象无关的提示学习，在不同前景对象的图像数据集上学习广义 ZSAD 的通用异常 / 正常文本提示。此外，为了将全局和局部异常语义整合到 AnomalyCLIP 中，设计了一种联合的全局和局部上下文优化，以优化与对象无关的文本提示。在 17 个公共数据集上的广泛实验结果表明，AnomalyCLIP 实现了优异的 ZSAD 性能。

第14章 任何促使分布泛化的转变

14.1 分布泛化摘要

具有快速学习的图像语言模型，在许多下游视觉任务中显示出显著的进步。然而，传统的快速学习方法对训练分布进行了过快的处理，失去了对测试分布的泛化能力。为了提高各种分布转换的泛化能力，提出了任何移位提示，即一个通用的概率推理框架，在提示学习过程中考虑训练和测试分布之间的关系。通过在分层架构中构建训练和测试提示，在潜在空间中明确地连接训练和测试分布。在这个框架内，测试提示利用分布关系来支持 CLIP 图像语言模型从训练到任何测试分布的泛化。为了有效地对分布信息及其关系进行编码，进一步引入了一种具有伪移位训练机制的变换器推理网络。该网络在前馈过程中生成具有训练和测试信息的定制测试提示，避免了测试时的辅助训练成本。在 23 个数据集上进行广泛实验，证明了任何偏移提示对各种分布偏移泛化的有效性。

14.2 分布泛化导言

图像语言基础模型，如 CLIP，在各种计算机视觉任务中显示出显著的进步。

受益于用于预训练的大型图像 - 文本配对数据集，这些模型在通过手动提示和提示学习适应下游任务时表现良好。然而，传统的快速学习方法很难处理下游任务中的分布变化。学习到的提示通常会对其训练数据进行过拟合运算，导致在看不见的测试分布上的性能下降。

为了提高提示学习的泛化能力，在可学习提示中引入了不确定性，或者通过辅助的无监督优化来调整每个测试样本的提示。然而，这些方法没有明确考虑下游任务的训练和测试分布之间的关系。在现实世界的应用中，分布变化通常是复杂和不可预测的，模型可能会遇到不同的分布变化［图 14-1（a）］，甚至是它们的组合。因此认为，探索训练和测试分布之间的关系对于在不同分布变化中推广提示至关重要。为此，做出了 3 点改进优化。

首先，提出了任何移位（也称转换、转变、转移）提示，这是一个通用的概率推理框架，可以探索提示学习中的分布关系。在分层架构中引入概率训练和测试提示，以显式地连接训练和测试分布。

在这个框架内，测试提示对测试信息和训练，以及测试分布的关系进行编码，从而提高了对各种测试分布的泛化能力［图 14-1（b）］。

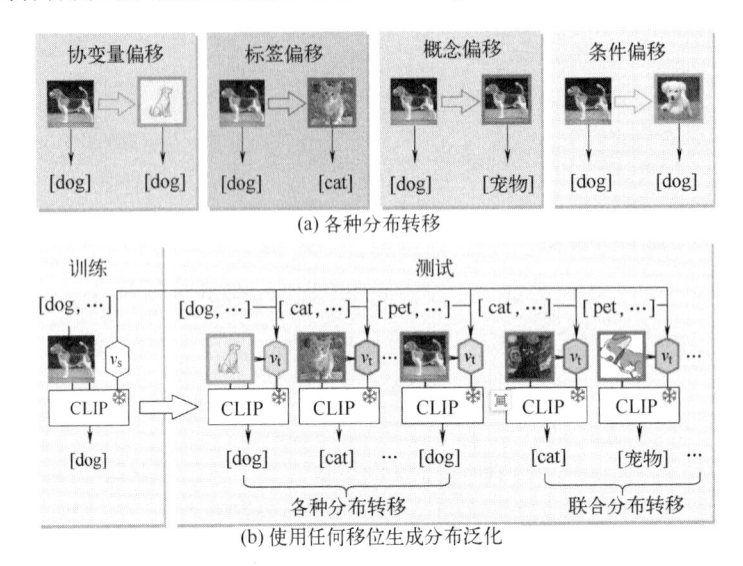

图 14-1　任何移位提示

在图 14-1 中，（a）为现实世界应用中的各种分布变化；（b）表示建议任何移位提示，汇总训练和测试信息，以共同处理单个分配移位及其组合。

其次，提出了一种伪移位训练机制，其中分层概率模型通过模拟分布移位，来学习编码分布关系的能力。因此，在测试时，通过在一个前馈过程中，在动态上生成一个定制的提示，使其适应任何特定的分布，而不需要重新学习或微调。

最后，为了有效和全面地对分布信息及其关系进行编码，设计了一个用于提示生成的变换器推理网络。变换器将图像和标签空间特征的测试信息，以及训练提示作为输入。然后，将训练和测试信息及其关系聚合到测试特定提示中。测试提示用于指导特征提取和分类过程，以生成测试特定的特征和分类器，从而支持跨分布偏移的稳健预测。

通过在 23 个基准上进行广泛的实验来验证提出的方法，这些基准具有各种分布偏移，包括协变量偏移、标签偏移、条件偏移、概念偏移，甚至联合偏移。结果表明，所提出的方法在各种分布偏移的泛化方面是有效的。

14.3　分布泛化基础知识

提出了基于 CLIP 的任何移位提示，以通用的方式处理各种分配转换。下面提供了 CLIP 的技术背景，以及所考虑的分配转移的定义。

① CLIP 模型。对比语言图像预训练（CLIP）由图像编码器 $f_{\phi_I}(x)$ 和文本编码器

$f_{\Phi_l}(l)$ 组成，它们在图像 - 语言（x, l）对的大数据集上，进行对抗损失训练。对于具有输入图像 x 和一组类名 Y（$Y = \{c_i\}_{i=1}^C$）的下游分类任务时，图像特征由 $z = f_{\Phi_l}(x)$ 提取，分类差由一组文本特征组成 $\{t_i\}_{i=1}^C$，其中 $t_i = f_{\Phi_l}(l_i)$。在这里，l_i 是一个手动编写的提示，用于描述相应的类名 c_i，例如，类的图像。因此，CLIP 模型对下游任务的预测函数，在没有微调时，可表示为

$$p(y|x,Y) = \text{soft max}(z^T t) \quad (14-1)$$

这使得预先训练的 CLIP 模型能够处理各种下游任务中的零样本学习分类。

② 分布移位。数据分布通常表示为 $p(x, y)$，它是输入数据 x 和标签 y 的联合分布。模型通常在训练分布 $p(x_s, y_s)$ 上训练，然后部署在测试分布 $p(x_t, y_t)$ 上。在实际应用中，训练和测试分布之间的差异被称为联合分布偏移（移位），即

$$p(x_s, y_s) \neq p(x_t, y_t) \quad (14-2)$$

由于联合分布偏移，训练模型在测试数据上的性能会下降，有时甚至会显著下降。由于联合分布偏移很复杂，以前的方法限制了问题的范围，并将联合分布移位简化为不同的部分分布偏移。从贝叶斯的角度来看，联合分布被分解为 $p(x, y) = p(x)p(y|x) = p(y)p(x|y)$。根据分解中的不同成分，将部分分布偏移总结为表 14-1 中的四种不同定义，并逐一详细说明。

协变量偏移假设分布移位仅发生在输入空间 $p(x)$ 中，而给定输入特征 $p(y|x)$ 的标签保持不变，例如通过损坏图像或改变图像样式。协变量偏移被领域泛化和领域自适应方法广泛研究。标签偏移关注的是相反的问题，其中标签分布 $p(y)$ 不同，但标签条件分布 $p(x|y)$ 相同。以前的方法在训练过程中生成具有均匀分布 $p(y)$ 的数据集，在测试时生成具有不同分布的数据集。未知类的分类可以被视为标签移位的特定和更坏的情况，其中未知类的 $p(y)=0$。概念偏移将输入 $p(x)$ 的分布视为相同，而条件分布 $p(y|x)$ 则不同，这表明对同一数据分布有不同的注释方法。条件偏移假设标签分布相同，而条件分布 $p(x|y)$ 不同，其中不同的类可以对输入数据有自己的移位协议，例如子群体问题。

表14-1 常见的分布变化

联合分布偏移	$p(x_s, y_s) \neq p(x_t, y_t)$	
部分分布偏移		
协变量偏移	$p(x_s) \neq p(x_t)$	$p(y_s|x_s) = p(y_t|x_t)$
标签偏移	$p(y_s) \neq p(y_t)$	$p(x_s|y_s) = p(x_t|y_t)$
概念偏移	$p(x_s) = p(x_t)$	$p(y_s|x_s) \neq p(y_t|x_t)$
条件偏移	$p(y_s) = p(y_t)$	$p(x_s|y_s) \neq p(x_t|y_t)$

联合分布偏移通常被分解为四个部分偏移。相比之下，关注的是各种转变，甚至

考虑了它们的组合。

传统的提示方法学习下游任务的训练分布上的提示，这很容易过拟合，容易受到上述变化的影响。此外，在现实世界中，所有的分布变化都可能不可预测地发生，甚至同时发生。因此，建议对测试信息和训练测试关系进行编码，以便在分布上进行泛化。方法不是为特定部分分布发生偏移。相反，建议处理各种变化，即使它们同时发生。

14.4 分布泛化任何移位提示

14.4.1 快速建模

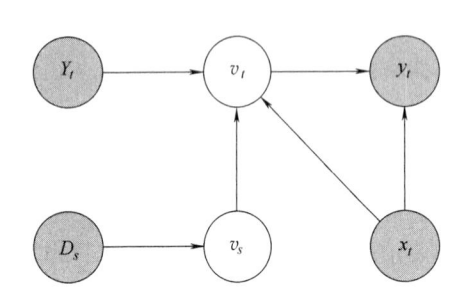

图 14-2 任何转换提示的图形模型

研究提出了一种通用的概率推理框架，用于探索分布关系。

具体来说，将训练和测试提示作为层次结构中的潜在变量引入。方法的图形模型如图 14-2 所示。

① 训练提示。调整 CLIP 模型的直观想法是，将下游训练数据 D_s 注入训练提示中进行预测[式（14-1）]。D_s 由从分布 $p(x_s, y_s)$ 中采样的训练输入 - 输出对组成。

CLIP 对测试分布 $p(x_t, y_t)$ 的预测函数，可表示为

$$p_\Phi(y_t | x_t, Y_t, D_s) \propto p_\Phi(y_t | x_t, v_s, Y_s) p(v_s | D_s) \tag{14-3}$$

式中，Φ 表示 CLIP 模型的图像编码器和文本编码器的冻结参数。这里的 v_s 是对训练下游任务信息进行编码的训练提示，这提高了 CLIP 模型在训练分布上的性能。然而，提示通常会覆盖训练数据，这可能不利于拟合，甚至由于测试时的分布变化而损害对未知测试分布的预测。

② 概率测试提示。为了在测试时对下游任务的分布变化进行泛化，在层次贝叶斯框架中，进一步引入了概率测试提示，以对测试分布的信息进行编码。

具体来说，测试提示 v_t 是根据训练提示 v_s 和可访问的测试信息（即测试图像 x_t 和测试类名 Y_t）推断出来的。为了在训练和测试提示之间建立联系，将训练提示 v_s 作为生成测试提示的条件。这使得该方法能够通过考虑训练和测试分布之间的关系，并探索相关的训练信息来生成跨不同分类的测试提示。通过引入 v_t，CLIP 预测函数公式化为

$$p_{\Phi,\theta}(y_t | x_t, Y_t, D_s) = \iint p_\Phi(y_t | x_t, v_t, Y_t) p(v_s | D_s) \mathrm{d}v_t \mathrm{d}v_s \tag{14-4}$$

式中，θ 表示测试提示的可学习推理网络。通过概率测试提示，提供了一种将训练和测试信息及其关系纳入 CLIP 模型预测的通用方法，使其能够在任何测试分布上进行

泛化。

图 14-2 为任何转换提示的图形模型。在层次推理框架中引入概率训练和测试提示来探索分布关系。

③ 变分测试提示。为了优化式（14-4）中生成概率测试提示的模型，使用变分推理来近似真实的后验 $p(v_t, v_s | D_t, Y_t, D_s)$，其分解为

$$q_\theta(v_t, v_s | D_t, Y_t, D_s) = q_\theta(v_t | v_s, D_t, Y_t) p(v_s | D_s) \quad (14\text{-}5)$$

式中，D_t 由从测试分布 $p(x_t, y_t)$ 采样的测试输入 - 输出对组成。测试提示的变分后验与其前验共享相同的推理模型 θ。

通过将式（14-5）整合到式（14-4）中，得出预测函数的证据下限（ELBO）为

$$\begin{aligned} \log p_{\Phi,\theta}(y_t | x_t, Y_t, D_s) \geqslant &\, E_{q_\Phi(v_t, v_s)}[\log p_\Phi(y_t | x_t, v_t, Y_t)] \\ &\, - D_{\mathrm{KL}}\big[q_\theta(v_t | v_s, D_t, Y_t) \| p_\theta(v_t | v_s, x_t, Y_t)\big] \end{aligned} \quad (14\text{-}6)$$

测试提示 $q_\theta(v_t)$ 的变分后验，对测试分布及其关系的更多输入 - 输出信息进行了编码，从而产生了更具代表性的测试提示，以便更好地对测试分布进行泛化。

变分后验和 ELBO 是难以处理的，因为在测试时通常无法获得大量测试样本，及其 D_t 中的真值标签。

因此，提出了一种伪移位训练设置，以近似任何移位提示的 ELBO。

14.4.2 训练和推理

① 伪移位训练机制。为了近似式（14-6）中难以处理的 ELBO，开发了一种伪移位训练机制。具体来说，当前迭代中的小批量数据，被视为伪测试分布 $p(x_{t'}, y_{t'})$ 中的伪测试数据 $D_{t'}$。同样，之前迭代中的小批量，被视为伪训练分布 $p(x_{s'}, y_{s'})$ 中的伪训练数据 $D_{s'}$。在这种情况下，伪测试数据的真值标签，在训练过程中是可用的。然后，近似 ELBO，并获得任何移位提示的优化函数，如下所示：

$$\begin{aligned} L = &\, -E_{q_\Phi(v_{t'}, v_{s'})}[\log p_\Phi(y_{t'} | x_{t'}, v_{t'}, Y_{t'})] \\ &\, + D_{\mathrm{KL}}\big[q_\theta(v_{t'} | v_{s'}, D_{t'}, Y_{t'}) \| p_\theta(v_{t'} | v_{s'}, x_{t'}, Y_{t'})\big] \end{aligned} \quad (14\text{-}7)$$

式中，$v_{t'}$ 和 $v_{s'}$ 分别表示伪测试和伪训练提示。在实践中，假设提示遵循标准高斯分布。式（14-7）中的负对数似然性是通过交叉熵损失来实现的。小批量训练机制模拟分布变化，并训练任何移位提示，以在训练期间处理分布变化，其中模型从不访问任何测试数据。最小化 KL 项，支持先验从变分后验中隐式地学习更全面的伪检验信息，这将更多的数据信息与真值标签聚合在一起。

② 变换器推理网络。式（14-7）中的伪测试提示由 $v_{s'}$ 中的伪训练信息、伪测试图像 $x_{t'}$ 和类名 $Y_{t'}$ 推断得出。

为了更好地聚合不同的信息源，并考虑它们之间的关系，引入了一个变换器推理网络来生成伪测试提示。

在模型中，伪测试提示的先验为 $p_\theta(v_{t'}|v_{s'},x_{t'},Y_{t'})$，变分后验为 $q_\theta(v_{t'}|v_{s'},D_{t'},Y_{t'})$。与先验相比，变分后验可以访问一批具有相应真值标签的伪测试图像。图 14-3 展示了共享变换器推理网络的部署。

在下文中，提供了先验和变分后验的详细推理。

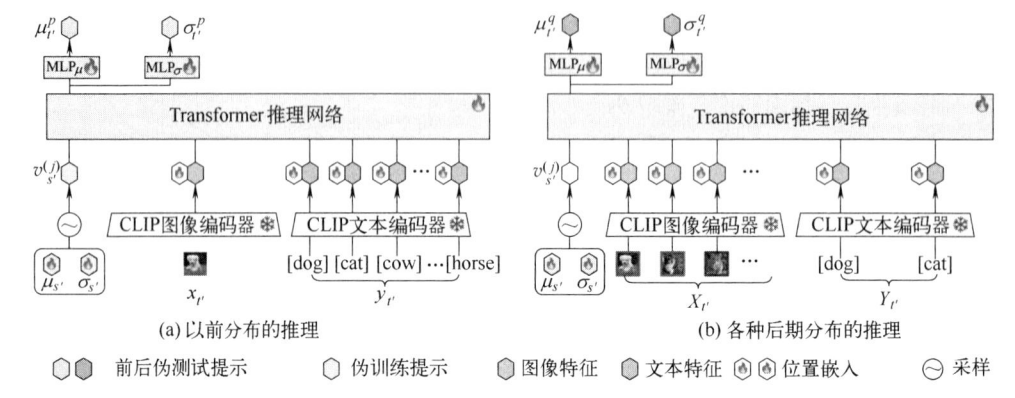

图 14-3 变换器推理网络的伪测试提示

通过聚合伪训练提示、单个图像和伪测试分布的所有类名，来推断伪测试提示的先验[图14-3（a）]。后验值[图 14-3（b）]是从共享的伪训练提示、一批伪测试图像和相应的类名中推断出来的。因此，后验引入了更多的伪测试信息和关系，并通过 KL 散度引导前验学习相同的知识。CLIP 的图像编码器和文本编码器被冻结。只有共享变换器、伪训练提示分配和 MLP 网络是可训练的，从而节省了训练成本。

如图 14-3（a）所示，伪测试提示的先验由伪训练提示 $v_{s'}$、伪测试图像 $x_{t'}$ 和类名 $Y_{t'}$ 生成。具体来说，通过重参数化技巧从高斯分布 $N(v_{s'};\mu_{s'},\sigma_{s'})$ 中采样伪训练提示 $v_{s'}^{(j)}$。

均值 $\mu_{s'}$ 和方差 $\sigma_{s'}$ 是在之前的迭代中用伪训练数据 $D_{s'}$ 训练的两组参数。伪测试图像被馈送到修正的 CLIP 图像编码器中，以获得图像特征 $f_{\Phi_1}(x_{t'})$。伪测试分布的类名由修正的文本（语言）编码器处理，以提取文本特征 $f_{\Phi_T}(Y_{t'})$。预处理后，将采样的伪训练提示、伪测试图像特征和文本特征作为变换器推理网络的输入标记，以生成伪测试提示的先验，即

$$[\tilde{v}_{t'}^p;\cdot;\cdot] = \text{Trans}\left(\left[v_{s'}^{(j)};f_{\Phi_1}(x_{t'});f_{\Phi_T}(Y_{t'})\right]\right) \tag{14-8}$$

$$\mu_{t'}^p = \text{MLP}_\mu(\tilde{v}_{t'}^p), \sigma_{t'}^p = \text{MLP}_\sigma(\tilde{v}_{t'}^p) \tag{14-9}$$

$$p_\theta(v_{t'}|v_{s'},x_{t'},Y_{t'}) = N(v_{t'};\mu_{t'}^p,\sigma_{t'}^p) \tag{14-10}$$

伪测试提示的先验遵循式（14-10）中的高斯分布，其均值和方差由变换器 $\tilde{v}_{t'}^p$ 输出

上的两个 MLP 网络获得。

在图 14-3（b）中，利用伪测试数据 $D_{t'}$，变分后验学习了更多的分布信息以及输入和输出之间的关系。为了更清楚，将变分后验 $q_\theta(v_{t'}|v_{s'},D_{t'},Y_{t'})$ 重写为 $q_\theta(v_{t'}|v_{s'},X_{t'},Y_{t'})$，其中 $X_{t'}$ 包含 $D_{t'}$ 中的一批伪检验图像，$Y_{t'}$ 由 $y_{t'}$ 中 $X_{t'}$ 的基真类名组成。因此，共享变换器将所有图像特征及其对应的标签特征，作为输入标记来推断变分后验，即

$$\left[\tilde{v}_{t'}^p;\cdot;\cdot\right]=\text{Trans}\left(\left[v_{s'}^{(j)};f_{\Phi_1}(X_{t'});f_{\Phi_T}(Y_{t'})\right]\right) \qquad (14\text{-}11)$$

$$\mu_{t'}^p=\text{MLP}_\mu\left(\tilde{v}_{t'}^p\right),\sigma_{t'}^p=\text{MLP}_\sigma\left(\tilde{v}_{t'}^p\right) \qquad (14\text{-}12)$$

$$p_\theta(v_{t'}|v_{s'},D_{t'},Y_{t'})=N(v_{t'};\mu_{t'}^p,\sigma_{t'}^p) \qquad (14\text{-}13)$$

使用推断的伪测试提示，从变分后验中提取样本作为 CLIP 图像和文本编码器的输入标记，以便在训练过程中进行预测。因此，尽管编码器是模糊的，但在特征提取和分类过程中，通过利用提示中的分布信息来概括图像和文本特征，使该方法能够处理不同的分布变化。

③ 预测。在测试时，使用变换器推理网络生成的测试提示，对每个测试图像 x_t 进行预测。由于 D_t 中的测试数据和标签不可用，变分后验变得难以处理。

因此，从先验分布 $p_\theta(v_t|v_s^{(j)},x_t,Y_t)$ 中对测试提示 $v_t^{(i)}$ 进行采样，其中 $v_s^{(j)}$ 是 $p(v_s|D_s)$ 之后的训练提示的样本。$v_t^{(i)}$ 随后被引入 CLIP 模型的图像和文本编码器中，用于泛化和预测，如下所示：

$$p_\Phi(y_t|x_t,Y_t,D_s)=\frac{1}{N_t}\times\frac{1}{N_s}\sum_{i=1}^{N_t}\sum_{j=1}^{N_s}p_\Phi\left(y_t|x_t,v_t^{(i)},Y_t\right) \qquad (14\text{-}14)$$

$$v_t^{(i)}\sim p_\theta(v_{t'}|v_s^{(j)},x_t,Y_t),v_s^{(j)}\sim p(v_s|D_s) \qquad (14\text{-}15)$$

虽然测试数据及其标签在测试时不可用，但每个测试样本中的信息和测试任务词汇表中的所有类名，都可以用来推断测试提示的优先级。在训练过程中，通过最小化前后之间的 KL 差异，来学习从单个测试图像和类词汇中编码测试信息的能力。注意，CLIP 图像编码器和文本编码器始终处于冻结状态。通过聚合每个测试样本 x_t 和测试类名 Y_t 中的训练和测试信息，测试提示会随着不同的测试分布而变化。在这种情况下，利用 CLIP 的原始泛化能力来生成测试提示，以便在各种分布变化的下游任务上进行泛化。

14.5 分布泛化相关工作

① 快速学习。CLIP 和 ALIGN 等图像语言基础模型，在各种下游任务中取得了重大进展。为了使基础模型适应下游任务，提出了适配器和快速学习方法。提出了一个可学习的提示，作为 CLIP 语言模型的输入。为了避免忘记 CLIP 模型中的原始知识，

用手工制作的提示来支持即时学习。引入了图像模型的提示，而不是为语言模型生成提示。学习了图像和语言编码器的联合提示。在语言提示中引入成像条件，增强零样本性能的泛化能力。为了进一步提高泛化能力，提出了贝叶斯提示学习，该学习考虑了零样本泛化学习提示中的不确定性，将测试时的提示微调为特定的分布。研究还提高了快速学习的泛化能力。

与之前考虑不确定性或微调特定分布提示的方法不同，提出了任何移位提示，明确探索分层概率框架内的分布信息和关系。该方法在动态上为任何测试分布生成测试特定提示。

② 分布偏移泛化。域泛化和域自适应是处理分布偏移的最广泛研究的方法。一些领域泛化方法，在训练分布上训练不变模型，假设这些模型在测试分布上也是不变的。为了进一步提高泛化能力，一些方法在领域泛化中引入了元学习，以模拟训练过程中的领域转换。通过伪移位训练机制模拟了分布移位，该机制使用不同的小批量作为分布。为了更好地利用测试信息进行泛化，而无需在训练过程中访问测试数据，有人提出了测试时间自适应，该自适应在具有自监督损失的测试数据上，对训练模型进行调整。由于其对协变量移位的良好泛化能力，该方法被许多方法所遵循。此外，有研究使用其他方法研究了测试时间自适应，如归一化统计重新估计或分类调整。这些方法大多关注协变量移位，例如图像样式的变化和损坏。其他一些方法适用于条件移位或标签移位。有研究利用测试信息进行泛化，但没有进行任何测试时间优化。与之前的方法不同，该方法明确地桥接训练和测试信息，并探索它们之间的关系，以通用的方式解决各种分布变化。

14.6 分布泛化实验

① 23 个数据集。为了证明任何移位提示的泛化能力，在具有不同分布移位的数据集上评估了该方法。对于协变量转换，在常见的领域泛化数据集 PACS、家庭办公、VLCS 和 DomainNet 上进行了实验，这些数据集包含来自不同领域的图像，如图像样式。对 ImageNet 的协变量偏移模型进行了评估，其中该模型在 ImageNet 上用 16 张拍摄的图像进行训练，并在其他变体 ImageNet-V2、ImageNet-S ketch、ImageNet-A 和 ImageNet-R 上进行了评估。对于标签转换，进行基础到新类的泛化，有 11 个数据集，涵盖了各种任务，即 ImageNet、Caltech 101、Oxford Pets、Stanford Cars、Flowers-102、Food101、FGVC Aircraft、SUN397、DTD、EuroSAT 和 UCF101。对于概念转换，构建了一个 ImageNet 超类数据集，在超类上评估了 ImageNet 训练的模型。对于条件转移，在子群体数据集 Living-17 和 Entity-30 上进行评估，其中训练和测试分布由具有不同子群体的相同类组成。为了评估方法对不同分布偏移的组合，遵循家庭办公数据集上的开放域泛化设置，该数据集包含四个域，即艺术、剪贴画、产品和现实世界，被称为

开放式办公室，它结合了协变量转换和标签转换。

② 实施细节。模型由 CLIP 的预训练图像和语言编码器，以及生成测试提示的变换器推理网络组成。使用 ViT-B/16 作为之后的图像编码器。CLIP 的预训练图像和语言编码器，在训练和推理过程中被冻结。为了生成提示的先验和变分后验，在推理网络中使用了一个 2 层变换器。如图 14-3 所示，变换器的输入包括训练提示、图像特征和类名特征。训练提示的分布由两个可训练的向量组成，分别是均值和方差。类名标记是由手工制作的标记"[class]"的图像生成的。该变换器还包含两种可训练的位置嵌入，以指示图像和语言标记。引入的提示是通过重新参数化技巧，从相应的分布中采样的。

14.6.1 各种分配变动的结果

① 协变量移位。在八个具有协变量移位的领域泛化数据集上进行了实验。表 14-2 提供了每个数据集的分类精度的平均结果。采用省略一项协议对前四个数据集进行评估的方法，其中在每个测试域上评估的模型在其他域上进行训练。对于最后四个数据集，分别评估了相同的 ImageNet 预训练模型。

表14-2 协变量转换比较 单位：%

方法	PACS	VLCS	家庭办公	DomainNet	ImageNet-V2	ImageNet-Sketch	ImageNet-A	ImageNet-R
无需优化测试 时间即可提示							
CLIP	96.13	81.43	80.35	54.08	60.83	46.15	47.77	73.96
CLIP-D	96.65	80.70	81.51	56.24	—	—	—	—
CoOp	96.45	82.51	82.12	58.82	64.20	47.99	49.71	75.21
CoCoOp	97.00	83.89	82.77	59.43	64.07	48.75	50.63	76.18
DPL	97.07	83.99	83.00	59.86	—	—	—	—
BPL	—	—	—	—	64.23	49.20	51.33	77.00
本研究	98.16±0.4	86.54±0.4	85.16±0.6	60.93±0.6	64.53±0.2	49.80±0.5	51.52±0.6	77.56±0.4
提示测试时间优化							
TPT	97.25	84.33	83.45	59.90	63.45	47.94	54.77	77.06
CoOp + TPT	97.85	85.06	84.32	60.65	66.83	49.22	57.95	77.27
CoCoOp + TPT	97.95	85.55	84.54	60.44	64.85	48.47	58.47	78.65
本研究 + TPT	98.47±0.4	86.98±0.4	86.00±0.8	61.75±0.8	67.08±0.6	50.83±0.6	58.05±0.5	79.23±0.5

实验在 8 个领域泛化数据集上进行，并报告了平均分类精度。与原始 CLIP 和其他提示学习方法相比，任何移位提示都能获得最佳结果，这证明了方法对协变量移位

的泛化能力。当与 TPT 的测试时间优化相结合时，一般的提示方法都得到了进一步的改进。

方法在所有 8 个数据集上都优于其他快速学习方法 CoOp、CoCoOp 和 DPL。注意，与其他提示学习方法的比较是公平的，因为在一次前馈过程中生成测试提示并进行预测，而无需在测试时进行任何优化或反向传播。与测试时间调整方法 TPT 相比，所提出的方法在 8 个数据集中的 7 个数据集上表现更好，确保了 ImageNet-A 上的第二个位置。此外，由于所提出的算法仅在训练过程中使用学习提示和变换器网络，因此它也可以与测试时间优化相结合。然后该结合获得了更好的结果，这些结果在 ImageNet-A 上也具有竞争力，表明任何移位提示对协变量移位的有效性。

② 标签移位。该研究进行了基于新类泛化设置的标签移位实验。图 14-3 提供了 11 个数据集的结果和平均性能。由于任何移位提示都对训练和测试信息及其关系进行了编码，因此它在基础类和新类中都表现良好，从而在 11 个数据集上实现了最佳的总体谐波均值。与原始 CLIP 模型相比，该方法在基类中取得了更好的性能，对具有训练信息的下游任务表现出良好的适应性。与其他快速学习方法 CoOp、CoCoOp、BPL 和 MaPLe 相比，方法在 11 个数据集中的 7 个新类中表现最佳，在其他 4 个数据集中具有竞争力。这展示了该方法通过整合分布信息及其关系来处理标签移位的能力。

	基础类	新类	H
CLIP	69.34	74.22	71.70
CoOp	**82.69**	63.22	71.66
CoCoOp	80.47	71.69	75.83
BPL	80.10	74.94	77.43
MaPLe	82.28	75.14	78.55
本研究	82.36	**76.30**	**79.21**

(a) 平均超过11个数据集

	基础类	新类	H
CLIP	72.43	68.14	70.22
CoOp	76.47	67.88	71.92
CoCoOp	75.98	70.43	73.10
BPL	—	70.93	—
MaPLe	**76.66**	70.54	73.47
本研究	76.63	**71.33**	**73.88**

(b) ImageNet

	基础类	新类	H
CLIP	96.84	94.00	95.40
CoOp	**98.00**	89.81	93.73
CoCoOp	97.96	93.81	95.84
BPL	—	94.93	—
MaPLe	97.74	94.36	96.02
本研究	98.28	**94.27**	**96.23**

(c) Caltech 101

	基础类	新类	H
CLIP	91.17	97.26	94.12
CoOp	93.67	95.29	94.47
CoCoOp	95.20	97.69	96.43
BPL	—	**98.00**	—
MaPLe	95.43	97.76	96.58
本研究	**95.78**	97.80	**96.78**

(d) Oxford Pets

	基础类	新类	H
CLIP	63.37	74.89	68.65
CoOp	**78.12**	60.40	68.13
CoCoOp	70.49	73.59	72.01
BPL	—	73.23	—
MaPLe	72.94	74.00	73.47
本研究	73.05	**75.83**	**74.41**

(e) StanfordCars

	基础类	新类	H
CLIP	72.08	**77.80**	74.83
CoOp	**97.60**	59.67	74.06
CoCoOp	94.87	71.75	81.71
BPL	—	70.40	—
MaPLe	95.92	72.46	82.56
本研究	96.50	76.20	**85.16**

(f) Flowers-102

	基础类	新类	H
CLIP	90.10	91.22	90.66
CoOp	88.33	82.26	85.19
CoCoOp	90.70	91.29	90.99
BPL	—	**92.13**	—
MaPLe	90.71	92.05	91.38
本研究	**90.87**	91.35	**91.11**

(g) Food-101

	基础类	新类	H
CLIP	27.19	**36.29**	31.09
CoOp	**40.44**	22.30	28.75
CoCoOp	33.41	23.71	27.74
BPL	—	35.00	—
MaPLe	37.44	35.61	**36.50**
本研究	37.10	35.70	36.39

(h) FGVC Aircraft

	基础类	新类	H
CLIP	69.36	75.35	72.23
CoOp	80.60	65.89	72.51
CoCoOp	79.74	76.86	78.27
BPL	—	77.87	—
MaPLe	**80.82**	**78.70**	**79.75**
本研究	80.50	78.50	79.48

(i) SUN397

	基础类	新类	H
CLIP	52.24	59.90	56.37
CoOp	79.44	41.18	54.24
CoCoOp	77.01	56.00	64.85
BPL	—	65.30	—
MaPLe	**80.36**	59.18	68.16
本研究	79.63	**61.98**	**69.71**

(j) DTD

	基础类	新类	H
CLIP	56.48	64.05	60.03
CoOp	92.19	54.74	68.69
CoCoOp	87.49	60.04	71.21
BPL	—	75.30	—
MaPLe	**94.07**	73.23	82.35
本研究	93.07	**77.63**	**84.65**

(k) EuroSAT

	基础类	新类	H
CLIP	70.53	77.50	73.85
CoOp	**84.69**	56.05	67.46
CoCoOp	82.33	73.45	77.64
BPL	—	75.77	—
MaPLe	83.00	78.66	80.77
本研究	84.60	**78.70**	**81.54**

(l) UCF101

图 14-4　标签移位比较

单位：%

这些模型在 16 次样本的基础类上进行训练，并在基础类和新类上进行评估。

图 14-4 中，H 表示调和平均值。方法在基础类和新类上都表现良好，因此实现了

最佳的整体谐波均值，展示了跨标签偏移的泛化能力。

③ 概念移位。对于概念移位，在引入的 ImageNet 超类数据集上进行了实验，其中相同的图像被分配了不同的注释。

为此，使用超类注释在验证集上评估 ImageNet 训练的模型。如表 14-3 所示，与原始 CLIP 相比，提示学习方法实现了类似的性能。相比之下，所研究方法将 CLIP 的性能提高了约 2%，表明了处理概念移位的能力。

表14-3 概念移位和条件移位比较 单位：%

方法	概念移位	条件移位	
	ImageNet 超类	Living-17	Entity-30
CLIP†	69.23	86.94	67.95
CoOp†	69.35	87.11	78.02
CoCoOp†	69.77	87.24	79.52
本研究	71.12±0.6	88.41±0.3	81.74±0.4

比较方法的结果基于作者提供的代码，因为提示学习方法不提供这些移位的结果。

④ 条件移位。还对两个具有条件移位的数据集进行了实验。表 14-3 中报告了实验结果。提示学习方法的性能与 CLIP 相似，同时对 Entity-30 进行了更多改进。原因可能是，类名 Living-17（如狼、狐狸）比 Entity-30（如甲壳类动物、食肉动物、昆虫）更详细，揭示了将原始 CLIP 模型适应特定场景中的下游任务的重要性。此外，与传统的提示学习方法 CoOp 和 CoCoOp 相比，改进方法在两个数据集上都持续提高了性能，表现更好，证明了任何移位提示对条件移位的有效性。

⑤ 联合移位。在表 14-4 中，报告了联合分配移位在开放家庭办公上的结果。根据 Shu 等人的研究，从训练域中的类的不同部分分配数据，并在测试域上用可见和不可见的类评估模型。因此，该模型会同时遇到协变量移位和标签移位。

表14-4 开放家庭办公上的多重移位比较（包括协变量移位和标签移位）

单位：%

方法	艺术	剪贴画	产品	真实	平均
CLIP†	79.32	67.70	86.93	87.46	80.35
CLIP-D†	80.47	68.83	87.93	88.80	81.51
CoOp†	80.50	69.05	88.26	89.01	81.71
CoCoOp†	80.93	69.51	88.85	89.32	82.19
本研究	83.40±0.8	72.53±0.5	91.24±0.6	90.84±0.3	84.50±0.4

如表 14-4 所示，基于 CLIP 的零样本方法保持与闭集泛化设置（表 14-2）相同的性能，因为它们保持冻结。提示学习方法的性能略差于闭集设置。本研究方法在所有测试域上都优于其他方法，表明了处理联合移位的能力。

总体而言，本研究方法在协变量、标签、概念、条件甚至联合移位方面，都取得了良好的性能，证明了通过考虑分布信息及其与任何移位提示的关系，来处理各种分布移位的有效性。

14.6.2 消融研究

① 训练和测试提示的有效性。为了研究任何移位提示的训练和测试提示的有效性，分别用训练和测试提示符来评估方法。实验在联合分配移位的开放家庭办公上进行。将提示与原始 CLIP 模型以及图 14-5 中的 CoOp 和 CoCoOp 进行了比较，并分别提供了所有类、可见类和不可见类的准确性。

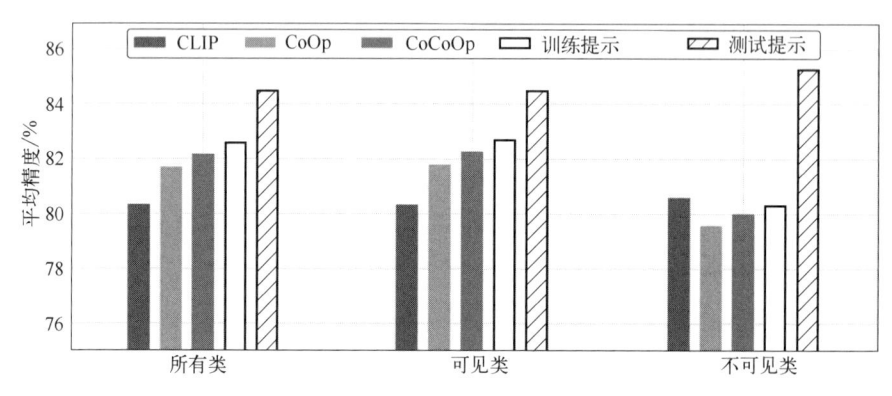

图 14-5　训练和测试提示的有效性

所提出的任何移位提示中的测试提示，在可见类和不可见类上都实现了良好的泛化，表明其能够联合处理不同的移位。

CoOp 和 CoCoOp 在跨协变量移位的可见类上表现出更好的性能，但在同时存在协变量移位和标签移位的不可见类中表现不佳。方法中的训练提示也遇到了同样的问题，因为它用种子类对训练信息进行编码，但也倾向于对训练分布进行过拟合。由于考虑了提示中的不确定性，性能略好。

相比之下，方法中的测试提示使用训练和测试分布之间的关系，对测试信息进行编码。这使得该方法能够在不同的移位之间实现良好的泛化，从而在可见类（协变量移位）和不可见类（协变量移位和标签移位）上都有更高的性能。

② 泛化效果的可视化。为了进一步展示该方法泛化的好处，通过任何移位提示来可视化泛化前后的图像和文本特征。这些实验是在开放家庭办公下的艺术领域进行的。泛化前的图像和文本特征分别由模糊的 CLIP 图像和语言编码器生成。如图 14-6 所示，在通过任何移位提示进行泛化后，图像特征更接近相应真值标签的文本特征，从而得到更准确的预测。

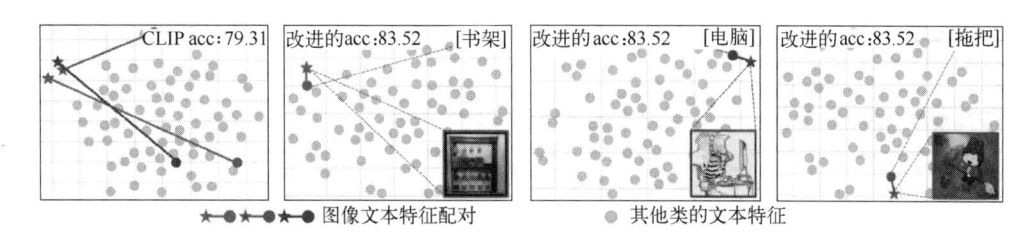

图 14-6 可视化泛化前后图像和文本特征的泛化效果

在图 14-6 中，不同的颜色代表不同的类别。通过该研究方法进行泛化后，具有相同类别的图像和文本特征变得更接近，从而得到更准确的预测。

③ 在任何分类提示中提供训练和测试信息的好处。为了展示在测试提示中考虑不同信息的好处，在开放家庭办公上进行了实验，该实验包含协变量移位和标签移位。如表 14-5 所示，仅使用训练提示的性能优于 CLIP（80.35%），仅使用测试文本特征或测试图像特征也得到了类似的结果。来自测试图像的信息得到了更多的改进，原因可能是在此设置中，测试图像包含更多看不见的信息。由图像和文本信息生成的测试提示，进一步提高了测试分布的泛化能力，表明了考虑测试信息进行泛化的重要性。

此外，包含训练提示，可以在提示中提供训练和测试分配之间的关系和转换信息，从而获得最佳性能。

表14-5 在任何移位提示中提供训练和测试信息的好处

训练提示 v_s	y_t 的测试文本特征	x_t 的测试图像特征	精度 /%
√			82.62
	√		82.67
		√	83.11
	√	√	83.63
√	√	√	84.50

这些实验是在开放家庭办公的联合分配移位中进行的。提示中的训练和测试信息都有利于跨联合分类的方法。

14.7 小结

提出了任何移位提示，以使大型图像语言模型（CLIP）适应下游任务，同时增强测试时不同分布移位的泛化能力。所提出的方法在分层概率框架下桥接训练和测试分布，该框架通过编码训练和测试分配的分布信息和关系，为每个测试样本生成特定提示。一旦经过训练，就会在任何分布转换中生成测试特定的提示。

在单次前馈过程中，无需任何微调或反向传播。

测试提示将 CLIP 的图像和语言编码器，推广到特定的测试分布。对各种分布偏移的实验，包括协变量偏移、标签偏移、条件偏移、概念偏移和联合偏移，证明了所提出的方法在任何测试分布的泛化上的有效性。

第15章
探索视觉语言模型的前沿：
当前方法和未来方向综述

15.1 视觉语言模型前沿摘要

大型语言模型（LLM）的出现深刻地改变了人工智能革命的进程。然而，这些LLM表现出明显的局限性，因为它们主要擅长处理文本信息。为了解决这一限制，研究人员努力将视觉能力与LLM相结合，从而产生了视觉语言模型（VLM）。这些复杂的模型在解决复杂的任务中发挥着至关重要的作用，比如为图像生成字幕和回答视觉问题。在综合调查报告中，深入研究了VLM领域的关键进展。分类将VLM分为3个不同的类别：专用于视觉语言理解的模型，处理多模态输入以生成单峰（文本）输出的模型，以及接收和产生多模态输入和输出的模型。这种分类是基于它们在处理和生成各种数据形式方面的各自能力和功能。本章对每个模型进行了细致的剖析，对其基础架构、训练数据源以及可能的优势和局限性进行了广泛的分析，以便全面了解其基本组成部分。本章还分析了VLM在各种基准数据集中的性能。通过这样做，为理解VLM的多样化场景提供细致入微的讲解。此外，强调了这一动态领域未来研究的潜在途径，并期待进一步的突破和进步。

15.2 视觉语言模型前沿导言

大型语言模型（LLM）的兴起标志着人工智能转型期的到来，从根本上重构了整个领域。跨越学术界和工业界的研究实验室正在积极参与竞争，以提高LLM的能力。然而，一个显著的局限性已经显现出来，这些模型无法处理单一的数据形态，尤其是文本。这一限制突显了正在进行的重塑LLM以便在多种模式下无缝运作的关键挑战，是人工智能领域进一步创新的关键途径。

自然智能擅长处理多种形式的信息，包括书面和口语、图像的视觉解释，以及视频的理解。

这种无缝整合各种感官输入的天生能力，使人类能够驾驭现实世界的复杂性。若使人工智能能够模拟类似人类的认知功能，它必须同样包含多模态数据处理。这一必要性不仅是技术上的，而且对于为人工智能系统提供现实世界场景中的情境感知和适应性至关重要。

输入处理和输出生成能力分为 3 个不同的组：视觉语言理解模型、多模态输入文本生成模型和最先进的多模态输入多模态输出模型。后续深入探讨了每个类别的全面解释，阐明了这些不同 VLM 框架的细微差别和功能。

本章主要探索了用于开发多模态模型的各种预训练技术和数据集，探索了训练各种多模态语言模型的各种关键技术；提供了使用多模态语言模型的实际应用和指导。

最新报告涵盖了大约 26 个最新的 VLM 深度。与之前的调查相比，没有一项调查根据视觉语言模型的输入处理和输出生成能力对其进行系统分类。调查通过对 VLM 进行彻底的分类来解决这一差距，揭示了其功能的复杂性。

本章广泛分析了不同 VLM 在基准数据集中的性能，特别是包括最新的 MME 基准，提供了全面的见解。调查代表了最全面、最新的 VLM 汇编，包括大约 70 个模型。它为用户导航不断发展的视觉语言模型领域提供了指南，为这一开创性的研究领域提供了最新、最全面的见解。

15.3 视觉语言模型类型

本节将深入探讨 VLM，将其分为三大类进行全面回顾。

① 视觉语言理解（VLU）：这一类别包括专门为结合语言解释和理解视觉信息而设计的模型。

② 使用多模态输入生成文本：在这种分类中，探索了在利用多模态输入的同时，擅长生成文本内容的模型，从而整合了各种形式的信息。

③ 具有多模态输入的多模态输出：该类别深入研究了通过处理多模态输入，在生成多模态输出方面表现出色的模型。

这涉及综合各种模式，如视觉和文本元素，以产生全面和连贯的结果。在表 15-1 中展示了这种广泛的分类。VLM 架构的高级概述如图 15-1 所示。

在 10 个广泛认可的基准数据集中，对几种视觉和语言模型（VLM）进行了广泛的分析，涵盖了视觉问答（VQA）和图像字幕等任务。该分析的结果如表 15-2 所示。此外，使用多模态模型评估（MME）基准评估了这些 VLM 的感知和认知能力，结果汇总在表 15-3 中。此外，表 15-4 详细列出了视频问答数据集上各种 VLM 的比较检查。

表15-1 可视化语言模型的分类（突出显示模型能够处理的输入和输出格式）

视觉语言模型	视觉语言理解	图像处理	CLIP
			AlphaCLIP
			MetaCLIP
			GLIP
			ImageBind
			VLMo

续表

视觉语言模型	视觉语言理解	视频处理	VideoCLIP
			VideoMAE
	多模态输入的文本生成	图像处理	GPT-4V
			LLaVA、LLaVA-1.5、LLaVA-Plus、BakLLaVA
			Flamingo
			IDEFICS
			PaLI
			Qwen-VL
	多模态输入的文本生成	图像处理	Fuyu-8B
			Sphinx
			Mirasol3B
			MiniGPT-4、MiniGPT-v2
			CogVLM
			Ferret
			LaVIN
			PALM-E
			InstructBLIP、BLIP、BLIP-2
			KOSMOS-1、KOSMOS-2
			MultiInstruct
			Frozen
			CoVLM
			BEiT-3
			mPLUG-2
			X^2-VLM
			Lyrics
			Prismer
			X-FM
			MM-REACT
			PICa
			PNP-VQA
			Img2LLM
			SimVLM
			TinyGPT-V
			GPT4Tools
			mPLUG-Owl
			Ying-VLM
			BARD
		视频处理	LLaMA-VID
			Video-ChatGPT
			Video-LLaMA
			ChatBridge
			VideoCoCa

续表

视觉语言模型	多模态输入的文本生成	视频处理	VALOR
			Macaw-LLM
			PandaGPT
	多模态输出与多模态输入		CoDi、CoDi-2
			Gemini
			NExT-GPT
			VideoPoet

注：表中仅列出部分模块。

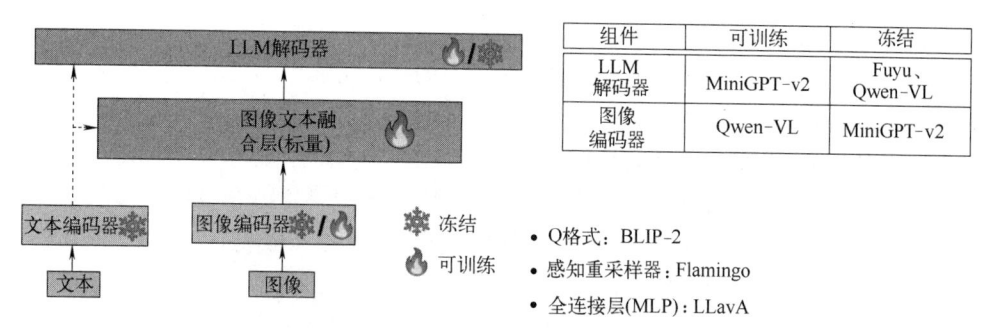

组件	可训练	冻结
LLM 解码器	MiniGPT-v2	Fuyu、Qwen-VL
图像编码器	Qwen-VL	MiniGPT-v2

- Q格式：BLIP-2
- 感知重采样器：Flamingo
- 全连接层(MLP)：LLavA

图 15-1　VLM 架构的高级概述（通过相应的示例突出了各种设计选择）

15.3.1　视觉语言理解

CLIP：由 OpenAI 推出的 CLIP 是一种神经网络，擅长通过自然语言指导来掌握视觉概念。它在不同的基准测试上无缝识别视觉类别，反映了 GPT 支持的模型中的零样本功能。通过扩展基本的对比预训练任务，在不同的图像分类数据集上，实现了具有竞争力的零样本性能。对于分类任务，CLIP 通常比微调的深度学习视觉模型，具有更稳健的性能。尽管 CLIP 擅长常见对象识别，但在抽象任务、细粒度分类、泛化和措辞敏感性方面仍存在困难。

AlphaCLIP：该模型是 CLIP 的升级版本，包含了一个用于注意力区域指示的阿尔法通道，增强了意识。AlphaCLIP 专注于特定区域，同时使用扩展通道保持 CLIP 的识别精度。它是各种应用的视觉支柱，擅长聚焦区域注意力，但面临着多个对象和注意力幅度规范的挑战。

MetaCLIP: CLIP 的成功不仅归功于其模型或预训练目标，还归功于其丰富的数据集。MetaCLIP 是一种创新方法，旨在通过源自 CLIP 概念的元数据，重新定义原始数据来克服数据透明度问题。此增强功能在基准测试中显示出优于 CLIP 的性能，使用了来自 CommonCrawl 的大量 400M 图像 - 文本对。

GLIP：受 CLIP 的启发，GLIP 采用对比预训练进行语言图像表示，强调通过短语基础进行对象级对齐。它将目标检测重新定义为视觉语言任务，利用深度融合来改进表示。GLIP 对语义丰富的数据进行可扩展的预训练，实现了自动生成真值盒和强大的

零 / 少样本任务传输能力，在图像字幕任务上优于 CLIP 等基线，并在下游目标检测任务中，与完全监督的动态头竞争。

VLMo：采用模块化 Transformer 架构，VLMo 同时在双编码器和融合编码器中获得了优势。它采用模态专家混合（MOME）Transformer 框架，该框架将模态特定的专家与每个模块内的共享自注意机制集成在一起。这种设计提供了极大的建模灵活性。VLMo 展现出显著的适应性，既能作为涉及视觉语言分类任务的融合编码器，又能作为高效图像文本检索的双编码器。其分阶段预训练方法最佳地利用了包含图像、文本及其配对的大规模数据集。因此，VLMo 在各种视觉语言任务中实现了最先进的性能，包括视觉问答（VQA）和图像检索。

ImageBind：ImageBind 通过将来自各种模态的嵌入与通过不同配对数据源的图像嵌入对齐，来学习共享表示空间。这有助于跨模态的零样本识别，利用广泛的网络图像文本数据和大规模的视觉语言模型，如 CLIP。由于在不同任务和模式下部署所需的训练最少，这种方法被证明具有很强的适应性。ImageBind 利用丰富的大规模图像 - 文本对，以及跨越多种模式（音频、深度、图像、视频）的自然配对自监督数据，实现强大的突发零样本分类和检索功能。

该模型在音频基准测试中超越了专业模型，并在作曲任务中表现出多功能性。其他增强功能包括合并更丰富的对齐数据，以及根据特定任务调整嵌入。

VideoCLIP：VideoCLIP 的目标是预先训练一个能够以零样本方式理解视频和文本的统一模型，而不依赖于下游任务的标签。它的方法包括采用对抗学习框架，在视频文本理解的预训练阶段，整合硬检索的否定和重叠的肯定。

值得注意的创新点是，该模型包括引入松散的时间重叠的正对，以及对负对使用基于检索的采样技术。通过利用对抗损失和整合重叠的视频文本片段，VideoCLIP 旨在增强不同模态之间的关联。它在各种最终任务上进行了评估，在 Youcook2 等视频语言数据集上展示了最先进的性能。该方法在零样本视频文本理解方面取得了显著进步，在某些情况下优于之前的工作甚至监督方法。

VideoMAE：VideoMAE 是一种自监督的视频预训练方法，挑战了大规模数据集的需求。该方法采用独特的视频掩码策略来适应掩码自动编码器框架，在小数据集（3k ~ 4k 视频）上实现数据效率。它采用了一种具有联合时空注意力的视觉变换器，与传统方法相比，具有更高的效率和有效性。VideoMAE 在动作检测等下游任务中表现出色，并有可能通过数据集扩展和集成其他数据流进行改进。虽然该方法在预训练期间有能耗问题，但其在数据可用性有限的情况下具有实用价值。

15.3.2 使用多模式输入生成文本

GPT-4V：GPT-4V 标志着一项重大进步，允许用户指示 GPT-4 分析图像输入。OpenAI 在 GPT-4 安全工作的基础上，对 GPT-4V 进行了广泛的安全评估和准备。训练过程涉及利用庞大的文本和图像数据集，预测文档中的下一个词汇。GPT-4V 继承了文本和视觉功能，在它们的交叉点呈现了新颖的功能。系统概述了 OpenAI 的准备、早期访问期、安全评估、红队评估以及在广泛发布之前实施的缓解措施。

LLaVA：LLaVA 是一个开源的多模式框架，旨在增强 LLM 对语言和图像的理解。它利用纯语言 GPT-4，在多模式上下文中为指令跟踪任务生成数据。LLaVA 将 CLIP 的视觉编码器和 LLM 集成在一起，使其能够与语言一起处理视觉信息。该模型经过图像-文本对的预训练和微调，以实现端到端的多模式理解，从而形成一个多功能的多模式聊天机器人。LLaVA 展示了令人印象深刻的多模式聊天能力，与 GPT-4 相比，在合成的多模式指令跟踪数据集上，获得了 85.1% 的相对分数。在科学 QA 数据集上进行微调后，LLaVA 和 GPT-4 共同实现了 92.53% 的最新精度。

Flamingo：Flamingo 引入了新颖的建筑特征，将纯视觉和纯语言模型无缝集成。

通过将交错的交叉注意力层与仅限于冻结语言的自注意力层结合起来，Flamingo 在处理混合的视觉和文本数据序列方面表现出色。它采用基于感知器的架构，将输入序列数据（如视频）转换为一组模糊的视觉标记。Flamingo 利用具有交错文本和图像的大规模多模式网络语料库，在各种基准测试中展示了卓越的少样本任务学习能力，超越了在更多任务特定数据上进行模糊调整的模型。这展示了它在快速适应各种示例有限的图像和视频理解任务方面的适应性和有效性。OpenFlamingo 项目是一项持续的努力，致力于制作 DeepMind Flamingo 模型的开源版本。

在 7 个视觉语言数据集中，与原始 Flamingo 模型相比，OpenFlamingo 模型的性能始终在 80%～89% 之间。

Med Flamingo 是一款基于 OpenFlamingo-9B 的专注于医学的多模式少样本任务学习器，在生成性医学视觉问答方面实现了高达 20% 的改进。它开创了这方面的人类评估，让临床医生参与交互式评估，并使理据生成等应用程序成为可能。

表 15-2 显示了 10 个基准数据集上多种视觉语言模型的比较分析，即 Science-QA、VizWiz、Flickr30K、POPE、VQAv2、GQA、LLaVABench、Chart-QA、MM-Vet、ViSiTBench。

表15-2　10个基准数据集上多种视觉语言模型的比较分析

项目	Science-QA	VizWiz	Flickr 30K	POPE	VQAv2	GQA	LLaVA-Bench	Chart-QA	MM-Vet	ViSiTBench
LLaVA	90.92	—	—	50.37$^{R/A}$	—	41.3	81.7	—	23.8^{7B}	1091^{13B}
LaVIN 13B	90.83	—	—	—	—	—	—	—	—	—
LaVIN 7B	89.41	—	—	—	—	—	—	—	—	—
BLIP-2	61^{img}	19.6	71.6	85.3^{V13B}	41	41	38.1^{w}	—	22.4	—
InstructBLIP^{V13B}	63.1	34.5	82.8	88.57$^{R/A}$	—	49.5	58.2^{w}	—	25.6	—
InstructBLIP^{V7B}	60.5	—	—	—	—	49.2	60.9^{w}	—	26.2	964

续表

项目	Science-QA	VizWiz	Flickr 30K	POPE	VQAv2	GQA	LLaVA-Bench	Chart-QA	MM-Vet	ViSiTBench
MetaCLIP	68.77	—	—	—	—	—	—	—	—	—
MiniGPT-4	58.7	—	—	79.67[R/A]	—	30.8	—	—	24.4	900
Qwen-VL	67.1[img]	35.2	81	—	78.8	59.3	—	—	—	—
Qwen-VL-Chat	68.2[img]	38.9	85.8	—	78.2	57.5	—	—	—	—
GPT-4V	85	23	15.2(S)	—	0[VQAS]	10[EM]	—	78.5	—	1349
LLaVA1.5[V7B]	66.8	50	—	85.9	78.5	62	63.4[w]	—	—	—
LLaVA1.5[V13B]	71.6	53.6	—	85.9	80	63.3	70.7	—	—	—
BakLLaVA-1	66.7	—	—	86.6	—	—	—	—	—	—
LLaMA-VID[V13B]	70	54.3	—	86	80	65	—	—	—	—
LLaMA-VID[V7B]	68.3	54.2	—	86	79.3	64.3	—	—	—	—
Sphinx	—	—	—	—	—	—	—	—	—	—
Gemini	—	—	—	—	—	—	—	—	80.8[u]	—
IDEFICS-9B	—	35.5	—	—	50.9	38.4	—	—	—	997
IDEFICS-80B	—	36	—	—	60	45.2	—	—	—	—
Flamingo-9B	—	28.8	61.5	—	51.8	—	—	—	—	—
TinyGPT	—	33.4	—	—	—	33.6	—	—	—	—
Flamingo-80B	—	31.6	—	—	56.3	—	—	—	—	—
KOSMOS-1	—	29.2	65.2	—	51	—	—	—	—	—
Ferret-7B	—	—	80.39	90.24[R/A]	—	—	86.7	—	—	—
Ferret-13B	—	—	81.13	—	—	—	87.5	—	—	—
mPLUG-Owl	—	—	—	53.97[R/A]	—	—	—	—	—	1025
KOSMOS-2	—	—	80.5	—	51.1	—	70	—	—	—
Fuyu-8B	—	—	—	74.1	—	—	—	—	42.1	—
LLaMA-Adapter-v2-7b	—	—	—	—	—	—	—	—	31.4	1066
PaLM-E[12B]	—	—	—	—	76.2	—	—	—	—	—
PaLM-E[562B]	—	—	—	—	80	—	—	—	—	—
Frozen	—	—	—	—	29.5	—	—	—	—	—
Emu2[37B]	—	—	—	—	33.3	—	—	—	—	—
Emu2-Chat	—	54.9	—	—	84.9	65.1	—	—	—	—
Lyrics[V13B]	71.1[img]	37.6	8534	—	81.2	62.4	—	—	—	—

注：V: Vicuna; img: 仅图像; R/A: 已报告随机性和准确性; VQAS: VQA 评分; EM: EM 准确性; w: 野生版本; u: 超版本; XB: 这个模型有 X 亿个参数。

PALM-E：PALM-E 是一种创新的体现多模态语言模型，通过将语言理解与连续的传感器输入融合，精心构建导航现实世界的场景。该模型是柏林工业大学和谷歌研究院合作的结果，标志着多模态人工智能领域的一个关键进步。将来自现实世界的连续传感器模态，集成到语言模型中，这种方法能够使用预训练的大型语言模型对多模态句子进行端到端训练。它有效地解决了各种具体任务，如机器人操作规划、视觉问答和字幕。PALM-E 是最广泛的模型，拥有 5620 亿个参数，在体现推理任务和 OK-VQA 等视觉语言领域表现出极好的性能。在多模态句子上操作方面，它展示了知识从视觉语言领域到具体推理任务的转移，强调了其适应性和可扩展性。PALM-E 在依赖低级语言条件策略进行机器人任务方面面临局限性，促使提出了以自监督实体为中心的标签，以增强复杂任务中的指导。

BLIP：BLIP 作为一种创新的视觉语言预训练框架脱颖而出，克服了与嘈杂训练数据相关的挑战。BLIP 的核心是其多模式编码器 - 解码器混合（MED）架构，该架构在预训练期间结合了图像 - 文本对比（ITC）、语言建模（LM）和图像 - 文本匹配（ITM）目标。字幕和过滤（CapFilt）可提高数据质量，改善下游任务性能。BLIP 在 PyTorch 中实现，并在 1400 万个不同的图像数据集上进行了预训练，在图像文本检索和字幕等下游任务中表现出了显著的改进。利用核采样和有效的参数共享，BLIP 在标准数据集上的表现优于现有模型。

BLIP-2：BLIP-2 引入了一种有效的视觉语言预训练策略，利用冻结图像编码器和大型语言模型。BLIP-2 中的查询转换器，在视觉语言任务中实现了顶级性能，同时使用了更少的参数，有效地解决了不同模态嵌入之间互操作性的挑战。

BLIP-2 带来的一个新功能是查询变换器（Q-Former），它充当静态图像编码器和模糊 LLM 之间的可训练链路。Q-Former 经历了一个两阶段的预训练过程。最初，它侧重于学习连接视觉和语言的表征，使其能够理解对伴随文本至关重要的视觉元素。后来，重点转向生成学习，将 Q-Former 的输出与模糊的 LLM 连接起来，并重新定义其生成 LLM 可解释的视觉表示的能力。

InstructBLIP：InstructBLIP 采用指令感知视觉特征提取，增强了其提取针对所提供指令量身定制的信息特征的能力。在 13 个搁置数据集上实现了一流的零样本性能，InstructBLIP 的性能优于 BLIP-2 和 Flamingo 等更大型号。

这些模型在下游任务中也表现出色，在 Science QA IMG 上显示出 90.7% 的准确率，并在基于知识的图像描述、视觉场景理解和多回合视觉对话等不同功能上，与并发多模态模型相比，具有定性优势。

KOSMOS-1：KOSMOS-1 是微软的 VLM。KOSMOS-1 在网络规模的多模式语料库上接受过训练，擅长语言理解和生成、无 OCR 的 NLP，以及各种感知语言任务，在图像字幕和视觉问答方面具有能力。使用基于 Transformer 的架构，KOSMOS-2 将视觉与大型语言模型对齐。它的训练涉及多种多模态语料库，包括堆和通用慢速运行，并仅进行语言指令调优。此外，该模型在思维提示链方面表现出色，在解决复杂的问答任务之前生成原理。总体而言，KOSMOS-1 代表了多模态大型语言模型领域的重大进步，在广泛的任务中提供了强大的性能。

KOSMOS-2：微软研究院的 KOSMOS-2 通过引入感知对象描述的能力，如视觉世界中的边界框和基础文本，进一步推动了传统模型的发展。KOSMOS-2 利用一种独特的表示格式来引用表达式，将文本跨链接到图像中的空间位置。该模型采用复杂的图像处理方法，将视觉编码与位置标记相结合，以理解特定的图像区域，并将其与文本描述联系起来。这个基于 Transformers 的因果语言模型，建立在 KOSMOS-1 架构的基础上，标志着朝着实施人工智能的方向迈出了重要的一步。KOSMOS-2 标志着语言、视觉感知、动作和世界建模的整合迈出了关键的一步，使它们更紧密地融合在一起，以推进人工智能的发展。

MultiInstruct：MultiInstruct 为多模式指令调优提供了一个基准数据集，其中包括 10 个类别的 62 个任务。利用 OFA 预先训练的多模式语言模型，该研究侧重于通过自然指令等大规模文本指令数据集，来提高零样本在不同任务上的性能。结果表明，零样本性能很强，模型对指令变化的敏感性降低。迁移学习策略的比较分析表明，跨多模态任务的鲁棒性得到了提高。在训练过程中增加任务集群，可以提高整体效率，支持多指令的有效性。

IDEFICS：IDEFICS 是 DeepMind 的闭源视觉语言模型 Flamingo 的开放获取复制品，拥有 800 亿个参数，可在 HuggingFace 上使用。它在图像文本基准测试中表现良好，如视觉问答和图像字幕，利用上下文少样本任务学习。IDEFICS 有两个版本——800 亿参数模型和 90 亿参数模型。

PaLI：谷歌研究院的 PaLI 或 Pathways 语言和图像模型，利用大型预训练的编码器编码语言模型和视觉转换器，进行联合语言和视觉建模。该模型通过利用包含 10B 幅图像和文本的多种多语言数据集，在 100 多种语言的各种视觉和语言任务中取得了最先进的结果。PaLI 采用简单、模块化和可扩展的设计，强调了视觉和语言组件联合扩展对有效训练和性能的重要性。

Frozen：Frozen 是 DeepMind 开发的一种创新的多模式学习方法，它将基于图像字幕数据训练的视觉编码器与冻结语言模型相结合。这种设计使模型能够在少样本任务设置中快速适应新任务，展示了其在一系列挑战中的有效性，例如在不同的基准数据集中进行视觉问答。这种方法通过在冻结的语言模型的自关注层中，反向传播梯度来训练视觉编码器。该系统的显著局限性在于，与使用完整训练集的最先进模型相比，它在用少量样本任务学习的任务上的性能次优，这突出了通过进一步提高精度和降低种子需求，来增强零样本和少样本任务泛化的潜力。

Qwen-VL：Qwen-VL 系列作为大型视觉语言模型推出，包括 Qwen-VL 和 Qwen-VL-Chat，在图像字幕、问答、视觉定位和多功能交互等任务中表现出色。Qwen-VL 在各种以视觉为中心的任务中表现出色，超过了类似规模的同行。其卓越的准确性超越了字幕和问答等传统基准，包括最近的对话基准。Qwen-VL 经过多语言图像文本数据训练，其中大部分是英文和中文，自然支持多种语言。它们在训练过程中同时处理多个图像，使 Qwen-VL-Chat 能够将复杂的场景情境化并进行分析。

凭借更高分辨率的输入和细粒度的训练数据，Qwen-VL 在细粒度的视觉理解方面表现出色，在基础、文本理解、问答和对话任务方面，优于现有的视觉语言模型。

Fuyu-8B：由 Adept AI 开发的多模式文本和图像转换器 Fuyu-8B，为数字代理提供了一种简单而强大的解决方案。其简单的架构和训练过程增强了理解、可扩展性和部署，使其成为各种应用程序的理想选择。Fuyu-8B 专为数字代理而设计，可无缝处理任意图像分辨率、擅长图形和图表理解、基于 UI 的查询以及在 100ms 内快速处理大型图像等任务。尽管针对 Adept 的用例进行了优化，但 Fuyu-8B 在视觉问答和自然图像字幕等标准图像理解基准测试中，展现出了令人印象深刻的性能。在架构上，Fuyu 采用了一种纯解码器的转换器，通过线性投影到第一层来有效地处理图像补丁。它支持多种图像分辨率的多功能性，是通过将图像标记视为文本标记，利用光栅扫描顺序和信号线中断来实现的。

Sphinx：Sphinx 是一个多功能的 VLM，它集成了模型权重、调优任务和可视化嵌入，以增强其功能。它在预训练期间解冻了大型语言模型，以加强视觉语言对齐，并有效地混合了在真实世界和合成数据上训练的 LLM 的权重，以实现稳健的理解。通过整合区域级理解和人体姿态估计等不同任务，Sphinx 在不同场景中实现了相互增强。它还从各种来源提取全面的视觉嵌入，用鲁棒的图像表示丰富语言模型。Sphinx 展示了跨应用程序的卓越多模态理解能力，并引入了一种有效的策略，来捕获高分辨率图像中的细粒度细节，在视觉解析和推理任务中表现出色。

Mirasol：来自 Google DeepMind 和谷歌研究院的 Mirasol，是一个多模态自回归模型，旨在处理时间对齐模态（音频、视频）和非对齐模态（文本）。该架构涉及将长视频音频序列分割成可管理的块，将它们通过各自的编码器，并使用组合器融合视频和音频特征。使用自回归训练预测顺序特征，一个单独的 Transformer 块，通过跨模态注意力整合文本提示。这使得对上下文的理解更加丰富，展示了多模式学习和生成的全面方法。该模型对 12% 的 VTP 进行了预训练，均匀地权衡了预训练中的损失，10 倍地强调了微调过程中未对齐的文本损失。

消融研究强调了其保持内容一致性，以及适应视频音频序列动态变化的能力。

MiniGPT-4：MiniGPT-4 使用单个可训练的投影层，将冻结的视觉编码器（BLIP-2 的 ViT+Q-Former）与 LLM 相结合。MiniGPT-4 在对齐的图像 - 文本对上进行了预训练，并在详细的图像描述上进行了调整，在没有单独训练视觉或语言模块的情况下，它展现出了类似 GPT-4 的功能。微调过程增强了语言输出，展示了模仿传递行为解释、食谱生成和诗歌创作等多种技能。该模型的架构包括视觉编码器、线性投影层和大型语言模型。

MiniGPT-v2：MiniGPT-v2 的模型架构由 ViT 视觉骨干、用于维度匹配的投影层，以及用于最终生成的 LLaMA-2 等大型语言模型组成。ViT 视觉骨干在训练过程中被冻结，四个相邻的视觉输出令牌被连接并投影到 LLaMA-2 空间中。在训练过程中，使用弱标记图像文本数据集和多模态训练数据集的 3 阶段策略，将任务特定的识别器结合起来。该模型在视觉问答和视觉基础方面表现出色，优于其他全方位模型。任务识别标记的使用提高了多任务学习的效率，有助于提高其最先进的性能。挑战包括偶尔的幻觉，强调了对更高质量的图像文本对齐数据的需求。

LLaVA-Plus：LLaVA-Plus 是一种通用的多模式助手，旨在通过视觉指令调整来增强 LMM。该模型维护了一个技能库，其中包含各种视觉和视觉语言预训练模型，根据用户对各种任务的输入激活相关工具。

LLaVA-Plus 接受了数据多模式教学训练，涵盖了视觉理解、生成和外部知识检索方面的工具使用，在现有和新功能方面都超越了其前身 LLaVA。训练方法包括使用 GPT-4 生成指令数据，并通过指令调优集成新工具，从而实现持续增强。

LLaVA-Plus 在 VisiT Bench 上展示了最先进的性能，这是一个现实生活中的多模式任务基准，与其他工具增强的 LLM 相比，它在工具使用方面表现出色。

BakLLaVA：BakLLaVA 代表了一种视觉语言模型（VLM），是通过 LAION、Ontocord 和 Skunkworks AI 的协作努力构建的。它利用了 Mistral 7B 基础的强大功能，并通过创新的 LLaVA-1.5 架构进行了增强。当与 llama.cpp 框架配合使用时，BakLLaVA 成为具有 Vision 功能的 GPT-4 的更快、更节省资源的替代品。

LLaVA-1.5：它是 LLaVA 的重构版本，专注于视觉指令调整以增强多模态模型。它概述了 LLaVA 的修改，例如使用 CLIP-ViT-L-336px 和 MLP 投影，并结合面向学术任务的视觉问答（VQA）数据。

尽管它取得了进步，但也存在局限性，例如，由使用完整的图像补丁而导致的训练迭代时间延长，以及处理多幅图像和某些特定领域任务的挑战。

CogVLM：CogVLM 是清华大学研究人员开发的开源视觉语言基础模型。其架构包括用于图像处理的视觉变换器（ViT）编码器（例如 EVA2-CLIP-e），输出使用 MLP 适配器映射到文本特征空间。该模型包括一个预训练的 GPT 风格的语言模型，以及一个添加到每一层的可视化专家模块，该模块由一个 QKV 矩阵和一个 MLP 组成。CogVLM 采用深度融合方法，通过视觉专家模块，在多个层次上整合视觉和语言特征，超越了传统的浅层对齐方法。对齐技术涉及对 15 亿个图像 - 文本对的庞大数据集进行预训练，采用图像字幕丢失和参考表达理解（REC）。

对各种任务进行微调，重点是自由形式的指令，从而创建了一个名为 CogVLM Chat 的变体。

Ferret：Ferret 设计用于在不同形状和粒度的图像中进行空间参照和接地。Ferret 的独特特征包括混合区域表示，将离散坐标和连续视觉特征混合在一起，用于不同的区域输入。它使用空间感知视觉采样器来有效地处理各种区域形状，并在地面和参考指令调整（GRIT）数据集上进行训练，其中包括分层空间知识和硬负样本。该架构包括图像编码器、空间感知视觉采样器和语言模型。Ferret 利用预训练的视觉编码器（CLIP-ViT-L/14）和语言模型的标记器，进行图像和文本嵌入。

在 GRIT 数据集上进行三个时期的训练，模型随机选择中心点或边界框来表示区域。在多模式聊天任务中，Ferret 通过整合参考和地面功能显著提高了性能。值得注意的是，Ferret 缓解了物体幻觉的问题。物体幻觉问题是多模态模型中常见的挑战。

BARD：谷歌的 BARD 利用强化学习框架来自动化机器学习模型设计、架构搜索和超参数调整，使其能够被没有广泛人工智能专业知识的用户访问。该系统被定位为一个独立的实验，重点是提高生产力、创造力和好奇心。用户使用 BARD 来完成写简历、创建锻炼计划和规划行程等任务。该模型在不同的数据源上进行了预训练，通过考虑上下文生成响应，根据安全参数进行分类，并根据质量进行重新排序。人类反馈和评估，包括人类反馈的微调和强化学习，用于改进 BARD。局限性包括潜在的不准确、偏见、角色归因、误报/漏报以及易受对抗性提示的影响。谷歌致力于解决这些局限性，并随着时间的推移负责任地改进 BARD。

LLaMA-VID：LLaMA-VID 引入了一种新颖的双重策略，结合上下文和内容标记，有效地对每个视频帧进行编码。这种方法使模型能够处理长达一小时的视频，同时降低计算复杂性。LLaMA-VID 采用混合架构，结合了用于文本处理的 Vicuna 等预训练模型和用于视频图像嵌入的视觉变换器。Q-Former 通过计算查询生成的文本嵌入（Q）和视觉标记（X）之间的注意力，来引入上下文注意力标记（Et）。Et 封装了相关的视觉特征。

内容令牌（Ev）是通过视觉令牌的均值池获得的。这两个令牌都集成到 V 解码器中，用于生成文本响应。LLaMA-VID 的双令牌生成策略包括上下文和内容令牌，确保了对各种设置的适应性，优化了视频的效率，同时保留了单个图像的细节。LLaMA-VID 是一个视频和图像理解模型，旨在提高效率，于两天内在 8×A100 GPU 上完成训练。它使用 EVA-G 进行视觉编码，使用 Q-Former 进行文本解码。训练集包括图像和视频字幕对，并对不同的基准进行了评估。LLaMA-VID 在零样本视频 QA 基准测试中表现出色，每帧仅使用两个令牌即可实现高精度。

CoVLM：CoVLM 引入了一种新方法，通过整合视觉语言交际解码，来增强大型语言模型的组合推理。该模型利用通信令牌动态组合视觉实体和关系，通过与视觉编码器和检测网络的迭代通信来改进语言生成。CoVLM 在一系列任务中表现出色，包括视觉推理、阅读理解和视觉问答。该模型在整合视觉和语言模型方面取得了显著进步，未来在组合性方面可能会有所改进。

Emu2：Emu2 是一个拥有 370 亿个参数的生成式多模态模型，展示了跨不同多模态序列的卓越上下文学习性能。它以有限的示例，为需要快速理解的任务设定了前所未有的基准。Emu2 采用统一的自回归目标，无缝集成了视觉嵌入和文本标记。其架构包括视觉编码器、多模态建模和视觉解码器，允许跨不同模态的连贯输出。Emu2 擅长视觉语言任务、指令调整和可控视觉生成，在图像问答、主题驱动生成和零样本文本到图像生成方面，展示了最先进的性能。Emu2 承认了更广泛的影响因素和局限性，强调了根据幻觉、偏见和问答能力等挑战，进行负责任的部署。

Video-LLaMA：Video-LLaMA 旨在理解视频的视觉和听觉方面。通过将预训练的视觉和音频编码器与静态 LLM 相结合，该模型巧妙地解决了在视觉环境中捕捉时间变化的复杂性，同时无缝集成了视听线索。利用用于处理时间信息的视频 Q 形器和用于音频编码的音频 Q 形器，该框架将视听数据与文本信息对齐。实验结果证明了 Video-LLaMA 在理解视频内容和在基于音频和视频的对话中，产生有意义的反应方面的有效性。然而，该模型存在一些局限性，如感知能力有限和长视频带来的挑战。尽管如此，Video-LLaMA 代表了视听人工智能助手的显著进步，为人工智能进一步开发提供了开源资源。

Video-ChatGPT：它是一种新型的多模式模型，通过将视频自适应视觉编码器与大型语言模型集成来增强视频理解。该架构利用 CLIP ViT-L/14 视觉编码器进行时空视频表示，并利用 V-v1.1 语言模型进行全面理解。值得注意的是，创建了一个包含 100000 个视频指令对的数据集来优化模型，重点关注时间关系和上下文理解。该模型在正确性、细节定向、上下文理解、时间理解，以及一致性方面表现出竞争性，在零样本问答任务中超越了当代模型。从质量上讲，Video-ChatGPT 在各种基于视频的任务中表现出色，但在微妙的时间关系和小的视觉细节方面面临挑战，这表明了未来改进的途径。

LaVIN：LaVIN 正在利用模态适应的混合（MMA），以经济高效的方式将 LLM 适应视觉语言任务。LaVIN 采用轻量级适配器，在科学问答和对话等多模式任务中实现了具有竞争力的性能和卓越的训练效率。值得注意的是，LaVIN 只需要 1.4 个训练小时和 3.8M 可训练参数。ScienceQA 数据集的实验结果表明，该方法具有可比的性能，并减少了训练时间和存储成本。LaVIN 代表了成本效益适应方面的突破，但也有局限性，包括可能出现错误的响应和识别图像中细粒度细节的挑战。

BEiT-3：BEiT-3 代表了一种开创性的多模态基础模型，体现了语言、视觉和多模态预训练领域的实质性整合。BEiT-3 以其在以视觉为中心的任务和视觉语言任务中的迁移学习方面的卓越能力而闻名，它强调了通过骨干架构、预训练方法和可扩展模型设计的创新增强来推进融合。该模型的特点是模块化架构，利用多路转换器，促进了深度融合能力和特定模态的编码。

BEiT-3 采用统一的主干，在图像、英语文本和图像 - 文本对（俗称平行句）之间，执行连贯的掩码语言建模。实证结果证实了 BEiT-3 在一系列任务中达到了最先进的性能基准，包括目标检测、语义分割、图像分类、视觉推理、视觉问答、图像字幕和跨模态检索。

mPLUG-2：mPLUG-2 率先引入了多模块组合网络，与传统的序列到序列生成方法不同。这种创新设计促进了模态协作，同时有效地解决了模态纠缠问题。mPLUG-2 固有的灵活性允许在文本、图像和视频模式中选择性地使用不同的模块，用于各种理解和生成任务。实证评估证明了 mPLUG-2 的实力，在 30 多个下游任务中，取得了最先进或有竞争力的结果。

从具有挑战性的多模态任务，如图像文本和视频文本理解，到跨越纯文本、纯图像和纯视频领域的单模态任务，mPLUG-2 展现了其多功能性。

mPLUG-2 的一个显著成就是其突破性的性能，在视频质量保证和字幕任务中，实现了 48.0% 的 top-1 精度和 80.3% 的 CIDEr 得分。令人印象深刻的是，这些结果是在模型大小和数据集规模明显较小的情况下获得的。此外，mPLUG-2 在视觉语言和视频语言任务中，都表现出强大的零样本任务可转移性，巩固了其在推进多模态预训练方法方面的领先地位。

X^2-VLM：X^2-VLM 是一个多功能模型，具有灵活的模块化架构，将图像文本和视频文本预训练集成到一个统一的框架中。它擅长在不同规模的视频文本和视频文本任务中平衡性能和模型规模。X^2-VLM 的模块化设计增强了可转移性，允许在各种语言或领域中无缝使用。

通过替换文本编码器，它优于最先进的多语言多模式预训练模型，在不需要特定多语言预训练的情况下表现出卓越的性能。

这种适应性使 X^2-VLM 在多模态预训练领域成为一种有前景的模型。

Lyrics：Lyrics 介绍了一种基于 BLIP-2 基本概念的跨模态协作的新方法，用于微调指令和多模态预训练。它包括用于重构视觉输入以提取特定视觉特征的先进技术，以及用于语义分割、目标检测和图像标记的模块。

在查询 Transformer 中，视觉特征与语言输入无缝融合，并通过从视觉精炼器导出的边界框和标签得到增强。Lyrics 的一个独特之处是它的两阶段训练过程，这有助于在预训练期间，通过对齐视觉语言目标来弥合情态差距。

为了从有形物体中提取有价值的特征，它采用了一种称为语义感知视觉特征提取的关键技术。这种方法的有效性通过其在各种视觉语言基准任务，以及数据集上的稳健性能得到了证明。

X-FM：X-FM 是一种新型通用基础模型，配备一个语言编码器、一个视觉编码器和一个融合编码器，具有独特的训练方法。所提出的方法结合了两种创新技术：在语言编码器学习过程中，停止视觉语言训练的梯度，并利用视觉语言训练来支持视觉编码器学习。对基准数据集的广泛实验表明，X-FM 优于现有的通用基础模型，并且与专门为语言、视觉或视觉语言理解量身定制的模型具有竞争力或超越这些模型。承认 X-FM 存在局限性，包括大量的计算要求，旨在探索提高效率和减少环境影响的技术；强调了它们致力于解决效率挑战，并根据绿色深度学习计划减少碳足迹。

然而，由于计算限制，该研究没有探索超大模型，或在广泛的数据集上预训练大型模型，强调可扩展性是基础模型的重要考虑因素。

VALOR：VALOR 是一个统一的视觉 - 音频 - 语言跨模态预训练模型，专为三模态理解和生成而设计。VALOR 采用了两个预训练任务，即多模式分组对齐和多模式分组字幕，展示了良好的通用性和可扩展性。两个数据集，即 VALOR-1M 和 VALOR-32K，成为推进三模态预训练研究的关键资源，旨在对视听语言检索和字幕进行基准测试。在完成 VALOR-1M 数据集和其他视觉语言数据集的训练后，VALOR 在各种下游任务中建立了新的性能基准。这些任务包括结合视觉、音频和视听输入的检索场景，以及字幕和问答等任务。相关研究描述了未来研究的前景，特别是包括通过无监督方法扩展 VALOR-1M 数据集，以及在总体 VALOR 框架内集成视觉和音频生成建模。

Prismer：Prismer 是一种数据和参数效率视觉语言模型，它利用了一组冻结的领域专家，最大限度地减少了对大量训练数据的需求。

通过继承来自各个领域的预先训练的领域专家的权重，并在训练过程中，将其保持不变，Prismer 有效地适应了不同的视觉语言推理任务。尽管 Prismer 的语言模型基础很小，但它表现出了具有竞争力的微调和少样本任务学习性能，其需要的训练数据比该模型提出时最先进的模型少得多。然而，它缺乏零样本上下文泛化的能力，并且在推理过程中适应新专家或部分专家集合方面存在局限性，导致性能下降。相关研究讨论了这些局限性，包括在上下文提示中缺少很少的样本任务，适应新专家的挑战，以及在表示专家知识方面的潜在改进，以提高未来迭代中的推理性能。

MM-REACT：MM-REACT 引入了一种新颖的文本提示设计，使语言模型能够处理多模态信息，包括文本描述、空间坐标和密集视觉信号的文件名称。该方法在零样本实验中证明了其有效性，展示了其在各种场景中高级视觉理解的潜力。

然而，该模型也具有局限性，例如由于缺乏用于识别能力的注释基准，在系统评估性能方面存在挑战。集成视觉专家可能会引入错误，系统的成功取决于必要专家的可用性。此外，专家的数量受到 ChatGPT 上下文窗口的限制，将视觉信号转换为文本词汇，可能不是某些任务的最佳选择。需要手动提示工程，建议未来的研究将这一过程自动化，以提高系统开发的便利性。

PICa：PICa 是一种利用图像标题，提示 GPT-3 进行基于知识的视觉问答（VQA）的方法。利用 GPT-3 的知识检索和问答功能，该方法将 GPT-3 视为一个隐式和非结构化的知识库，将图像转换为标题或标签，以便理解 GPT-3。通过使用上下文示例的少量样本任务学习方法，将 GPT-3 应用于 VQA，PICa 取得了显著的性能，仅用 16 个示例，就超越了 OK-VQA 数据集上的监督状态。该方法首次将 GPT-3 用于多模态任务。然而，该方法存在局限性，因为图像被抽象为文本，标题可能只提供部分描述，可能会遗漏详细问答所需的关键视觉细节，例如对特定视觉属性的查询。

PNP-VQA：即插即用 VQA（PNP-VQA）是一种为零样本视觉问答（VQA）设计的模块化框架。与要求对预先训练的语言模型（PLM）进行广泛调整，以适应视觉的现有方法不同，PNP-VQA 消除了对 PLM 进行辅助训练的需要。

相反，它采用自然语言和网络解释作为中间表示，来连接预先训练的模型。

该框架生成问题引导的信息性图像字幕，在回答问题时，将其用作 PLM 的上下文。PNP-VQA 优于端到端训练的基线模型，并通过在零样本 VQAv2 和 GQA 数据集上实现最新结果来建立新的基准。尽管有 110 亿个参数，但它超过了 VQAv2 上 800 亿个参数模型的性能，并且比 GQA 上的可比模型有 9.1% 的显著改进。

这突显了其在预训练语言模型一系列参数大小上的有效性。

Img2LLM：Img2LLM 是为 LLM 设计的，它有助于在不需要端到端训练的情况下，实现零样本 VQA。

该方法涉及开发与 LLM 无关的模型，通过示例问答对阐明图像内容，被证明是 LLM 的有效提示。Img2LLM 拥有几个优势，其性能与端到端训练方法相当或超越端到端训练方法，例如在 VQAv2 上比 Flamingo 高出 5.6%，并在具有挑战性的 A-OKVQA 数据集上表现出显著的优势。此外，Img2LLM 的灵活性允许与各种 LLM 无缝集成以完成 VQA 任务，从而消除了对专门的、昂贵的端到端微调的需求。一个需要注意的问题是，在生成图像标题和问答对时会产生辅助的推理开销，导致计算时间增加 24.4%。然而，这种开销可以通过缩短提示来减少，以一小部分准确性换取速度，而 Img2LLM 避免了在 Flamingo 等类似模型中看到的资源密集型端到端多模态表示对齐。

SimVLM：SimVLM 是一个精简的预训练框架，采用极简主义方法。与以前的方法不同，SimVLM 通过利用大规模弱监督，并使用单一的前缀语言建模目标进行端到端训练，简化了训练复杂性。值得注意的是，在不使用辅助数据或特定任务定制的情况下，生成的模型超越了 OSCAR、VILLA 等，在各种视觉语言任务中建立了新的基准。此外，SimVLM 展示了强大的泛化和转移能力，展示了开放式视觉问答和跨模态转移等任务中的零样本行为。

VideoCoCa：VideoCoCa 是对抗字幕 CoCa 模型在视频文本任务中的改编。利用 CoCa 的生成和对比注意池层，VideoCoCa 在零样本视频分类和文本到视频检索方面，实现了最先进的结果，只需最少的辅助训练。该模型通过 CoCa 的图像编码器处理均匀采样的帧，创建一个表示整个视频序列的张量。这个张量在生成和对比建模任务中都经历了注意力汇集层。VideoCoCa 在各种基于视频的任务中表现出色，包括视频推理和行为识别，但在微妙的时间关系方面面临挑战。此外，对各种适应策略和轻量级的微调方法进行了探索，其中注意池方法被证明是最有效的。

该模型在多个数据集上进行了测试，显示出比 CoCa 基线有显著改善。VideoCoCa 在各种规模和任务上始终优于 CoCa，展示了其在视频文本建模方面的强大性能。

TinyGPT-V：TinyGPT-V 解决了闭源和计算要求高的多模态模型（如 GPT-4V）带来的挑战。该模型的一个显著成就是其令人印象深刻的性能，同时利用了最少的计算资源，只需要 24GB 的训练和 8GB 的推理。TinyGPT-V 在整合了 CLIP 的 phi-2 和视觉模式后，与 LLaVA 等大型模型相比，在各种视觉问答和理解基准数据集中，表现出了具有竞争力的性能。该模型紧凑而高效的设计，将小型骨干与大型模型功能相结合，标志着朝着适用于各种应用的实用、高性能多模态语言模型，迈出了重要的一步。

ChatBridge：ChatBridge 是一种多模式语言模型，旨在创建能够理解不同现实世界模式的通用人工智能模型。该模型利用语言作为渠道，利用语言配对数据在不同模式之间建立联系。ChatBridge 通过两阶段的训练程序，扩展了大型语言模型的零样本功能，使每个模态与语言保持一致，并使用新的多模态指令数据集进行重构。

该模型在零样本多模式任务上显示了强大的结果，包括文本、图像、视频和音频。然而，在有效理解长视频和音频方面存在限制，这表明需要一种更精确的时间建模方法。有可能通过纳入草图和点云等补充模式来扩展框架。虽然使用冻结模块有助于减轻计算约束，但也可能导致性能不足，并引入从预训练模型继承的偏差。

Macaw-LLM：Macaw-LLM 代表了一种开创性的多模态大型语言模型，无缝融合了视觉、音频和文本数据。其架构包括一个用于编码多模态信息的专用模态模块、一个利用预训练 LLM 的认知模块，以及一个协调不同表示的对齐模块。这种对齐有助于将多模态特征与文本信息集成，简化适应过程。此外，还策划了一个全面的多模式教学数据集，以支持多回合对话。然而，承认了某些局限性，特别是在充分捕捉 Macaw-LLM 能力的评估准确性方面。

该模型没有针对多回合对话进行优化，由于没有合适的评估套件，没有对幻觉、毒性和公平性等潜在问题进行评估。

GPT4Tools：GPT4Tools 旨在使开源 LLM（如 LLaMA 和 OPT）能够有效地使用多模式工具。它解决了 ChatGPT 和 GPT-4 等专有 LLM 带来的挑战，这些 LLM 通常依赖于无法访问的数据和高昂的计算成本。GPT4Tools 创建的教学数据集支持大型开源模型，如 LLaMA，通过 LORA 优化来应对视觉挑战。该方法显著提高了工具调用的准确性，并为看不见的工具提供了零样本容量。然而，显式和模糊提示方法降低了计算效率，促使人们探索隐式工具调用方法。

尽管存在局限性，GPT4Tools 仍被认为是一种为语言模型配备多模态工具的可行方法。

PandaGPT：PandaGPT 是一种通过视觉和听觉指令跟踪功能，增强大型语言模型的方法。PandaGPT 擅长图像描述、视频启发的故事写作和回答音频相关问题等任务。

它无缝处理多模式输入，连接视觉和听觉信息。通过结合 ImageBind 的多模态编码器和 Vicuna 的大型语言模型，PandaGPT 只需要对对齐的图像 - 文本对进行训练，并为各种数据模态表现出紧急的跨模态行为。

相关研究提出了改进建议，包括使用辅助的对齐数据、探索细粒度特征提取、生成更丰富的多媒体内容、创建新的基准测试以及解决常见语言模型的缺陷。尽管有这些考虑，PandaGPT 仍代表着朝着建立跨多种模式的整体感知的人工通用智能迈出了有希望的一步。

mPLUG-Owl：mPLUG-Owl 引入了一种独特的训练方法，通过将学习过程模块化为三个关键组成部分,即基础 LLM、视觉知识模块和视觉抽象模块,赋予 LLM 多模态能力。通过两阶段训练方法,这种范式有效地对齐了图像和文本数据,利用了 LLM 的支持,同时保留了它们的生成能力。

实验结果表明,mPLUG-Owl 在教学和视觉理解、多回合对话和知识推理方面具有优越的性能。该模型展现出了多图像相关性和多语言理解等出乎意料的能力,但也存在局限性,包括多图像相关性方面的挑战、有限的多语言训练,以及复杂场景 OCR 的混合性能。该模型还显示了纯视觉文档理解的潜力,在电影评论写作和代码生成等任务中具有优势,但在其他应用中存在局限性,这表明在文档理解和下游应用中,有进一步的探索机会。

Ying-VLM:Ying-VLM 是在 M3 IT 数据集上训练的。

使用 M3 IT 训练的模型在遵循人类指令、提供引人入胜的响应,以及在看不见的视频和中文任务上,取得了出色的表现。

分析表明,增加任务数量可以提高性能,并导致指令多样性。M3IT 由 240 万个实例组成,包括跨越 40 个不同任务精心制作的任务指令。

BLIVA:BLIVA 是一种新型的多模态语言学习模型,旨在处理富含文本的视觉问题,集成查询和补丁嵌入。它优于 GPT-4 和 Flamingo 等现有的 VLM,在 OCR-VQA 和视觉空间推理基准测试中显示出显著的改进。BLIVA 的架构包括一个用于指令感知视觉功能的 Q-Former,以及一个用于附加视觉信息的全连接投影层。与 InstructBLIP 相比,它显示了多模态 LLM 基准(MME)的总体改进率为 17.72%,并且在处理 YouTube 缩略图问答对等现实场景中表现良好。

LLaVA phi:LLAVA phi 是一款高效的多模式助手,由紧凑型语言模型 phi-2 提供支持。

该模型在紧凑的多模式系统中取得了重大进展,表明即使是参数为 2.7B 的较小模型,只要经过适当的训练,也可以有效地参与混合文本和视觉的复杂对话。LLaVA phi 在涵盖视觉理解、推理和基于知识感知的各种基准测试中表现出色,这表明它适用于化身智能体等实时交互场景。重要的是,它强调了较小的语言模型如何在不牺牲资源效率的情况下,达到高级的理解和参与水平。训练过程包括两个阶段。

① 特征对齐。其中预训练的视觉编码器使用 LAION-CCSBU 数据集的子集连接到语言模型。

② 视觉指令调优。使用 GPT 生成的多模态指令跟踪数据和 VQA 数据的组合,来训练模型遵循多模态指令。

表 15-3 显示了 MME 基准上各种 VLM 的比较分析。

表15-3 MME基准上各种VLM的比较分析

模型	总体	感知									认知				
		Exist.	Count	Pos.	Color	Poster	Cele.	Scene	Land	Art	OCR	Com.	Cal.	Trans.	Code
Sphinx	1870.2	195	160	153.3	160	164.3	177.9	160	168.1	134	87.5	130	55	75	50

续表

模型	总体	感知									认知			
		Exist.	Count	Pos.	Color	Poster	Cele.	Scene	Land	Art	OCR	Com.	Cal.	Trans.	Code
GPT-4V	1926.6	190	160	95	150	192.2	0	151	138.3	148	185	142.1	130	75	170
Gemini	1933.4	175	131.7	90	163.3	165	147.4	144.8	158.8	135.8	185	129.3	77.5	145	85
LLaVA	—	50	50	50	55	50	48.82	50	50	49	50	57.14	50	57.5	50
MiniGPT-4	—	68.33	55	43.33	75	41.84	54.41	71.75	54	60.5	57.5	59.29	45	0	40
LaVIN	—	185	88.33	63.33	75	79.79	47.35	136.75	93.5	87.25	107.5	87.14	65	47.5	50
InstructBLIP	—	185	143.33	66.67	153.33	123.81	101.18	153	79.75	134.25	72.5	129.29	40	65	57.5
BLIP-2	—	160	135	73.33	148.33	141.84	105.59	145.25	138	136.5	110	110	40	65	75
mPLUG-Owl	—	120	50	50	55	136.05	100.29	135.5	159.25	96.25	65	78.57	60	80	57.5
Qwen-VL-Chat	1487.5	—	—	—	—	—	—	—	—	—	—	—	—	—	—
LLaVA-1.5[V7B]	1510.7	—	—	—	—	—	—	—	—	—	—	—	—	—	—
LLaVA-1.5[V13B]	1531.3	—	—	—	—	—	—	—	—	—	—	—	—	—	—
LLaMA-VID[V13B]	1542.3	—	—	—	—	—	—	—	—	—	—	—	—	—	—
LLaMA-VID[V7B]	1521.4	—	—	—	—	—	—	—	—	—	—	—	—	—	—

注：XB 表示这个模型有 X 亿个参数。

MoE LLaVA：MoE LLoVA 是一种开创性的大型视觉语言模型训练策略。这种被称为 MoE 调优的创新方法，通过在路由器部署期间仅激活前 k 名专家，有效地管理了多模态学习和模型稀疏性中的性能下降。尽管其架构由 30 亿个稀疏激活的参数组成，但 MoE LLaVA 实现了与最先进的模型相当或更优的性能，同时最大限度地减少了模型输出中的幻觉。其架构包括视觉编码器、MLP 形式的视觉投影层、字嵌入层、堆叠的 LLM 和 MoE 块。MoE 调优包括三个阶段：MLP 训练；不包括视觉编码器的参数训练；初始化 MoE 中的专家，然后只训练 MoE 层。对各种视觉理解数据集的评估，证明了 MoE LLaVA 的效率和有效性，广泛的消融研究和可视化展示了其有效性，并为多模态学习系统的未来研究提供了见解。

Yi VL：Yi 视觉语言（Yi VL）是基于 Yi 大语言模型系列的开源多模态模型，擅长内容理解、识别和关于图像的多声音对话。它在最近的基准测试中领先，包括英语和中文，主要功能包括多声音文本图像对话、双语支持、强大的图像理解能力和 448×448 的细粒度分辨率。Yi VL 采用 LLaVA 架构，包括视觉转换器、投影模块和大型语言模型。然而，它存在局限性，例如仅支持视觉问答、接收单个图像输入，以及在复杂场景中，可能出现内容生成问题和对象识别不准确。

此外，它以 448×448 的模糊分辨率运行，这可能会导致低分辨率图像的信息丢失，以及缺乏对更高分辨率的辅助知识。

Moondream：Moondream 是一个由 Vikhyatk 精心构建的 16 亿参数模型，它融合了 SigLIP、phi-1.5 和广泛的 LLaVA 训练数据集。该模型代表了人工智能研究的一个重要里程碑，是专门为学术探索而推出的，突显了其非商业用途的排他性。这种尖端技术和强大数据集的融合，强调了对推进人工智能前沿的承诺，为计算能力和创新设定了新的基准。

Shikra：Shikra 是一种多模态大型语言模型，旨在弥合对话中类人能力的差距。Shikra 拥有通过自然语言解释空间坐标的能力，这得益于其由视觉编码器、对齐层和 LLM 组成的简单架构。与其他模型不同，Shikra 不需要辅助的词汇表或外部插件，可以轻松地将引用对话任务与各种视觉语言任务集成在一起。它在 REC、PointQA、图像字幕和 VQA 等各种任务中的性能非常强大，具有能够提供对象坐标和比较用户指向的区域等功能。然而，它目前只支持英语，对非英语使用者缺乏用户友好性。

未来的工作旨在使 Shikra 多语言化，并探索用于密集目标检测和分割任务的改进坐标表示。此外，与大多数 LLM 一样，Shikra 可能会产生有害或反事实的反应。

BuboGPT：BuboGPT 是一种具有视觉基础功能的视觉语言模型（VLM），旨在增强视觉、音频和语言领域的跨模态交互。它提供了对视觉元素和其他模态的详细理解，从而能够在响应生成过程中，精确定位图像中的对象。BuboGPT 采用基于 SAM 的现成视觉基础模块，用于图像中的实体提取和掩码对应，以及两阶段训练方法和广泛的指令数据集，致力于全面理解文本图像音频交互。尽管面临语言幻觉和接地 QA 能力有限等挑战，但 BuboGPT 在理解多种模式和视觉接地任务方面表现出非凡的能力，这标志着多模式语言模型领域取得了有前景的进步。

ChatSpot：ChatSpot 是一个统一的端到端多模态大型语言模型，旨在增强人类与人工智能的交互。它支持多种交互形式，如鼠标点击、拖放和绘图框，为用户提供灵活无缝的交互体验。

该模型基于精确的参考指令构建，利用点和框等各种参考表示，来关注特定的感兴趣区域。此外，还创建了一个多训练视觉语言指令跟踪数据集来训练 ChatSpot。实验结果证明了其在区域参照中的鲁棒性，即使在存在盒子噪声的情况下，也显示出最小的区域参照幻觉。

这突显了 ChatSpot 在精确区域引用方面的能力，以及在多模态大型语言模型中，提高交互准确性和效率的潜力。

MiniGPT-5：MiniGPT-5 引入了一种创新的交错视觉和语言生成技术，利用生成语音来协调图像文本输出。其独特的两阶段训练策略侧重于无描述的多模态生成，消除了对全面图像描述的需求。MiniGPT-5 通过无分类引导增强了模型的完整性，从而在 MMDialog 数据集上比 Divter 等基线模型有了实质性的改进。它在 VIST 数据集上进行的人类评估中始终如一地产生卓越的多模态结果，展示了其在一系列基准测试中的有效性。

DRESS：DRESS 是一种复杂的多模态语言模型，它利用来自语言模型（LLM）的自然语言反馈（NLF），通过交互式交互增强对齐，有效地缓解了当前虚拟语言模型（VLM）中的关键局限性。NLF 分为两类，即批评和重构，旨在与人类偏好紧密结合，并提高模型在多回合对话中的能力。精细化 NLF 提供建设性建议以增强反应，而 critic-NLF 有助于使 VLM 输出与人类偏好相一致。

通过强化学习，DRESS 被训练来处理 NLF 的不可微性。实证结果表明，DRESS 有助于产生更有益和良性的输出，并在多回合互动中熟练地从反馈中学习，超越了先进的 VLM。

X-InstructBLIP：X-InstructBLIP 是一个基于冻结的大型语言模型构建的跨模态框架，无需大量定制即可集成各种模态；自动收集高质量的指令调谐数据，实现不同模态的微调。该模型的性能与领先的同类模型相当，无需进行大量的预训练或定制。研究引入了一种新的评估任务，即判别跨模式推理（DisCRn），用于评估模型在不同输入模式下的跨模式能力。X-InstructBLIP 演示了紧急跨模态推理，对每种模态进行了单独优化，并且在 DisCRn 中的所有检查模态中都优于强字幕基线。然而，每种模式中的复杂性和未解决的问题，突显了未来跨模式和模式内部探索的挑战和机遇。

VILA：VILA 是一个视觉语言模型家族，它来自一个增强的预训练配方，该配方系统地将 LLM 扩展到 VLM。VILA 在主要基准测试中始终优于 LLaVA-1.5 等先进的模型，在不增加辅助复杂性的情况下，展示了其卓越的性能。

值得注意的是，VILA 的多模态预训练揭示了令人信服的特性，如多图像推理、增强的上下文学习和改进的世界知识，标志着视觉语言建模的重大进步。

15.3.3 多模态输出与多模态输入

CoDi：CoDi 模型采用多模态方法，使用潜在扩散模型对文本、图像、视频和音频进行处理。文本处理涉及具有 BERT 和 GPT-2 的变分编码器（VAE），图像任务使用具有 VAE 的潜在扩散模型（LDM），音频任务使用具有用于梅尔频谱表示的 VAE 编码器 - 解码器的 LDM。

CoDi 通过联合多模态生成和交叉注意力模块的跨模态生成，创建了一个共享的多模态空间。训练涉及具有对齐提示编码器的单个扩散模型，CoDi 通过线性数量的训练目标实现从任意一代到任意一代。

CoDi-2：CoDi-2 采用多模态编码器 ImageBind，带有对齐的编码器和用于模态投影的多层感知器。它将扩散模型（DM）集成到多模态潜在语言模型（MLLM）中，以进行详细的模态交错生成。融合策略涉及将多模态数据投影到特征序列中，由 MLLM 处理，并利用 DM 来提高生成质量。

对齐方法利用对齐的多模态编码器的投影，使 MLLM 能够理解模态交织的输入序列，促进上下文学习并支持多轮交互式对话。

Gemini：Gemini 模型具有变革性的架构，具有深度融合功能，擅长整合文本、图像、音频和视频模式。在 32 个基准测试中，其性能在 30 个测试中超过了 GPT-4，并在谷歌的 TPU v4 和 TPU v5e 加速器上进行了训练，以实现高效扩展。多模式和多语言训练数据集，优先考虑质量和安全性，模型正在进行基于人类反馈的强化学习（RLHF）。其偏见和毒性的安全评估是 Gemini 开发的核心部分，涉及与外部专家的合作。

NExT-GPT：NExT-GPT 具有三个阶段，即多模式编码、LLM 理解和推理，以及多模式生成。它使用 ImageBind 等模型进行编码，使用基于 Transformer 的层进行生成。在推理中，模态编码器转换输入，LLM 决定内容，扩散解码器使用信号令牌进行合成。该系统采用多模态对齐学习来对齐特征和模态切换指令调谐（MosIT），通过将模态信号标记与金色字幕对齐来提高 LLM 能力。多样化的 MosIT 数据集增强了模型有效处理各种用户交互的能力。

VideoPoet：VideoPoet 是一种语言模型，专为具有匹配音频的高质量视频合成而设计。该模型采用仅解码器的转换器架构，处理图像、视频、文本和音频等多模态输入。VideoPoet 利用两阶段训练协议，展示了零样本视频生成方面的先进能力，并擅长文本到视频和视频风格化等任务。其显著的功能包括大型语言模型主干、自定义空间超分辨率和模型大小的可扩展性。人工评价突出了 VideoPoet 在文本清晰度、视频质量和动作趣味性方面的优势。负责任的人工智能分析强调了对公平性的考虑，强调了该模型在零样本编辑、任务链接和保持视频生成多个阶段质量方面的能力。

表 15-4 为四个零样本视频 QA 数据集上领先模型的比较分析。结果以每帧两个标记报告。

表15-4　四个零样本视频QA数据集上领先模型的比较分析

模型	MSVD-QA 精度 /%	MSVD-QA 得分	MSRVTT-QA 精度 /%	MSRVTT-QA 得分	ActivityNet-QA 精度 /%	ActivityNet-QA 得分
Video-LLaMA[V7B]	51.6	2.5	29.6	1.8	12.4	1.1
LLaMA-Adapter[L7B]	54.9	3.1	43.8	2.7	34.2	2.7
VideoChat[V7B]	56.3	2.8	45	2.5	26.5	2.2
Video-ChatGPT[V7B]	64.9	3.3	49.3	2.8	35.2	2.7
LLaMA-VID[V7B]	69.7	3.7	57.7	3.2	47.4	3.3
LLaMA-VID[V13B]	70	3.7	58.9	3.3	47.5	3.3

15.4　视觉语言模型未来发展方向

预训练和模块化结构之间的权衡：许多研究正在通过引入模块化来代替黑盒子预训练，以提高 VLM 的理解、控制和忠实能力。

结合其他模式：正在努力结合更多更灵活的模式，如受启发的凝视 / 手势，这对教育部门非常重要。

VLM 的细粒度评估：正在对偏差、公平性等参数进行更细粒度的 VLM 评估。DALL Eval 和 VP Eval 是这方面的一些工作。

VLM 中的因果关系和反事实能力：为了了解 LLM 的因果关系与反事实能力，已经做了大量的工作，这启发了研究人员在 VLM 领域进行探索。CM3 是该领域最早的作品之一，在这个话题上有很多讨论。

持续学习/放弃学习：在 VLM 领域，一种趋势是在不从头开始训练的情况下，有效地持续学习。VQACL 和 Interact 前馈解耦是该领域最早的作品。受 LLM 中观察到的知识忘却概念的启发，研究人员也在 VLM 领域探索类似的方法。

训练效率：研究工作集中在开发高效的多模态模型上，BLIP-2 等显著进步显示出希望。它在零样本 VQAv2 中的性能超过 Flamingo-80B 8.7%，同时利用的可训练参数明显更少。

VLM 的多语言基础：随着 OpenHathi 和 BharatGPT 等多语言 LLM 的激增，多语言视觉语言模型（VLM）的发展势头日益增强。Palo 是这方面第一个值得注意的作品。

更多特定域的 VLM：MedFlamingo 和 SkinGPT 等项目提供的各种特定域 VLM，为其专业功能铺平了道路。

目前，研究人员正在进一步努力，为教育和农业等相关行业量身定制 VLM。

15.5 小结

上文对 VLM 空间的最新发展进行了全面的综述。根据 VLM 的用例和输出生成能力对其进行分类，提供对每种模型的架构、优势和局限性的简明见解。此外，根据最近的趋势，重点介绍了其未来的发展方向，为该领域的进一步探索提供了路线图。

参考文献

［1］ Silva-Rodriguez J, Hajimiri S, Ben Ayed I, et al. A closer look at the few-shot adaptation of large vision-language models ［C］//Proceedings of the IEEE/CVF Conference on Computer Vision and Pattern Recognition, 2024: 23681-23690.

［2］ Han J, Lin Z, Sun Z, et al. Anchor-based robust finetuning of vision-language models ［C］//Proceedings of the IEEE/CVF Conference on Computer Vision and Pattern Recognition, 2024: 26919-26928.

［3］ Zhou Q, Pang G, Tian Y, et al. Anomalyclip: object-agnostic prompt learning for zero-shot anomaly detection ［J］. arxiv preprint arxiv: 2310.18961, 2023.

［4］ Xiao Z, Shen J, Derakhshani M M, et al. Any-shift prompting for generalization over distributions ［C］//Proceedings of the IEEE/CVF Conference on Computer Vision and Pattern Recognition, 2024: 13849-13860.

［5］ Roy S, Etemad A. Consistency-guided prompt learning for vision-language models ［J］. arxiv preprint arxiv: 2306.01195, 2023.

［6］ Team D M I A, Abramson J, Ahuja A, et al. Creating multimodal interactive agents with imitation and self-supervised learning ［J］. arxiv preprint arxiv: 2112.03763, 2021.

［7］ Yoon H S, Yoon E, Tee J T J, et al. C-TPT: calibrated test-time prompt tuning for vision-language models via text feature dispersion ［J］. arxiv preprint arxiv: 2403.14119, 2024.

［8］ Shi Z, Lipani A. Dept: Decomposed prompt tuning for parameter-efficient fine-tuning ［J］. arxiv preprint arxiv: 2309.05173, 2023.

［9］ Pan Z, Wei Z, Owens A. Efficient vision-language pre-training by cluster masking ［C］//Proceedings of the IEEE/CVF Conference on Computer Vision and Pattern Recognition, 2024: 26815-26825.

［10］ Yang Y, Zhou T, Li K, et al. Embodied multi-modal agent trained by an LLM from a parallel textworld ［C］//Proceedings of the IEEE/CVF Conference on Computer Vision and Pattern Recognition, 2024: 26275-26285.

［11］ Gao Y, Shi K, Zhu P, et al. Enhancing vision-language pre-training with rich supervisions ［C］//Proceedings of the IEEE/CVF Conference on Computer Vision and Pattern Recognition, 2024: 13480-13491.

［12］ Ghosh A, Acharya A, Saha S, et al. Exploring the frontier of vision-language models: a survey of current methodologies and future directions ［J］. arxiv preprint arxiv: 2404.07214, 2024.

［13］ Luo Y, Shi M, Khan M O, et al. FairCLIP: harnessing fairness in vision-language learning ［C］//Proceedings of the IEEE/CVF Conference on Computer Vision and Pattern Recognition, 2024: 12289-12301.

［14］ Huang X, Zhou H, Yao K, et al. FROSTER: frozen CLIP is a strong teacher for open-vocabulary action recognition ［J］. arxiv preprint arxiv: 2402.03241, 2024.

［15］ Lin C, Jiang Y, Qu L, et al. Generative region-language pretraining for open-ended object detection ［C］//Proceedings of the IEEE/CVF Conference on Computer Vision and Pattern Recognition, 2024: 13958-13968.

［16］ Pi R, Yao L, Han J, et al. Ins-DetCLIP: aligning detection model to follow human-language

［16］ instruction［C］//The Twelfth International Conference on Learning Representations.

［17］ Chen Z，Wu J，Wang W，et al. Internvl：scaling up vision foundation models and aligning for generic visual-linguistic tasks［C］//Proceedings of the IEEE/CVF Conference on Computer Vision and Pattern Recognition，2024：24185-24198.

［18］ Zheng C，Zhang J，Kembhavi A，et al. Iterated learning improves compositionality in large vision-language models［C］//Proceedings of the IEEE/CVF Conference on Computer Vision and Pattern Recognition，2024：13785-13795.

［19］ Huang J，Jiang K，Zhang J，et al. Learning to prompt segment anything models［J］. arxiv preprint arxiv：2401.04651，2024.

［20］ Jin S，Jiang X，Huang J，et al. LLMs meet VLMs：boost open vocabulary object detection with fine-grained descriptors［J］. arxiv preprint arxiv：2402.04630，2024.

［21］ Liu Y，Zhu M，Li H，et al. Matcher：segment anything with one shot using all-purpose feature matching［J］. arxiv preprint arxiv：2305.13310，2023.

［22］ Zhao H，Cai Z，Si S，et al. Mmicl：empowering vision-language model with multi-modal in-context learning［J］. arxiv preprint arxiv：2309.07915，2023.

［23］ Fu S，Wang X，Huang Q，et al. Nemesis：normalizing the soft-prompt vectors of vision-language models［J］. arxiv preprint arxiv：2408.13979，2024.

［24］ Shi K，Dong Q，Goncalves L，et al. Non-autoregressive sequence-to-sequence vision-language models［C］//Proceedings of the IEEE/CVF Conference on Computer Vision and Pattern Recognition，2024：13603-13612.

［25］ Li L，Guan H，Qiu J，et al. One prompt word is enough to boost adversarial robustness for pre-trained vision-language models［C］//Proceedings of the IEEE/CVF Conference on Computer Vision and Pattern Recognition，2024：24408-24419.

［26］ Qiao J，Tan X，Chen C，et al. Prompt gradient projection for continual learning［C］//The Twelfth International Conference on Learning Representations，2023.

［27］ Guo Q，De Mello S，Yin H，et al. Regiongpt：towards region understanding vision language model［C］//Proceedings of the IEEE/CVF Conference on Computer Vision and Pattern Recognition，2024：13796-13806.

［28］ Iscen A，Caron M，Fathi A，et al. Retrieval-enhanced contrastive vision-text models［J］. arxiv preprint arxiv：2306.07196，2023.

［29］ Yao H，Zhang R，Xu C. TCP：textual-based class-aware prompt tuning for visual-language model［C］//Proceedings of the IEEE/CVF Conference on Computer Vision and Pattern Recognition，2024：23438-23448.

［30］ Qiu C，Li X，Mummadi C K，et al. Text-driven prompt generation for vision-language models in federated learning［J］. arxiv preprint arxiv：2310.06123，2023.

［31］ Cao Y H，Ji K，Huang Z，et al. Towards better vision-inspired vision-language models［C］//Proceedings of the IEEE/CVF Conference on Computer Vision and Pattern Recognition，2024：13537-13547.

［32］ Lin J，Yin H，Ping W，et al. Vila：on pre-training for visual language models［C］//Proceedings of the IEEE/CVF Conference on Computer Vision and Pattern Recognition，2024：26689-26699.

［33］ Zhang P，Li X，Hu X，et al. VinVL：revisiting visual representations in vision-language models [C] //Proceedings of the IEEE/CVF Conference on Computer Vision and Pattern Recognition, 2021: 5579-5588.

[34] Zhang J, Huang J, Jin S, et al. Vision-language models for vision tasks: a survey [J]. IEEE Transactions on Pattern Analysis and Machine Intelligence, 2024.

[35] Li F, Jiang Q, Zhang H, et al. Visual in-context prompting [C] //Proceedings of the IEEE/CVF Conference on Computer Vision and Pattern Recognition, 2024: 12861-12871.

[36] Chen J, Yu Q, Shen X, et al. ViTamin: designing scalable vision models in the vision-language era [C] //Proceedings of the IEEE/CVF Conference on Computer Vision and Pattern Recognition, 2024: 12954-12966.

[37] Xu H, Ghosh G, Huang P Y, et al. Vlm: task-agnostic video-language model pre-training for video understanding [J]. arxiv preprint arxiv: 2105.09996, 2021.